Artur Giemsa

Nanoscience

Artur Giemsa

Nanoscience

Aufnahme, Metabolisierung und Toxizität von superparamagnetischen Eisenoxid-Nanopartikeln (SPIOs)

Südwestdeutscher Verlag für Hochschulschriften

Impressum / Imprint

Bibliografische Information der Deutschen Nationalbibliothek: Die Deutsche Nationalbibliothek verzeichnet diese Publikation in der Deutschen Nationalbibliografie; detaillierte bibliografische Daten sind im Internet über http://dnb.d-nb.de abrufbar.

Alle in diesem Buch genannten Marken und Produktnamen unterliegen warenzeichen-, marken- oder patentrechtlichem Schutz bzw. sind Warenzeichen oder eingetragene Warenzeichen der jeweiligen Inhaber. Die Wiedergabe von Marken, Produktnamen, Gebrauchsnamen, Handelsnamen, Warenbezeichnungen u.s.w. in diesem Werk berechtigt auch ohne besondere Kennzeichnung nicht zu der Annahme, dass solche Namen im Sinne der Warenzeichen- und Markenschutzgesetzgebung als frei zu betrachten wären und daher von jedermann benutzt werden dürften.

Bibliographic information published by the Deutsche Nationalbibliothek: The Deutsche Nationalbibliothek lists this publication in the Deutsche Nationalbibliografie; detailed bibliographic data are available in the Internet at http://dnb.d-nb.de.

Any brand names and product names mentioned in this book are subject to trademark, brand or patent protection and are trademarks or registered trademarks of their respective holders. The use of brand names, product names, common names, trade names, product descriptions etc. even without a particular marking in this work is in no way to be construed to mean that such names may be regarded as unrestricted in respect of trademark and brand protection legislation and could thus be used by anyone.

Coverbild / Cover image: www.ingimage.com

Verlag / Publisher:
Südwestdeutscher Verlag für Hochschulschriften
ist ein Imprint der / is a trademark of
OmniScriptum GmbH & Co. KG
Heinrich-Böcking-Str. 6-8, 66121 Saarbrücken, Deutschland / Germany
Email: info@svh-verlag.de

Herstellung: siehe letzte Seite /
Printed at: see last page
ISBN: 978-3-8381-3832-9

Zugl. / Approved by: Hamburg, Universität, Diss., 2013

Copyright © 2015 OmniScriptum GmbH & Co. KG
Alle Rechte vorbehalten. / All rights reserved. Saarbrücken 2015

Inhaltsverzeichnis

1 Einleitung 1
   1.1 Wofür Nanopartikel? 1
   1.2 Zelluläre Aufnahmemechanismen 3
      1.2.1 Phagozytose 3
      1.2.2 Endozytose 6
      1.2.2.1 Clathrin-vermittelte Endozytose 6
      1.2.2.2 Caveolae-vermittelte Endozytose 7
      1.2.2.3 G-Protein-Rezeptor gekoppelte Endozytose 9
      1.2.2.4 Clathrin- und Caveolae-unabhängige Endozytose 11
      1.2.3 Scavenger Rezeptor-vermittelte Aufnahme-Mechanismen 13
   1.3 Aufnahme von Nanopartikeln 14
   1.4 Physiologie des Eisenstoffwechsels 19
      1.4.1 Absorption 20
      1.4.1.1 DMT1 21
      1.4.2 Transport & Zelluläre Aufnahme 22
      1.4.2.1 Transferrin 24
      1.4.2.2 Transferrin-Rezeptor 1 24
      1.4.2.3 Transferrin-Rezeptor 2 25
      1.4.3 Verwendung 26
      1.4.4 Verlust 28
      1.4.5 Rezyklierung 28
      1.4.5.1 Ferroportin 1 28
      1.4.6 Speicherung 30
      1.4.6.1 Ferritin 31
      1.4.6.2 Hämosiderin 33
      1.4.7 Regulierung 34
      1.4.7.1 Intrazelluläre Regulierung 34
      1.4.7.2 Systemische Regulierung 37
   1.5 Toxizität von Nanopartikeln 40
   1.6 Ziel der Arbeit 47

2 Material und Methoden 48
   2.1 Verwendete Nanopartikel und Eisenpräparate 48
      2.1.1 PMAcOD SPIOs 48
      2.1.2 PI-b-PEOs 48
      2.1.3 nanomag®-D-spios 49
      2.1.4 Venofer® 50
      2.1.5 Ferinject® 50

	2.1.6	Sinerem®	50

2.2 Chemische Methoden 51

- 2.2.1 Radioaktive Markierung der SPIOs 51
- 2.2.2 Herstellung der PMAcOD SPIOs 51
- 2.2.3 Herstellung der Nanosomen 52
- 2.2.4 Eisenbestimmung der PMAcOD SPIOs mittels Bathophenanthrolin Assays 53

2.3 Biophysikalische Methoden 54

- 2.3.1 Größenausschluss-Chromatographie 54
- 2.3.2 Dynamische Lichtstreuungsmessung (DLS) 54
- 2.3.3 Atomabsorptionsspektroskopie (AAS) 54
- 2.3.4 Transmissionselektronen-Mikroskopie 54
- 2.3.5 Radioaktivitätsmessungen 55

2.4 Zellkultur 56

- 2.4.1 Verwendete Zellen und Kultivierung 56
- 2.4.2 Inkubation der Zellen mit Nanopartikel und Zellernte 57
- 2.4.3 Proteinisolierung 58
- 2.4.4 Membranprotein Präparation 59
- 2.4.5 Aufnahme-Experimente mit Inhibitoren 59
- 2.4.6 Bestimmung des intrazellulären labilen Eisenpools (LIP) 60
- 2.4.7 Immunofluoreszenz 61
- 2.4.8 Knock down Experimente mittels esiRNA 62
- 2.4.9 ROS-Nachweis mittels DCF-DA 63
- 2.4.10 Trypanblau Färbung von Zellen 63
- 2.4.11 MTT-Test 64
- 2.4.12 CellTiter-Blue® Cell Viability Assay 64
- 2.4.13 LDH Assays 65

2.5 Biochemische Methoden 66

- 2.5.1 Proteinbestimmung nach LOWRY 66
- 2.5.2 Gelelektrophorese und Western Blot 67
- 2.5.3 ELISA 69
- 2.5.4 TBARS 69
- 2.5.5 Glutathion-Assay 70

2.6 Molekularbiologische Methoden 71

- 2.6.1 mRNA Präparation 71
- 2.6.2 Umschreibung in cDNA 71
- 2.6.3 RT-PCR 72

2.7 *In vivo* Experimente 74

2.8 Statistik 74

3 Ergebnisse und Diskussion 75

3.1 Physikalische Charakterisierung der verwendeten Eisenoxid-Nanopartikel 75

    3.1.1   Untersuchung der Größenverteilung der Eisenoxid-Nanopartikel mittels Dynamischer Lichtstreuungsmessung (DLS) 75

    3.1.2   Begutachtung der Eisenoxid-Nanopartikel mittels Transmissionselektronenmikroskopie (TEM) 77

3.2 Aufnahme von Eisenoxid-Nanopartikel 79

    3.2.1   Aufnahme von Eisenoxid-Nanopartikel durch die Leber 79

    3.2.2   Aufnahme von Eisenoxid-Nanopartikel durch Zellen 83

    3.2.2.1   Quantitative Bestimmung der Nanopartikel-Aufnahme 83

    3.2.2.2   Darstellung der Nanopartikel-Aufnahme mittels Transmissionselelektronenmikroskopie (TEM) 90

    3.2.2.3   Untersuchung des Aufnahmemechanismus.. 93

3.3 Degradation und Metabolisierung von Eisenoxid-Nanopartikel 102

    3.3.1   Untersuchung des intrazellulären labilen Eisenpools (LIP) 102

    3.3.2   Untersuchung der Expression spezifischer „Eisen-Homöostase-Gene" 106

    3.3.2.1   *In vitro* 106

    3.3.2.2   *In vivo* 115

    3.3.3   Untersuchung der Ferritin-Produktion 116

    3.3.3.1   *In vitro* 117

    3.3.3.2   *In vivo* 123

    3.3.4   Untersuchung der Ferroportin 1 Expression 124

    3.3.4.1   *In vitro* 124

    3.3.4.2   *In vivo* 127

    3.3.5   Messung des Eisen-Exports nach Nanopartikel-Aufnahme 128

    3.3.6   Untersuchung des endosomalen/ lysosomalen Abbauweges durch DMT1 knock down 131

3.4 Toxizität von Eisenoxid-Nanopartikeln 134

    3.4.1   Untersuchung der Genexpression spezifischer Stress-und Toxizitätsgene 134

    3.4.1.1   Expressionsmuster in der Mäuseleber 134

    3.4.1.2   Expressionsmuster *in vitro* 159

    3.4.2   Untersuchung der JNK- und der p38- Phosphorylierung 164

    3.4.3   Generierung von oxidativem Stress *in vitro* 169

    3.4.3.2   Untersuchung der Lipid-Peroxidation mittels TBARS 171

    3.4.3.3   Untersuchung der Glutathion-Produktion 173

    3.4.4   Untersuchung von Zellvitalität, Stoffwechselumsatz und Membranintegrität 175

    3.4.4.1   Untersuchung der Zellvitalität mittels Trypanblau Färbung 175

    3.4.4.2   Untersuchung der Zellviabilität mittels MTT-Test 176

    3.4.4.3   Untersuchung der Zellviabilität mittels CellTiter-Blue® Cell Viabilty Assay 177

    3.4.4.4   Untersuchung der Membranintegrität mittels LDH-Assay 178

3.5 Orale Applikation von Eisenoxid-Nanopartikel 180

	3.6 Zusammenfassung	182
	3.7 Summary	186
4	Anhang	189
5	Literaturverzeichnis	191
	Danksagung	226

Abkürzungsverzeichnis

AAS	Atomabsorptionsspektroskopie
AHR	engl.: *Aryl hydrocarbon receptor*
AK	Antikörper
AP2	Adapter Protein 2
apoB	Apolipoprotein B
AS	Aminosäure(n)
ATF2	engl.: *Activating transcription factor 2*; Aktivierender Transkriptionsfaktor 2
Atr	engl.: *Ataxia telangiectasia and Rad3 related*
β	Massenkonzentration [g/L]
Bak	engl.: *Bcl-2 homologous antagonist/killer*; ein Protein der Bcl-2 Familie
BMDMs	engl.: *Bone marrow–derived macrophages*
BMP	engl.: *Bone-morphogenetic protein*
BMPR	engl.: *Bone-morphogenetic protein receptor*
Bq	Becquerel: SI-Einheit der Aktivität eines radioaktiven Stoffes; 1 Bq = 1 s^{-1}
BSA	Bovines Serum-Albumin
CAK	engl.: *CDK-activating kinase*; CDK-aktivierende Kinase
CAR	engl.: *Constitutive androstane receptor*
co-SMAD	engl.: *common mediator SMAD*
DAG	1,2-Diacylglycerol
DCT1	engl.: *Divalent cation transporter 1*
Dcytb	Duodenales cytochrom b
DFO	Deferoxamin, ein Eisenchelator
DLS	engl.: *Dynamic Light Scattering*; Dynamische Lichtstreuungsmessung
DPBS	Dulbecco's Phosphate-Buffered Saline
DMT1	Divalenter Metall-Ionen Transporter 1; auch NRAMP2, DCT1, SLC11A2;
DNA-PK	engl.: *DNA-dependent protein kinase*; DNA-abhängige Protein Kinase
DTPA	Diethylenetriaminepentaacetic acid; ein Chelator
EGF	engl.: *Epidermal growth factor*; Epidermaler Wachstumsfaktor
EIPA	5-(*N*-ethyl-*N*-isopropyl)amiloride; ein Inhibitor
ERK	engl.: *Extracellular-signal Regulated Kinases*; auch MAPK
FAC	engl.: *Ferric ammonium citrate*; Ammonium-Eisen(III)-Citrat; [$C_6H_8O_7$ ·xFe^{3+} · yNH$_3$]
FADD	engl.: *Fas-Associated protein with Death Domain*; ein Adapter-Protein
FAS	engl.: *Ferrous ammonium sulfate hexahydrate*; Ammonium-Eisen(II)-Sulfat Hexahydrat; [$(NH_4)_2Fe(SO_4)_2 \cdot 6H_2O$]
FBXL5	engl.: *F-Box and leucine-rich repeat protein 5*
FDA	Food and Drug Administration; behördliche Lebensmittelüberwachung und Arzneimittelzulassungsbehörde der USA
Fpn1	Ferroportin 1
g	Relative Zentrifugalbeschleunigung
GM-CSF	engl.: *Granulocyte/macrophage colony stimulating factor*;

	Granulozyt-/Makrophagen-Kolonie stimulierender Faktor
GPCR	engl.: *G-protein coupled receptor*; G-Protein-gekoppelter Rezeptor
GPI	Glycosylphosphatidylinositol
GPX	Gluthion Peroxidase
GSR	Glutathion Reduktase
GST	Glutathion-S-Transferase
HAMCO	Hamburger Ganzkörperzähler
HBSS	Hanc's Balanced Salt Solution; Puffer
HCP1	engl.: *Heme Carrier Protein 1*; Häm Transporter
HDL	engl.: *High Density Lipoprotein*; Lipoprotein hoher Dichte
HGF	engl.: *Hepatocyte growth factor*; Hepatozyten-Wachstumsfaktor
HIF	engl.: *Hypoxia-inducible factor*
HJV	Hämojuvelin
Hmox1	Hämoxygenase 1
HUVEC	Human Umbilical Vein Endothelial Cells: Endothelzellen aus der Nabelschnurvene
HWZ	Halbwertszeit
IFN	Interferon
IKK	NFκB-Inhibitor Kinase
Il	Interleukin
iNOS	engl.: *inducible Nitric oxide synthase*; induzierbare Stickstoffoxid Synthase
IP_3	Inositol-1,4,5-Trisphosphat
IRE	engl.: *Iron responsive element*
IREG1	engl.: *Iron-regulated transporter 1*
IRP	engl.: *Iron regulatory protein*
JAK	Janus Kinase
JNK	engl.: *c-Jun N-terminal kinase*
kDa	kiloDalton: Einheit für das Molekulargewicht
LDH	Lactatdehydrogenase
LDL	engl.: *Low Density Lipoprotein*; Lipoprotein niederer Dichte
LIF	engl.: *Leukemia inhibitory factor*; Leukämie inhibierender Faktor
LIP	engl.: *Labile Iron Pool*; Intrazellulärer labiler Eisenpool
LPS	Lipopolysaccharid
LXR	engl.: *Liver X receptor-like*
MAPK	engl.: *Mitogen-activated protein kinase*; auch MAP Kinase oder ERK
MEKK	Mitogen-aktivierte Protein Kinase Kinase Kinase; auch MAPKKK
MKK	Mitogen-aktivierte Protein Kinase Kinase; auch MAPKK
MRI	Magnetresonanz Imaging
MRT	Magnetresonanztomographie
MTP1	Metal-Transporter-Protein 1
NADPH	Nicotinamidadenindinukleotidphosphat (redzuierte Form)
NF-κB	engl.: *Nuclear factor 'kappa-light-chain-enhancer' of activated B-cells*
NIK	engl.: *NF-kappa-B-inducing kinase*; NF-kappa-B-induzierende Kinase

nm	nanometer (10^{-9} m)
NO	Stickstoffmonoxid
NOS	engl.: *Nitric oxide synthase*; Stickstoffoxid Synthase
NRAMP	engl.: *Natural resistance-associated macrophage protein*
Nrf2	engl. *Nuclear factor erythroid derived 2, like 2;* Nfe2l2
PI3K	Phosphoinositid-3-Kinase
PI-b-PEO	Polyisoprene-block-poly(ethylene oxide)
PIC	Protease Inhibitor Cocktail
PIP_2	Phosphinositol-4,5-Bisphosphat
PKC	Proteinkinase C
PLC	Phospholipase C
PMAcOD	Poly-Maleinsäureanhydrid-alt-1-octadecen; engl.: **p**oly **m**aleic **ac**id-alt-1-**oct**a**d**ecene
PPARA	engl.: *Peroxisome proliferator-activated receptor α*
PXR	engl.: *Pregnane X receptor*
qRT-PCR	quantitative RT-PCR
RES	Retikuloendotheliales System
RIP	engl.: *Receptor-interacting protein*; Rezeptor-interagierendes Protein
RORA	engl.: *RAR-related orphan receptor-α*
R-SMAD	engl.: *Receptor-mediated SMAD*; Rezeptor-vermitteltes SMAD
RT-PCR	engl.: *Reverse transcription polymerase chain reaction*; Reverse Transkription Polymerase-Kettenreaktion
RXR	engl.: *Retinoid X receptor*
SIH	Salicylaldehydisonicotinoylhydrazon, ein starker Eisenchelator
Slc40a1	engl.: *Solute carrier family 40 member 1;*
SMAD	engl.: *Mothers against decapentaplegic homolog*
SOD	Superoxid Dismutase
SPIOs	Superparamagnetische Eisenoxid-Nanopartikel
SR	Scavenger-Rezeptor
STEAP3	engl.: *Six-transmembrane epithelial antigen of prostate-3*
TEM	Transmissionselektronen-Mikroskopie
TfR	Transferrin-Rezeptor
TGFα/β	engl.:*Transforming Growth Factor α/β*; Transformierender Wachstumsfaktor α/β
TLR	Toll-like Rezeptor
TNFα	Tumornekrosefaktor alpha
TP53RK	engl.: *TP53-regulating kinase*; TP53-regulierende Kinase
TRADD	engl. *Tumor necrosis factor receptor type 1-associated DEATH domain protein*; ein Adapter-Protein
TRAF	TNF receptor associated factor
VLDL	engl.: *Very Low Density Lipoprotein*; Lipoprotein sehr geringer Dichte

Die in Kap.3.4.1 verwendeten Gen-Bezeichnungen sind in Tab. 4.1 im Anhang erläutert.

1 Einleitung

1.1 Wofür Nanopartikel?

Als Nanopartikel (von griech. „*nanos*" = Zwerg, zwergenhaft) wird ein Verbund von wenigen bis einigen tausend Atomen oder Molekülen bezeichnet, der in der Regel eine 1 nm bis 100 nm (1 nm = 10^{-9} m) große Struktur ausbildet, wobei dieser Größenbereich keine starre Grenze, sondern eine grobe Richtlinie ist. Sie können aus verschiedenen Materialien synthetisiert werden, häufig bestehen verwendete Nanopartikeln aber aus Kohlenstoff (z.B. „*Carbon black*", Fullerene und Nanoröhren), Metallen (z.B. Gold, Silber, Eisen), Metall- und Halbmetall-Oxiden (SiO_2, TiO_2, Al_2O_3, Fe_2O_3, Fe_3O_4, ZnO), Halbleitern wie Cadmiumtellurid (CdTe), Cadmiumselenid (CdSe) und Silizium („Quantum dots"), oder Polymeren wie Dendrimere und Blockcopolymere. Durch ihre sehr kleine Struktur besitzen sie jedoch häufig andere chemische und physikalische Eigenschaften als ihre Festkörper und größere Partikel. So haben z.B. Massenkräfte (z.B. die Gewichtskraft) einen geringen Einfluss. Aufgrund ihrer im Verhältnis zum Volumen sehr großen spezifischen Oberfläche nimmt stattdessen der Einfluss von Oberflächenkräften (z. B. Van-der-Waals-Kraft) und die Oberflächenladung zu, was zu einer höheren chemischen Reaktivität der Nanopartikel führen kann. Heutzutage finden sich Nanopartikel in vielen täglichen Anwendungen. Bekannte Beispiele sind Leseköpfe in Festplatten, Carbon black in Autoreifen, Liposomen in „*Anti-Aging*" Produkten, oder Titandioxid als UV-Filter in Sonnencremes. Auch im Fassadenputz, auf Dachziegeln, wo sie das Wachstum von Algen verhindern sollen, in wasserabweisenden Textilien, Farben und Lacken, in Waschmitteln sowie in Pflegeprodukten wie Deodorants und Zahnpasten sind Nanopartikel vorzufinden.

In der medizinischen Anwendung werden Nanopartikel z.B. für das Wachstum künstlicher Knochen und die Herstellung von Knochenersatzmaterial und Implantaten verwendet (Silva, 2004; Hosseinkhani & Hosseinkhani, 2009). In Wundverbänden kommen z.B. antimikrobiell wirkende Silber-Nanopartikel vor. Besonders interessant und das wohl am meisten untersuchte Gebiet ist die Verwendung von Nanopartikeln als Vehikel für den zielgerichteten Transport von Wirkstoffen und Medikamenten (z.B. Polymer-Protein-Konjugate, Wirkstoff-Nanosuspensionen, Liposomen) (Hosseinkhani & Hosseinkhani, 2009; Kim et al., 2010). Dieser kann vor allem durch die Wahl der Größe des Partikels und die Beschaffenheit der Oberfläche, gesteuert werden. Durch Beschichtung mit spezifischen Molekülen (z.B. Peptide, Proteine, Antikörper, Polymere) oder funktionalen Molekülgruppen (z.B. Amino- oder Carboxylgruppen) können die Retention im Blut und die Aufnahme in den Zielzellen in gewisser Weise gesteuert werden, um so den erwünschten Effekt zu erzielen, und dabei idealerweise Nebenwirkungen zu reduzieren. Der Einsatz von Nanopartikeln z.B. bei der Tumorbekämpfung wurde bereits untersucht. Durch die Physiologie des Tumors (*„enhanced permeability and retention effect"*), einer ausreichend hohen Bluthalbwertszeit, und einem gezielten Ansteuerung von Zielmolekülen reichern sich die applizierten Nanopartikel idealerweise im Tumor an, bevor eine Entsorgung über die Leber stattfindet (Cho et al., 2008). Das bei Anti-Tumor-Therapien bekannte Problem der „*Multi Drug Resistence*" kann dadurch reduziert werden.

Sogar die Überwindung der Blut-Hirn-Schranke erscheint mit Nanopartikeln möglich.

Superparamagnetische Nanopartikel werden schon seit relativ langer Zeit als Kontrastmittel für das diagnostische Magnetresonanz Imaging (MRI) zur Untersuchung von Tumoren und Läsionen verwendet. „Paramagnetisch" sind Stoffe mit ungepaarten Elektronen (Radikale, Übergangsmetallkationen, Lanthanoidkationen), die selbst nur in einem externen magnetischen Feld magnetisch werden. Ihre magnetische Suszeptibilität (Magnetisierbarkeit) ist > 1. Dabei sind die magnetischen Momente (Spins) der Elektronen voneinander unabhängig und werden nur von dem externen Magnetfeld dahin gehend beeinflusst, dass sie sich entlang der magnetischen Feldlinien ausrichten, was zur Verstärkung des Magnetfeldes innerhalb der Materie führt. Diese geordnete Ausrichtung nimmt mit steigender externer Feldstärke zu. „Superparamagnetismus" tritt je nach Stoff unterhalb einer bestimmten Partikelgröße auf. Dann nämlich nimmt die Anzahl der magnetischen Bezirke (Weiss-Bezirke) ab. Unterhalb einer kritischen Größe existiert nur ein Weiss-Bezirk, in dem sich alle magnetischen Momente parallel zueinander anordnen. Bei Fe_3O_4 Partikeln ist bei einer Größe von ca. 20-30 nm nach Abschaltung des externen Magnetfeldes die thermische Energie ausreichend, um die geordnete Ausrichtung aufzuheben, so dass das Material im Gegensatz zu paramagnetischen Substanzen seine gesamte Magnetisierung verliert, d.h. superparamagnetische Materialien zeigen keine Hysterese.

In diesem Zusammenhang sind Eisen-basierte Nanopartikel von Vorteil, da sie eine vermeintlich geringe Toxizität aufweisen und stark mit hochfrequenten elektromagnetischen Feldern interagieren (Hussain et al., 2005; Kim et al., 2006). Da sie eine inhomogene Magnetisierbarkeit aufweisen und die Relaxationskurve ändern, haben SPIOs als Negativ-Kontrastmittel große Akzeptanz bei der diagnostischen Radiologie (MRI) gefunden (Ito et al., 2005; Lacava et al., 2001). Dabei kamen besonders häufig Dextran-umhüllte Superparamagnetische Eisenoxid-Nanopartikel (SPIOs), wie z.B. Resovist™ (Ferucarbotran, SHU 555A), Feridex/Endorem (AMI-25) oder Sinerem® (Combidex) zum Einsatz (Weissleder et al., 1989a; Weissleder et al., 1989b Weissleder et al., 1989c; Wang et al., 2001). Andere häufig verwendete Hüllenmaterialien sind Silikon, Citrat oder PEG.

Neben der Funktion als Kontrastmittel wird die Verwendung von SPIOs auch für Zellmarkierungen und Gewebezüchtung untersucht (Catherine, 2009). In den letzten Jahren haben SPIOs auch zunehmend als therapeutisches Agens durch Kopplung an Biomolekülen für ein gezieltes „targeting" an Bedeutung gewonnen (Sosnovik et al., 2008; Schaeffter & Dahnke, 2008). Außerdem können SPIOs für die minimal invasive Chirurgie oder Hyperthermie-Therapien (z.B. für die Glioma-Therapy) verwendet werden, bei der die in den Tumor aufgenommenen Partikel durch ein externes Magnetfeld oder Laserlicht erwärmt werden und so gezielt Tumorzellen abtöten (van Landeghem et al., 2009); (Ito et al., 2005). In einer neueren Studie reduzierte die Gabe von magnetischen Fe_3O_4 Nanopartikeln die Bildung von Amyoloidprotein-Aggregationen, die häufig bei der Parkinson-Krankheit vorkommen (Bellova et al., 2010) Dies resultiert aus dem Potenzial von Nanopartikeln, mit Biomolekülen wie Proteinen oder DNA zu interagieren, wodurch auf der anderen Seite unphysiologische und toxische Reaktionen hervorgerufen werden können (siehe dazu Kap. 1.5).

Zusammenfassend lässt sich aber sagen, dass Nanopartikel vor allem in der Nanomedizin für diagnostische und therapeutische Anwendungen vielversprechende Kandidaten sind.

1.2 Zelluläre Aufnahmemechanismen

Zellen in einem Organismus wachsen, reproduzieren sich, reagieren auf Reize, und vollziehen eine Vielzahl von chemischen Prozessen. Eine Voraussetzung dafür ist der Stoff-Austausch mit der Umgebung zur Nährstoffaufnahme, die Exkretion von Stoffwechselprodukten und die Regulation von intrazellulären Ionen-Konzentrationen.

Nur wenige, ungeladene Moleküle wie Gase (O_2, CO_2, N_2), Wasser, Harnstoff oder Ethanol können die hydrophobe Zellmembran passiv überwinden (Diffusion). Die meisten kleinen und hydrophilen Moleküle, wie Ionen, Aminosäuren, Zucker, Fettsäuren und Nukleotide, gelangen über Membran-Transportproteine (ATP-betriebene Pumpen, „Carrier" und Kanäle) in die Zelle.

Bei der Aufnahme von größeren Molekülen wie z.B. Nanopartikeln spielen andere Transportprozesse eine Rolle. Im Folgenden werden die in Abb. 1.1 dargestellten Phagozytose- und Endozytose-Mechanismen beschrieben.

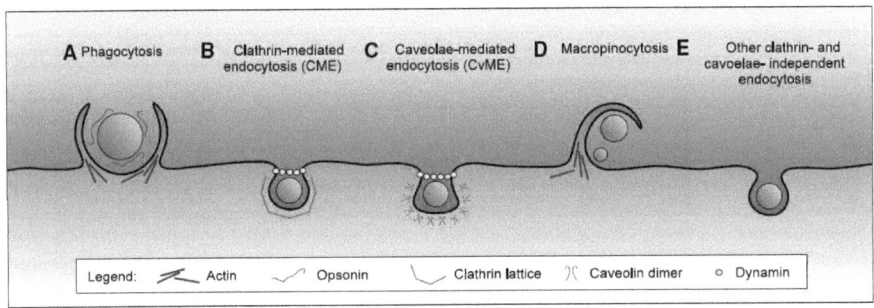

Abb. 1.1: Zelluläre Aufnahmemechanismen, die bei der Nanopartikel-Aufnahme in Frage kommen (Abbildung aus Hillaireau & Couvreur, 2009)

1.2.1 Phagozytose

Phagozytose ist ein unselektiver Aufnahmeprozess, der von spezialisierten eukaryontischen Zellen, vor allem Makrophagen, Monozyten, Neutrophile Granulozyten und Dendritischen Zellen, durchgeführt wird (Aderem & Underhill, 1999). Sie wird zur Aufnahme und Degradation von Fremdkörpern und seneszenten Zellen durchgeführt, und sie spielt bei der Entwicklung und Gestaltung von Geweben sowie bei der Immunantwort und Entzündungsprozessen eine Rolle. Bei der Phagozytose können ganze Bakterien oder große Partikel (> 0,5 µm) durch Umschließen durch Zellmembranausstülpungen (Pseudopodien) aufgenommen werden (Abb. 1.3 A). Dies geschieht durch Aktin-Polymerisierung, die durch GTPasen der Rho Familie induziert wird (Caron & Hall, 1998). Darüber hinaus sind bei dem Vorgang noch weitere Proteine beteiligt (Aktin-bindende Protein, verschiedene Protein Kinasen). Ein Schlüsselfaktor für eine effiziente Aufnahme ist die so genannte Opsonierung, die Beladung des aufzunehmenden Partikels mit bestimmten Proteinen im Blut. Häufig sind es Komplement Proteine, Immunglobuline (IgG, IgM), Laminin, Fibronektin, C-reaktives Protein oder Typ-I Kollagen (Vonarbourg et al., 2006; Owens III & Peppas, 2006). Die Aufnahme erfolgt nach Bindung an den jeweiligen Rezeptor (Abb. 1.2). Harashima et al. (1994) haben herausgefunden, dass die Opsonierung mit zunehmender Partikelgröße zunimmt, und mit der Partikelaufnahme positiv korreliert.

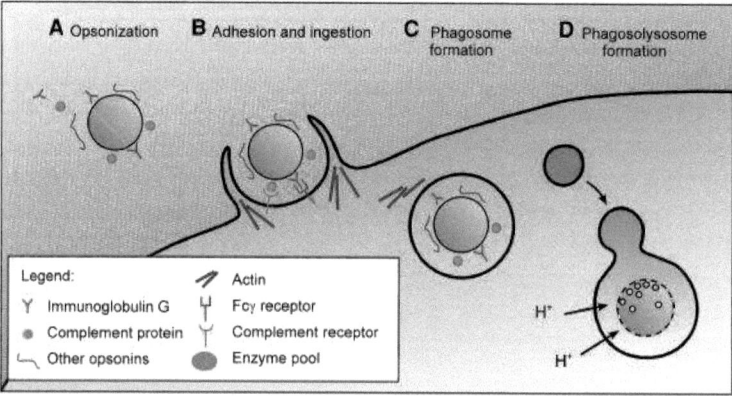

Abb. 1.2: Partikel-Aufnahme durch Phagozytose. Nach Opsonierung mit Immunglobulinen (hauptsächlich IgG), Komplement Proteinen oder anderen Proteinen wie Fibronektin (**A**) bindet der Partikel an Rezeptoren der Zelloberfläche und bewirkt die Aktin-Polymerisation (**B**). Über Membranausstülpungen wird der Partikel internalisiert (**C**). Das entstandene Phagosom reift durch Verschmelzung mit frühen/späten Endosomen und fusioniert mit Lysosomen, wo es angesäuert und der Inhalt degradiert wird (**D**) (Abbildung aus Hillaireau & Couvreur, 2009)

Bei der Fcγ-Rezeptor-vermittelten Phagozytose bindet der Fcγ-Rezeptor ein IgG-Molekül. Fc-Rezeptoren sind Membranrezeptoren für verschiedene Immunglobulin Isotypen. Alle Moleküle außer dem FcRn-Rezeptor gehören zur Immunglobulin-Superfamilie. Der Name kommt von der Bindungsspezifität zu dem Fc-Fragment (engl. *crystallisable fragment*) eines Antikörpers. Die Fcγ-Rezeptoren gehören zu den wichtigsten Fc-Rezeptoren für die Phagozytose-Induzierung von opsonisierten Bakterien (Fridman, 1991). Es gibt verschiedene Strukturtypen des Fcγ-Rezeptors: FcγRI (CD64), FcγRII (CD32) und FcγRIII (CD16). Sie unterscheiden sich in ihrer Antikörper-Affinität aufgrund ihrer unterschiedlichen Molekül-Strukturen (Indik et al., 1995). Zum Beispiel bindet FcγRI IgG stärker als FcγRII oder FcγRIII. In humanen Makrophagen kommen alle drei Typen vor und werden durch Bindung eines opsonisierten Partikels quervernetzt. Dies bewirkt die Phosphorylierung der zytoplasmatischen Domänen der Rezeptoren und dadurch die Auslösung einer Signalkaskade, an deren Ende die Aktin-Polymerisierung und die Partikel-Internalisierung stehen. Neben den bereits genannten Komponenten sind an dem Aufnahmeprozess auch Protein Kinase C sowie verschiedene Motorproteine (Myosine) beteiligt (Aderem & Underhill, 1999).

Neben Fcγ- und Komplement-Rezeptoren können auch noch andere Rezeptoren an der Phagozytose beteiligt sein, wie z.B. der Mannose/Fructose-Rezeptor, verschiedene Komplement-Rezeptoren

(Aderem & Underhill, 1999) oder der Scavenger-Rezeptor (siehe Kap. 1.2.3).

Der Komplement-Rezeptor bindet Komplement-Proteine, die im Serum vorkommen. Während die Fcγ-Rezeptor-vermittelte Phagozytose konstitutiv aktiv ist, benötigt die Komplement-Rezeptor-vermittelte Phagozytose neben der Bindung der Komplement-Proteine weitere Stimuli (PKC-Aktivierung, TNFα, GM-CSF, u.a.) (Pommier et al., 1983). Auch die Morphologie des Internalisierungs-prozesses unterscheidet sich: Während bei der Fcγ-Rezeptor-vermittelten Phagozytose der Partikel von Pseudopodien umschlungen und hineingezogen wird, treten diese bei der Komplement-Rezeptor-vermittelten Phagozytose nicht oder nur mit geringem Ausmaß auf (Allen & Aderem, 1996; Kaplan, 1977). Stattdessen „sinkt" der opsonisierte Partikel in die Zellmembran ein (Abb. 1.3 B). Dabei ist der Kontakt mit der Membran weniger eng anliegend und kompakt, sondern eher punktuell. Darüber hinaus ist die Internalisierung auf funktionsfähige Mikrotubuli angewiesen, und es wurden Vesikel unterhalb des sich bildenden Phagosoms beobachtet, die auf ein intensives Membran „trafficking" hindeuten (Pfeile in Abb. 1.3 B) (Allen et al., 1996).

Ein weiterer Unterschied besteht in der Freisetzung proinflammatorischer Substanzen während der Phagozytose. Während Makrophagen bei der Fcγ-Rezeptor-vermittelten Phagozytose solche Stoffe freisetzen, wurde das bei der Komplement-Rezeptor-vermittelten Aufnahme nicht beobachtet (Aderem et al., 1985).

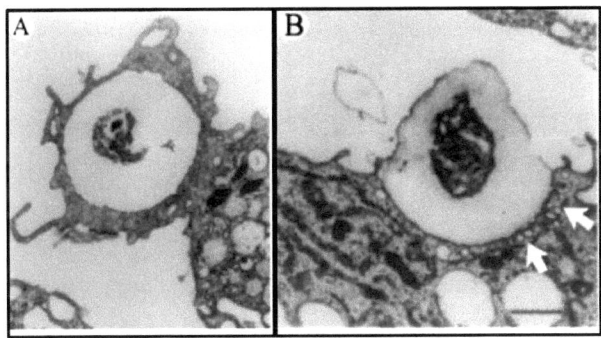

Abb. 1.3: Cryo-EM-Bilder von verschiedenen Phagozytose-Mechanismen. **A**: Makrophage internalisiert ein mit IgG opsonisiertes Partikel durch Ausbildung von Pseudopodien. **B**: Makrophage internalisiert ein mit Komplement-Proteinen opsonisiertes Partikel durch „Einsinken" in die Zellmembran. Die Pfeile deuten auf kleine Vesikel direkt unter dem sich bildenden Phagosom (Abbildung aus Aderem et al., 1999)

Nach Internalisierung des Partikels befördert das Phagolysosom den Inhalt durch das Zytoplasma, wobei Aktin depolymerisiert und das Phagolysosom unter Mitwirkung von Mikrotubuli mit frühen und späten Endosomen, und letztendlich mit Lysosomen, verschmilzt. (Swanson & Baer, 1995). Dieser Vorgang dauert je nach Partikel-Eigenschaften eine halbe Stunde bis zu einigen Stunden (Aderem & Underhill, 1999). Die Phagolysosomen werden durch Einstrom von H^+-Ionen über Protonen-Pumpen und mit Hilfe von Enzymen (Esterasen, Kathepsine) angesäuert und der Inhalt degradiert (Claus et al., 1998).

1.2.2 Endozytose

Traditionell wurden die Nicht-Phagozytose-Mechanismen als „Pinozytose" bezeichnet, was so viel wie „Zelltrinken", also die Aufnahme von Flüssigkeiten und den darin gelösten Substanzen, bedeutet, im Gegensatz zur Phagozytose, der Aufnahme von festen Bestandteilen („Zellessen"). Besonders im Zusammenhang mit sehr kleinen und festen Nanopartikeln, die durchaus über Endozytose-Mechanismen aufgenommen werden können, ist diese Unterscheidung nicht relevant.
Während Phagozytose von spezialisierten Zellen (Phagozyten) durchgeführt wird, können andere Endozytose-Mechanismen von so gut wie allen Zellen durchgeführt werden. Im Folgenden wird zwischen der Clathrin-vermittelten, Caveolae-vermittelten Endozytose, Makropinozytose, und anderen Clathrin- und Caveolae-unabhängigen Aufnahmewegen unterschieden.

1.2.2.1 Clathrin-vermittelte Endozytose

Die Clathrin-vermittelte Endozytose erfolgt konstitutiv in allen Säugetierzellen zur Nährstoffaufnahme und intrazellulären Kommunikation. Dabei lässt sich eine Rezeptor-unabhängige von der Rezeptor-abhängigen Endozytose unterscheiden. Bei der der Rezeptor-unabhängigen Endozytose bewirken Ladung und hydrophobe Wechselwirkungen die Interaktionen mit der Zellmembran (Bareford & Swaan, 2007). Die Internalisierungsrate ist deutlich geringer als bei der Rezeptor-abhängigen Endozytose. Hier binden die Makromoleküle an komplementäre Oberflächen-Rezeptoren, akkumulieren in Clathrin-umhüllten Membraneinstülpungen („coated pits") und gelangen als Rezeptor-Makromolekül-Komplex in Clathrin-umhüllten Vesikeln in die Zelle (Kanaseki & Kadota, 1969). Die Rezeptor-Bindung vermittelte dabei eine hohe Selektivität, so dass auch in geringen Konzentrationen vorkommende Moleküle effizient aufgenommen werden können. Auch bestimmte Viren (z.B. Influenza) sind bekannt dafür, diesen Aufnahmeweg zu beschreiten (Marsh & Helenius, 2006).
In Hepatozyten oder Fibroblasten können 2 % der gesamten Zelloberfläche aus Clathrin- „coated pits" bestehen. Die Clathrin-Ummantelung liefert dabei einerseits die mechanische Kraft für die Membraneinstülpung. Andererseits dient sie als Andockstelle für verschiedene Oberflächen-Rezeptoren. Dabei spielt das Protein Adaptin eine große Rolle. Diese formen zusammen mit weiteren Proteinen Adapter-Protein (AP) Komplexe, die das Clathrin-Gerüst an die Membran heften und durch Bindung der zytosolischen Domäne des Rezeptors die Verankerung im „coated pit" bewirken (Abb. 1.4). Diese endozytotischen „Pits" sind auf eine Größe von ca. 120 nm beschränkt. Unter Mitwirkung von verschiedenen Rezeptoren können aber auch Partikel, die die Größe der Einstülpungen übersteigen, endozytotisch aufgenommen werden, wie anhand der Aufnahme von Viren und Bakterien gezeigt wurde (Sieczkarski & Whittaker, 2002; Stuart & Brown, 2006; Veiga & Cossart, 2006).
Prominente Beispiele für Moleküle, die über die Clathrin-vermittelte Endozytose Rezeptor-abhängig aufgenommen werden, sind Transferrin und LDL. Das durch LDL transportierte Cholesterin ist unter anderem für die Synthese von Zellmembranen wichtig. Der LDL-Rezeptor ist, wie viele andere

Rezeptoren auch, unabhängig davon, ob er seinen Liganden gebunden hat, in den Clathrin- „coated pits" vorzufinden. Andere benötigen eine Konformationsänderung durch Liganden-Bindung, um sich dort anzulagern. Auf jeden Fall wurde festgestellt, dass sich oft verschiedene Rezeptoren an solchen Regionen akkumulieren, so dass bis zu 1000 Rezeptoren pro „coated pit" vorzufinden sind.

Die clathrin-vermittelte Endozytose von Transferrin/Transferrinrezeptor-Komplexen ist in Kap 1.4.2.2 und Abb. 1.15 – Transport genauer beschrieben.

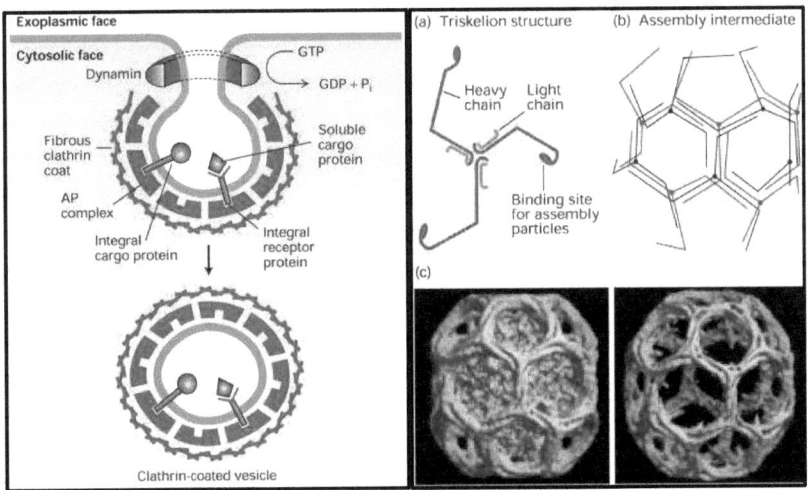

Abb. 1.4: Aufbau von Clathrin-umhüllten Membraneinstülpungen und Vesikeln. **links:** Die Membraneinstülpungen („coated pits") sind von einem Gerüst aus Clathrin-Molekülen, die über Adapter-Protein-Komplexe mit der Zellmembran verbunden sind, umgeben. Die Interaktion der zytosolischen Domäne des Rezeptors mit dem Adapter Protein 2 Komplex (AP complex) führt zur Inkorporation des Rezeptor-Liganden-Komplex in sich bildende endozytotische Vesikel. Die Abschnürung des Vesikels von der Zellmembran erfolgt durch Polymerisierung von Dynamin am Hals der Einstülpung unter Hydrolyse von GTP zu GDP+P_i. **rechts:** Ein Clathrin-Molekül besteht aus drei schweren und drei leichten Ketten und wird deshalb als „Triskelion" bezeichnet (a); das Clathrin-Gitter besteht aus 36 Clathrin „Triskelions" (b und c) (Abbildung aus Lodish et al., „Molecular Cell Biology 5th ed")

1.2.2.2 Caveolae-vermittelte Endozytose

In Säugetierzellen ist die Clathrin-vermittelte Endozytose der überwiegend vorkommende Endozytose-Mechanismus. Einen alternativen Aufnahmeweg stellt die Caveolae-vermittelte Endozytose dar, die viel langsamer erfolgt. Caveolae sind flaschenförmige Einstülpungen der Plasmamembran, die erstmals in den 1950er Jahren aufgrund ihrer Morphologie entdeckt wurden (Yamada, 1955). Sie sind in der Regel 50-80 nm groß (Bareford & Swaan, 2007; Conner & Schmid, 2003; Mayor & Pagano, 2007; Mukherjee et al., 1997), und sind an Cholesterin und Sphingolipiden angereichert (Anderson et al., 1998; Pralle et al., 2000), so dass sie oft mit „lipid rafts" in Verbindung gebracht werden. „Lipid rafts" sind Membran-Mikrodomänen, die mit Cholesterin,

Glycosphingolipiden, Sphingomyelin, Phospholipiden mit langen ungesättigten Fettsäureketten, Glycosylphosphatidylinositol-verankerten und zumindest einigen Membran-umspannenden Proteinen angereichert sind (Brown & London, 1998; Simons & Ikonen, 1997; Simons & Toomre, 2000; Simons & Van Meer, 1988). Ihr Name beruht auf der Präsenz der integralen Membranproteine Caveolin, einer Familie von 25 kDa großen Proteinen. Caveolin-Moleküle besitzen eine zentrale hydrophobe Domäne, von der man glaubt, dass sie die Membran zweimal umspannt, wobei die N- und C-terminalen Domänen auf der zytoplasmatischen Seite zu finden sind.

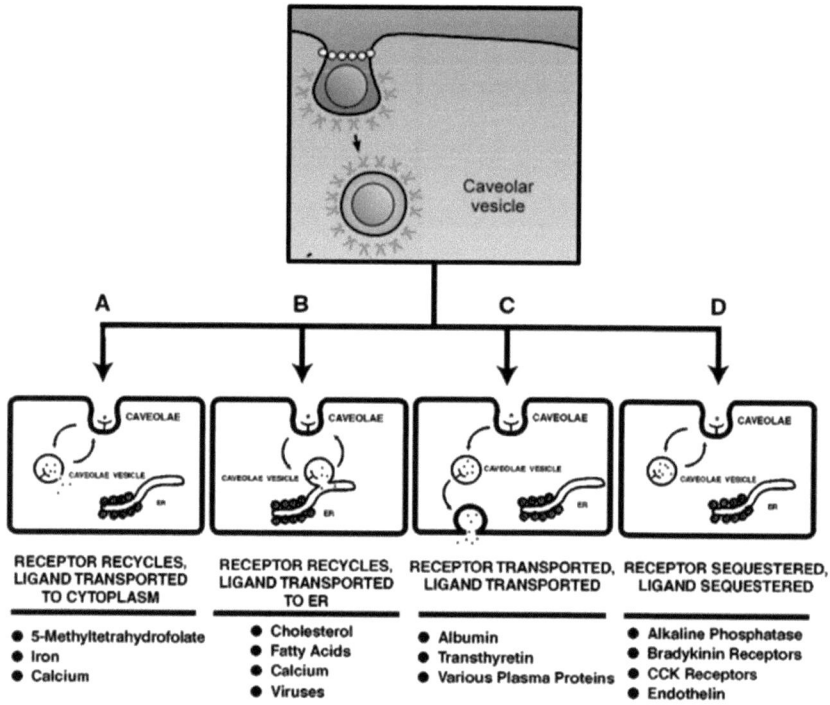

Abb. 1.5: Caveolae-abhängige Endozytose. Nach Beladung der flaschenförmigen Membraneinstülpung mit dem Liganden (z.B. Nanopartikel) schnürt Dynamin Caveolae-Vesikeln von der Zellmembran ab. Anschließend können die internalisierten Moleküle und Rezeptoren vier unterschiedliche Pfade einschlagen. **A**: Der Ligand gelangt ins Zytoplasma, während der Rezeptor an die Oberfläche zurückgeführt wird; **B**: Der Ligand gelangt zum ER, während der Rezeptor an die Oberfläche zurückgeführt wird; **C**: Der Ligand wird durch die Zelle zur gegenüberliegenden Zellmembran transportiert, der Rezeptor wird an die Oberfläche zurückgeführt; **D**: Der Rezeptor und Liganden bleiben im Caveolae-Vesikel; Beispiele für Moleküle des jeweiligen Transportwegs sind angegeben; zur Legende siehe Abb. 1.1 (oberer Teil modifiziert aus Hillaireau & Couvreur, 2009; unterer Teil modifiziert aus Anderson, 1998)

Lange Caveolin-Oligomere bilden eine Protein-Hülle, die auf der Oberfläche von Caveolae elektronenmikroskopisch sichtbar sind. In diesen Membranregionen, die in Endothelzellen, glatten

Muskelzellen und Fibroblasten 10-20 % der Zelloberfläche ausmachen können (Conner & Schmid, 2003), sind häufig verschiedene Signaltransduktions-Proteine (z.B. α-Untereinheiten von heterotrimeren G-Proteinen) (Resh, 1999), häufig über Glycosylphosphatidylinositol verankert, geclustert (Brown & London, 1998; Hooper, 1999). Die unmittelbare Nähe zueinander könnte die Interaktion zwischen ihnen erleichtert und so zu einer effizienteren Signaltransduktion führen (Simons & Toomre, 2000).

Caveolae können große Molekülkomplexe wie Cholera Toxin internalisieren (Lencer et al., 1999), und dienen als Tor bei der Eindringung von Viren (Anderson et al., 1998; Stang et al., 1997) und Bakterien, wodurch sie einem lysosomalen Abbau entgehen können (Shin & Abraham, 2001). Dieser Umstand gewinnt bei der gezielten Applikation von Medikamenten durch „Nanocarriers" zunehmend an Bedeutung.

Im Gegensatz zu der Clathrin-vermittelten Endozytose ist die Caveolae-vermittelte Endozytose ein stark regulierter Prozess mit komplexen Signaltransduktionswegen, der durch die Fracht selbst bestimmt werden kann (Bareford & Swaan, 2007; Conner & Schmid, 2003). Nach Bindung des Partikels an die Zelloberfläche bewegt er sich entlang der Membran zu Caveolae-Einstülpungen, wo er durch Interaktionen mit Rezeptoren gehalten werden könnte. Die Abschnürung der Caveolae von der Membran erfolgt durch Dynamin. Die entstehenden Caveolae-Vesikeln enthalten keinen Enzym-Cocktail, fusionieren also nicht mit Lysosomen, ein Vorteil für die Wirkstoff-Anlieferung, den sich auch viele Pathogen zu Nutze machen, um den lysosomalen Abbauweg zu umgehen (Hillaireau & Couvreur, 2009). Nach der Internalisierung kann der weitere zytoplasmatische Transportweg der Caveolae-Vesikel variieren (Abb. 1.5). Daran ist auch Aktin beteiligt (Pelkmans et al., 2002).

1.2.2.3 G-Protein-Rezeptor gekoppelte Endozytose

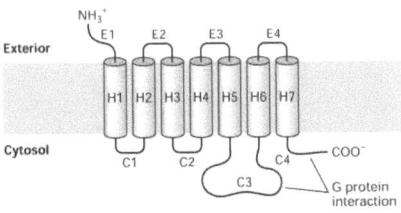

Abb. 1.6: Struktur eines G-Protein-gekoppelten Rezeptors (GPCR). Der Rezeptor besteht aus sieben α-helikalen Transmembran-Domänen (H1-H7), die durch vier extrazelluläre (E1-E4) und vier zytosolischen Regionen (C1-C4) miteinander verbunden sind. Das C-terminale Segment (C4), die C3-Schleife, und in einigen Rezeptoren auch die C2-Schleife, sind an der Interaktion mit einem assoziierten trimeren G-Protein beteiligt (Abbildung aus Lodish et al., „Molecular Cell Biology 5th ed")

G-Protein-gekoppelte Rezeptoren (GPCR) kommen in allen eukaryontischen Zellen vor. In Säugetierzellen umfasst Die GPCR Familie Rezeptoren für eine Vielzahl von Hormonen (Glucagon, Angiotensin, Bradykinin) und Neurotransmitter (Adrenalin, Serotonin, Dopamin), durch Licht aktivierbare Rezeptoren (Rhodopsin) des Auges, sowie Geschmacks- und Geruchs-Rezeptoren. Das menschliche Genom umfasst Gene für mehrere tausend GPCR (Kolakowski, 1994).

Alle GPCR bestehen aus sieben konservierten (Probst et al., 1992) Membran-durchdringenden, α-helikalen Domänen, deren N-terminale Region, meist glykolysiert, auf der exoplasmatischen, und deren C-Terminus, meist phosphoryliert, auf der zytoplasmatischen Seite der Membran zu finden ist (Abb. 1.6) (Gudermann et al., 1997; Strader et al., 1994; Wess, 1997). Durch die Bindung eines Liganden an den Rezeptor wird ein GTP-bindendes Protein (G-Protein) aktiviert (Abb. 1.8) (Neer, 1994). G-Proteine gehören zur Superfamilie der GTPasen und sind durch ihre heterotrimere Zusammensetzung (α-, β- und γ-Untereinheit) charakterisiert. Strukturell und funktionell sind sie nach der G_α-Untereinheit in Klassen unterteilt (Abb. 1.7).

G_α Class	Associated Effector	2nd Messenger	Receptor Examples
$G_{s\alpha}$	Adenylyl cyclase	cAMP (increased)	β-Adrenergic (epinephrine) receptor; receptors for glucagon, serotonin, vasopressin
$G_{i\alpha}$	Adenylyl cyclase K^+ channel ($G_{\beta\gamma}$ activates effector)	cAMP (decreased) Change in membrane potential	α_1-Adrenergic receptor Muscarinic acetylcholine receptor
$G_{olf\alpha}$	Adenylyl cyclase	cAMP (increased)	Odorant receptors in nose
$G_{q\alpha}$	Phospholipase C	IP_3, DAG (increased)	α_2-Adrenergic receptor
$G_{o\alpha}$	Phospholipase C	IP_3, DAG (increased)	Acetylcholine receptor in endothelial cells
$G_{t\alpha}$	cGMP phosphodiesterase	cGMP (decreased)	Rhodopsin (light receptor) in rod cells

Abb. 1.7: Klassen von G-Proteinen und ihre Funktionen (Abbildung aus Lodish et al., „Molecular Cell Biology 5th ed")

Die Assoziierung eines G-Proteins mit dem Transmembran-Rezeptor bewirkt nach Ligandenbindung eine Konformationsänderung im G-Protein, was zur Freisetzung von GDP und Bindung von GTP führt (Abb. 1.8). Dadurch wird die G_α-Untereinheit von der $G_{\beta\gamma}$-Untereinheit getrennt und aktiviert je nach Klasse entweder einen Membran-gebunden Ionen-Kanal oder Enzyme, die downstream weitere Signalkaskaden in Gang setzen. Die $G_{\alpha s}$-Untereinheit z.B. aktiviert eine Adenylatcyclase, die die Produktion des Second Messengers cAMP katalysiert. Das $G_{\alpha i}$-Protein wiederum inhibiert die Adenylatcyclase, was zu einem geringen cAMP-Spiegel führt (Abb. 1.8). Die Aktivierung des $G_{\alpha q}$-Proteins bewirkt die Aktivierung von Phospholipase C (PLC), die die Produktion des Second Messengers Diacylglycerin (DAG) oder Inositoltrisphosphat (IP_3) katalysiert, während die $G_{\alpha q}$-Untereinheit direkt mit Kaliumkanälen interagiert.

Die große Bedeutung der GPCR spiegelt sich in der Tatsache wider, dass ca. 50 % der zurzeit auf dem Markt befindlichen Medikamente auf den Rezeptor abzielen.

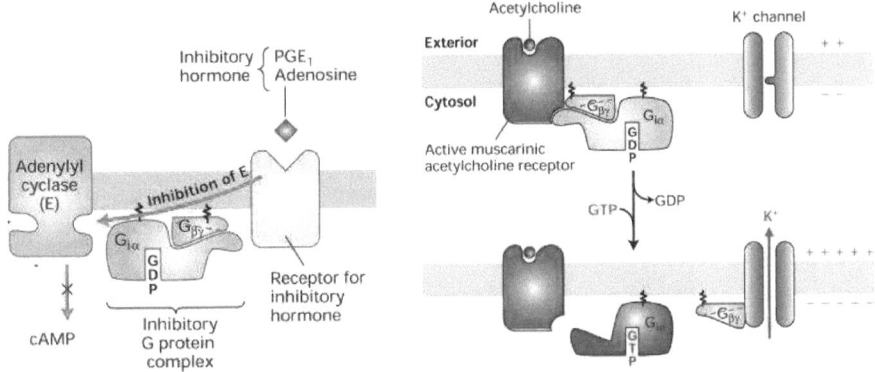

Abb. 1.8: Auswirkungen der Aktivierung von Rezeptor-assoziierten G-Proteinen am Beispiel der $G_{i\alpha}$-Untereinheit. **links:** die durch Rezeptor-Ligand-Bindung aktivierte Gi_α-Untereinheit inhibiert eine Adenylatcyclase, was zu einer verminderten cAMP-Produktion führt; **rechts:** nach Bindung mit seinem Substrat (z.B. Acetylcholin) aktiviert der Rezeptor (hier ein Muscarin-Acetylcholin-Rezeptor) die Gi_α-Untereinheit und dessen Dissoziierung von der $G_{\beta\gamma}$-Untereinheit. In diesem Fall öffnet die $G_{\beta\gamma}$-Untereinheit einen Kaliumkanal (Abbildung aus Lodish et al., „Molecular Cell Biology 5th ed")

1.2.2.4 Clathrin- und Caveolae-unabhängige Endozytose

Neben den oben dargestellten Aufnahmewegen existieren auch Clathrin- und Caveolae-unabhängige Aufnahme-Mechanismen (Mayor & Pagano, 2007). Dabei hängt die Ausstattung der zur Verfügung stehenden alternativen Aufnahme-Mechanismen zum einen vom Zelltyp ab, wobei mehrere unterschiedliche Aufnahmewege parallel verlaufen können. Zum anderen können sie sich bei polarisierten Zellen zwischen der apikalen und basolateralen Seite unterscheiden.

Bestimmte Nervenzellen oder Lymphozyten z.B. besitzen keine Caveolae, führen aber eine „lipid raft"- abhängige Endozytose durch (Simons & Toomre, 2000). Auch bei Vorhandensein von Caveolae existieren Beispiele für eine Caveolae-unabhängige „lipid raft"-vermittelte Endozytose (Kirkham & Parton, 2005). Diese scheinen eine eher ursprüngliche Form der Aufnahme, wie sie in Hefen vorkommt, darzustellen.

1.2.2.4.1   „Lipid raft"-abhängige Endozytose

Erste Studien dazu kamen von Deurs und Sandvig, die eine Aufnahme des Toxins Ricin, das an Glykolipiden und Glykoproteinen bindet, auf der apikalen Seite von Epithelzellen beobachteten, wo keine Caveolae vorhanden sind. Diese Aufnahme war für Inhibitoren der Clathrin-vermittelten Endozytose insensitiv und unabhängig von Dynamin (Kirkham & Parton, 2005; Llorente et al., 2000). Stattdessen wurde sie durch Protein Kinase C (PKC) (Holm et al., 1995), Protein Kinase A (Eker et al.,

1994), trimere G-Proteine und Arachidonsäure reguliert (Llorent et al., 2000). Trotz Clathrin-Unabhängigkeit lief der Aufnahmeweg mit dem Clathrin-vermittelten Weg in frühen Endosomen zusammen

Andere Studien zeigten einen ähnlichen Aufnahme-Mechanismus von Glycosylphosphatidylinositol (GPI)- verankerten Proteinen, klassische Marker für „lipid raft" Domänen. Deren Internalisierung war Clathrin- und Dynamin- unabhängig, aber Cholesterin-abhängig (Sabharanjak et al., 2002) Reguliert wurde der Caveolae-unabhängige Aufnahmeweg durch GTPasen der Rho Familie (Cdc42, aber nicht RhoA oder Rac1).

Die Clathrin- und Caveolae-unabhängigen Endozytose-Mechanismen sind bis heute noch nicht vollständig aufgeklärt, zumal es schwierig ist, diese strikt von der Clathrin- und Caveolae-vermittelten Endozytose zu unterscheiden. Morphologisch können die „Carrier" dieses Aufnahmewegs den Vesikeln von Clathrin- und Caveolae-vermittelter Endozytose ähneln. Auch ist noch nicht klar, inwieweit sich unterschiedlich Internalisierung-Mechanismen gleiche Prozesse teilen (z.B. Endosomen), was eine Unterscheidung noch erschwert (Kirkham et al., 2005).

1.2.2.4.2 Makropinozytose

Makropinzytose ist ein weiterer Aufnahme-Mechanismus in vielen Zellen (unter anderem Makrophagen), der unabhängig von Clathrin verläuft (Mukherjee et al., 1997; Swanson & Watts, 1995). Bei der Makropinozytose werden unselektiv weite Membranareale zusammen mit großen Flüssigkeitsmengen internalisiert. Sie ist gekennzeichnet durch die Bildung von ca. 1 µm große, ungleichmäßige Vesikeln (Makropinosomen) (Conner & Schmid, 2003), die keine charakteristische Hüllen tragen noch spezifische Rezeptoren konzentrieren (Racoosin & Swanson, 1992). Durch Aktin-Polymerisation an der Zellmembran bilden sich, ähnlich wie bei der Phagozytose, relativ große Membranausstülpungen (engl. *ruffles*) (Abb. 1.1 D und Abb. 1.9). Dieser Prozess wird durch die GTPase Rac1 und PKC stimuliert. Die „ruffles" sind angereichert an „lipid rafts" und Phosphoinositiden. Eine Cholesterin-Entfernung aus der Membran inhibiert die Bildung von Membran „ruffles" und Makropinosomen (Grimmer et al., 2002). In diesem Zusammenhang spielt ARF6 eine wichtige Rolle. Ihre Funktion ist Cholesterin-abhängig. Eine Cholesterin-Herauslösung entfernt diese GTPase, die vermutliche mit der Rac1-Positionierung in die Membran zu tun hat, von der Membran. Überexpression von ARF6 bewirkt *„ruffling"* und die Akkumulierung von Makropinosomen (Brown et al., 2003).

Der weitere Pfad der Makropinosomen kann je nach Zelltyp variieren, aber in den meisten Fällen werden sie angesäuert und schrumpfen. Vermutlich können sie mit Lysosomen fusionieren, oder aber sie führen ihren Inhalt an die Zelloberfläche zurück (Mukherjee et al., 1997).

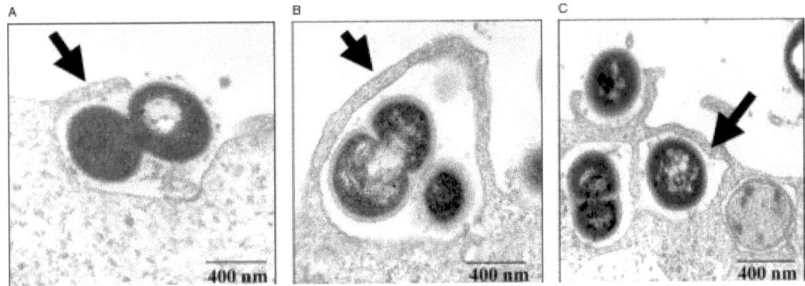

Abb. 1.9: Makropinozytose. TEM-Aufnahme einer Epithelzelle bei der Internalisierung eines Bakteriums. A-C zeigen verschiedene Stadien der Aufnahme mit Membranausstülpungen (Lamellipodien, Pfeile) (Abbildung aus Slevogt et al., 2007)

1.2.3 Scavenger Rezeptor-vermittelte Aufnahme-Mechanismen

Scavenger Rezeptoren (SR) waren ursprünglich bei Makrophagen als Lipoprotein-erkennende-Rezeptoren entdeckt. Im Gegensatz zu den LDL-Rezeptoren werden SR aber nicht durch LDL herunter reguliert. Heute sind sie als eine strukturell sehr diverse Rezeptor-Familie mit einer breiten Liganden-Spezifität bekannt. Heute sind sechs Klassen (Klassen A-F) bekannt (Abb. 1.10). Zu den Liganden zählen allgemein modifizierte (acetylierte, oxidierte) LDLs, Proteine, RNA, Polysaccharide und Antigene, die eine Immunabwehr initiieren (Postlethwait, 2007).

Die Scavenger Rezeptoren der Klasse A (CD204) sind trimere Glykoproteine, die eine kleine N-terminale intrazelluläre Domäne, eine extrazelluläre "coiled-coil-Kollagen-ähnliche Stiel-Region" und eine Cystein-reiche C-terminale Domäne besitzen (Krieger, 1994). Drei Isoformen des Rezeptors werden durch alternatives Splicen desselben Gens exprimiert. Klasse A SR werden in Gewebsmakrophagen, Kupfferzellen und verschiedenen extrahepatischen Endothelzellen exprimiert, jedoch nicht in Monozyten oder Leukozyten. Zu den Liganden zählen neben modifizierten Lipoproteinen und polyanionischen Molekülen auch Gram-positive Bakterien, Heparin, Lipoteichonsäure sowie Vorstufen von Lipid A aus Lipopolysacchariden (LPS) von Gram-negativen Bakterien (Abb. 1.10). Auch bei der Aufnahme von apoptotischen Zellen spielen sie eine Rolle (Platt et al., 1996), und durch ihre Funktion der Cholesterin-Aufnahme wird ihnen auch eine Rolle bei der Bildung von Arteriosklerose zugeschrieben (Bowdish & Gordon, 2009).

Aus der Klasse B der Scavenger Rezeptoren sind drei verschiedene Isoformen bekannt: SR-B1, SR-B2 und SR-B3 (CD36). Sie sind unter anderem an der Phagozytose von beschädigten oder apoptotischen Blutzellen (z.B. Lymphozyten, Erythrozyten) beteiligt (Abb. 1.10).
Ein für den Fettstoffwechsel sehr bedeutender Scavenger-Rezeptor der Klasse B ist SR-B1. Dieser ist auf der Oberfläche von Makrophagen und Hepatozyten zu finden und bindet modifizierte HDL-Moleküle (aber auch LDL und VLDL), ohne sie zu internalisieren. Stattdessen werden Cholesterinester daraus extrahiert und ins Zytoplasma geliefert.

TABLE VI Scavenger Receptor Family

Name	Ligands	Tissue locations
Class A		
SR-AI, SR-AII	Acetylated LDL, oxidized LDL, polyanions, crocidolite asbestos, bacterial endotoxin, lipoteichoic acid	Macrophages, (Kupffer cells, histiocytes, microglial cells), some endothelial cells (low level)
MARCO (SR-AIII)	Bacteria	Macrophages
Class B		
SR-BI	HDL, LDL, modified lipoproteins, anionic phospholipids, acetyl LDL	Highest expression in steroidogenic cells (adrenal, ovary, testis) and hepatocytes, lower level expression seen in absorptive epithelial cells of the proximal small intestine, lactating mammary gland, low levels observed in all cultured cells
CD36	HDL, LDL, modified lipoproteins, anionic phospholipids, fatty acids, collagen, malaria-infected erythrocytes	Adipose, macrophages, epithelial cells, monocytes, certain endothelial cells, platelets
Croquemort	Apoptotic cells	*Drosophila* macrophages
Class C		
SR-CI	Multiple polyanions, including modified LDLs, poly(I)	*Drosophila* macrophages
Class D		
Microsialin (CD68)	Modified lipoproteins	Macrophages, Kupffer cells, endothelial cells
Class E		
LOX-1 (SR-E1)	Oxidized LDL	Endothelial cells
Class F		
SREC	Oxidized LDL	Endothelial cells
FcgR2-B2	Oxidized LDL	Macrophages

Abb. 1.10: Scavenger Rezeptor Familie (Abbildung aus „*Encyclopedia Of Physical Science And Technology, 3rd ed - Biochemistry*")

Die oben erwähnten Funktionen der Scavenger Rezeptoren beschreiben eher eine Beteiligung an Phagozytose-Mechanismen. Allerdings sind sie auch an Endozytose-Mechanismen beteiligt. Chen *et al.* (2006) beobachteten zum Beispiel, dass nach Bindung eines Nanopartikels an den Scavenger Rezeptor dieser phosphoryliert wird, und der Ligandenkomplex anschließend mit „coated pit" Strukturen assoziiert. Diese wurden anschließend in Endosomen internalisiert, wo der Ligand von dem Rezeptor dissoziiert. Während der Ligand zu Lysosomen transportiert wurde, gelangte der Rezeptor zurück zur Zellmembran (Fong & Le, 1999).

1.3 Aufnahme von Nanopartikeln

Nanopartikel können prinzipiell über jeden der oben beschriebenen physiologischen Aufnahmemechanismen in die Zelle gelangen. Dazu muss der Partikel zunächst behindernde Kräfte überwinden, um in Kontakt mit der Zellmembran zu gelangen (Tab. 1.1). Dabei helfen hydrodynamische (Konvektion, Brownsche Molekularbewegung), elektrodynamische (Van-der-Waals-Kräfte), elektrostatische (Ionen-Ladung) und sterische Interaktionen. Diese sind von den

Nanopartikel-Eigenschaften wie Materialzusammensetzung, Größe, Form und Oberflächen-Krümmung, Porosität, Oberflächen-Kristallinität und -Rauheit, Heterogenität, Hydrophobizität/ Hydrophilität sowie Oberflächen-Funktionalisierung und –Ladung abhängig.

Tab. 1.1: Kräfte, die eine Interaktion zwischen Nanopartikel und Zellmembran fördern und verhindern

Begünstigende Kräfte	Widerstandskräfte
Spezifische Bindung durch Rezeptor-Liganden-Interaktionen	Dehnung/ Elastizität der Zellmembran
Unspezifische Bindung vermittelt durch Partikeloberflächen-Eigenschaften	Thermische Fluktuationen der Zellmembran
Freisetzung freier Energie an der Kontaktstelle	Rezeptor-Diffusion zur Kontaktstelle
Optimale Partikelgröße und -Form	Hydrophober Ausschluss polarer Oberflächen von der Zellmembran
Energie-abhängige Antriebskräfte durch Membran- und Zytoskelett-Komponenten,	Bindungs-Elastizität der Rezeptor-Liganden-Bindung

Neben den reinen Partikeleigenschaften spielen Interaktionen mit dem Lösungsmittel und das Verhalten im Medium wichtige Rollen (Nel et al., 2009). Die effektive Oberflächenladung, Partikelaggregation, Dispersion, Stabilität, Löslichkeit und Hydratisierungsstatus sind Parameter, die durch Ionenstärke, pH-Wert, Temperatur und das Vorhandensein von organischen Molekülen (vor allem Proteinen) oder Detergenzien des Mediums drastisch beeinflusst werden können. In diesem Zusammenhang ist die Bildung einer Proteinkorona um den Nanopartikel ein bedeutender Faktor für das Verhalten im biologischen Medium als auch für die Interaktion mit der Zelle. Die Bindung von Proteinen kann deren Konformation ändern, was zur Ausbildung neuer Epitope, veränderten Funktionen und/ oder einer veränderten Avidität führen kann. Gleichzeitig können sich die Partikeleigenschaften drastisch ändern. Vor allem können Oberflächenladungen abgeschwächt bzw. neutralisiert oder Liganden maskiert, und dadurch die Stabilität des Partikels verändert werden. Auch der hydrodynamische Durchmesser des Nanopartikels verändert sich (Abb. 1.11).

Die Zusammensetzung der Proteinkorona hängt stark von dem das Nanopartikel umgebende Medium ab. Im Blut z.B. mögen Serum-Albumin und Fibrinogen zunächst die dominierenden Proteine sein. Diese können langfristig mit Proteinen, die in einer geringeren Konzentration vorkommen, aber eine höhere Affinität und langsamere Kinetik besitzen, ersetzt werden (Cedervall et al., 2007). Zu den Proteinen, die häufig in der Proteinkorona von vielen Nanopartikeln zu finden sind, zählen Albumin, Immunglobuline, Komplement-Proteine, Fibrinogen und Apolipoproteine (Tenzer et al., 2011; Aggarwal et al., 2009).

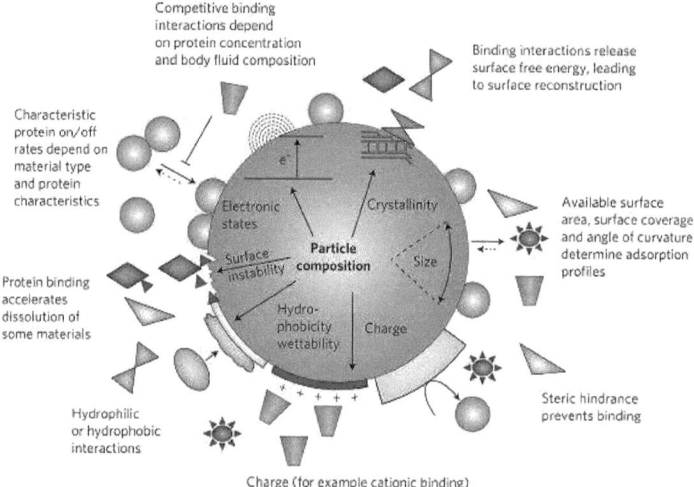

Abb. 1.11: Bildung einer Nanopartikel-Proteinkorona. Das Zusammenspiel verschiedener Partikeleigenschaften bestimmt die Beschaffenheit der Proteinkorona in einer biologischen Umgebung. Die Adsorption und Ablösung von charakteristischen Proteinen, kompetitive Bindungen, sterische Hindernisse durch Detergenzien und adsorbierten Polymeren sowie die Proteinzusammensetzung des Mediums beeinflussen die Dynamiken innerhalb der Korona. Diese kann sich nach Überführung des Partikels in eine andere biologische Umgebung ändern (Abbildung aus Nel et al., 2009)

Im Folgenden werden die wichtigsten Nanopartikel-Eigenschaften und ihre Relevanz für die *in vitro* Aufnahme und *in vivo* Biodistribution erläutert:

Die **Ladung** spielt dabei eine wesentliche Rolle. Aus der Literatur ist bekannt, dass geladene Nanopartikel besser aufgenommen werden als ungeladene (Metz et al., 2004). Dabei kommt es nicht nur auf die Netto-Ladung der Oberfläche, sondern auch auf die Ladungsdichte an (Lorenz et al., 2006). Aufgrund der negativen Ladung der Zellmembran sollten positiv geladene Partikel bevorzugt werden (Lorenz et al., 2006; Matuszewski et al., 2005). Bei der Frage nach dem in Abhängigkeit von der Ladung bevorzugten Endozytose-Mechanismus existieren kontroverse Standpunkte. So konnten Harush-Frenkel et al. (2007) eine Aufnahme positiv geladener Nanopartikel durch HeLa-Epithelzellen über die Clathrin-vermittelte Endozytose beobachten. Dausend et al. (2008) beschrieben in den gleichen Zellen eine eher schwache Aufnahme von geladenen Nanopartikeln durch eine Clathrin-vermittelte Endozytose, wobei auch hier positiv geladene stärker aufgenommen wurden als negativ geladenen Partikel. Lunov et al. (2011a) kamen bei Experimenten mit Makrophagen zu gegensätzlichen Ergebnissen: Sie stellten eine Clathrin-vermittelte Aufnahme bei negativ geladenen Nanopartikeln fest. Offensichtlich hängt die Nanopartikel-Aufnahme sehr stark von dem verwendeten Zelltyp und seinem Differenzierungsstatus (Jiang et al., 2010a; Yacobi et al., 2010) sowie seiner Ausstattung an Oberflächen-Rezeptoren ab (Nel et al., 2009).

Auch bei der Interaktion mit Endosomen oder Lysosomen kann die Ladung eine Rolle spielen.

Auf der anderen Seite ist die Aufnahmerate von Partikeln mit hydrophober Oberfläche (z.B. bei Polyisopren) (Lorenz et al., 2008) höher als bei weniger stark hydrophoben Oberflächen (z.B. bei Polystyren), weil sich aufgrund der hydrophoben Beschaffenheit der Zellmembran hydrophobe Partikel besser anlagern können (Hu et al., 2007). Bei hydrophoben Partikeln nimmt deren Phagozytose mit zunehmender Größe zu, bei hydrophilen Partikeln mit abnehmender Größe. Darüber hinaus reduziert eine PEGylierung die Opsonierung von Nanopartikeln durch zelleigene Proteine (Proteinkorona) und somit die Phagozytose (Peracchia et al., 1998; Torchilin et al., 1995; Vonarbourg et al., 2006). Auch eine Dextran-Hülle reduziert die Protein-Adsorption, verhindert hydrophobe Wechselwirkungen mit der Zellmembran, und verringert so die Aufnahme (Rouzes et al., 2000; Bonnemain, 1998; Lemarchand et al., 2006). Dies bewirkt, dass die *in vivo* Bluthalbwertszeiten von hydrophilen Partikeln durch Verminderung der Eliminierung durch das RES vor allem der Leber und der Milz deutlich höher sind (Abb. 1.12) (Owens III & Peppas, 2006).

Eine weitere, wichtige Eigenschaft, die den Aufnahmemechanismus beeinflusst, ist die **Nanopartikelgröße**. So nehmen phagozytierende Monozyten *in vitro* 150 nm große SPIOs besser auf als 30 nm große Nanopartikel (Abb. 1.12) (Metz et al., 2004; Oude Engberink et al., 2007). In anderen Experimenten haben nicht-phagozytierende T-Zellen eine Größenselektion bei 100 nm gezeigt (Thorek & Tsourkas, 2008). Kleinere (< 50 nm) und größere (> 200 nm) SPIOs wurden schlechter aufgenommen. Diese Beispiele zeigen, dass es schwierig ist, klare, allgemeingültige Grundsätze aufzustellen. Es müssen viele Parameter, unter anderem der verwendete Zelltyp (Lunov et al., 2011b), beachtet werden. Trotzdem lassen sich in der Literatur für die einzelnen Aufnahmewege bevorzugte Größenbereiche feststellen: Partikel, die größer als 250 nm messen, werden vorzugsweise durch Phagozytose aufgenommen, während Partikel, die kleiner sind, durch Endozytose aufgenommen werden. Hier lassen sich noch die Clathrin-vermittelte Endozytose bei Partikeln, die kleiner als 200 nm groß sind, von der Caveolae-vermittelten Endozytose unterscheiden, die bei eher größeren Partikeln bis 500 nm Größe zunimmt (Rejman et al., 2004). Bei unter 25 nm großen Partikeln wurden Aufnahmemechanismen beobachtet, die unabhängig von Clathrin, Caveolae und Cholesterin agierten (Lai et al., 2007).

Systemisch gesehen können kleine Partikel *in vivo* Barrieren zwar besser und schneller passieren, um zu schwer erreichbaren Geweben zu gelangen. Auf der anderen Seite werden Partikel, die kleine als 8 nm groß sind, rasch über die Nieren ausgeschieden und können ihre Wirkung deshalb nicht entfalten (Abb. 1.12). Dem gegenüber fangen Leber und Milz bzw. deren Makrophagen generell Partikel, die größer als 200 nm groß sind, ab.

Schließlich spielt auch die **Form** des Partikels eine Rolle (Gao et al., 2005). Sie beeinflusst die Interaktion mit der Zellmembran. So bevorzugen Makrophagen starre bzw. steife Partikel.

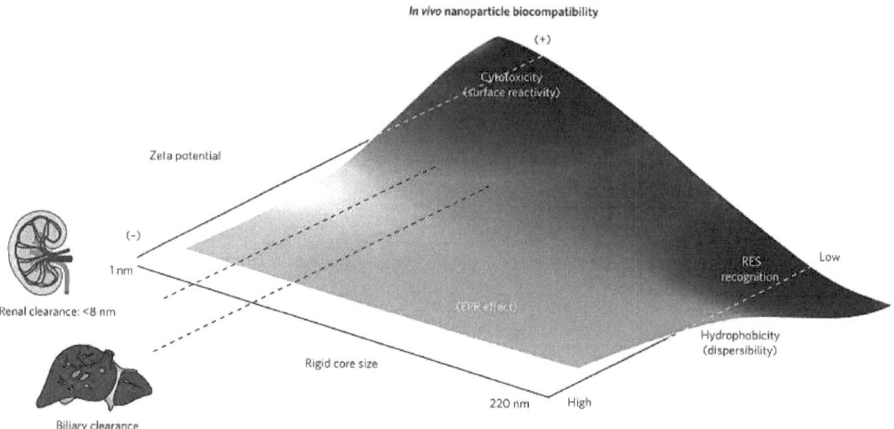

Abb. 1.12: Die Physiko-chemischen Eigenschaften von Nanopartikeln bestimmen die *in vivo* Biokompatibilität. Die wichtigsten Parameter, sind Größe, Zeta-Potenzial (Oberflächenladung) und Hydrophobizität. Die Biokompatibilität wird durch das Farbspektrum verdeutlicht, wobei rot Toxizität, blau Unbedenklichkeit und grün bis gelb zunehmende Übergänge darstellen. Nach diesem Diagramm sind kationische Partikel oder Partikel mit hoher Oberflächen-Reaktivität eher toxisch (roter Hügel) als größere, hydrophobe Partikel, die schnell durch das RES entfernt werden (blaues Tal). Partikel, die eine erhöhte Permeations- und Retentions-Neigung (EPR effect) aufweisen, besitzen mittelgroße Durchmesser und relativ neutrale Oberflächen, und besitzen deshalb optimale Eigenschaften für die chemotherapeutische Wirkstoff-Anwendung (Abbildung aus Nel *et al.*, 2009)

Rezeptor-vermittelte Aufnahmewege sind in der Regel viel schneller als andere (Falcone *et al.*, 2006; Lai *et al.*, 2007; Nabi & Le, 2003). Die Aufnahme von Nanopartikeln über die Clathrin-vermittelte, Rezeptor-abhängige Endozytose z.B. funktioniert prinzipiell genauso wie in Kap. 1.2.2.1 beschrieben. Von besonderer Bedeutung ist hier die Proteinkorona bzw. die Liganden-Funktionalisierung des Nanopartikels insoweit, dass je nach geladenen Proteinen die Aufnahme durch Interaktionen mit den Rezeptoren beschleunigt oder verlangsamt werden kann. Dabei beeinflussen Partikel-Größe und – Form die Anzahl der Kontakte mit Rezeptoren, die Rekrutierung von weiteren Rezeptoren, oder bei unspezifischen Wechselwirkungen, die Größe der Kontaktfläche. Eine optimale Größe in Bezug auf die favorisierte Größe von „coated pit" Strukturen würde die Invagination und damit die Aufnahmerate begünstigen (Abb. 1.13) (Chithrani *et al.*, 2006; Decuzzi & Ferrari, 2007).

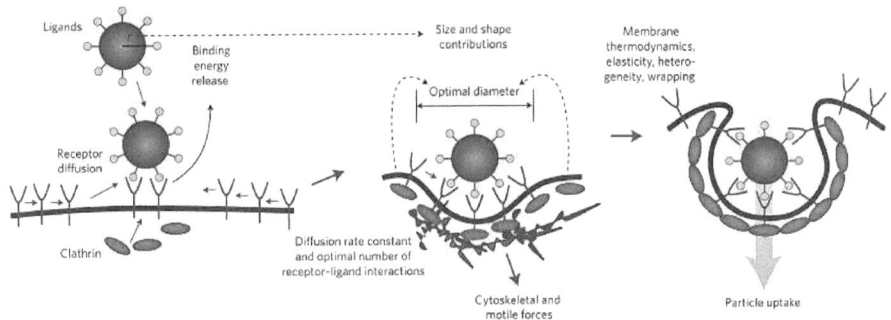

Abb. 1.13: Membran-Invagination bei der Nanopartikel-Aufnahme. Damit eine Aufnahme stattfinden kann, müssen durch spezifische (Rezeptor-Ligand-Interaktion) oder unspezifische (hydrophobe Wechselwirkungen) Interaktionen die behindernden Kräfte (siehe Tab. 1.1) an der Kontaktstelle überwunden werden (Abbildung aus Nel et al., 2009)

1.4 Physiologie des Eisenstoffwechsels

Eisen ist ein Übergangsmetall und ein essentielles Spurenelement für fast alle Lebewesen. In pflanzlichen Organismen dient es z.B. als Elektronendonor bei der Photosynthese und beeinflusst die Bildung von Chlorophyll und Kohlenhydraten. Bei Tieren und Menschen ist es vor allem für die Blutbildung unerlässlich. Die Bedeutung von Eisen resultiert aus seinem weiten Redoxpotenzial-Bereich von 1000 bis -500 mV und der daraus resultierenden Fähigkeit zur Partizipation an „Ein-Elektron-Austausch-Reaktionen". Die zwei bedeutendsten und am häufigsten vorkommenden Oxidationsstufen sind Fe^{2+} und Fe^{3+}. Aufgrund der bedingten Löslichkeit von Eisenionen (vor allem Fe^{3+}) und ihrem toxischen Potenzial (siehe Kap. 3.4.3) liegen sie jedoch selten und nur in geringen Konzentrationen „frei" vor, sondern sind meistens an Liganden gebunden.

Im menschlichen Körper beträgt die Gesamteisenmenge 3-5 g. Etwa 80 % davon sind als „Funktionseisen" in ständiger Verwendung. Davon befindet sich mit ca. 1,8 g (ca. 70 %) der größte Anteil im Hämoglobin, als Zentralatom des Kofaktors Häm, das für den Sauerstofftransport verantwortlich ist (Abb. 1.14). Weitere Anteile befinden sich in den Muskeln als Myoglobin (ca. 0,3 g) und in verschiedenen, eisenhaltigen zellulären Enzymen (ca. 8 mg; siehe Kap. 1.4.3). Beim erwachsenen Mann sind ca. 19 % (ca. 1 g) als Depoteisen in Form von Ferritin (Kap. 1.4.6.1) oder Hämosiderin (1.4.6.2), vor allem in Leber und Milz, gespeichert, bei menstruierenden Frauen deutlich weniger (0-200 mg). Etwa 80 % des Lebereisens ist in Form von Ferritin gespeichert (Graham et al., 2007). Nur ein geringer Teil von ca. 3 mg (0,1 %) zirkuliert im humanen Serum an das Transportprotein Transferrin (Kap. 1.4.2.1) gebunden.

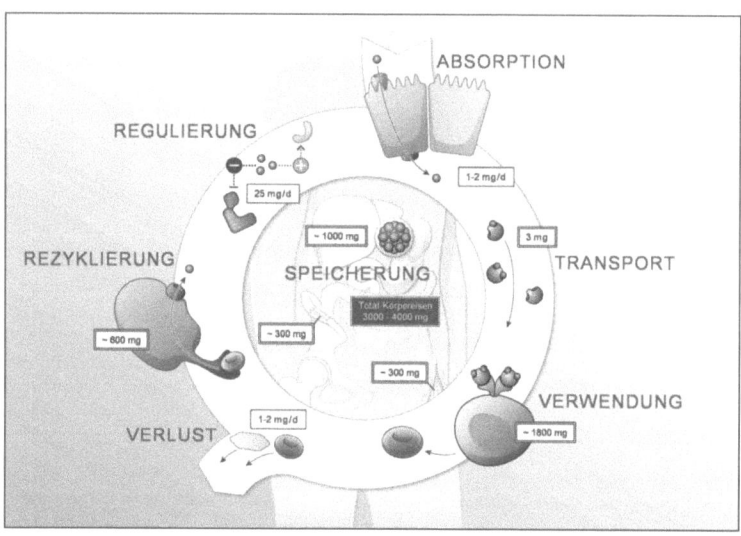

Abb. 1.14: Physiologie des Eisenstoffwechsels. Der Weg des Eisens durch den Körper mit den Stationen „Absorption", „Transport", „Verwendung", „Verlust", „Rezyklierung", „ Speicherung" und „Regulierung". Die einzelnen Punkte werden im Text genauer beschrieben und sind in Abb. 1.15 detaillierter dargestellt (Abbildung von www.ironatlas.com).

1.4.1 Absorption

Die intestinale Aufnahme von Eisen aus der Nahrung (westliche Mischkost ca. 6 mg/1000 kcal) erfolgt an der apikalen Seite der Enterozyten im Duodenum und oberen Jejunum. Dabei werden etwa 1 – 2 mg Eisen pro Tag, das in drei verschiedenen Formen vorliegen kann, aufgenommen. Pflanzliches Eisen in der Nahrung liegt größtenteils als polymerer Fe(III)-hydroxid-Kohlenhydrat-Komplex mit einer geringen Bioverfügbarkeit vor. Im sauren Magenmilieu wird das Eisen jedoch, besonders gut unter reduzierenden Bedingungen (Vitamin C), herausgelöst, und kann als zweiwertiges ionisches Eisen (Fe^{2+}) unter den Bedingungen im Duodenum (Übergang saurer-neutraler pH-Wert) gut löslich gehalten und über den Divalenten Metalltransporter 1 (DMT1, Kap. 1.4.1.1) aufgenommen werden (Abb. 1.15 – Absorption). Zusätzlich können aber auch die Fe^{3+}-Ionen verwertet werden, indem sie durch die auf der apikalen Seite vorkommende Ferrireduktase „Duodenales Cytochrom B" (Dcytb) zu Fe^{2+} reduziert werden (McKie *et al.*, 2000; McKie, 2008), bevor sie über DMT1 aufgenommen werden können.

Die Aufnahme von Häm-Eisen aus tierischen Nahrungsmitteln erfolgt im Darmlumen über das „*Heme Carrier Protein 1*" (HCP1) (Shayeghi *et al.*, 2005).

Nach der Aufnahme liegt das Eisen innerhalb der Zellen frei, oder niederaffin an verschiedenen Molekülen gebunden, im sogenannten „*Labile Iron Pool*" (LIP, siehe Kap. 3.3.1), vor. Die genaue Struktur dieser Verbindungen sowie die mögliche Existenz eines intrazellulären Eisentransporters sind zurzeit noch nicht bekannt. Auf der basolateralen Seite gelangt das Eisen über den Eisenexporter Ferroportin 1 (Fpn1, Kap. 1.4.5.1) in die Zirkulation, wobei die Fe^{2+}-Ionen sofort durch die membrangebundene und mit Ferroportin interagierende Ferroxidase Hephaestin, oder durch die zirkulierende Variante, Ceruloplasmin, zu Fe^{3+} oxidiert (Harris et al., 1999; Vulpe et al., 1999; Yeh et al., 2011), und an das Transportmolekül Transferrin (Kap. 1.4.2.1) gebunden werden (Abb. 1.15 – Absorption) (Frazer et al., 2001). Dabei ist vermutlich das Hormon Gastrin behilflich, das als Fe^{3+}-Chaperon fungiert (Kovac et al., 2011).

Da Eisen nicht aktiv ausgeschieden werden kann, erfolgt die Regulierung der Eisenhomöostase hauptsächlich über die Absorption im Duodenum. Gewöhnlich wird nur ein kleiner Anteil (ca. 10 %) des in der Nahrung vorhandenen Eisens aufgenommen. Ein erhöhter Eisenbedarf führt jedoch zu einer gesteigerten Resorption, die allerdings beschränkt ist und selten 3-5 mg pro Tag überschreitet. Faktoren wie Magensäuresekretion, pH-Wert, Darmmotilität und gastrointestinale Erkrankungen oder Resektionen beeinflussen ebenfalls die Eisenaufnahme aus der Nahrung.

Der zentrale Regulator der Eisenhomöostase ist Hepcidin (Kap. 1.4.7.2.1). Es reguliert die Eisenaufnahme über den Darm (Laftah et al., 2004; Yamaji et al., 2004). Die gängige Lehrmeinung über seine Funktionsweise ist die, dass es durch Bindung an Ferroportin dessen Internalisierung und Abbau bewirkt, sodass die Freisetzung des Eisens aus Enterozyten und Eisen-speichernden Zellen (Hepatozyten, Makrophagen) in die Blutzirkulation inhibiert wird (Abb. 1.15 – Absorption, Punkt 1 & 2; Abb. 1.20) (Frazer & Anderson, 2005; Knutson & Wessling-Resnick, 2003; Knutson et al., 2005; Nemeth et al., 2004). Das sich dabei in den Enterozyten ansammelnde Eisen wird in Form von Ferritin (Kap. 1.4.6.1) gespeichert (Abb. 1.15 – Absorption, Punkt 3). Bei der physiologischen Abschilferung der Enterozyten (Ø Lebensdauer 1-2 Tage) wird das in der Zelle enthaltene Eisen mit ausgeschieden.

1.4.1.1 DMT1

Der Divalente Metall-Ionen-Transporter (DMT1, Genname Slc11a2), auch DCT1 oder NRAMP2 genannt, ist ein 561 AS großes Transmembran-Glykoprotein mit 12 Transmembran-Domänen. Es bewirkt einen Protonen-vermittelten Kationentransport von zweiwertigen Metallionen (Fe^{2+}, Zn^{2+}, Mn^{2+}, Co^{2+}, Cd^{2+}, Cu^{2+}, Ni^{2+}, Pb^{2+}) (Gruenheid et al., 1995; Gunshin et al., 1997). Beim Menschen ist DMT1 vorwiegend für den Transport von Eisen(II) zuständig (Garrick et al., 2003), hauptsächlich bei der Nicht-Transferrin-gebundenen Eisenaufnahme durch Enterozyten (Abb. 1.15 – Absorption) und dem Transport von Fe^{2+} aus Endosomen/Lysosomen ins Zytosol (Abb. 1.15 – Transport) (Tabuchi et al., 2000). So ist die DMT1-Expression im Duodenum bei Eisenmangel erhöht. Dafür sorgt der Transkriptionsfaktor „*Hypoxia-inducible factor 2α*" (HIF2α) (Mastrogiannaki et al., 2009; Shah et al., 2009). Bei Menschen und Mäusen führt eine Inaktivierung von DMT1 zu Eisenmangel-Anämien (Gunshin et al., 2005; Mims & Prchal, 2005).

DMT1 kommt aber auch in nahezu allen anderen Geweben und Organen vor. Besonders hohe Konzentrationen finden sich neben dem proximalen Dünndarm auch in Gehirn, Thymus, Nieren und Knochenmark (Gunshin et al., 1997). In der Leber und in der Leberzelllinie HepG2 geht eine erhöhte Eisenaufnahme mit einer steigenden DMT1-Expression einher, um den Organismus durch Aufnahme und Speicherung in Ferritin vor einer potenziell toxischen Eisendosis zu schützen (Scheiber-Mojdehkar et al., 2003; Trinder et al., 2000).

Beim Menschen und auch bei der Maus existieren vier DMT1 Splice-Varianten, die sich durch das Vorhandensein von 5' Exons (1A oder 1B) und 3' Exons (mit oder ohne „Iron responsive Elements", IREs, siehe Kap. 1.4.7.1) voneinander unterscheiden (Lee et al., 1998). Isoformen, die das „ursprüngliche", kürzere Exon 1B tragen, werden ubiquitär exprimiert, was die Vermutung nahe legt, dass sie am Transport von Eisen aus den Endosomen bei der TfR-abhängigen Eisenaufnahme beteiligt sind (vermutlich Isoform 1B ohne IRE; Touret et al., 2003). In der Leber kommt hauptsächlich die Isoform 1B+IRE vor (Hubert & Hentze, 2002). Die Isoformen mit IRE sind überwiegend in der Plasmamembran zu finden und werden langsamer internalisiert als die Isoformen ohne IRE. Bei letzteren sorgen C-terminale Signalpeptide für eine effiziente Endozytose (Lam-Yuk-Tseung & Gros, 2006). Die Isoformen mit dem Exon 1A tragen eine 5' Verlängerung von 30 AS und könne auch ohne 3'-IRE eisenabhängig reguliert werden. Deren hauptsächliche subzelluläre Lokalisierung wird in der Plasmamembran vorausgesagt (Hubert & Hentze, 2002). Gewebsspezifisch sind sie stark im Dünndarm und in der Niere exprimiert, und lassen im Zusammenspiel mit den 3' IREs eisenabhängige Funktionen bei der duodenalen Eisenaufnahme und bei der Resorption von divalenten Metallionen aus dem Primärharn der Niere vermuten (Fleming et al., 1998; Tabuchi et al., 2000).

Unabhängig vom IRP/IRE System wurde in Enterozyten (Caco-2 Zellen) eine transkriptionale Hemmung von DMT1 durch Hepcidin beobachtet (Brasse-Lagnel et al., 2011; Mena et al., 2008). Darüber hinaus wird DMT1 auch durch inflammatorische Stimuli reguliert. So erhöhten Interferon-γ (IFNγ) und Lipopolysaccharid (LPS) gemeinsam transkriptional die DMT1-Expression in Monozyten (Ludwiczek et al., 2003). Auch eine Regulierung durch NF-κB sowie durch das NF-YA Protein wurde beobachtet (Paradkar & Roth, 2007).

1.4.2 Transport & Zelluläre Aufnahme

Der Transport von Eisen zu den Geweben erfolgt über den Blutkreislauf. Transferrin ist das Haupt-Transport-Protein. Es befördert Eisen zwischen den Funktions- und Speicher-Kompartimenten hin und her. Durch seine starke aber variable Affinität für Fe(III) sorgt es dafür, dass kein potenziell toxisches freies Eisen in der Zirkulation vorliegt. Aus dem Blutkreislauf gelangt Eisen physiologischerweise über den Transferrin-Rezeptor (Kap. 1.4.2.1) in die Zielzellen (Abb. 1.15 – Transport).

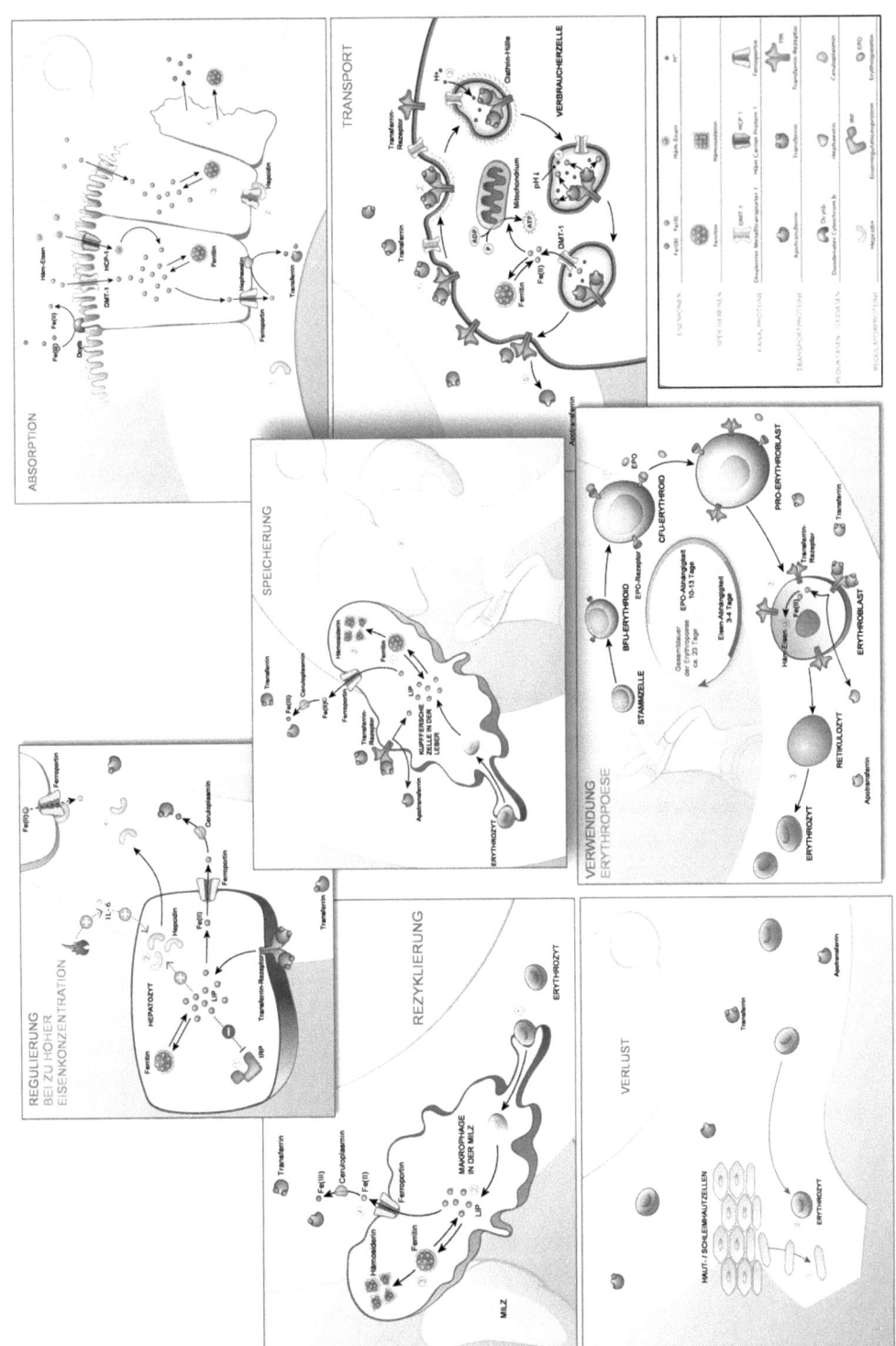

Abb. 1.15: Physiologie des Eisenstoffwechsels. Die in den einzelnen Abbildungen dargestellten Stationen des Eisens im Körper werden im Text genauer beschrieben (Abbildung von www.ironatlas.com).

1.4.2.1 Transferrin

Der Transport von Eisen im Kreislauf erfolgt über Transferrin, einem β-Globulin Homodimer mit einer molekularen Masse von 80 kDa. Das Glykoprotein wird hauptsächlich von Hepatozyten, aber auch in Lymphknoten, Thymus, Milz, Speicheldrüsen, Knochenmark und Hoden synthetisiert, und besitzt eine Halbwertszeit von 8 Tagen (Pantopoulos, 2012). Es kann zwei Fe^{3+}-Ionen binden, unter physiologischen Bedingungen liegt jedoch nur eine Transferrin-Sättigung von etwa 30 % vor, was einen Puffer bei steigenden Eisenkonzentrationen darstellt. Die Konzentration von voll beladenen Apotransferrin-Molekülen im Serum beträgt etwa 5 µmol/L, was ca. 1/10 des gesamten Transferrinpools (25 – 50 µmol/L) entspricht (Gkouvatsos et al., 2012). Beim unbeladenen Transferrin spricht man von Apotransferrin.

Mäuse und Menschen mit Mutationen im Transferrin bilden schwere Anämien aus (Hentze et al., 2010).

1.4.2.2 Transferrin-Rezeptor 1

Der humane Transferrin-Rezeptor 1 (TfR1) ist ein durch Disulfidbrücken zusammengehaltenes Transmembran-Glykoprotein aus identischen Untereinheiten mit jeweils 760 Aminosäuren (95 kDa) (Hu & Aisen, 1978; McClelland et al., 1984). Der mit Abstand größte Teil des Dimers liegt extrazellulär (AS 90-760). Der zytoplasmatische Teil enthält eine Phosphorylierungsstelle (Ser24) für Proteinkinase C (PKC) und das Internalisierungsmotiv YTRF (Collawn et al., 1993). Dazwischen liegt die hydrophobe Intermembranregion (AS 62-89) mit zwei Palmitoylierungsstellen, die für die Membranverankerung und Endozytose wichtig sind (Alvarez et al., 1990; Fuchs et al., 1998).

Die Aufnahme von an Transferrin gebundenem Eisen erfolgt über die Bindung an den TfR1, wobei jede Untereinheit ein Transferrin-Molekül bindet und die Affinität mit höherer Eisenbeladung zunimmt ($K_d = 10^{-23}$ M; Abb. 1.15 – Transport, Punkt 1) (Aisen, 2004; Young et al., 1984). Nahezu alle Zellen exprimieren ihn, eine Ausnahme bilden Erythrozyten und Thrombozyten (Van Bockxmeer & Morgan, 1979; Hannuxela et al., 2003). Da sie nicht proliferieren, haben sie keinen erhöhten Eisenbedarf, der das Vorhandensein von TfR1 notwendig macht. Nach der Bindung wird der Transferrin/Transferrinrezeptor-Komplex mittels Rezeptor-vermittelter, Clathrin-abhängiger Endozytose (Kap. 1.2.2.1) internalisiert (Abb. 1.15 Abb. 1.17– Transport, Punkt 2) (Morgan et al., 1986). Im Endosom wird der pH-Wert auf pH 5-6 abgesenkt (Abb. 1.15 – Transport, Punkt 3) (Klausner et al., 1983). In diesem reduktiven Milieu dissoziiert das Fe(III) vom Transferrin (Baldwin et al., 1982) und wird durch die NADH-abhängige Metalloreduktase *„six-transmembrane epithelial antigen of prostate-3"* (STEAP3) zu Fe(II) reduziert (Abb. 1.15 – Transport, Punkt 4) (Dautry-Varsat et al., 1983;

Ohgami *et al.*, 2006). Die Fe^{2+}-Ionen gelangen über DMT1 ins Zytosol (Fleming *et al.*, 1998), das resultierende Apotransferrin wird, noch gebunden an den Transferrin-Rezeptor, zurück an die Zelloberfläche recycliert (Lamb *et al.*, 1983). Durch den neutralen pH-Wert der extrazellulären Flüssigkeit dissoziiert das Apotransferrin von dem Rezeptor und wird wieder in den Blutkreislauf freigesetzt (Abb. 1.15 – Transport, Punkt 5) (Young *et al.*, 1985). Dieser Zyklus dauert nur wenige Minuten (Bacon & Tavill, 1984; Katz, 1961).

Die Regulierung von TfR1 findet eisenabhängig, post-transkriptional über das IRE/IRP-System statt (siehe Kap. 1.4.7.1), wobei hohe Eisenkonzentrationen die Expression inhibieren (Abb. 1.18 rechts) (Casey *et al.*, 1988; Harford & Klausner, 1990). Das TFR1-Gen enthält in der Promoter-Region ein *„Hypoxia Response Element"*, das bei Sauerstoffmangel durch den *"Hypoxia inducible factor 1"* (HIF1) erkannt wird, was zur Hochregulation von TfR1 führt (Bianchi *et al.*, 1999; Lok & Ponka, 1999; Tacchini *et al.*, 1999). Auch Mitogene, Wachstumsfaktoren oder Zytokine wie Interleukin 2 (IL-2) stimulieren die TfR1-Transkription (Miskimins *et al.*, 1986; Ouyang *et al.*, 1993; Seiser *et al.*, 1993). Außerdem wird TfR1 bei proliferierenden und sich im Wachstum befindenden Zellen hochreguliert, um den Eisenbedarf der Zelle vor allem für die bei der DNA-Synthese unentbehrliche Ribonukleotid-Reduktase zu decken (Chitambar *et al.*, 1983; Trowbridge & Omary, 1981; Wang *et al.*, 2005a). Der somit auch bei Tumorzellen stark exprimierte TfR1 ist daher ein begehrter Zielkandidat für Anti-Tumor-Wirkstoffe (Daniels *et al.*, 2006a; Daniels *et al.*, 2006b)
Eine Inaktivierung des Trf1-Gens führte bei Mäusen bereits im Embryonalstadium aufgrund einer schweren Anämie zum Tod (Levy *et al.*, 1999).

1.4.2.3 Transferrin-Rezeptor 2

Neben dem TfR1 existiert auch ein TfR2 (Kawabata *et al.*, 1999), dessen AS-Sequenz zu 61 % mit der des TfR1 übereinstimmt (Daniels *et al.*, 2006a). Dessen zwei Isoformen werden als Splice-Varianten zelltypspezifisch exprimiert. Die α-Form ist, ebenso wie der TfR1, ein Typ-II-Transmembran-Glykoprotein, das, vermutlich auch als Homodimer, mit einer 25–30mal geringeren Affinität als TfR1 an Transferrin bindet (West *et al.*, 2000), und ähnlich wie der Transferrin-TfR1-Komplex internalisiert wird. Allerdings vermuten Robb *et al.* (2004), dass eine Rezyklierung von Transferrin an die Zelloberfläche nicht stattfindet. Der TfR2 wird vor allem in Hepatozyten, aber auch in erythroiden und myelotischen Zellen exprimiert (Deaglio *et al.*, 2002). Gewebe wie Milz, Lunge, Muskel oder Prostata, sowie periphere Makrophagen weisen nur sehr geringe Mengen an TfR2-mRNA auf. Im hämatopoetischen System wurde die TfR2-Protein-Expression lediglich in Erythroblasten und Megakaryozyten nachgewiesen.
Im Gegensatz zum TfR1 besitzt die TfR2-mRNA keine IREs (siehe Kap. 1.4.7.1) und wird deshalb nicht post-transkriptional durch *„Iron Regulatory Proteins"* (IRPs) reguliert (Kawabata *et al.*, 2000). Generell findet keine eisenabhängige Regulierung statt, weder auf mRNA noch auf Proteinebene, jedoch eine Regulierung der TfR2-Stabilität in Abhängigkeit von der extrazellulären Holo-Transferrin-Konzentration (Johnson & Enns, 2004). Deswegen ist im Gegensatz zur Transferrin-Aufnahme durch TfR1 die Aufnahme durch TfR2 kein sättigbarer Prozess (Trinder *et al.*, 1996). Die physiologische Funktion von TfR2 ist nicht abschließend geklärt, möglicherweise hat er eher eine Funktion als

Eisensenor inne. Seine Expression ist vom Zellzyklus abhängig. Während die Expression der TfR1-Transkripte in der späten G1 Phase und der G2/ M-Phase ihr Maximum erreicht, ist die TfR2-mRNA-Expression in der späten G1 Phase am stärksten (Trinder & Baker, 2003).

Ein knock out von TfR2 führte in Mäusen zu einer Herunterregulation der Hepcidin-Expression (Kawabata *et al.*, 2005). Beim Menschen geht eine Mutation des Trf2-Gens mit einer milden Form der Hereditären Hämochromatose (Typ 3) einher (Alexander & Kowdley, 2009; Camaschella *et al.*, 2000; Roetto *et al.*, 2001; Wallace *et al.*, 2005; Wallace *et al.*, 2008). Hämochromatose ist mit einer geschätzten Frequenz von 1:200 bis 1:400 die häufigste Erbkrankheit in der kaukasischen Bevölkerung. Die Symptome sind eine erhöhte Eisenaufnahme über den Darm und Eisenüberladung in den Zellen von Leber, Herz, Gelenken oder endokrinen Drüsen, interessanterweise aber nicht in den Kryptenzellen des Dünndarms oder in Makrophagen, den Eisen aufnehmenden bzw. speichernden Zellen (Pietrangelo, 2006). Im Laufe der Zeit kann dies zu Insuffizienzen der entsprechenden Organe führen. Die am meisten verbreitete Form dieser Eisenspeicherkrankheit, die hereditäre Typ-1 Hämochromatose, wird autosomal rezessiv vererbt. Verursacht wird sie durch Mutationen im HFE-Gen. Das dazugehörige Hämochromatose-Protein (HLA-H) befindet sich in der Zellmembran von Säugetieren fast aller Gewebe (mit Ausnahme des Gehirns), und ähnelt den *„Major Histocompatibility Complex"* Klasse I Proteinen (Bridle *et al.*, 2003; Feder *et al.*, 1996). Ein knock out von HFE beeinflusst negativ die Hepcidin-Expression (siehe Kap. 1.4.7.2.1) (Muckenthaler *et al.*, 2003). Bei niedrigen Eisenkonzentrationen kann es TfR1 binden und verhindert dabei dessen Endozytose (Chen *et al.*, 2007; Salter-Cid *et al.*, 1999). Man glaubt, dass bei steigenden Eisenkonzentrationen (und hoher Transferrin-Sättigung) die Bindung von HFE mit TfR1 kompetitiv durch Holo-Transferrin ersetzt wird, so dass HFE stattdessen an den TfR2 bindet (Goswami & Andrews, 2006), was zur Aktivierung der Hepcidin-Expression führt (Abb. 1.20) (Feder *et al.*, 1998; Gao *et al.*, 2009).

Die lösliche β-Isoform, der die zytoplasmatische und die Transmembrandomäne fehlt, ist in allen Geweben nachweisbar (Trinder & Baker, 2003), wobei eine evtl. physiologische Funktion allerdings bisher nicht bekannt ist.

1.4.3 Verwendung

Der Hauptanteil (etwa 20 mg pro Tag) des „Funktionseisens" wird für die Erythropoese, also für die Produktion von roten Blutkörperchen im roten Knochenmark, verwendet. Erythrozyten machen ungefähr 44 % des gesamten Blutvolumens aus. In jedem Liter Blut befinden sich $4\text{-}6*10^{12}$ Erythrozyten. Der Hauptbestandteil der Erythrozyten ist das Hämoglobin, ein eisenhaltiges, globuläres Protein, das aus vier Polypeptidketten besteht. Jede der vier Ketten enthält eine Häm-Gruppe, bestehend aus einem Eisenion in einem Protoporphyrin-Gerüst, die jeweils ein Sauerstoffmolekül binden kann.

Die Ausreifung der pluripotenten Stammzelle zu erythroiden Vorläuferzellen wird u.a. durch Erythropoetin stimuliert (Abb. 1.15 – Verwendung Erythropoese, Punkt 1). Bereits als Erythroblast findet die Hämoglobin-Synthese statt. Der hohe Bedarf an Eisen äußert sich in einer hohen

Expression von Transferrinrezeptoren in diesem Stadium (Abb. 1.15. – Verwendung Erythropoese, Punkt 2). Über mehrere Stufen reift der Erythroblast zum Retikulozyten/Erythrozyten Abb. 1.15 – Verwendung Erythropoese, Punkt 3).

Darüber hinaus ist Eisen ein essentielles Element, das für die Funktion von diversen Enzymen (Monooxygenasen, Dioxygenasen, Hydroxylasen, Hydrogenasen, Fettsäuredesaturasen) und zellulären Proteinen benötigt wird. Zu den Proteinen, die Häm als prosthetische Gruppe tragen, gehören die Cytochrome der P450-Familie, die eine Vielzahl von Reaktionen im Fremdstoffmetabolismus katalysieren. Die Cytochrome b und c aus Komplex III, Cytochrom c Oxidase (Komplex IV) sowie die Succinat Dehydrogenase (Komplex II) der Atmungskette sind weitere Beispiele für wichtige Häm-tragende Enzyme. Auch verschiedene Peroxidase-Familien, die lösliche Guanylat Cyclase (sGC), die als Sensor Stickstoffmonoxid (NO) bindet, sowie die Stickstoffoxid-Synthase haben Häm-Kofaktoren gebunden. Die in Peroxisomen vorkommende Katalase ist ein Beispiel für ein Substrat-umsetzendes Enzym. Mit ihren vier Häm-Gruppen bindet sie Wasserstoffperoxid (H_2O_2) und spaltet es effektiv zu Wasser und Sauerstoff und macht es somit unschädlich.

Ein weiterer Typ von Eisen-enthaltenden Proteinen sind solche, die Eisen-Schwefel-Cluster tragen. Diese Mehrfachkomplexe ([2Fe-2S], [4Fe-4S]) werden mit der Hilfe des *„Scaffold"*-Proteins *„Iron Sulfur Cluster assembly protein U"* (IscU) zusammengebaut und dienen als Kofaktoren für Enzymreaktionen (Tong & Rouault, 2006). Beispiele von Proteinen mit [2Fe-2S] Clustern sind NADH-Dehydrogenase, Succinat-Dehydrogenase und Cytochrom-c-Reduktase (Komplex I, II und III der Atmungskette), Ferredoxine, sowie die Hydroxylase Xanthinoxidase, die bei dem Nukleotidmetabolismus eine Rolle spielt. Weiterhin die Aldehydoxidase (Biotransformation, Abbau von Nikotin), Ferrochelatase (Porphyrinmetabolismus) sowie das Frataxin, das in der Mitochondrienmembran vorkommt und beim mitochondriellen Eisentransport sowie bei er Bildung von Eisen-Schwefel-Cluster eine entscheidende Rolle spielt (Sheftel & Lill, 2009; Stemmler *et al.*, 2010). Ein Gendefekt kann zur Friedrich-Ataxie führen (Schmucker & Puccio, 2010).
Proteine mit [4Fe-4S] Cluster sind neben der zuvor erwähnten NADH-Dehydrogenase und der Succinat-Dehydrogenase die bei dem Zitronensäurezyklus wichtige Aconitase. Außerdem noch die Amidophosphoribosyltransferase (Purinstoffwechsel, Inosinmonophosphat-de novo-Synthese), Dihydropyrimidin-Dehydrogenase (Aminosäuresynthese, Synthese von β-Alanin), *„Iron-responsive element-binding protein 2"* (Regulierung des Eisenstoffwechsels), die Lipoylsynthase (Protein-modifizierung) und die Kernenzyme DNA-Primase und Endonuklease III-like.

Schließlich existieren noch Enzyme, die keiner der genannten Gruppen angehören, aber Eisenionen als Zentralatom tragen. Dazu zählen z.B. das Schlüsselenzym der DNA-Synthese, die Ribonukleotidreduktase, die Nukleotide in ihre jeweiligen Desoxynukleotide reduziert oder die Lipoxygenasen.

1.4.4 Verlust

Es gibt keinen aktiven Ausscheidungsmechanismus für Eisen. Täglich gehen 1-2 mg Eisen mit abgeschilferten Haut- und Schleimhautzellen, sowie durch Schweiß und Urin verloren (Abb. 1.15 – Verlust). Jeder Blutverlust bedeutet allerdings auch einen Verlust an Eisen (2 ml Blutverlust entspricht ca. 1 mg Eisenverlust). Deswegen haben prämenopausale Frauen durch die Monatsblutungen einen höheren Eisenbedarf. Auch im Wachstum befindliche Kinder sowie Hochleistungssportler haben einen erhöhten Eisenbedarf. Um die Eisenhomöostase zu gewährleisten, muss der tägliche Verlust durch Aufnahme von Eisen aus der Nahrung ausgeglichen werden, was durch die normale Ernährung eines Europäers in der Regel der Fall ist. Ansonsten können Symptome wie Müdigkeit, verminderte Konzentrations- und Leistungsfähigkeit, Hautblässe, Schäden an Haut und Nägeln und sogar Haarverlust auftreten.

1.4.5 Rezyklierung

Der Hauptanteil des rezyklierten Eisens fällt bei der Erneuerung von Erythrozyten an. Die Lebensdauer eines Erythrozyten beträgt ca. 120 Tage, und täglich müssen ca. 200 Milliarden erneuert werden, was ca. 25 mg Eisen erfordert. Die Rezyklierung findet primär in der Milz und zu einem geringeren Teil in Leber und Knochenmark statt. Makrophagen des Retikuloendothelialen Systems (RES) der Milz, des Knochenmarks und teilweise der Leber phagozytieren und degradieren gealterte Erythrozyten (Abb. 1.15 – Rezyklierung, Punkt 1) (Knutson *et al.*, 2003, Knutson *et al.*, 2005). Beim Abbau der Erythrozyten wird das Hämoglobin mit Hilfe der Hämoxygenase 1 zu Kohlenmonoxid und Bilirubin abgebaut. Das dabei freigesetzte Eisen geht zunächst in den LIP über (Abb. 1.15 – Rezyklierung, Punkt 2). Entweder wird es anschließend über Ferroportin 1 (Fpn1) exportiert und so der Blutzirkulation, z.B. für die Erythropoese, zugeführt, oder das Eisen wird im Ferritin zwischengespeichert (Abb. 1.15 –Rezyklierung, Punkt 3). Auf diese Weise werden täglich etwa 20 mg Eisen pro Tag umgesetzt (Knutson *et al.*, 2003).

1.4.5.1 Ferroportin 1

Ferroportin 1 (Fpn1; Genname Slc40a1), auch MTP1, IREG1 oder SLC11A3 genannt, ist ein 62 kDa großes Transmembranprotein, das wahrscheinlich aus zwölf Transmembran-Domänen besteht (Abb. 1.16) (Liu *et al.*, 2005b; Wallace *et al.*, 2010). Andere Autoren gehen von 9-10 Domänen aus (Devalia *et al.*, 2002; Donovan *et al.*, 2000; McKie *et al.*, 2000). Er wurde im Jahre 2000 entdeckt und ist der einzige bekannte Eisenexporter, der eine wichtige Rolle bei der Eisenhomöostase spielt (McKie *et al.*, 2000; Donovan *et al.*, 2000; Abboud & Haile, 2000). Es wurden zwei verschiedene Iso-formen beschrieben, die durch alternatives Spleißen entstehen und deren Transkripte sich durch das Vorhandensein von IREs auf der mRNA und die Regulierbarkeit durch Eisen voneinander unterscheiden (Cianetti *et al.*, 2005; Zhang *et al.*, 2009). Darüber hinaus wird Fpn1 auf vielen Ebenen reguliert, transkriptional, post-transkriptional durch das IRP/IRE System (siehe Kap. 1.4.7.1) sowie post-translational durch Hepcidin (siehe Kap. 1.4.7.2.1).

Im Duodenum ist Fpn1 auf der basolateralen Seite von Enterozyten lokalisiert, wo es den Eisen-Export in den Blutkreislauf übernimmt (Abb. 1.15 – Absorption). Dort und vor allem in erythroiden Vorläuferzellen wurde bevorzugt Fpn1B mRNA (ohne IREs) gefunden, die transkriptional reguliert wurde (Zhang *et al.*, 2009). Das ermöglicht die Versorgung des Organismus mit Eisen während eines Eisenmangels.

Besonders stark wird Fpn1 in Makrophagen des RES, vor allem von Leber, Milz und Knochenmark, exprimiert (Zhang *et al.*, 2004), wo es das aus phagozytierten Erythrozyten freigesetzte Eisen exportiert (Knutson *et al.*, 2003; Knutson *et al.*, 2005; Delaby *et al.*, 2008). Da durch den Abbau von Erythrozyten die Eisenkonzentration ständig erhöht ist, was eine Inaktivierung der IRPs nach sich ziehen würde, findet dort neben der Regulierung durch das IRP/IRE System vor allem eine transkriptionale Regulierung des für eine Translation verfügbaren mRNA-Pools statt (Aydemir *et al.*, 2009; Delaby *et al.*, 2008; Knutson *et al.*, 2003). Darüber hinaus wurde in Makrophagen Fpn1 in intrazellulären Vesikeln lokalisiert (Abboud & Haile, 2000), und nach Erythrophagozytose an der Zellmembran (Delaby *et al.*, 2005), was für eine Rolle von Fpn1 an der intrazelluläre Umverteilung von Eisen sprechen könnte (Knutson *et al.*, 2003).

In Hepatozyten findet man hauptsächlich eine IRP/IRE-abhängige Regulierung (Lymboussaki *et al.*, 2003).

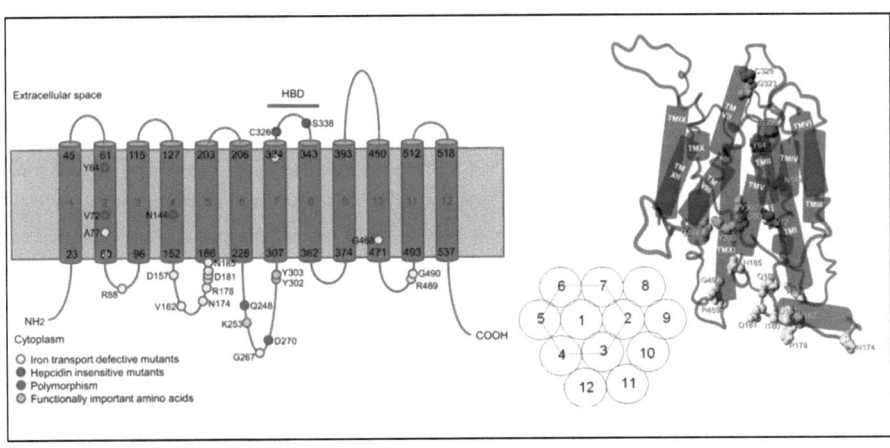

Abb. 1.16: Theoretisches Model von humanem Ferroportin nach Liu *et al.* (2005). Die Gelben Punkte geben die Positionen der beim Menschen gefundenen AS-Mutationen an, die mit für den Eisentransport defekten Fpn-Proteinen einhergehen. Fpn-Moleküle mit Mutationen an roten Punkten sind Hepcidin-insensitiv, grüne Punkte stellen funktionell wichtige AS dar, wie z.B. die beiden Tyrosin-Phosphorylierungs-Stellen (Y302, Y303). HBD: Hepcidin-bindende Domäne (Abbildung aus Wallace *et al.*, 2010).

Die systemisch wohl wichtigste Regulierung findet auf Proteinebenen statt: Hepcidin (siehe Kap. 1.4.7.2.1) bindet Fpn1 an der Zelloberfläche, was in der zytoplasmatischen Domäne des Proteins zur Phosphorylierung eines Tyrosinrestes (vermutlich durch eine Src Kinase) führt. Dies führt zur Internalisierung von Fpn1 über eine Clathrin-vermittelte Endozytose und anschließend zur Ubiquitinierung eines Lysinrestes und zur lysosomalen Degradation (De Domenico et al., 2007a; De Domenico et al., 2007b; Mena et al., 2008; Nemeth et al., 2004). Es kann aber in gewissem Maße auch die Ferroportin-Expression beeinflussen (Theurl et al., 2005).

Fpn1 wird durch inflammatorische Stimuli inhibiert. So führte die Gabe von LPS in vivo und in vitro auf mRNA und auf Proteinebene zu einer Abnahme der Ferroportinkonzentration (Liu et al., 2005a; Ludwiczek et al., 2003; Yang et al., 2002). Der Sinn dahinter ist, durch Schließen der systemischen Eisen-Aufnahmewege (im Duodenum) und –Speicher (RES) Eindringlingen das für deren Wachstum notwendige Eisen zu entziehen (Weinberg & Miklossy, 2008). In Makrophagen kann auf der anderen Seite die Phagozytose von Bakterien der Stimulus für eine erhöhte Fpn1-Expression sein, um die intrazelluläre Eisenkonzentration abzusenken. In diesem Zusammenhang hat Fpn1 auch einen Einfluss auf die Modulation der Immunantwort, in dem es die Expression der Stickstoffoxid-Synthase (iNOS) kontrolliert (Chlosta et al., 2006).

Die Bedeutung von Fpn1 für die Eisenhomöostase zeigt sich bei in vivo Experimenten, in denen Fpn1 bei Mäusen ausgeschaltet wurde. Die betroffenen Mäuse starben bereits während der embryonalen Entwicklung (Donovan et al., 2005). Bei Fpn1-Inativierung erst nach der Geburt litten die Mäuse an schweren Eisenmangel-Anämien trotz Eisenüberladung in Enterozyten, Hepatozyten und Makrophagen. Beim Menschen führen Mutationen des Fpn1-Gens zur autosomal dominant vererbten Typ-4-Hämochromatose, die auch als „Ferroportin-Krankheit" bezeichnet wird (De Domenico et al., 2005; Pietrangelo, 2004; Pietrangelo, 2006). Diese kann durch viele unterschiedliche Mutationen entstehen. Mechanistisch lassen sich zwei verschiedene Formen unterscheiden. Bei den meisten gefundenen Mutationen (gelbe Punkte in Abb. 1.16) können die mutierten Fpn-Moleküle nicht die Plasmamembran erreichen (De Domenico et al., 2005; Schimanski et al., 2005). Die betroffenen Zellen haben einen eingeschränkten Eisenexport, was sich durch hohe Eisenkonzentrationen hauptsächlich in Zellen des RES von Nieren und Leber, stetig steigenden Serum-Ferritinspiegeln, und im Vergleich dazu geringen Transferrinsättigung bemerkbar macht. Dies führt häufig zu einer marginalen Anämie und zu milden Organschädigungen (Pietrangelo, 2004). Die andere Form resultiert aus Mutationen (rote Punkte in Abb. 1.16), durch die Fpn1 zwar in der Plasmamembran lokalisiert ist, aber Hepcidin entweder nicht binden kann, oder aber bindet, jedoch keine Internalisierung stattfindet (De Domenico et al., 2005; Drakesmith et al., 2005). Dies führt bei einer weitestgehend unbeeinflussten duodenalen Eisenaufnahme zur Entleerung der Eisenspeicher von Enterozyten und Makrophagen, höherer Transferrin-Sättigung und Eisenüberladung in Hepatozyten.

1.4.6 Speicherung

Die Leber spielt eine zentrale Rolle im Eisenmetabolismus und ist der wichtigste Speicherort für Eisen. Das Eisen (ca. 1 g) wird dabei im Ferritin (1.4.6.1) der Hepatozyten und der retikuloendethelialen Makrophagen (Kupffersche Sternzellen) gespeichert (Abb. 1.15 – Speicherung, Punkt 1). Der Speicher dient als Puffer gegen Eisenmangel und Eisenüberladung. Bei Eisenüberladung oder Hämorrhagien wird Eisen vermehrt in Hämosiderin abgelagert (Abb. 1.15 – Speicherung, Punkt 2).

1.4.6.1 Ferritin

Ferritin ist das einzige, gut untersuchte, Eisenspeicherprotein. Es kommt in nahezu allen lebenden Organismen vor, von den Archaeen, über die Bakterien bis hin zu den Pflanzen- und Säugetierzellen. Die Quartär-Struktur von Säugetier-Ferritin besteht aus 24 α-helikalen Protein-Untereinheiten, die jeweils aus 170 - 180 Aminosäuren bestehen (Abb. 1.17). Es werden H- („*Heavy*"; 22 kDa) und L- („*Light*"; 20 kDa) Untereinheiten unterschieden, die zu 54 % identisch sind (Crichton & Declercq, 2010). Die H-Ferritine besitzen eine Ferroxidase-Funktion, die L-Ferritine nicht. Letztere sind wichtig für die Bildung des Eisenkerns (Harrison & Arosio, 1996). Je nach Vorkommen kann die Zusammensetzung des Ferritin-Moleküls aus diesen Untereinheiten sehr verschieden sein. H-Ferritin-Untereinheiten kommen hauptsächlich in Geweben mit hohem Sauerstoff-Gehalt vor, wie z.B. im Herzen. L-Ferritin-Untereinheiten, findet man in Eisen-speichernden Geweben, wo der Eisenumsatz langsamer ist, wie z.B. in der Leber, aber auch in der Milz und im Knochenmark (Pereira *et al.*, 1998). Die Untereinheiten bilden eine ca. 8 nm (450 - 500 kDa) große, nach außen hin abgeschlossene „Nanokäfig"-Struktur aus (Harrison & Arosio, 1996), die theoretisch bis zu 4500 Fe^{3+}-Ionen (Mann *et al.*, 1986) in Form von unlöslichen, kristallisierten Eisen(III)-oxo-Hydroxyl-Komplexen (Ferrihydrit) beinhalten kann (Liu & Theil, 2005).

Bei Eintritt in den Proteinkäfig passieren die Fe^{2+}-Ionen eine der acht Poren, die durch jeweils drei Untereinheiten an jeder der dreifach symmetrischen Achsen des Käfigs gebildet werden. Innen werden die Fe^{2+}-Ionen durch die Ferroxidase-Funktion der H-Untereinheit zu Fe^{3+} oxidiert (Formel 1.1) (Yang *et al.*, 1998):

$$\text{Ferritin} + 2\ Fe^{2+} + O_2 + 3\ H_2O \rightarrow \underset{\text{Ferroxidasekomplex}}{\text{Ferritin–}[Fe_2O(OH)_2]} + H_2O_2 + 2H^+ \quad (1.1)$$

Anschließend findet ein Elektronentransfer zu molekularen Sauerstoff, die Translokation ins Molekülinnere über die L-Untereinheit, und die Nukleation statt, die über die Formel 1.2 beschrieben werden kann (Yang *et al.*, 1998; Harrison & Arosio, 1996; Takahashi & Kuyucak, 2003; Turano *et al.*, 2010).

$$\text{Ferritin–}[Fe_2O(OH)_2] + H_2O \rightarrow \text{Ferritin} + 2\ FeOOH_{core} + 2\ H^+ \quad (1.2)$$

Ein potenzieller Kandidat für den Fe(III)-Transport ist PCBP1 (engl. *poly (rC)- binding protein 1*) (Shi *et al.*, 2008). Hat sich einmal ein Ferrihydrit-Kern gebildet, setzt sich an dessen Oberfläche die Oxidation von Fe(II) und die Hydrolyse fort, so dass der Eisenkristall wächst (Formel 1.3) (Yang *et al.*, 1998).

$$4\ Fe^{2+} + O_2 + 6\ H_2O \rightarrow 4\ FeOOH_{core} + 8\ H^+ \quad (1.3)$$

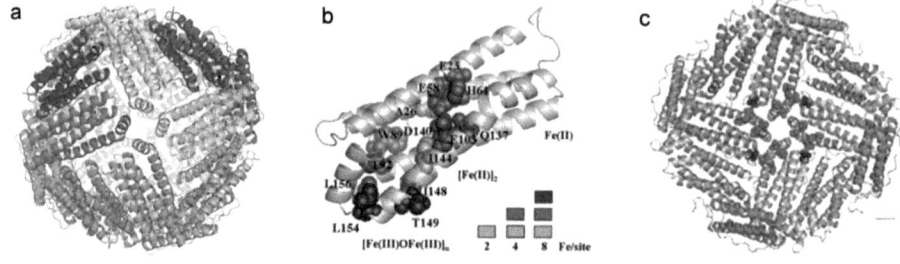

Abb. 1.17: Struktur und Funktion von Ferritin. **a**: Räumliches Model eines Ferritin-Moleküls. Der Ferritinkäfig besteht aus 24 Untereinheiten (L- und H-Ferritin). Jede Untereinheit (hier jeweils in einer anderen Farbe dargestellt) besteht aus einem Bündel von vier α-Helices (Abbildung aus Khara et al., 2011); **b**: eine Ferritin-Untereinheit. Die α-Helices der H-Ferritin-Untereinheit, die parallel zur Moleküloberfläche ausgerichtet ist, bilden einen Kanal, in dessen hydrophilem Zentrum das katalytische Zentrum mit Ferroxidase-Funktion sitzt (rot dargestellt). Dort findet die Oxidation von Fe(II) zu Fe(III) statt. Fe^{2+}-Ionen treten in den Kanal ein (im Bild von der rechten Seite) und binden an verschiedenen Aminosäure-Resten mit geringerer Affinität für Fe(II) als das katalytische Zentrum. Nach Passieren des aktiven Zentrums wandern die katalytischen Fe(III)-Produkte in Richtung der Mineralisierungs-Kavität ins Innere des Ferritin-Moleküls. Aminosäure-Reste mit höheren Affinitäten zu Fe(III) als das aktive Zentrum bedingen wahrscheinlich die Weiterleitung. Je höher die Beladung des Ferritinmoleküls mit Fe^{2+}-Ionen, desto näher zum Kanalausgang (im Bild links) sind die Bindungsstellen besetzt, was durch die Blautöne dargestellt wird. Im Kanal können sich Fe(III)-Produkte (Dimere) von bis zu vier katalytischen Umsätzen befinden, so dass die Bildung von Fe(III)-Komplexen (Multimere) bereits dort stattfinden kann (Dauer von mehreren Stunden); **c**: Durch die räumliche Nähe des Kanalausgänge benachbarter Untereinheiten (dargestellt durch rote und blaue Markierungen) können Fe(III)-Produkte aus verschiedenen katalytischen Zentren auf dem Weg in die innere Kavität miteinander fusionieren und erste Nuklei für den Prozess der Biomineralisierung bilden (Abbildungen aus Turano et al., 2010)

Ferritin spielt eine wichtige Rolle bei der Kontrolle der zellulären Eisen-Verfügbarkeit und es sorgt dafür, dass das Eisen in einer nicht-toxischen Form gespeichert, und bei Bedarf wieder verfügbar gemacht wird (Epsztejn et al., 1999)). Die Kinetik der Bildung des Eisen(III)-oxo-Hydroxyl-Komplexen wurde in vitro mit 1200 mol Fe mol^{-1} Ferritin s^{-1} bestimmt (Liu & Theil, 2004), die Eisenfreisetzung aus dem Komplex mit 0,52 mol Fe mol^{-1} Ferritin s^{-1} (Liu et al., 2007). Unter der Annahme, dass die Ferritin Speicherkapazität nicht überschritten wurde, bedeuten diese Werte, dass freigesetzte Eisenionen schnell wieder in das Protein aufgenommen werden.

Reguliert wird Ferritin in erster Linie post-transkriptional durch das IRP/IRE mRNA System (siehe Kap. 1.4.7.1), wobei hohe Konzentrationen die Ferritin-Synthese stimulieren (Abb. 1.19) (Wallander et al., 2006). Mutationen im 5' IRE von L-Ferritin führt zum dominanten Hyperferritinemia-Katarakt Syndrom, das durch erhöhte Serum-Ferritinspiegel gekennzeichnet ist (Roetto et al., 2002).

Aber auch eine transkriptionale Regulierung durch pro-oxidative Substanzen über „*antioxidative response elements*" (AREs), die im 5'-untranslatierten Bereich von L- und H-Ferritin-Genen zu finden sind, ist bekannt (Hintze & Theil, 2005). Ein Enzym, das die Ferritin-Synthese stimuliert, ist die Hämoxygenase 1, die durch oxidativen Stress induziert wird und Eisen aus Häm freisetzt (Vile & Tyrrell, 1993). Somit hat Ferritin auch anti-oxidative Funktionen, zumal es als Puffer für hohe Eisenkonzentrationen wirkt (Arosio & Levi, 2010; Balla *et al.*, 1992; Cermak *et al.*, 1993; Harrison & Arosio, 1996; Hentze & Kühn, 1996).

Ferritin dient nicht nur als Eisenspeicher, sondern auch als Eisen-Transporter. So ist z.B. der Ferritin-Gehalt im Serum von Patienten ein guter Indikator für das Auftreten von Eisenstoffwechsel-Störungen, besonders bei Eisenmangelerkrankungen (Wang & Pantopoulos, 2011). Darüber hinaus ist bekannt, dass durch Kupfferzellen (Makrophagen) sezerniertes Ferritin von Hepatozyten aufgenommen wird (Sibille *et al.*, 1988), und als Eisenquelle für erythroide Vorläuferzellen dient (Leimberg *et al.*, 2008). Potenzielle Rezeptoren für die Aufnahme von Ferritin in eine Vielzahl von Zellen und Geweben könnten Scara5 (engl. *scavenger receptor, member 5*) (Li *et al.*, 2009) oder, von H-Ferritin, TIM-2 (engl. *T cell immunoglobulin and mucin domain containing protein-2*) sein (Todorich *et al.*, 2008; Han *et al.*, 2011). Speziell in Leberzellen wurden auch andere potenzielle Rezeptoren beschrieben (Osterloh & Aisen, 1989; Moss *et al.*, 1994).

Außerdem besitzt exogenes Ferritin immun-suppressive Eigenschaften, in dem es Lymphozyten-Funktionen inhibiert (Gray *et al.*, 2001) und Chemokin-Rezeptor-vermittelte Signaltransduktions-Prozesse beeinflusst (Li *et al.*, 2006). Darüber hinaus fungiert Ferritin als pro-inflammatorisches Signalmolekül in hepatischen Ito-Zellen (Ruddell *et al.*, 2009). Auf der anderen Seite wird es selbst durch inflammatorische Stimuli reguliert (Fahmy & Young, 1993; Miller *et al.*, 1991; Pantopoulos *et al.*, 1994; Schiaffonati *et al.*, 1988).

C-terminale Mutationen im L-Ferritin führen zur hereditären Ferritinopathie, einer autosomal dominanten neurodegenerativen Erkrankung, die durch das Auftreten von Ferritin-Einschlusskörperchen und Eisenablagerungen im Gehirn charakterisiert ist (Hentze *et al.*, 2010). Die Inaktivierung von H-Ferritin führt bereits während der embryonalen Entwicklung zum Tod (Arosio & Levi, 2010).

1.4.6.2 Hämosiderin

Wenn die Eisenspeicherkapazität des Ferritins erreicht wird, was bei einem Massenanteil (w/w) von ca. 25 % der Fall ist, führt eine weitere Eiseneinlagerung bis zu 35 % zur Ausbildung von Hämosiderin. Hämosiderin entsteht vermutlich durch die intralysosomale Aggregation und Degradation von Ferritin und Ansammlung von Lipiden und Nucleotiden (Iancu, 1989). Es ist in membranähnlichen Strukturen, den so genannten Siderosomen, eingelagert, die wahrscheinlich von Lysosomen abstammen und sich histologisch mit der Berliner Blau-Färbung mit Kalium-hexacyano-ferrat(II) anfärben lassen (Richter, 1986; Shoden *et al.*, 1953). Die Mobilisierung von Eisen aus Hämosiderin, welche vor allem nach Blutverlusten stattfindet, erfolgt aber viel langsamer als die aus Ferritin. Ferritinmoleküle werden sowohl in Lysosomen als auch im Zytosol (Proteasom) abgebaut (De Domenico *et al.*, 2006).

1.4.7 Regulierung

Da es keinen aktiven Eisenausscheidungsmechanismus gibt, und wegen der potenziell toxischen Wirkungen von Eisen, muss die Aufnahme sorgfältig reguliert werden. Dies geschieht auf zellulärer Ebene post-transkriptional über das IRP/IRE System, und systemisch über Hepcidin, wobei noch weitere Proteine beteiligt sind.

1.4.7.1 Intrazelluläre Regulierung

Die wichtigsten Prozesse zur Regulierung der Eisenhomöostase in Säugetieren sind die intestinale Eisenabsorption, der Transport von Eisen zwischen den Organen durch Transferrin, die zelluläre Aufnahme durch Transferrinrezeptoren, die Verwendung von Eisen durch die Erythropoese, und dessen Speicherung als Ferritin und Hämosiderin. Die verschiedenen eisenbindenden Proteine bewirken durch ihre jeweilige Expression die physiologische Regulation des Eisenstoffwechsels. Die Expression dieser Proteine wird in erster Linie auf post-transkriptionaler Ebenen reguliert (Hentze & Kühn, 1996; Klausner et al., 1993). Die mRNAs von Transferrin-Rezeptor 1 und DMT1 tragen im 3`-untranslatierten Bereich „*Iron Responsive Elements*" (IREs). Diese bestehen aus jeweils fünf hintereinander geschalteten, ca. 30 Nukleotide große Haarnadelstrukturen auf der mRNA (Goforth et al., 2010; Muckenthaler et al., 2008; Owen & Kühn, 1987). Bei einem Eisenmangel binden „*Iron Regulatory Proteins*" (IRPs) mit hoher Affinität ($K_d = 10^{-12}$ M) an diese Strukturen und erhöhen die Stabilität der mRNA durch Schutz vor RNAsen, so dass die entsprechenden Proteine weiterhin translatiert werden. (Abb. 1.18 links).

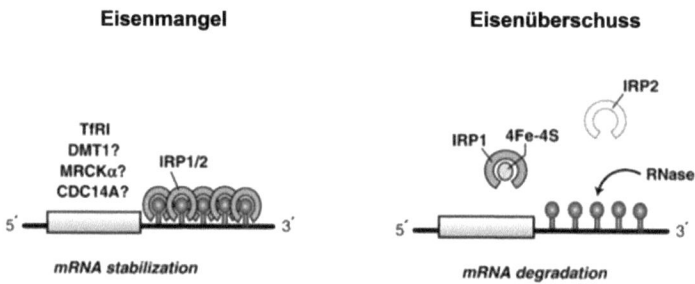

Abb. 1.18: Zelluläre Regulierung von Transferrin-Rezeptor 1 (TfR1) und Divalent Metal Transporter 1 (DMT1) durch das IRP/IRE System. **links**: Bei Eisenmangel binden IRP1 und IRP2 mit hoher Affinität an die 5 IRE des 3' untranslatierten Bereichs der TfR1 oder DMT1 mRNA. Dadurch wird die mRNA stabilisiert und das entsprechende Gen translatiert. **rechts**: Bei Eisenüberschuss wird das [4Fe-4S] Zentrum von IRP1 komplettiert, wodurch es seine Bindungsaffinität zu der IRE Bindungsstelle verliert. IRP2 wird durch das Proteasom degradiert. Dadurch kann die mRNA abgebaut werden, so dass keine Translation stattfindet (Abbildung aus Wallander et al., 2006)

IRPs sind homologe Proteine mit 889 bzw. 964 Aminosäuren und gehören zur Klasse der Eisen-Schwefel-Isomerasen und zur Familie der Aconitase-Proteine. Menschliches IRP1 ist ein zytoplasmatisches Protein mit einer molekularen Masse von 98 kDa (Rouault et al., 1988) und ist identisch mit der lange bekannten zytoplasmatischen Aconitase (Beinert et al., 1996). Diese Aktivität besitzt IRP1 bei Eisenüberschuss und damit mit intaktem [4Fe-4S] Cluster. Bei Eisenmangel verliert es diese Aktivität und erlangt stattdessen eine höhere Affinität zu den IREs (Haile et al., 1992).

Das humane IRP2 besitzt mit einer molekularen Masse von 105 kDa und 64 % Homologie zu IRP1 (Gruer et al., 1997) keine Aconitase-Aktivität (Guo et al., 1994) und kommt im Unterschied zur ubiquitären Expression von IRP1 vor allem im Darm und Gehirn vor (Henderson et al., 1993; Samaniego et al., 1994). Seine Funktion als Sensor für zelluläres Eisen verdankt es einer 73 Aminosäure langen, zusätzlichen Domäne, die in Abhängigkeit von der Eisenkonzentration oxidiert wird, was den proteasomalen Abbau des Moleküls verursacht (Guo et al., 1995).

An der Degradierung von IRP2 (und auch IRP1) ist das „F-Box and leucine-rich repeat protein 5" (FBXL5) beteiligt. Dieses Adapter-Proteine rekrutiert über dessen F-Box-Domäne den SCF (SKP1-CUL1-F-box) E3 Ligase-Komplex und bindet mit der C-terminalen Leucin-reichen Domäne an IRP, was zu dessen Ubiquitinierung und anschließender Degradierung durch das Proteasom führt (Vashisht et al., 2009). Dabei dient eine Hämerythrin-ähnliche Domäne von FBXL5 als Eisensensor. Bei Bindung von Eisen (oder bei hohen Sauerstoffkonzentrationen) (Meyron-Holtz et al., 2004) wird das Protein durch Bildung eines Fe-O-Fe Zentrums stabilisiert, andernfalls degradiert. Somit wird bei Eisenüberschuss die mRNA der Eisenhomöostase-Proteine von den IRPs befreit und zugänglich für die Degradation durch RNAsen. Dies bewirkt eine Herunterregulierung der für die Eisenaufnahme zuständigen Proteine, TfR1 und DMT1, und schützt die Zelle bzw. den Organismus vor einer potenziell toxischen Eisen-Überdosis.

Die mRNAs von Ferritin, Fpn1, eALAS (engl. *erythroid 5-amino levulinic acid synthase*, das erste Enzym bei der erythropoetische Hämsynthese), der mitochondriellen Aconitase und Hif2α besitzen jeweils ein IRE im 5´-untranslatierten Bereich (Abboud & Haile, 2000; Aziz & Munro, 1987; Bhasker et al., 1993; Cianetti et al., 2005; Ke & Theil, 2002; Melefors et al., 1993), so dass die Eisenwirkung entgegengesetzt ist: Bei einem Eisenmangel wird die Translation der mRNA durch Bindung der IRPs an das IRE gehemmt (Abb. 1.19 links). Bei einem Eisenüberschuss fällt die Hemmung weg und die Proteine können exprimiert werden (Abb. 1.19 rechts). Dadurch wird überschüssiges Eisen in Form von Ferritin unschädlich gespeichert, und die Zelle schützt sich durch eine hochregulierte Ausschleusung über Fpn1.

Die Bindungsaffinität zwischen IRP und IRE wird in erster Linie durch den intrazellulären Eisenbedarf, aber auch durch oxidativen Stress und Hypoxie beeinflusst (Hanson & Leibold, 1998; Wallander et al., 2006). Dabei können reaktive Sauerstoffspezies (ROS) je nach Spezies und Konzentration entweder die mRNA-Bindeaffinität durch Störung des Eisen-Schwefel-Clusters erhöhen (Pantopoulos & Hentze, 1995; Pantopoulos et al., 1997), die IRPs durch oxidative Schädigung inaktivieren (Minotti et al., 2001) oder beides gleichzeitig (Starzynski et al., 2005). NO kann z.B. direkt mit dem [4Fe-4S] -Cluster von IRP1 reagieren, die Aconitase-Funktion deaktivieren (Drapier et al., 1993; Drapier & Hibbs, 1988; Lancaster & Hibbs, 1990) und die Affinität für das IRE erhöhen (Domachowske, 1997; Hentze & Kühn, 1996; Pantopoulos et al., 1994). Somit imitiert es einen Eisenmangel mit den oben beschriebenen

Auswirkungen auf die die Eisenhomöostase regulierenden Proteine, vor allem auf Ferritin (Weiss et al., 1997) und TfR1 (Pantopoulos & Hentze, 1995). Auf der anderen Seite ist aus vielen Arbeiten mit Makrophagen bekannt, dass Entzündungsreaktionen die Ferritinsynthese stimulieren, um eingedrungenen Organismen das für ihr Wachstum benötigte Eisen zu entziehen (Weinberg & Miklossy, 2008).

Sauerstoffmangel inaktiviert IRP1 durch Stabilisierung des Holo-Zustandes, und stabilisiert IRP2 durch Inaktivierung von FBXL5 (Meyron-Holtz et al., 2004).

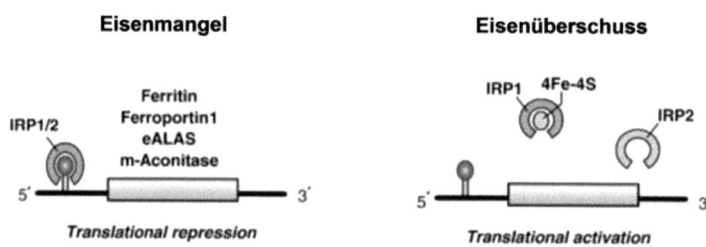

Abb. 1.19: Zelluläre Regulierung von Ferritin und Fpn1 durch das IRP/IRE System. **links**: Bei Eisenmangel binden IRP1 und IRP2 mit hoher Affinität an das 5' IRE von untranslatierten Bereichen der Ferritin, Fpn1, eALAS oder mitochondriellen Aconitase mRNA und blockiert die Ribosomen-Bindungsstelle. Dadurch wird die Translation gehemmt. **rechts**: Bei Eisenüberschuss wird das [4Fe-4S] Zentrum von IRP1 komplettiert, wodurch es seine Bindungsaffinität zu der IRE Bindungsstelle verliert. IRP2 wird durch das Proteasom degradiert. Dadurch kann die Bindungsstelle frei, so dass die entsprechenden Gene translatiert werden können (Abbildung aus Wallander et al., 2006)

Ein knock out beider IRPs führte bei Mäusen bereits im embryonalen Stadium zum Tod (Galy et al., 2008; Smith et al., 2006). Bei Fehlen nur einer Form leben die Tiere und sind fruchtbar. Allerdings zeigten IRP2 knock out Mäuse eine milde Form der mikrozytären Anämie, die mit einer Eisenüberladung im Duodenum und in der Leber, aber verminderten Eisenlevel in Milz-Makrophagen, einherging, sowie eine erhöhte Neurodegenerationswahrscheinlichkeit (Cooperman et al., 2005; Ferring-Appel et al., 2009; Galy et al., 2005; LaVaute et al., 2001). IRP1 knock out Mäuse zeigten unter Laborbedingungen keine äußerlichen Symptome (Meyron-Holtz et al., 2004), jedoch misregulierte TfR1 und Ferritin Expressionen in den Nieren und im braunen Fettgewebe (Meyron-Holtz et al., 2005). Die Inaktivierung beider IRPs nur im Darm geht mit Wachstums-Defekten, intestinale Malabsorption, Dehydrierung und Gewichtsverlust einher (Galy et al., 2008). Eine Inaktivierung in Hepatozyten führt aufgrund von mitochondrialen Funktionsstörungen, fehlerhaften Häm- und Eisen-Schwefel-Cluster- Biosynthese und Leberschäden zu einem frühzeitigen Tod (Galy et al., 2010).

1.4.7.2 Systemische Regulierung

Die systemische Regulation des Eisenstoffwechsels kontrolliert die Nahrungseisenabsorption über DMT1 im Darm und die Mobilisierung von Eisen aus den Eisenspeichern über Fpn1. Die Transporter werden im Fall eines Eisenmangels verstärkt exprimiert und im Falle einer genügenden Versorgung herunterreguliert. Der bis dato wichtigste systemische Regulator ist Hepcidin.

1.4.7.2.1 Hepcidin

Das kationische Peptid Hepcidin wurde im Jahr 2000 entdeckt. Zunächst wurde es wegen seiner Expression in der Leber und seiner antimikrobiellen Wirkung als LEAP-1 (engl. *liver-expressed antimicrobial peptide 1*) bezeichnet (Krause *et al.*, 2000). Unabhängig davon fand die Arbeitsgruppe um Tomas Ganz das in der Leber vorkommende und mit Entzündungsreaktionen assoziierte Peptid, und nannte es Hepcidin, („hep-" für „Leber"; „-cide" für „töten" für seine antimikrobielle Eigenschaft) (Park *et al.*, 2001). Erst danach wurde entdeckt, dass Hepcidin eine zentrale Rolle im Eisenstoffwechsel einnimmt (Pigeon *et al.*, 2001).

Die primären Hepcidin-Produzenten sind Hepatozyten. Darüber hinaus können aber auch die Niere sowie Gewebe wie der rechte Vorhof des Herzens oder das Rückenmark Hepcidin synthetisieren (Park *et al.*, 2001; Kulaksiz *et al.*, 2005). Auch in Makrophagen aus Milz, Lunge und Knochenmark wurde eine Hepcidin-Produktion festgestellt (Liu *et al.*, 2005a; Nguyen *et al.*, 2006).

Die Hauptform von Hepcidin besteht aus 25 AS und beinhaltet acht Cysteine, zwischen denen Disulfidbrücken ausgebildet werden. Daneben existieren auch 22 und 20 AS lange Formen (Park *et al.*, 2001).

Die Hepcidin-Konzentration im Blut ist bei hohen Plasma-Eisenkonzentrationen und unter inflammatorischen Bedingungen erhöht (Pigeon *et al.*, 2001; Nicolas *et al.*, 2002a). Seine Wirkung übt Hepcidin (Hep25, nicht Hep20) durch die Bindung an Fpn1 und der daraus resultierenden Phosphorylierung (unter Mitwirkung der Janus Kinase 2) (De Domenico *et al.*, 2009), Internalisierung, Ubiquitinierung und lysosomale Degradierung durch das Proteasom aus (Nemeth *et al.*, 2004; De Domenico *et al.*, 2007a). Dadurch wird die Eisenzufuhr aus den Enterozyten und vor allem aus den Eisen-speichernden Zellen (Makrophagen und Hepatozyten) gehemmt (Abb. 1.20). In neueren Arbeiten wurde in Experimenten mit Enterozyten keine negative Regulierung von Fpn1 durch Hepcidin, stattdessen eine Degradierung von DMT1, beobachtet (Mena *et al.*, 2008; Brasse-Lagnel *et al.*, 2011). Für einige Autoren ist im Duodenum die Hemmung der Eisen-Aufnahme die entscheidende regulatorische Wirkung von Hepcidin, und nicht die Hemmung des Exports durch die Degradation von Ferroportin (Mena *et al.*, 2008; Laftah *et al.*, 2004). Darüber hinaus existieren Anhaltspunkte, wonach Hepcidin direkt die Expression von TfR1 und DMT1 herunterregulieren kann (Du *et al.*, 2012).

Auf jeden Fall führt eine Überexpression von Hepcidin in Mäusen zu einem schweren Eisenmangel, die zu einer mikrozytischen hypochromen Anämie (Nicolas *et al.*, 2002b) oder sogar zum Tod führte. Durch das Schließen der Eisen-Aufnahmewege steht nicht mehr ausreichend Eisen für die

Erythropoese zur Verfügung. Beim Menschen sind viele schwere Eisenüberladungs-Krankheiten auf eine Fehlfunktion von Hepcidin zurückzuführen (Pietrangelo, 2006).
Die Hepcidin-Expression wird transkriptional durch „*CCAAT/enhancer-binding protein alpha*" (C/EBPalpha) reguliert (Courselaud *et al.*, 2002). Darüber hinaus könnte die Transkription der Hepcidin-mRNA durch den Transkriptionsfaktor USF2, der normalerweise beim Glukose-Metabolismus eine Rolle spielt, kontrolliert werden. Bei Knock out von USF2 wurde in Mäusen eine Eisenüberladung beobachtet, die der humanen Hämochromatose entspricht – mit Eisenakkumulation in Hepatozyten und wenig Eisen in Enterozyten und Makrophagen. In diesen Mäusen wurde keine Hepcidin-mRNA mehr produziert. Da das USF2-Gen upstream, in unmittelbarer Nähe des Hepcidin-Gens, liegt, wird eine Beeinflussung des USF2 Gens auf die Transkription des Hepcidin-Gens angenommen (Nicolas *et al.*, 2001).

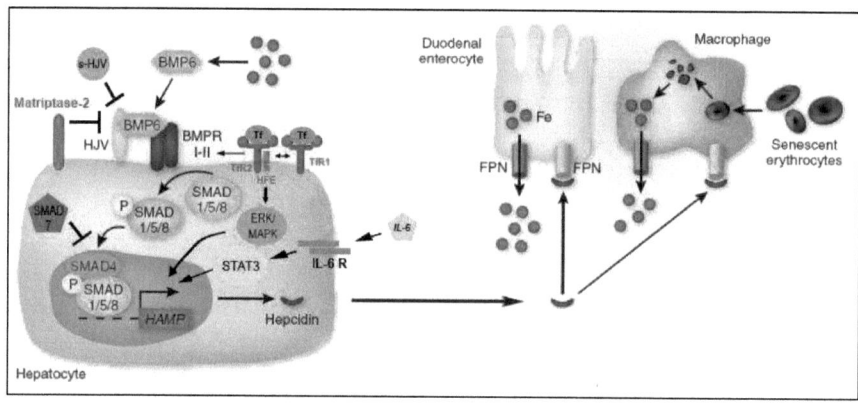

Abb. 1.20: Aktivierung von und Regulierung der Eisenhomöostase durch Hepcidin. Stimuliert durch Eisen bindet BMP6 unter Beteiligung von HJV an die Rezeptoren BMPR-I und BMPR-II von Hepatozyten (Babitt *et al.*, 2006). In diesem Signal-Komplex phosphoryliert BMPR-II BMPR-I, der wiederum die Rezeptor-aktivierten Proteine (R-SMAD) SMAD1, SMAD5 und SMAD8 phosphoryliert (Steinbicker *et al.*, 2011). Diese formen einen Komplex mit SMAD4 (co-SMAD), der als Transkriptionsfaktor in den Nukleus wandert und dort die Expression von Hepcidin (Hamp Gen) aktiviert (Mleczko-Sanecka *et al.*, 2010; Wang *et al.*, 2005b). Eine Aktivierung der Hepcidin-Expression wurde auch durch BMP2, BMP4, und BMP9 beobachtet (nicht gezeigt; Truksa *et al.*, 2006). s-HJV, Matriptase-2 und SMAD7 wirken inhibierend auf diesen Signaltransduktionsweg ein (siehe Text und Mleczko-Sanecka *et al.*, 2010). Darüber hinaus ist eine Beteiligung des Hämochromatose-Proteins (HFE) im Zusammenspiel mit TfR2 und TfR1 wahrscheinlich: Eisenbeladenes Transferrin (Tf) bindet an die Transferrin-Rezeptoren TfR1 und TfR2, was zur Dissoziation von HFE von TfR1 und bevorzugten Bindung mit TfR2 führt. Dies aktiviert den ERK/MAPK Signaltransduktionsweg, was zur Transkription des Hamp-Gens führt. Hepcidin wird sezerniert und bindet an Ferroportin von Enterozyten und Makrophagen und sorgt für seine Internalisierung und Degradierung. Dadurch wird die Eisenfreisetzung in die Blutzirkulation herabgesetzt. Auch inflammatorische Stimuli wie IL-6 können über den STAT3 Signaltransduktionsweg die Hepcidin-Expression aktivieren (Abbildung modifiziert aus *Bacon et al.*, 2011)

Der wahrscheinlich wichtigste Aktivator der Hepcidin-Produktion in Hepatozyten ist Hämojuvelin (HJV). Das macht sich dadurch bemerkbar, dass eine Mutation in diesem Gen eine seltene, aber sehr schwere Form der erblichen Eisenspeicherkrankheit (Hämojuveline Hämochromatose) verursacht

(Huang et al., 2005; Niederkofler et al., 2005; Papanikolaou et al., 2004). Generell sind die meisten Hämochromatose-Typen auf eine Hepcidin-Defizienz zurückzuführen (Pietrangelo, 2004; Roetto et al., 2002).
Die membran-assoziierte Form von HJV ist ein Ko-Rezeptor für „Bone-Morphogenetic Proteins" (BMPs), Zytokinen, die die Hepcidin-Expression stimulieren (Andriopoulos Jr et al., 2009; Babitt et al., 2006; Meynard et al., 2009; Truksa et al., 2006). HJV verstärkt das Signal, dass durch Bindung von BMP an den zugehörigen Rezeptor (BMPR) generiert wird (Abb. 1.20) (Lin et al., 2005; Steinbicker et al., 2011). Bei diesem Signaltransduktionsweg ist wahrscheinlich ein weiteres interessantes Membranprotein beteiligt: Die Hepatozyten-spezifische Typ II Plasmamembran-Serin-Protease, Matriptase-2, ist ein negativer Hepcidin-Regulator (Abb. 1.20) (Truksa et al., 2009; Silvestri et al., 2008). Eine Mutation im entsprechenden Tmprss6-Gen führte in einem Mausmodel zu einer Eisenmangelanämie und Körperhaarausfall, weil die intestinale Eisenabsorption aufgrund einer hohen Hepcidin-Konzentration nicht hochregulieren werden kann (Du et al., 2008). Auch einige Fälle von Eisenmangelanämie beim Menschen wurden mit Mutationen im Tmprss6-Gen in Verbindung gebracht (Finberg et al., 2008; Melis et al., 2008; Sato et al., 1992). Momentan wird TMPRSS6 als Eisensensor bei Eisenmangel angesehen, der das Signal der basalen Hepcidinaktivierung über BMP/BMP-R und SMAD abschaltet (Krijt et al., 2011; Nai et al., 2012).
Neben der Membran-assoziierten HJV-Form existiert noch eine lösliche Form (s-HJV). Diese ist eine inhibitorische Komponente des Hepcidinweges (Abb. 1.20) (Babitt et al., 2007; Lin et al., 2005). s-HJV wird bei Eisenmangel oder bei Hypoxie wahrscheinlich von Muskelzellen freigesetzt.

Eine weitere Regulierung der Hepcidin-Expression findet durch inflammatorische Stimuli wie Interleukine oder LPS statt (Nicolas et al., 2002a; Lee et al., 2005; Sow et al., 2007). Diese führen generell zu einer erhöhten Expression und somit zu einem Eisenentzug, der bei chronischen Entzündungen zu einer chronischen Anämie führen kann (Nicolas et al., 2002b). Besonders in Zellen des RES ist dieser Einfluss auf die Hepcidinexpression größer als die Änderung der verfügbaren Eisenmenge. So stimulierte LPS in vivo (Pigeon et al., 2001) und in Experimenten mit Monozyten die Hepcidin-Produktion. Bei letzterem und in anderen Arbeiten mit Hepatozyten wurde eine Aktivierung durch Interleukin-6 (IL-6) über den STAT3-Weg festgestellt (Abb. 1.20) (Pietrangelo et al., 2007; Verga Falzacappa et al., 2007; Wrighting & Andrews, 2006). In Makrophagen wurde keine Erhöhung der Hepcidin mRNA durch IL-6 (Nguyen et al., 2006; Liu et al., 2005; Sow et al., 2007), aber stattdessen durch LPS über den TLR-4-abhängigen Signaltransduktionsweg, beobachtet (Peyssonnaux et al., 2006). Ein Transkriptionsfaktor, der über solche Stress- und Entzündungsstimuli direkt auf die Hepcidin-Expression einwirkt, ist der Leber-spezifische, mit ER-Stress assoziierte Transkriptionsfaktor CREBH, der gewöhnlich Akute-Phase-Stressantworten auslöst.
Eine weitere Regulierung der Hepcidin-Expression findet durch Hypoxie statt. Bei Sauerstoffmangel wird sie durch den Hippel-Lindau/Hypoxie-induzierbaren Transkriptionsfaktor (VHL/HIF) gehemmt, und somit für eine ausreichende Eisenversorgung für die Erythropoese gesorgt (Nicolas et al., 2002a; Peyssonnaux et al., 2007).
In diesem Zusammenhang spielt HIF2α bei der Abstimmung der intrazellulären mit der systemischen Regulierung der Eisenhomöostase eine bedeutende Rolle, da die HIF2α-mRNA ein Zielmolekül der

IRPs ist (Anderson *et al.*, 2013; Sanchez *et al.*, 2007), und IRPs wiederum die DMT1-Expression im Dudenum steuern.

Die Bedeutung einer gut regulierten Eisenhomöostase macht sich durch eine Störung derselben bemerkbar. Unabhängig von den beschriebenen Eisenstoffwechsel-Krankheiten führt eine Unterversorgung an Eisen beim Menschen zu einer generell verminderten körperlichen und geistigen Leistungsfähigkeit, vermindertem Wachstum, Veränderungen in der Knochen-Mineralisierung, und einer verminderten Immunantwort (Arredondo & Núnez, 2005). Auf der anderen Seite kann die erhöhte Zufuhr von Eisen beim Menschen zu Leberzirrhosen, kolorectalen und hepatozellulären Tumoren führen (Huang, 2003; Kew, 2009; Messner & Kowdley, 2008). Deshalb erfordert die Eisen-Homöostase eine enge Regulierung, die durch das Zusammenspiel vieler verschiedener Proteine bewerkstelligt wird.

1.5 Toxizität von Nanopartikeln

Nanopartikel können auf verschiedenen Wegen in den Organismus gelangen (Abb. 1.21). Eine potenziell schädigende Wirkung hängt u.a. von der Konzentration ab, die die Blutzirkulation erreicht. Diese hängt maßgeblich von dem eingeschlagenen Pfad ab. Bei einer Aufnahme über die Haut oder über die Nase sind die Barrieren, die die Partikel überwinden müssen, sehr groß, so dass nur ein geringer Anteil die Blutzirkulation erreicht (kleine Transferfaktoren), und die Verteilung im gesamten Organismus eine andere sein kann als z.B. bei einer intravenösen Bolusinjektion. Hierbei steht der gesamte Anteil im Blut für die systemische Verteilung zur Verfügung, der potenziell gewünschte (z.B. therapeutische), aber auch starke toxische Wirkungen erzielen kann.

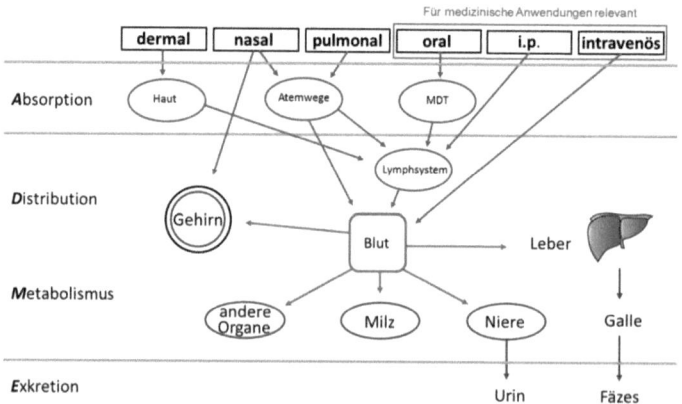

Abb. 1.21: Potenzielle Aufnahmewege von Nanopartikeln, deren Verteilung im sowie die Ausscheidung aus dem Organismus. In Bezug auf die Applikationsarten nimmt der Anteil der die Blutzirkulation erreichenden Nanopartikel von links nach rechts zu (Abbildung modifiziert aus Hagens *et al.*, 2007).

Auf zellulärer Ebene beeinflussen der Zelltyp, die verabreichte Dosis, die Inkubationsdauer sowie die chemischen und physikalischen Eigenschaften, die auch die Aufnahme bedingen (z.B. Größe, Form, Material, Oberflächenkomposition und –Ladung, Oxidationsstufe, Löslichkeit, Agglomerations-Verhalten), die Toxizität. Die Nanopartikel-Größe spielt deswegen eine wichtige Rolle, weil mit abnehmender Größe die Anzahl der Partikel pro Masseneinheit und somit die Beladung der Zelle mit unphysiologischem Material zunimmt. Darüber hinaus können kleine Partikel leichter Barrieren überwinden und somit in einem größeren Radius und tiefer im Gewebe wirken (Baggs et al., 1997; Geiser et al., 2005; Oberdörster et al., 1994). Interaktionen mit Zellen, Körperflüssigkeiten oder Proteinen können dies zusätzlich begünstigen.

Mahmoudi et al. (2010) beschreiben sogar eine Beeinflussung des Zellkulturmediums durch Nanopartikeln in der Art, dass durch Bindung von Mediumkomponenten an die Partikel diese für die Zellen nicht mehr zur Verfügung stehen, was sich negativ auf die Zellvitalität auswirkt.

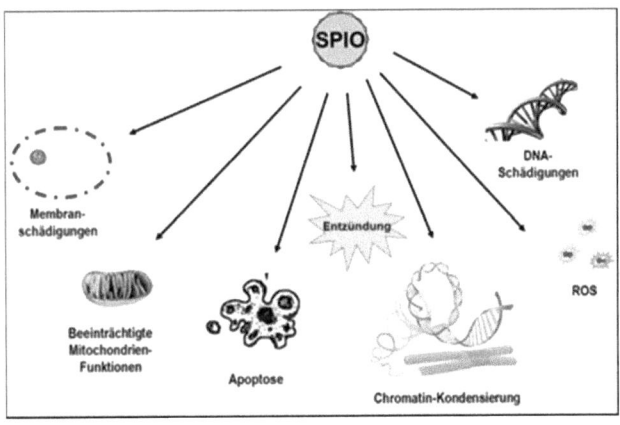

Abb. 1.22: Potenziell toxische Wirkungen von SPIOs auf Zellen.

Bei der Verwendung von Metalloxid-Nanopartikeln, vor allem bei SPIOs, kann nach deren Aufnahme und Degradation durch Makrophagen freigesetztes Eisen oxidativen Stress verursachen (siehe unten), und so zu unerwünschten toxischen Reaktionen wie z.B. zur Apoptose führen (einen detaillierten Überblick über durch hohe Eisendosen und oxidativen Stress verursachte Krankheiten und Dysfunktionen sind in Valko et al., 2007 beschrieben). Des Weiteren wurden Veränderungen der Zell-Morphologie, Beeinträchtigungen von Mitochondrien-Funktionen, Schädigungen von Zellmembranen und damit eine Beeinträchtigung der zellulären Integrität, Proliferationshemmung durch Beeinflussung des Aktin-Zytoskeletts, und Apoptose festgestellt (Abb. 1.22) (Hussain et al., 2005). Außerdem können Nanopartikel mit Biomolekülen wie Proteinen interagieren und dadurch ihre Struktur und Funktion verändern (Abb. 1.23). Darüber hinaus können sie (unabhängig von ROS) durch Interaktion mit der DNA im Nukleus oder während der Mitose genotoxisch wirken. Aufgrund der negativen Ladung der DNA ist das Potenzial einer Interaktion mit Nanopartikeln mit positiv geladener

Oberfläche größer. Auch die durch Nanopartikel freigesetzten Entzündungs-Mediatoren (Zytokine) können die DNA durch chromosomale Fragmentationen, Punktmutationen oder der Bildung von DNA-Addukten schädigen, und im schlimmsten Fall zu epigenetischen Ereignissen, Apoptose oder Krebs führen (Singh et al., 2009).

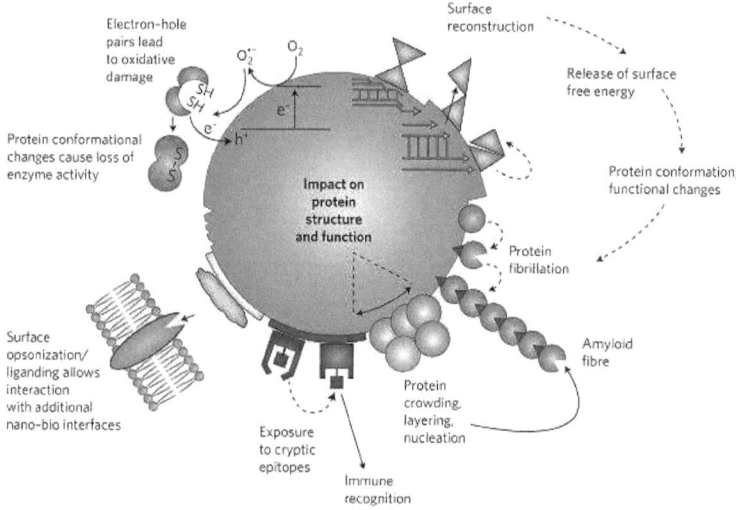

Abb. 1.23: Potenzielle Wirkungen von Nanopartikel auf die Struktur und Funktion von Proteinen. Durch Interaktion der Nanopartikeloberfläche mit Proteinen können diese in ihrer Struktur verändert werden und dadurch ihre Funktion verlieren oder pathogene Prozesse einleiten (Abbildung aus Nel et al., 2009)

Generierung von oxidativen Stress:

In Atomen können zwei Elektronen ein Orbital besetzen. Ein Radikal ist eine Spezies (Atom oder Molekül), die mindestens ein ungepaartes Elektron, d.h. ein Orbital mit nur einem Elektron besitzt. Viele Elemente (C, N, S) können Radikale bilden. In biologischen Systemen sind die Sauerstoff-basierten Radikale jedoch am bedeutendsten. Molekularer Sauerstoff (O_2) ist als Radikal prädestiniert, weil er zwei ungepaarte Elektronen mit gleichem Spin in verschiedenen Orbtalen besitzt, so dass er als effektiver Elektronenakzeptor dient. Zur Gruppe der reaktiven Sauerstoffspezies (ROS) zählen aber nicht nur Sauerstoff-basierte Radikale, sondern auch reaktive Moleküle wie Wasserstoffperoxid (H_2O_2), das hauptsächlich in Peroxisomen produziert wird und als Oxidationsmittel für verschiedene Moleküle fungiert, oder Peroxynitrit ($ONOO^-$). Diese Moleküle können mit Radikalen reagieren und/oder selbst weitere Radikale bilden, die evtl. noch toxischer sind. Zu den gefährlichsten, weil reaktivsten Vertretern, gehört das Hydroxylradikal (•OH), das über die Fenton-Reaktion im Beisein von Eisen aus Wasserstoffperoxid gebildet werden kann (Formel 1.4).

$$H_2O_2 + Fe^{2+} \rightarrow Fe^{3+} + OH^- + \cdot OH \qquad (1.4)$$

ROS können einerseits durch Strahlung generiert werden (UV, Radioaktivität, Mikrowellen) (Sies, 1997; Stark, 1991). In biologischen Systemen entstehen Sauerstoffradikale als Nebenprodukt von metabolischen Prozessen, bei denen molekularer Sauerstoff zu Wasser reduziert wird (Abb. 1.24). Durch Elektronen „*leakage*" (1-3 %) vor allem in Mitochondrien und ER wird ein Elektron direkt auf ein O_2-Molekül übertragen und es entsteht das Superoxidanionradikal ($\cdot O_2^-$) (Valko *et al.*, 2007). Diese Reaktion kann auch im Zytoplasma durch die NADPH-Oxidase durchgeführt werden. So stimulieren z.B. hohe Glucosespiegel die ROS-Produktion durch Mitochondrien sowie durch die NADPH Oxydase, was bei der Diabetes zu weiteren Komplikationen führen kann (Nishikawa *et al.*, 2000). $\cdot O_2^-$ kann unter Stressbedingungen Fe^{2+} aus [4Fe-4S] Cluster enthaltenden Enzymen freisetzen (Liochev & Fridovich, 1994). Dies stimuliert einerseits die $\cdot OH$ Bildung über die Fenton-Reaktion, darüber hinaus kann es über die Haber-Weiss-Reaktion (Formel 1.5) selbst Hydroxyl-Radikale generieren.

$$\cdot O_2^- + H_2O_2 + Fe^{2+} \rightarrow Fe^{3+} + O_2 + OH^- + \cdot OH \qquad (1.5)$$

Weitere Zufuhr an Fe^{2+} erfahren beide Reaktionen durch folgende Reaktion:

$$\cdot O_2^- + Fe^{3+} \rightarrow Fe^{2+} + O_2 \qquad (1.6)$$

Das Stickstoffoxid-Radikal (NO•) ist ein weiteres Beispiel für ROS. Es wird durch spezifische Stickstoffoxid Synthasen gebildet und ist an verschieden physiologischen Prozessen beteiligt, wie bei der Neurotransmission, der Blutdruckregulierung, bei Abwehrmechanismen (Abb. 1.26), der Relaxation der glatten Muskulatur, sowie bei der Immunregulation (Bergendi *et al.*, 1999). Diese vielseitigen Eigenschaften verliehen ihm 1992 im Science Magazin den Titel „Molecule of the year". Die potenziell toxische Wirkung von NO• beruht auf die Bildung von Peroxynitrit Anionen ($ONOO^-$) (Formel 1.7), einem potenten Oxidationsmittel, das DNA Fragmentation und Lipid-Oxidation hervorrufen kann (Carr *et al.*, 2000).

$$NO\cdot + \cdot O_2^- \rightarrow ONOO^- \qquad (1.7)$$

Durch Reaktion der Sauerstoff-Radikale mit organischen Molekülen können auch „Nicht-Sauerstoff-Radikale" entstehen, wie z.B. Thiyl- (RS•) oder Trichlormethylradikale ($\cdot CCl_3$; entsteht durch CCl_4-Metabolisierung in der Leber) (Halliwell & Chirico, 1993).
Da Radikale sehr reaktionsfreudig sind, reagieren sie mit verschiedenen zellulären Molekülen, wie Lipiden (in Membranen), Proteinen, DNA und Ionenkanälen, beeinträchtigen oder schädigen sie (Abb. 1.25). Bei der Peroxidation von ungesättigten Fettsäuren von Membranlipiden entstehen Nebenprodukte, z.B. das Malondialdehyd (Fink *et al.*, 1997; Mao *et al.*, 1999) und das ungesättigte Aldehyd 4-Hydroxy-2´-Nonenal, die die Proteinsynthese stören und zu DNA-Schäden führen können (Abb. 1.24). Diese können durch Hydroxylierung von Deoxyguanosin-Resten und G:C zu T:A Transversionen, Entwindung und Strangbrüchen verursacht werden (Halliwell & Aruoma, 1991).

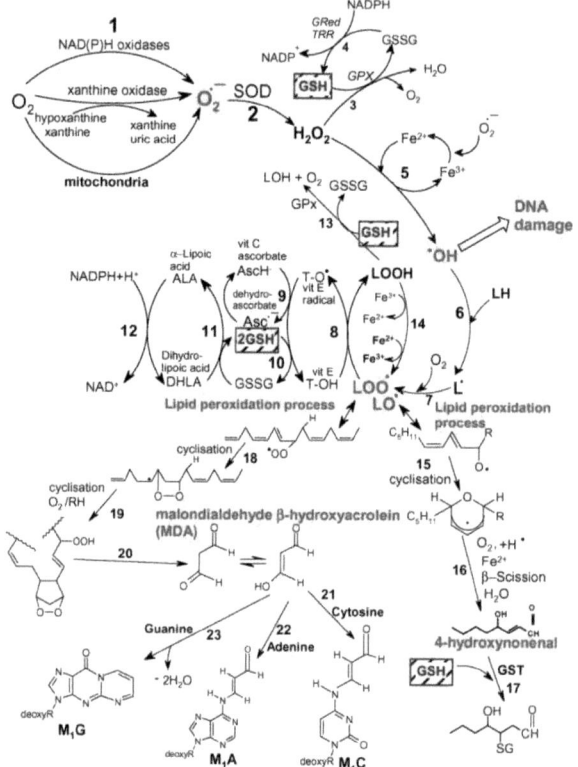

Abb. 1.24: ROS-Produktion, Lipid Peroxidation und die Rolle von Glutathion (GSH) und anderen Antioxidationsmitteln (Vitamin E, Vitamin C, Liponsäure) bei der Abwehr von oxidativen Stress. **1**: Das Superoxidanionradikal ($\cdot O_2^-$) wird durch Reduktion von molekularem Sauerstoff durch NAD(P)H-Oxidasen und Xanthin-Oxidasen, oder nicht-enzymatisch durch redox-sensitive Moleküle wie das Semiubiquinon der mitochondrialen Elektronentransportkette, gebildet. **2**: $\cdot O_2^-$ wird durch die Superoxid Dismutase (SOD) zu Wasserstoffperoxid (H_2O_2) reduziert. **3**: H_2O_2 wird durch die Glutathion-Peroxidase (GPX) mit Hilfe von Glutathion effektiv zu Wasser und Sauerstoff reduziert. **4**: Das dadurch oxidierte Glutathion (GSSG) wird durch die Glutathion-Reduktase (GRed) unter Oxidation von NADPH zu $NADP^+$ regeneriert. **5**: Übergangsmetalle wie Fe^{2+} oder Cu^{2+} können über die Fenton-Reaktion H_2O_2 in Hydroxyl-Radikale ($\cdot OH$) umwandeln. **6**: Diese können (mehrfach) ungesättigten Fettsäuren (LH) Elektronen entziehen und sie dadurch in Lipid-Radikale (L$\cdot$) umwandeln. **7**: Die Lipid-Radikale können mit molekularem Sauerstoff reagieren und dadurch Lipid Peroxyl-Radikale (LOO$\cdot$) bilden. Wenn diese nicht reduziert werden, kann der Lipidperoxidations-Prozess weitergeführt werden (Reaktionen 18-23 und 15-17). **8**: LOO$\cdot$ wird innerhalb der Membran durch die reduzierte Form von Vitamin E (T-OH) reduziert, so dass ein Lipid Hydroperoxid und ein Vitamin E Radikal (T-O$\cdot$)entsteht. **9**: Die Regenerierung von Vitamin E geschieht entweder durch Vitamin C (AscH$^-$, Ascorbat Monoanion), wobei ein Ascorbyl-Radikal (Asc$\cdot^-$) entsteht. **10**: Oder durch Glutathion (GSH). **11**: Das dabei entstehende GSSG und Asc$\cdot^-$ werden durch die Dihydroliponsäure (DHLA) zurück reduziert, welches selbst zur α-Liponsäure (ALA) oxidiert wird. **12**: Die Umwandlung von ALA in DHLA erfolgt durch NADPH. **13**: Die Lipid Hydroperoxide werden durch die Glutathion-Peroxidase (GPx) zu Alkoholen und Sauerstoff reduziert, wobei GSH als Elektronendonor fungiert. *Lipidperoxidations-Prozess:* **14**: Lipid Hydroperoxide könne schnell durch Fe^{2+} in Lipid Alkoxyl-Radikale (LO$\cdot$), oder langsamer durch Fe^{3+} in Lipid Peroxyl-Radikale (LOO$\cdot$) umgewandelt werden. **15**: LO$\cdot$ von z.B. Arachidonsäure können Zyklisierungs-Reaktionen zu sechsgliedrigen Ring-Hydroperoxiden durchführen. **16**: Diese können weiter prozessiert werden, so dass 4-Hydroxy-Nonenal entsteht.

1. Einleitung

17: Dieses wird mit Hilfe der Glutathion-S-Transferase (GST) in ein unschädliches Glutathionyl-Addukt abgebaut. **18**: Eine Radikal-Bildung innerhalb der Fettsäurekette kann durch Zyklisierung an dem betreffenden Kohlenstoffatom zu der Ausbildung eines zyklischen Peroxids führen. **19**: Dieses Radikal kann entweder zu einem Hydroperoxid reduziert werden (nicht gezeigt), oder es geht eine weitere Zyklisierungs-Reaktion ein, wobei ein bizyklisches Peroxid entsteht, das durch Verbindung mit Sauerstoff und anschließender Reduktion zu einem strukturell mit Endoperoxiden verwandten Molekül führt. **20**: Dieses ist ein Zwischenprodukt bei der Malondialdehyd-Produktion. **21-23**: Das toxische Malondialdehyd kann mit Cytosine, Adenine und Guanine der DNA reagieren, wobei M_1C, M_1A und M_1G Addukte entstehen (Abbildung aus Valko et al., 2007)

Dadurch werden die zellulären Funktionen und die Integrität der Zelle gestört, was sogar zur Apoptose und Nekrose führen kann (Abb. 1.25) (Thannickal & Fanburg, 2000).
Der Ort und die Intensität der ROS-Schädigungen hängen von deren Halbwertszeiten (HWZen) ab. Eines der höchsten Geschwindigkeitskonstanten besitzt das Hydroxid-Radikal (HWZ ca. 10^{-9} s *in vivo*) (Pastor et al., 2000), das praktisch direkt am Ort der Entstehung wirkt (Sies, 1997). Dem gegenüber sind einige Peroxyl-Radikale relativ stabil (mit HWZen im Sekundenbereich), so dass sie von dem Ort ihrer Entstehung zu anderen Zielbereichen diffundieren können. Im wässrigen Milieu hat NO• eine HWZ von wenigen Sekunden, bei niedrigen Sauerstoffkonzentrationen ist es mit einer HWZ von > 15 s relativ stabil (Valko et al., 2007), so dass es, zumal es in wässrigen und hydrophoben Medien löslich ist, durch Plasmamembran und Zytoplasma diffundieren kann. Das ubiquitär vorkommende Wasserstoffperoxid (H_2O_2) hat auch eine relativ lange Halbwertszeit. Darüber hinaus ist es sowohl in hydrophober als auch in hydrophiler Umgebung löslich, und kann dadurch auch bei extrazellulärere Gabe ins Zytoplasma gelangen (Ye et al., 2009).

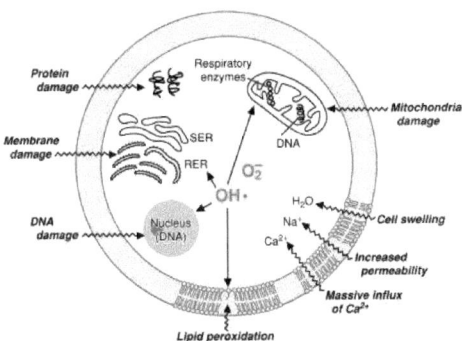

Abb. 1.25: Durch freie Radikale verursachte Zellschädigungen. Superoxid (O_2^-) und Hydroxyl Radikale (OH•) lösen die Lipidperoxidation in der Zellmembran, in Mitochondrienmembranen, im Nukleus und in ER-Membranen aus. Die dadurch erhöhte Permeabilität führt zu einem Ca^{2+}-Einstrom, der zu weiteren Schädigungen in Mitochondrien führt. Die Cystein-Sulfhydryl-Gruppen und andere Aminosäurereste von Proteinen werden oxidiert und degradiert. Nukleäre und mitochondriale DNA kann oxidiert werden, was zu Strangbrüchen und anderen Schäden führt. RNOS (NO, NO_2 und Peroxynitrite) wirken ähnlich (Abbildung aus "Marks' Basic Medical Biochemistry A Clinical Approach", 2nd Ed.).

Auswirkungen von oxidativem Stress können Entzündungen und Tumorentstehung sein. Darüber hinaus ist er ist an vielen Krankheitsbildern wie kardiovaskulären Krankheiten, Bluthochdruck, Arteriosklerose, Diabetes, rheumatoide Artritis, Alzheimer und Morbus Parkinson (Dasuri *et al.*, 2013; Valko *et al.*, 2007). Auch mit dem Prozess der Alterung wird er in Verbindung gebracht.

ROS hat in der Zelle aber nicht nur schädliche Wirkungen. In moderaten Konzentrationen sind ROS bei der Bekämpfung von Bakterien (Abb. 1.26) oder als „*Second Messenger*" an der Signaltransduktion beteiligt (Valko *et al.*, 2007). So können sie die cGMP-Produktion stimulieren, den intrazellulären Ca^{2+}-Spiegel erhöhen (Orrenius *et al.*, 1989), und wichtige „*downstream*" Signalmoleküle wie MAPK (z.B. JNK, ERK, p38) (Baas & Berk, 1995; Kyriakis & Avruch, 2001; Minamino *et al.*, 1999), Protein Tyrosin Phosphatasen (Stoker, 2005), oder Transkriptionsfaktoren wie NF-κB (Paravicini & Touyz, 2006) und p53 aktivieren (Thannickal & Fanburg, 2000). Sie sind an der Expression von Zelladhäsionsmolekülen, an Immunreaktionen sowie an der Zellzyklus-Regulierung beteiligt (Valko *et al.*, 2007; Joneson & Bar-Sagi, 1998), und sie tragen in Endothelzellen zur Angiogenese bei (Ushio-Fukai *et al.*, 2002), können dort aber auch zur Apoptose führen (Sudoh *et al.*, 2001). Generell nehmen sie bei der „Redox Homöostase" wichtige regulierende Funktionen ein (Valko *et al.*, 2007).

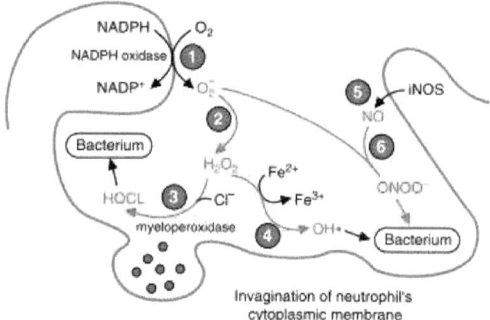

Abb. 1.26: Bekämpfung von Bakterien durch ROS („*Respiratory Burst*"). Aktivierte Neutrophile produzieren durch die NADPH Oxidase vermehrt Superoxid (1). Während der Phagozytose stülpt sich die Plasmamembran um das Bakterium und das Superoxid wird in den Vakuolenraum freigesetzt. Dieses bildet entweder spontan oder durch die SOD H_2O_2 (2). Myeloperoxidasen werden in das Phagosom sezerniert, wo sie Hypochlorige Säure (HOCl) und andere Halogenide bilden (3). H_2O_2 kann auch über die Fenton-Reaktion Hydroxylradikale bilden (4). iNOS kann aktiviert werden und bildet NO (5), das mit Superoxid zu Peroxynitriten reagiert (6). Dadurch werden die Membranen und andere Bestandteile der phagozytierten Zellen angegriffen und zerstört (Abbildung aus "*Marks' Basic Medical Biochemistry A Clinical Approach*", 2nd Ed.).

Besonders bei der Verwendung von Nanopartikeln ist die Störung der „Redox-Homöostase" und eine daraus resultierende verstärkte ROS-Produktion eine zu beachtende potenzielle Gefährdung. Im Zusammenhang mit Eisenoxid-Nanopartikeln ist die Freisetzung von Eisen nach Abbau von SPIOs durch die oben beschriebene Fenton-Reaktion (Formel 1.4) eine potenzielle Ursache. Darüber hinaus besteht durch die generell bei Nanopartikeln geringe Größe und eine im Verhältnis zur Gesamtmasse große Oberfläche auch ein enormes Potenzial, Redox-Reaktionen mit anderen Molekülen einzugehen. Je kleiner der Nanopartikel ist, desto größer ist der Anteil der Atome, die sich an der Oberfläche befinden und zur ROS-Generierung beitragen können. Verstärkt wird dieses Potenzial dadurch, dass ausreichend kleine Partikel direkt in Mitochondrien gelangen und dort die Elektronentransportkette stören können, was zur Bildung von $\cdot O_2^-$ und zu Apoptose führen kann (Li *et al.*, 2003).

1.6 Ziel der Arbeit

In dem vom BMBF-geförderten Verbundprojekt „TOMCAT" geht es um die Entwicklung und Verbesserung von spezifischen magnetischen Nanopartikeln zur Detektion maligner Tumoren. Der Part unserer Arbeitsgruppe war, radioaktiv-markierte SPIOs zu synthetisieren und damit die Verteilung und den Verbleib von Nanopartikeln *in vitro* und *in vivo* im Detail zu untersuchen.

Das Ziel dieser Arbeit ist, die Aufnahme, Metabolisierung und Toxizität eines Model-Nanopartikels (polymer-gecoatetes PMAcOD-SPIO) an verschiedene Zelltypen *in vitro*, und in Mäusen *in vivo* zu untersuchen, und mit anderen SPIOs und geeigneten Eisenpräparaten zu vergleichen. In parallel gelaufenen *in vivo* Experimenten zeigte sich nach kurzer Zeit, dass nach i.v.-Injektion die Hauptmenge der Nanopartikel sofort in die Leber aufgenommen werden (Doktorarbeit B. Freund, 2012). Deshalb wurden Zellkulturmodelle speziell für die Leberfunktion (Makrophagen, Endothelzellen, Hepatozyten) ausgewählt.

Nach der Aufnahme von SPIOs durch den Organismus müsste sich ein Abbau des Nanopartikelkerns zuerst durch Freisetzung von Eisen in der Zelle und dessen Wirkung auf den physiologischen Eisenstoffwechsel und der daran beteiligten Proteine und Gene (Ferritin, Transferrin-Rezeptor 1 und 2, DMT1, Ferroportin, Hepcidin) bemerkbar machen. Bei einer Überforderung des Organismus mit der anfallenden Eisenmenge, aber auch bedingt durch eisenunabhängige Partikeleigenschaften, könnten in der nächsten Stufe oxidativer Stress generiert und anti-oxidativ wirkende Prozesse in Gang gesetzt werden. Darüber hinaus können Entzündungsreaktionen oder akut zytotoxische Reaktionen hervorgerufen werden, die sich auf die Lebensfähigkeit der Zelle drastisch auswirken. Ziel dieser Arbeit ist es, möglichst ein Gesamtbild über die Wirkungen von SPIOs zu erstellen.

In einer weiteren *in vivo* Fragestellung wurde untersucht, ob und in welchem Ausmaß radiomarkierte PMAcOD SPIOs nach oraler Gabe über den Gastrointestinaltrakt aufgenommen werden können.

2 Material und Methoden

2.1 Verwendete Nanopartikel und Eisenpräparate

2.1.1 PMAcOD SPIOs

Diese SPIOs enthalten einen 10 nm bis 12 nm großen Kern aus Eisenoxid, der von der Arbeitsgruppe von Prof. Dr. Weller (Institut für Physikalische Chemie der Universität Hamburg) nach der Methode von Hyeon et al. (2011) synthetisiert und zur Verfügung gestellt wurde. Hierbei handelt es sich um eine organometallische Hochtemperatursynthese. Dabei wird $Fe(CO)_5$ in einem hochsiedenden unpolaren Lösungsmitteln (in diesem Fall Ölsäure) bei 100°C unter Stickstoffzufuhr erhitzt. Dies führt zu einer Nukleation zu Eisenoxid-Kristallen und im nächsten Schritt, durch Erhöhung der Temperatur auf 300°C, zu einem Wachstum der Kristalle. Die so entstehenden Eisenoxid Nanopartikel werden durch Ölsäure stabilisiert (Abb. 2.1). Da diese Nanopartikel in wässriger Lösung nicht löslich sind, müssen diese mit einer hydrophilen Hülle versehen werden (siehe Kap. 2.2.2). Für in vivo Experimente wurden alternativ die SPIOs in rekombinante triglyceridreiche Lipoproteine (TRL) eingebettet (siehe Kap. 2.2.3).

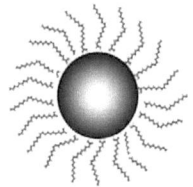

Abb. 2.1: Modell eines Ölsäure-stabilisierten PMAcOD SPIOs

2.1.2 PI-b-PEOs

PI-b-PEO (Polyisoprene-block-poly(ethylene oxide)) SPIOs sind ölsäure-stabilisierte Eisenoxid-Kerne (10 nm Durchmesser) in einer Hülle aus amphiphilen Block-Copolymeren, die aus einem wasserunlöslichen Polyisopren (PI) Block und einer wasserlöslichen Poly(ethylene oxide) (PEO) Korona bestehen (Abb. 2.2). Der PI Block wurde durch eine anionische Polymerisation, die PEO-Struktur durch eine anionische „Ring-Öffnungs"-Polymerisation gewonnen. PEO ist ein bekanntes biokompatibles Polymer (Allen et al., 1999; Kabanov & Kabanov, 1998; Kwon et al., 1995), das eine starke Adsorption, Adhäsion, und die daraus resultierende Phagozytose von damit beschichteten Nanopartikeln verhindert und dadurch die Bluthalbwertszeit erhöht.

Ein Vorteil des PI-b-PEO-OH Liganden ist die mögliche Funktionalisierung. In dieser Arbeit wurden neben dem nicht modifizierten PI-b-PEO-OH Liganden SPIOs mit NH_2- und COOH- Funktionalisierung verwendet (Abb. 2.3).

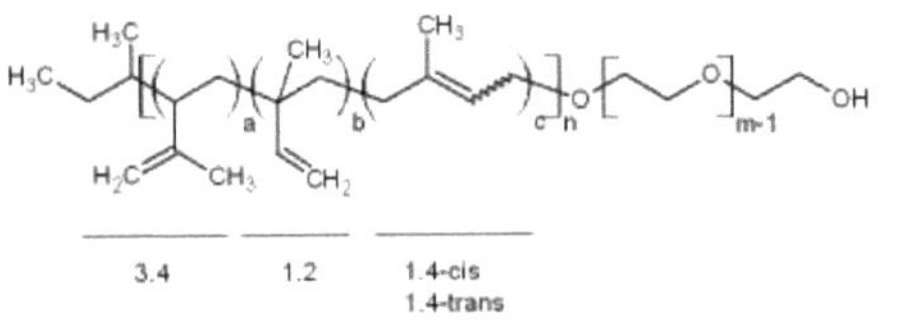

Abb. 2.2: Struktur von PI-b-PEO-OH.(Abbildung aus der Doktorarbeit von Elmar Pöselt, 2009)

Die SPIOs wurden von Elmar Pöselt aus der Arbeitsgruppe von Prof. Weller (Physikalische Chemie der Universität Hamburg) synthetisiert und zur Verfügung gestellt. Genauere Informationen zur Synthese sind der Doktorarbeit von Elmar Pöselt (2009) zu entnehmen. Die SPIOs besaßen je nach Messmethode eine Größe von 50 – 70 nm. Die PI-b-PEO-NH$_2$ SPIOs waren geringfügig größer als die mit -NH$_2$ oder –COOH-Funktionalisierung. Mittels SAXS-Messung wurde von der Physikalischen Chemie eine Beladung der Nanopartikel-Oberfläche mit 90-100 Liganden bestimmt. Die verwendeten Nanopartikelsuspensionen hatten eine Eisenkonzentration von 2,46 g/L (44,1 mmol/L, PI-b-PEO-OH), 2,22 g/L (39,8 mmol/L, PI-b-PEO-NH2) und 2,18 g/L (39,0 mmol/L, PI-b-PEO-COOH).

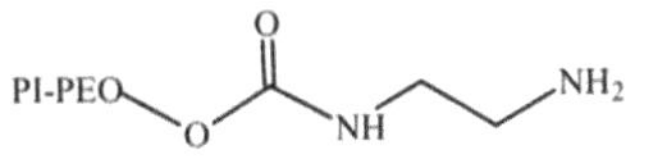

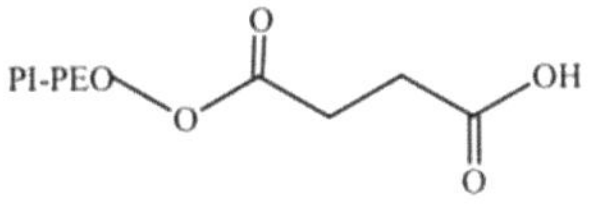

Abb. 2.3: Funktionalisierung des PI-b-PEO Polymers mit Amino- oder Carboxyl-Gruppen (Abbildung aus der Doktorarbeit von Elmar Pöselt, 2009).

2.1.3 nanomag®-D-spios

nanomag®-D-spios sind Dextran-Eisenoxid-Kompositpartikel der Firma micromod mit einem Eisenoxidgehalt von 55 – 80 % (w/w). Sie wurden durch Präzipitation von Eisenoxid im Beisein von Dextran (40000 Da) hergestellt. Vom Hersteller werden sie in ihrer Struktur als „clusterförmig" angegeben und besitzen eine Größe von 20 nm, wobei der hydrodynamische Durchmesser (Z-Average) im Bereich zwischen 20 – 100 nm variieren kann. Die Partikelkonzentration betrug $8*10^{14}$ Partikel/ml und die Eisenkonzentration der Suspension 2,4 g/L. micromod bietet die Partikel mit unterschiedlichen Funktionalisierungen an. Für diese Arbeit wurden nanomag®-D-spio Partikel mit und ohne PEGylierung und mit unterschiedlichen Ladungen gekauft (-plain, -NH$_2$, -COOH, -PEG300, -PEG-NH$_2$, -PEG-COOH). Bei den Partikeln mit COOH- und NH$_2$-Liganden ist eine Oberflächenladungsdichte von 3 µmol/g Eisen angegeben. Der nanomag®-D-spio-COOH besitzt eine Proteinbindungskapazität von 1,5 µg BSA/ mg Partikel (1 Albuminmolekül pro Partikel).

2.1.4 Venofer®

Venofer® ist ein Eisenpräparat der Firma Vifor Pharma (München), das Eisenmangelanämie-Patienten intravenös verabreicht wird. Es handelt sich um einen polynukleären Eisen(III)-hydroxid-Sucrose Komplex ($[Na_2Fe_5O_8(OH) \cdot 3(H_2O)]_n \cdot m(C_{12}H_{22}O_{11})$)) mit einem Molekulargewicht von 34-60 kDa, der durch das retikuloendotheliale System aufgenommen und relativ schnell abgebaut wird, wodurch das Eisen freigesetzt wird. Aufgrund dieser Beschaffenheit wurde es in dieser Arbeit als Nanopartikel-ähnliche Vergleichssubstanz eingesetzt. Die Eisenkonzentration der Originalsuspension betrug 20 g/L.

2.1.5 Ferinject®

Ferinject® ist ebenfalls ein intravenöses Eisenpräparat der Firma Vifor International AG (St. Gallen, Schweiz) und wird auch zur Behandlung von Eisenmangelanämien eingesetzt. Hierbei handelt es sich jedoch um einen Eisencarboxymaltose-Komplex mit einem Molekulargewicht von 150 kDa. Eisencarboxymaltose wird hauptsächlich im retikuloendothelialen System der Leber, des Knochenmarks und in geringem Maße auch in der Milz aufgenommen und zu den Komponenten Eisenhydroxid, Maltotetraose, Maltotriose, Maltose und Glucose aufgespalten. Es wurde in dieser Arbeit als Vergleichspräparat verwendet. Die Eisenkonzentration der Originalsuspension betrug 50 g/L.

2.1.6 Sinerem®

Bei Sinerem® (Ferumoxtran) handelt es sich um ein Negativ-Kontrastmittel der Firma AMAG Pharmaceuticals Inc (vertrieben durch Guerbet Gruppe, Aulnay-sous-Bois, Frankreich), das vor allem Krebspatienten vor einer MRT- (Magnetresonanztomographie) Untersuchung intravenös appliziert wird. Es besteht aus mit Dextran und Natriumcitrat stabilisierten superparamagnetischen Eisenoxid-Nanopartikel. Es verkürzt die T1 und T2 Relaxationszeiten. Nach Aufnahme durch Makrophagen in den Lymphknoten erscheinen diese Bereiche im MRT dunkel, während von Tumor befallene Lymphknoten weniger Makrophagen enthalten und deshalb heller erscheinen. Die Plasma-Halbwertszeit von Sinerem® wird bei Menschen mit mehr als 24 Stunden angegeben.
Obwohl Sinerem® nach der Zulassung aufgrund von Bedenken zur Wirksamkeit zurückgenommen wurde, wurde es in dieser Arbeit als Vergleichspräparat verwendet, da der PMAcOD SPIO auch als Kontrastmittel fungieren soll. Der Partikeldurchmesser beträgt 20-50 nm (etwa 35 nm). Das braune Pulver wurde mit isotonischer Kochsalzlösung mit einer Eisenkonzentration von 20 g/L angesetzt.

2.2 Chemische Methoden

2.2.1 Radioaktive Markierung der SPIOs

Zur besseren Quantifizierung wurden in einigen Experimenten radioaktiv markierte SPIOs verwendet. Dabei wurden ölsäurestabilisierte, monodisperse SPIOs in Chloroform mit wasserfreiem ^{59}FeCl$_3$ (Firma Perkin-Elmer Radiochemicals, Rodgau, Deutschland; 50-100 µCi/ 2-10 µg Fe) für mindestens 24 h rührend inkubiert (Freund *et al.*, 2012). Dabei kommt es zu einem raschen und effizienten Einbau des radioaktiven Eisens. Der Anteil von ^{59}Fe am Gesamteisen betrug 0,01 – 0,5 %.

Bei der ^{51}Cr-Markierung wurde genauso verfahren. Dafür wurde eine ^{51}CrCl$_3$- Lösung der Firma Perkin-Elmer Radiochemicals verwendet.

2.2.2 Herstellung der PMAcOD SPIOs

Für *in vitro* und *in vivo* Experimente müssen die Eisenoxid- Nanopartikel wasserlöslich sein. Aus diesem Grund wurden sie in eine hydrophile Polymerhülle nach der Methode von (Shtykova *et al.*, 2008) verpackt. Dazu wurden zu 2 mg Nanopartikel-Trockenmasse 2 ml Chloroform und 2 ml der amphiphilen Polymerlösung, Poly-Maleinsäureanhydrid-alt-1-octadecen (10 mg/ml PMAcOD; Sigma-Aldrich, München, Deutschland) gegeben und über Nacht gerührt. Am nächsten Tag wurde das Lösungsmittel durch einen Stickstoffstrom abgedampft und durch 3 ml eines Tris-(hydroxymethyl)-aminomethan (TRIS)-Borat- Ethylendiamintetraessigsäure (EDTA)- Puffers ersetzt. Anschließend wurde die Suspension dreimal für 10 min sonifiziert und für 10 min bei 60°C auf einem Schüttler erwärmt. Um entstandene Agglomerate abzutrennen, wurde dreimal 10 min. bei 2400 g zentrifugiert, wobei nach jedem Schritt der Überstand in neue Reaktionsgefäße überführt wurde. Das Abtrennen von überschüssigem Polymer erfolgte durch Ultrazentrifugation (50.000 g, 4°C, 1h). Der Überstand nach der Zentrifugation wurde verworfen und das Pellet in DPBS (mit Calcium und Magnesium; Invitrogen, Life Technologies GmbH, Darmstadt) gelöst. Im letzten Schritt wurde die Probe durch PTFE-Spritzenfilter gefiltert. Die Qualität der Nanopartikeln wurde durch Größenausschluss-chromatographie überprüft. Nach der Verpackung waren diese PMAcOD SPIOs etwa 20 nm groß (Abb. 2.4).

Die Eisenkonzentration wurde mit dem Bathophenanthrolin-Assay bestimmt (siehe Kap. 2.2.4).

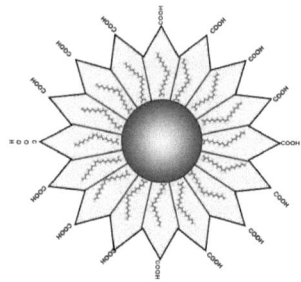

Abb. 2.4: Modell eines Ölsäure-stabilisierten, verpackten PMAcOD SPIOs.

Bei Zellkulturexperimenten wurden die PMAcOD SPIOs vor Benutzung in Medium für mindestens 30 min mit FCS in einem Verhältnis von 1:7 bis 1:10 (Volumenverhältnis PMAcOD SPIO:FCS) bei 37°C vorinkubiert, um ein Ausfallen zu verhindern. Hintergrund ist, dass die Kationen aus dem Medium die negativ geladenen Oberflächenliganden neutralisieren können, was Abstoßungsreaktionen verhindert und letztlich zur Aneinanderlagerung und Ausfallen der Partikel führen kann. Die Vorinkubation mit FCS versieht den Nanopartikel mit einer negativ geladenen Proteinkorona und hält ihn in Medium löslich.

2.2.3 Herstellung der Nanosomen

Eine weitere hier eingesetzte Methode, um die SPIOs wasserlöslich zu machen, ist die Verpackung in sogenannte Nanosomen (Abb. 2.5). Dies sind PMAcOD SPIOs, die in rekombinante, triglyceridreiche Lipoproteine (TRL) eingebettet sind und damit insgesamt eine Micellen-Struktur aufweisen. Die dafür verwendeten Lipide wurden von der Arbeitsgruppe von Prof. Dr. Heeren zur Verfügung gestellt. Ursprünglich wurden diese aus den Triglyceridreichen Lipoproteinen humaner Blutproben isoliert (Bruns et al., 2009).

Für die Einbettung wurden 10 mg des Lipidextrakts (bestehend aus 80 % Triglyceride, 10 % Cholesterin, 10 % Phospholipide) im Stickstoffstrom abgedampft und 0,5 mg (Eisen) der SPIOs und 1 ml Chloroform dazugeben. Nach erneutem Abdampfen des Lösungsmittels wurde 1 ml von 60 °C warmen DPBS (mit Calcium und Magnesium, Invitrogen) hinzugeben und dreimal 3,5 min sonifiziert. Die Bildung der Micellen-Struktur wurde durch anschließende Filtrierung der Probe durch 0,45 μm PTFE Spritzenfilter forciert. Im letzten Schritt wurden die Nanosomen über eine PD-10-Säule von überschüssigem Eisen getrennt. Die Eisenkonzentration wurde mittels Atomabsorptionsspektroskopie (AAS) bestimmt (siehe Kap. 2.3.3).

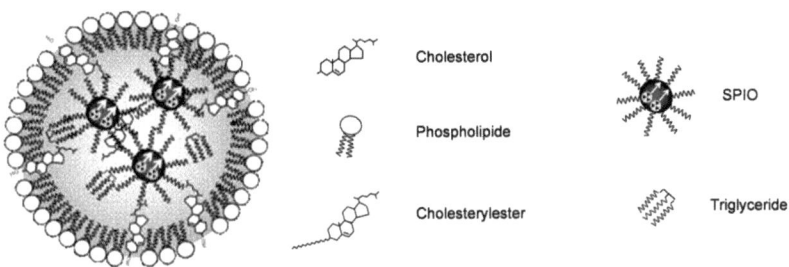

Abb. 2.5: Modell eines Nanosoms

2.2.4 Eisenbestimmung der PMAcOD SPIOs mittels Bathophenanthrolin Assays

Zur Eisenbestimmung der SPIO-Suspensionen wurde ein Bathophenanthrolin Assay nach der Methode von Huberman & Pérez (2002) angewendet. Dazu wurden 0,2 ml einer verdünnten Probe mit 0,05 ml einer 5 mol/L Salzsäure versetzt (Endkonzentration 1 mol/L) und 30 min bei 70 °C inkubiert. Nach Abkühlen der Probe wurden 0,05 ml mit 0,15 ml eines Reduzierende Essigsäure/ Acetat-Puffers (66 g/L wasserfreies Natriumacetat, 4,6 % Essigsäure p.a., 0,8 % Ascorbinsäure) versetzt, gefolgt von 0,1 ml einer Bathophenanthrolinlösung (1 g/L Bathophenanthrolindisulfonsäue(3,8)-dinatriumsalz). Nach 15 min wurde die Absorption bei 540 nm gemessen. Die Konzentrationsberechnung erfolgte mittels einer Standardgeraden mit definierten Eisenlösungen.

2.3 Biophysikalische Methoden

2.3.1 Größenausschluss-Chromatographie

Die Größenausschlußchromatographie (SEC) der PMAcOD SPIOs wurde auf einer Superose-6 10/300 GL-Säule der Firma GE Healthcare (Freiburg, Deutschland) bei einer Flussgeschwindigkeit von 0,5 ml/min durchgeführt.

2.3.2 Dynamische Lichtstreuungsmessung (DLS)

Für die DLS-Messungen wurde der Zetasizer Nano-S90 (Malvern Instruments, Herrenberg) mit einer Laserlichtwellenlänge von 633 nm verwendet.

2.3.3 Atomabsorptionsspektroskopie (AAS)

Zur Bestimmung des Eisengehalts wurden die Proben (hauptsächlich Zellen) in Matrixlösung (0,02 mol/L Salpetersäure, 1 % Triton X-100) resuspendiert. Anschließend wurden 5 mol/L HCl-Lösung hinzugegeben (Endkonzentration 1 mol/L) und bei 70° C für mindestens 30 min. auf dem Schüttler erwärmt.

Bei der Eisenbestimmung in Lebern wurde ein Stück des Organs in einer Lösung aus 43 % eisenfreier Salpetersäure und 10 % Wasserstoffperoxid unter Hitze in der Mikrowelle aufgelöst, und anschließend mit eisenfreiem Wasser auf exakt 25 ml (Messkolben) aufgefüllt, bevor die Messung durchgeführt wurde.

Für die Messung wurde ein Perkin-Elmer 2100 Atomabsorptions-Spektrophotometer mit Graphitrohrtechnik verwendet

2.3.4 Transmissionselektronen-Mikroskopie

Für die Aufklärung der Ultrastruktur der Partikel im Elektronenmikroskop wurden die Nanopartikelsuspension auf ein Formvar/Kohle befilmtes Grid gebracht und luftgetrocknet. Die Grids wurden mit einem FEI Tecnai G20 bei 200kV mit einer FEI Eagle 4k Kamera, sowie Veleta Kamera untersucht.

Zur Darstellung der Nanopartikel-Aufnahme in Makrophagen wurden J774-Zellen in Kulturschalen mit Kunstofffolienboden (ibidi GmbH, Planegg/Martinsried) gezüchtet. Die Zellen wurden mit 2,5 % Glutaraldehyd in PBS für 30min bei RT fixiert. Anschließend wurden sie mit PBS gewaschen und mit 1 % Osmiumtetroxid in PBS kontrastiert, erneut mit PBS gewaschen, und danach 30 min mit 1 % Gallussäure inkubiert. Anschließend wurden die Proben graduell mit Alkohol dehydriert und in EPON eingebettet. Diese Flacheinbettung wurde quer angetrimmt und 60 nm dicke Schnitte mit einem Leica Ultracut Mikrotom hergestellt. Die Schnitte wurden mit 1 % Uranylacetat nachkontrastiert und mit einem FEI Tecnai G20 bei 200 kV mit einer FEI Eagle 4k Kamera, sowie einer Veleta Kamera untersucht.

2.3.5 Radioaktivitätsmessungen

Für die Messungen von radioaktiven Proben und Mäusen wurde der Hamburger Ganzkörperzähler (HAMCO) verwendet (Braunsfurth et al., 1977). Hierbei handelt es sich um einen Gesamtkörper-Radioaktivitätsdetektor mit flüssigem organischem Szintillator und quasi 4π-Messgeometrie (Abb. 2.6). Der Vorteil dieses großen Detektors ist, dass auch größere Proben (inkl. lebender Mäuse) gemessen werden können.

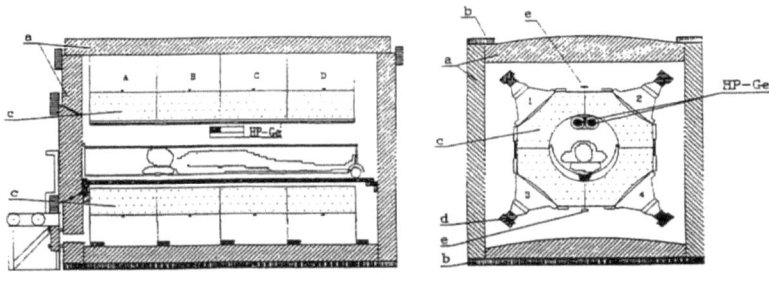

links: Längsschnitt
rechts: Querschnitt

Abb. 2.6: Hamburger Ganzkörper-Radioaktivitätszähler (HAMCO) oben: Schematischer Aufbau des HAMCO. **a**: 15 cm Stahlplatten (Voratomzeitalterstahl); **b**: 5 cm Halterrahmen (Voratomzeitalterstahl); **c**: Szintillatorflüssigkeit in Modultanks (je 170 l); **d**: Vorverstärker auf Photomultiplier-Basis; **e**: Lichtquellen; **A,B,C,D**: 50 cm (2x2π) Modultanks; **1,2,3,4**: Du Mont-K 1328-Photomultiplier; HP-Ge: zwei GP-Ge-Detektoren (aktuell nicht mehr vorhanden) (Abbildung aus Braunsfurth et al., 1977); **unten**: Foto des HAMCO mit ausgefahrener Liegefläche und einer darauf aufgebauten Styropor-Brücke mit Mess- Box für Mäuse.

2.4 Zellkultur

2.4.1 Verwendete Zellen und Kultivierung

Für die in dieser Arbeit durchgeführten *in vitro* Experimente wurden drei unterschiedliche Zelllinien verwendet: Als Zellmodell für das Retikuloendotheliale System wurden Maus Makrophagen (J774-Zellen) sowie humane Endothel-Zellen (HUVEC) verwendet. Darüber hinaus wurde die Hepatozyten-Zelllinie αML12 verwendet.

2.4.1.1.1 J774-Zellen

Bei den J774 Zellen handelt es sich um eine murine Makrophagen-Zelllinie, die aus Tumor tragenden BALB/c Mäusen gewonnen wurde. Sie produzieren große Mengen an Lysozym und zeigen überwiegend eine Antikörper-abhängige Phagozytose. Sie sind bekannt dafür, nach Aktivierung durch IFNγ hohe Mengen des Enzyms Stickstoffoxid Synthase zu synthetisieren und somit große Mengen an NO zu produzieren.

Die J774-Zellen wurden aus dem Laborbestand entnommen. Die Kultivierung erfolgte in DMEM (High Glucose, mit L-Glutamin, ohne Pyruvat; GIBCO, Life Technologies GmbH, Darmstadt) mit 25 mM Hepes, 10 % FCS und 1 % Penicillin/ Streptomycin (= Vollmedium) bei 37°C und 5 % CO_2 in Zellkulturflaschen. Die Passagierung erfolgte in Abstand von 2 bis 3 Tagen durch Abschaben und Aussaat in neue Zellkulturflaschen.

2.4.1.1.2 HUVECs

Bei den HUVECs (*engl.*: **H**uman **U**mbilical **V**ein **E**ndothelial **C**ells) handelt es sich um humane Endothelzellen, die aus der Nabelschnurvene gewonnen wurden. Diese wurden von der Firma PomoCell bezogen.

Die Kultivierung erfolgte in Endothelial Cell Growth Medium (PromoCell, Heidelberg), das nur 2 % Serum enthält, und unter Zugabe von 1 % Penicillin und Streptomycin (= Vollmedium), bei 37°C und 5 % CO_2 in Zellkulturflaschen. Die Passagierung erfolgte in Abstand von 3 bis 4 Tagen durch Trypsinierung und Aussaat in neue Zellkulturflaschen.

2.4.1.1.3 HuH7-Zellen

HuH7ist eine gut differenzierte, Epithel-ähnliche, hepatozelluläre Tumorzelllinie, die 1982 aus dem Lebertumor eines 57jährigen Japaners isoliert wurde. Die Zelllinie wurde durch Nakabayshi und Sato generiert.

Die HuH7-Zellen wurden aus dem Laborbestand entnommen. Die Kultivierung erfolgte in DMEM-

GlutaMAX™ (High Glucose, mit Pyruvat; Firma GIBCO, Life Technologies GmbH, Darmstadt) mit 10 % FCS und 1 % Penicillin/ Streptomycin (= Vollmedium) bei 37 °C und 5 % CO_2 in Zellkulturflaschen. Die Passagierung erfolgte in Abstand von 2 bis 4 Tagen durch Trypsinierung und Aussaat in neue Zellkulturflaschen.

2.4.1.1.4 αML12-Zellen

Die Hepatozyten-Zelllinie αML12 wurde ursprünglich aus der Leber transgener, TGF-überexprimierender Mäuse isoliert. Die Zellen besitzen typische Hepatozyten-Eigenschaften wie das Vorhandensein von Peroxisomen, hohe mRNA-Level von Serumproteinen (Albumin, $α_1$-Antitrypsin, Transferrin) sowie Gap Junction Proteinen (Connexin 26 und 32). Die αML12-Zellen sezernieren Albumin und besitzen nur das Isozym 5 der Lactatdehydrogenase. Trotz ihrer physiologischen Eigenschaften lassen sie sich in hohen Passagierzahlen kultivieren, ohne dass sie kanzerogen wirken (wenn sie in Mäusen transplantiert werden).

Die αML12-Zellen wurden zur Verfügung gestellt. Die Kultivierung erfolgte in DMEM-GlutaMAX™ (High Glucose, mit Pyruvat; Firma GIBCO, Life Technologies GmbH, Darmstadt) mit 25 mM Hepes, 10 % FCS und 1 % Penicillin/ Streptomycin (= Vollmedium) bei 37 °C und 5 % CO_2 in Zellkulturflaschen. Die Passagierung erfolgte in Abstand von 2 bis 4 Tagen durch Trypsinierung und Aussaat in neue Zellkulturflaschen.

2.4.2 Inkubation der Zellen mit Nanopartikel und Zellernte

Die Zellkultur-Experimente zur Aufnahme (Kap. 3.2.2.1, Kap. 3.2.2.3) und Metabolisierung (Kap. 3.3.2, Kap. 3.3.3, Kap. 3.3.4, Kap. 3.3.5, Kap. 3.3.6) sowie zur Toxizität (Kap. 3.4.1.2, Kap. 3.4.2, Kap. 3.4.3.2, Kap. 3.4.3.3) wurden in Zellkulturplatten mit 6 (6-Well) oder 12 (12-Well) Vertiefungen (NUNC GmbH & Co. KG, Langenselbold) angesetzt. Dazu wurden 3-4*10^5 J774-Zellen, 1*10^5 HUVECs oder 4*10^5 αML-12 Zellen pro Vertiefung (6-Well Multidish) in dem jeweiligen Vollmedium ausgesät und für zwei Tage bei 37 °C im Brutschrank inkubiert. Bei den Platten mit 12 Vertiefungen wurde die Zellzahl an die kleinere Fläche entsprechend angepasst. Die Stimulanzien wurden im Medium (bei den Experimenten zur Aufnahme und zur Metabolisierung ohne FCS) auf die gewünschten Konzentrationen verdünnt und für die gewünschte Zeitdauer auf die Zellen gegeben.

Vor der Ernte wurden die Zellen einmal mit kaltem Medium, einmal für 5 min mit HBSS-Puffer mit 50 µM DTPA (einem chelierenden Komplexbildner) inkubiert und anschließend mit HBSS-Puffer gewaschen. War für das Experiment ein Mediumwechsel vorgesehen, wurden die Zellen nach der Inkubation mit den Stimulanzien einmal mit warmen Medium mit 50 µM DTPA (5 min), danach mit Medium gewaschen, und anschließend weiter inkubiert.

Die Zellernte erfolgte bei den J774-Zellen durch Abschaben in HBSS, bei den HUVECs und den αML-12 Zellen durch Trypsinierung (0.05 % Trypsin-EDTA, GIBCO, Life Technologies GmbH, Darmstadt). Nach

Zentrifugation (5 min, 950 g, 4 °C) wurde das Pellet je nach Anwendung in der entsprechenden Lösung resuspendiert (siehe Tab. 2.1)

Tab. 2.1: Resuspensionslösungen. In der Tabelle sind die Lösungen aufgelistet, die für die Resuspensierung der Zellpellets nach der Ernte verwendet wurden

Zweck der Probe	Resuspensionslösungen	Bestandteile
Eisenbestimmung mittels AAS (Kap. 2.3.3)	Matrix-Lösung	0,02 mol/L Salpetersäure 1 % Triton X-100
Proteinbestimmung nach LOWRY (Kap. 2.5.1)	Zelllysepuffer, pH 8,0	50 mmol/L Tris 2 mmol/L $CaCl_2$ 80 mmol/L NaCl 1 % Triton X-100
Ferritin ELISA und Western Blot (Kap. 2.5.3, Kap. 2.5.2)	RIPA-Puffer, pH 7,4 + complete Mini Protease Inhibitor Cocktail (1 Tablette pro 10ml) (Roche Diagnostics Deutschland GmbH, Mannheim)	20 mmol/L Tris-HCl 5 mmol/L EDTA 50 mmol/L NaCl 10 mmol/L Na-Pyrophosphat 50 mmol/L NaF 1 % Nonidet P40
Ferroportin und DMT1 Western Blots, (Kap. 2.5.2) vorher Membranprotein Präparation (Kap. 2.4.4)	Homogenisierungspuffer, pH 7,4 + Protease Inhibitor Cocktail (PIC, 1:1000) (aus dem Laborbestand)	20 mmol/L Tris-HCl 2 mmol/L $MgCl_2$ 0,25 mol/L Saccharose *Protease Inhibitor Cocktail:* 1 mmol/L Pepstatin A 10 mmol/L Chymostatin 10 mmol/L Leupeptin 10 mmol/L Antipain in DMSO
Glutathion-Assay (Kap. 2.5.4)	MES Puffer, pH 6,0 aus dem Glutathion Assay Kit, 1:2 verdünnt	0,4 mol/L 2-(N-morpholino)-ethansulphonsäure 0,1 mol/L M Phosphorsäure 2 mmol/L EDTA

2.4.3 Proteinisolierung

Zur Isolierung von Zellproteinen wurden das in Zelllysepuffer oder RIPA-Puffer (siehe Tab. 2.1) resuspendierte Zellpellet für 30 min auf Eis inkubiert und anschließend zentrifugiert (20 min, 17900 g, 4 °C). Der Überstand, der die Proteine enthielt, wurde in ein neues Reaktionsgefäß überführt und bei -20 °C gelagert.

2.4.4 Membranprotein Präparation

Zur Isolierung der Ferroportin 1 und DMT1 Proteine wurde eine Membranprotein Präparation durchgeführt. Dazu wurde das in Homogenisierungspuffer (siehe Tab. 2.1) resuspendierte Pellet aus mindestens drei Vertiefungen einer 6-Well Platte mit einem Ultraschallfinger sonifiziert (4x 5 sec., Amplitude: 20 %). Dabei wurde zwischen den einzelnen Durchgängen die Probe auf Eis gestellt. Anschließend wurde das Reaktionsgefäß zum Entfernen von Zelltrümmern zentrifugiert (15 min, 800 g, 4 °C) und der Überstand ultrazentrifugiert (1 h, 100.000 g, 4 °C). Der Überstand davon enthielt die zytosolischen Proteine, und das Pellet die Membranen. Zum Pellet wurden 0,2 ml Resuspensionspuffer (50 mM Tris-HCl pH 8,8, 2 mM $CaCl_2$, 80 mM NaCl, 1 % Triton X100) mit Proteinase Inhibitor Cocktail (1:1000, siehe Tab. 2.1) gegeben und die Suspension wiederholt mit einer 1 ml Spritze durch eine 27" G Kanüle gezogen. Durch die Scherkräfte wurden die Membranen zerrissen und die Proteine freigesetzt. Nach erneuter Ultrazentrifugation (30 min, 100.000 g, 4 °C) wurde der Überstand, der Plasmamembranen, Golgi- und ER-Membranen sowie Lysosomen und Mikrosomen enthielt, in eine neues Reaktionsgefäß überführt und bei -20 °C gelagert.

2.4.5 Aufnahme-Experimente mit Inhibitoren

Zur Untersuchung des Aufnahmemechanismus von Nanopartikeln durch Makrophagen wurden Zellen mit Inhibitoren inkubiert, die gezielt ein Molekül oder ein Prozess des betreffenden Aufnahmewegs inhibieren (die verwendeten Inhibitoren sind in Tab. 3.4 dargestellt). Zuvor wurde mittels LDH-Assay (Lactat Dehydrogenase, siehe Kap. 2.4.13) sichergestellt, dass die Inhibitoren in den verwendeten Konzentrationen keine zytotoxischen Membranschädigungen hervorrufen.

Für das Experiment wurden $4*10^5$ J774-Zellen pro Vertiefung in 6-Well Platten in Vollmedium ausgesät und für 2 Tage bei 37 °C im Brutschrank inkubiert. Vor dem Experiment wurde das Vollmedium abgesaugt und durch 1,9 ml Medium (ohne FCS) mit dem Inhibitor ersetzt. Nach einer Inkubation von 30 min wurden 0,1 ml von PMAcOD SPIOs, die zur Stabilisierung in FCS vorinkubiert wurden, in Medium ohne FCS, dazugegeben (Endkonzentration 0,3 mmol/L), und für 1 h weiter inkubiert. Anschließend wurden die Zellen im Medium-Überstand abgeschabt und gewaschen. Dies geschah in 15 ml Falcon Röhrchen durch wiederholte Zentrifugation (5 min, 300 g, 4 °C), Abnahme des Überstandes und Resuspendierung des Zellpellets in kaltem Medium mit 50 μM DTPA (5 min) und anschließend in Medium. Zum Schluss wurde das Pellet in 2,1 ml HBSS Puffer resuspendiert und je 1 ml auf zwei 1,5 ml Reaktionsgefäße aufgeteilt. Diese wurden zentrifugiert (5 min, 960 g, 4 °C). Danach wurde in ein Reaktionsgefäß für eine Eisenbestimmung mittels AAS (siehe Kap. 2.3.3) 0,4 ml Matrixlösung gegeben, das andere Pellet wurde in 0,5 ml Zelllysepuffer mit einem Proteaseinhibitor Cocktail (1:1000) für eine Proteinbestimmung nach LOWRY (siehe Kap. 2.5.1) resuspendiert. Anschließend wurde weiter, wie in Kap. 2.4.3 beschrieben, verfahren.

Neben der Verwendung von Inhibitoren wurde auch eine Inkubation bei 4 °C durchgeführt. Dazu wurden die Zellen 1 h vor Experimentbeginn sowie während der Inkubationszeiten im Kühlschrank gehalten und mit gekühlten Medien inkubiert.

Darüber hinaus wurde eine *„Kalium depletion"* nach der Methode von Rejman *et al.* (2004) durchgeführt. Dazu wurden die Zellen einmal mit K$^+$-Ionen-freiem Puffer (20 mM Hepes, 1 mM CaCl$_2$, 1 mM MgCl$_2$, 1 g/L D-Glucose in isotoner Kochsalzlösung, pH 7,4) gewaschen. Danach wurden die Zellen durch Waschen mit einem 1:2 verdünnten Puffer einem hypotonen Schock unterzogen. Anschließend wurde erneut dreimal mit dem unverdünnten kaliumfreien Puffer gewaschen. Die entsprechenden Kontrollzellen erhielten denselben, mit 10 mM KCl zugesetzten, Puffer. Anschließend wurde genauso verfahren wie oben beschrieben.

Nach der Zellernte wurde die Nanopartikel-Aufnahme durch eine Eisenbestimmung mittels AAS gemessen, und die Eisenkonzentrationen auf eine Kontrolle, die SPIOs, aber keine Inhibitoren erhalten hat, normiert.

2.4.6 Bestimmung des intrazellulären labilen Eisenpools (LIP)

Zur Bestimmung des intrazellulären labilen Eisenpools wurde der Fluoreszenzfarbstoff Calcein-AM der Firma Invitrogen (Catalog-Nr. C3100MP; Life Technologies GmbH, Darmstadt) verwendet. Calcein ist ein Fluorescein-Derivat mit einem Anregungsmaximum bei 495 nm und einem Emissionsmaximum bei 515 nm (Abb. 2.7 b). Die zur Beladung von Zellen eingesetzte mehrfach veresterte Form, der nicht-fluoreszierende Calcein-Acetoxymethylester (Calcein-AM), ist stark membranpermeabel und diffundiert deshalb in die Zelle. Dort spalten zelleigene Esterasen das Acetoxymethylester und aktivieren das polyanionische Fluorescein-Derivat, das bei physiologischem pH-Wert sechsfach negativ und zweifach positiv geladen ist (Abb. 2.7 a) (Chiu & Haynes, 1977). Aufgrund dessen Hydrophilie ist das nun fluoreszierende Calcein nahezu impermeabel für Zellmembranen und akkumuliert in der Zelle. Das Fluophor besitzt darüber hinaus eine EDTA-ähnliche Chelatoreinheit (Breuer *et al.*, 1995), d.h. es kann Eisenionen komplexieren, was zur Quenchung der Fluoreszenz führt (Abb. 2.7 d). Nach der Beladung der Zellen mit Calcein wird der starke, membrangängige Eisenchelator, Salicylaldehydisonicotinoylhydrazon (SIH; wurde von Prof. Prem Ponka, Lady Davis Institut, Montreal, Canada zur Verfügung gestellt.) (Abb. 2.7 c), in großem Überschuss dazugegeben. Nach dessen Diffusion in die Zelle komplexiert er die durch das Calcein gebundenen Eisenionen, so dass die Fluoreszenz-Quenchung aufgehoben wird. Die wiederkehrende Fluoreszenz wird gemessen und spiegelt den intrazellulären, labilen Eisenpool wieder (Abb. 2.7 e).

Zur Durchführung wurden in schwarzen Mikrotiterplatten mit 96 durchsichtigen Vertiefungen mit Poly-D-Lysin-Beschichtung $2*10^4$ Zellen pro Vertiefung (0,25 ml) ausgesät und für 2 Tage bei 37 °C im Brutschrank inkubiert. Anschließend wurde das Vollmedium durch 0,2 ml Inkubationsmedium (DMEM, High Glucose, mit L-Glutamin, ohne Pyruvat; GIBCO, Life Technologies GmbH, Darmstadt; mit 25 mmol/L Hepes und 1 % Penicillin/Streptomycin, ohne FCS) mit den Eisenpräparaten bzw. SPIOs ersetzt und für 1 h, 3 h oder 6 h bei 37 °C im Brutschrank inkubiert. Bei der 24 h Variante wurden die Zellen nach 6 h mit 0,24 ml Waschmedium (Inkubationsmedium ohne Penicillin/Streptomycin) mit 0,05 mmol/L DTPA und anschließend mit Inkubationsmedium gewaschen. Nach erneutem Mediumwechsel wurden die Zellen in Inkubationsmedium für weitere 18 h bei 37 °C inkubiert.

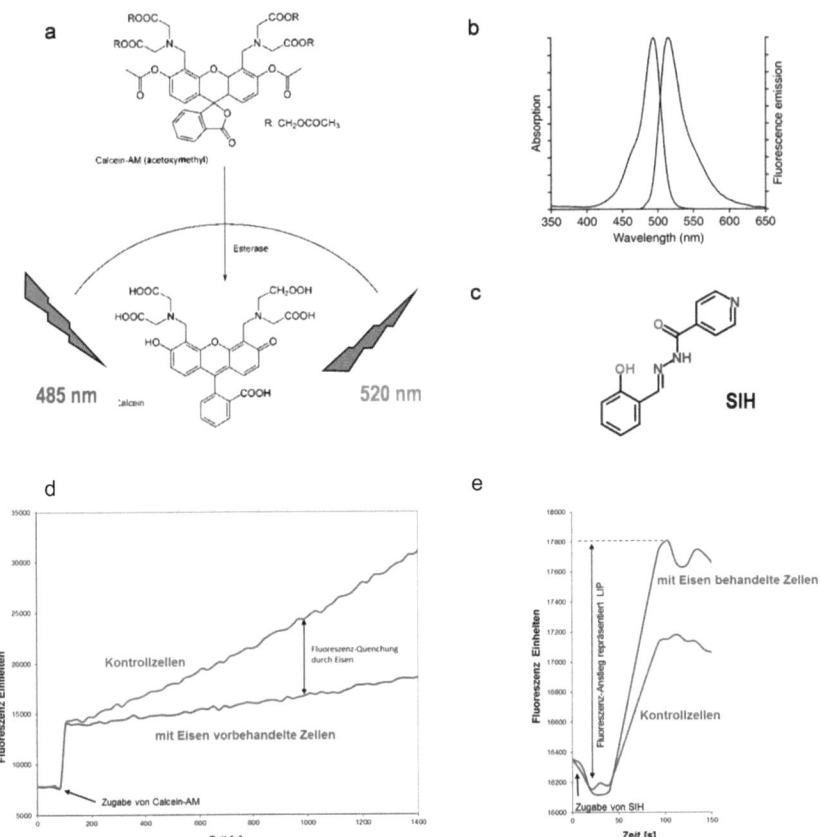

Abb. 2.7: Methode zur Bestimmung des LIP. **a**: Calcein-Aktivierung durch Hydrolyse des Acetoxymethylesters von Calcein-AM durch zelluläre Esterasen; nach Anregung bei 485 nm wurde die Fluoreszenz bei 520 nm gemessen; **b**: Absoroptions- und Emissionsspektrum des aktivierten Calceins; **c**: Der starke Eisenchelator Salicylaldehyd-isonicotinoylhydrazon (SIH); **d**: Calcein-Aktivierung durch Zellen und Fluoreszenz-Quenching durch Eisen in einem Zellkulturexperiment; **e**: Fluoreszenz-Anstieg nach Zugabe von SIH zu Calcein-behandelten Zellen spiegelt den LIP wieder.

2.4.7 Immunofluoreszenz

Auf runden Glasplättchen wurden in 24-Well Platten $1,3*10^4$ J774-Zellen pro Well (1 ml) ausgesät und für 2 Tage bei 37 °C im Brutschrank inkubiert. Anschließend wurden die Zellen mit dem Stimulanz (FAS) für 24 h bei 37 °C im Brutschrank inkubiert. Nach zwei Waschungen mit jeweils 1 ml DPBS (Life Technologies GmbH, Darmstadt) wurden die Zellen für 30 min in 4 % Paraformaldehyd fixiert. Es folgten drei Waschungen mit 1 ml DPBS für jeweils 5 min, und anschließend wurden die Zellen für

15 min mit 0,2 ml Permeabilisierungslösung (0,6 % Glycin, 0,3 % Saponin in DPBS) inkubiert. Anschließend wurden die Zellen erneut dreimal für je 5 min 1 ml DPBS gewaschen, bevor sie mit 0,2 ml Blocklösung (1 % BSA, 7,5 % donkey Normalserum in DPBS) für 15 min inkubiert wurden. Die Blocklösung wurde abgekippt und die Zellen bei 4 °C über Nacht mit 50 µl goat anti-FPN1 Antikörper (Cat. No. sc-49668, Sant Cruz Biotechnology, Heidelberg; 1:50 in DPBS mit 1 % BSA) in einer feuchten Kammer inkubiert. Hiernach folgten erneut drei Waschschritte für je 5 min und anschließend die Inkubation mit 50 µl des 2. Antikörpers donkey anti-goat Cy3 (1:250 + DAPI 1:1000 in 1 % BSA in DPBS) für 45 min bei Raumtemperatur. Dann wurden die Zellen 4 x 1 min mit DPBS gewaschen, und schließlich die Plättchen mit Antifade über Nacht im Kühlschrank eingedeckt.

2.4.8 Knock down Experimente mittels esiRNA

Für den knock down von DMT1 wurde eine transiente Transfektion mit esiRNA (MISSION®, Cat. No. EMU049891-20UG, Sigma-Aldrich, München) durchgeführt. esiRNAs oder Endoribonuklease-geschnittene siRNAs bestehen aus einem Pool von unterschiedlich langen siRNAs (durchschnittliche Länge 21 bp), die alle die gleiche mRNA-Sequenz binden. Sie wurden durch das Schneiden von langen doppelsträngigen RNA-Molekülen (dsRNA) durch die *Escherichia coli* RNase III generiert. Der Vorteil von esiRNAs ist die hohe Spezifität und dadurch hohe Effizienz des Gen-Knock downs.

Die Durchführung der Knock down Experimente verlief in zwei unterschiedlichen Ansätzen: Zur Bestimmung der knock down Effizienz mittels RT-PCR wurden in 24-Well Platten $8*10^4$ J774-Zellen (für 24 h Transfektion + 6 h Inkubation mit SPIOs) bzw. $6 * 10^4$ Zellen (für 24 h Transfektion + 6 h Inkubation mit SPIOs + 18 h Inkubation ohne SPIOs) pro Well (1 ml) in Vollmedium ausgesät, und für einen Tag bei 37 °C im Brutschrank inkubiert. Für die Bestimmungen der SPIO-Aufnahme mittels AAS, für die Proteinbestimmung mittels Lowry, den Ferritin-ELISA und den DMT1- Western Blot wurden in 6-Well Platten $4*10^5$ Zellen bzw. $3*10^5$ Zellen pro Well (3 ml) ausgesät. Am nächsten Tag erfolgte die Transfektion. Dazu wurden pro Vertiefung der 24-Well Platte 1 µl der esiRNA (0,2 µg/µl) zu 0,05 ml Opti-MEM I Medium (ohne L-Glutamin, Cat. No. 31985-062, Invitrogen) gegeben, für eine Vertiefung der 6-Well Platte 5 µl esiRNA zu 0,25 ml Opit-MEM I Medium. In einem separaten Ansatz wurden 2 µl des Transfektionsreagenz Lipofectamine 2000 (Cat. No. 11668-019, Invitrogen) zu 0,05 ml Opti-MEM I Medium (24-Well Platte) bzw. 10 µl Lipofectamine 2000 zu 0,25 ml Opti-MEM I Medium (6-Well Platte) gegeben und nach vorsichtigem Mischen 5 min bei Raumtemperatur inkubiert. Anschließend wurde der Lipofectamin-Ansatz zu dem esiRNA-Ansatz gegeben (0,1 ml Gesamtvolumen pro kleine und 0,5 ml pro große Vertiefung) und für 20 min bei Raumtemperatur inkubiert. Danach wurde der Mix auf die Zellen gegeben und für 24 h bei 37 °C im Brutschrank inkubiert.

Nach der Inkubation wurden die Zellen der 24-Well Platten für die RT-PCR wie in Kap. 2.6 beschrieben behandelt. Die Zellen der 6-Well Platten wurden wie in Kap. 2.4.2 beschrieben gewaschen und in 2 ml HBSS Puffer geerntet. Für die Eisenbestimmung mittels AAS wurden 0,6 ml der Zellsuspension abgenommen und separat behandelt (siehe Kap. 2.3.3). Der Rest (1,4 ml) wurde zentrifugiert (5 min, 950 g, 4 °C) und das Zellpellet in 0,2 ml Homogenisierungspuffer mit Protease Inhibitor Cocktail (siehe Tab. 2.1) resuspendiert und anschließend in flüssigem Stickstoff schockgefroren. Nach dem Auftauen wurden 0,12 ml abgenommen, jeweils drei Replikate vereinigt, und eine Membranprotein Präparation (Kap. 2.4.4) durchgeführt, wobei das Pellet nach dem ersten Ultrazentrifugationsschritt in 0,1 ml anstatt 0,2 ml resuspendiert wurde. Der Rest (0,08 ml) wurde zentrifugiert (20 min, 17900 g, 4 °C), und der Überstand für eine Protein- (Kap. 2.5.1) und Ferritinbestimmung (Kap. 2.5.3) sowie für einen Western Blot (Kap. 2.5.2) bei -20°C eingefroren.

2.4.9 ROS-Nachweis mittels DCF-DA

Zur Untersuchung der Generierung von oxidativem Stress durch Nanopartikel in Zellen wurde das Fluorophor 6-carboxy-2´,7´-dichlorodihydrofluorescein diacetate, di(acetoxymethylester) (DCFH-DA) der Firma Invitrogen (Catalog-Nr. C2938; Life Technologies GmbH, Darmstadt), und eine für Mikrotiterplatten modifizierte Methode nach Wang & Joseph (1999) verwendet.

Bei der „kinetischen Methode" wurden in schwarzen Mikrotiterplatten mit 96 durchsichtigen Vertiefungen 10000 Zellen pro Vertiefung ausgesät und in Vollmedium für zwei Tage bei 37°C und 5 % CO_2 im Brutschrank inkubiert. Anschließend wurden die Zellen mit DMEM ohne Phenolrot (GIBCO, Life Technologies GmbH, Darmstadt) und ohne FCS (= Waschmedium) gewaschen und anschließend mit 0,1 ml DCFH-DA in DMEM ohne Phenolrot und mit FCS für 1 h bei 37 °C inkubiert (Endkonzentration 20 µmol/L). Nach drei Waschungen wurden 0,1 ml der Stimulanzien in Vollmedium auf die Zellen gegeben und anschließend die Fluoreszenz bei 535 nm (Anregung bei 492 nm) mit dem Ultra Evolution Fluoreszenz-Photometer der Firma Tecan (Männedorf, Schweiz) mit Magellan™ Data Analysis Software gemessen. Weitere Messungen fanden nach 0,5 h, 1 h, und dann jede weitere Stunde statt.

Bei der „Endpunkt-Methode" wurde die Zellen nach der Aussaat und der zweitägigen Inkubation für 1 h, 3 h oder 6 h mit den Stimulanzien inkubiert. Nach Waschungen mit Waschmedium, Waschmedium mit 50 µmol/L DTPA und anschließend erneut mit Waschmedium wurden die Zellen für 1 h bei 37 °C mit DCFH-DA inkubiert (Endkonzentration 20 µmol/L). Anschließend wurden die Zellen zweimal mit Waschmedium gewaschen und die Fluoreszenz gemessen.

2.4.10 Trypanblau Färbung von Zellen

Trypanblau ist ein saurer Farbstoff mit einer molaren Masse von 961 g/mol. Als Anion mit vier Sulfonatgruppen bindet es leicht an Proteine. Dies geschieht jedoch nur bei geschädigten Zellen, in vitalen und intakten Zellen wird der Farbstoff nicht aufgenommen.
Zur Durchführung der Trypanblau Färbung wurden die Zellen in HBSS wie in Kap. 2.4.2 beschrieben geerntet, zentrifugiert (5 min, 950 g, 4 °C), und nach Absaugen des Überstandes in 1 ml HBSS resuspendiert. 20 µl der Zellsuspension wurden zu 80 µl Trypanblau-Lösung (5 g/L in physiologischer Kochsalzlösung) gegeben, vorsichtig gemischt, und anschließend für 2-3 min bei RT inkubiert.

Anschließend erfolgte die Zählung von lebenden (hell, ungefärbt) und toten Zellen (blau) mit Hilfe der Neubauer Zählkammer. Die Lebendzellzahl wurde nach Formel 1.8 berechnet:

$$(\%) \text{ lebende Zellen} = \frac{\text{ungefärbte Zellen}}{\text{blaue Zellen} + \text{ungefärbte Zellen}} * 100 \qquad (1.8)$$

2.4.11 MTT-Test

Der Nachweis der Zellvitalität mittels MTT-Test beruht auf der Reduktion des gelben, wasserlöslichen Farbstoffs 3-(4,5-Dimethylthiazol-2-yl)-2,5-diphenyltetrazoliumbromid (MTT) in ein blau-violettes, wasserunlösliches Formazan überwiegend durch NADH und NADPH der Zelle. Die Menge des umgesetzten und letztendlich gemessenen Farbstoffs entspricht damit der Glykolyserate der Zelle und somit der Zellviabilität.

Zur Durchführung des Tests wurden in 96-Well Platten $2*10^4$ Zellen in 0,2 ml Vollmedium pro Vertiefung ausgesät und über Nacht bei 37 °C im Brutschrank inkubiert. Am nächsten Tag wurden die Zellen mit den Stimulanzien in 0,25 ml Vollmedium bei 37 °C im Brutschrank inkubiert, die Lebendkontrollen erhielten in den letzten 3 h der Inkubationszeit die jeweilige Prüfsubstanz verabreicht, um potenzielle Wechselwirkungen zwischen dem Eisen und dem MTT-Reagenz oder Quencheffekte zu berücksichtigen. Anschließend wurde das Medium durch 90 µl frisches Medium (ohne Zusätze) ersetzt, 10 µl einer 5 g/L MTT-Lösung hinzugegeben, und die Platte für 3,5 h bei 37 °C im Brutschrank inkubiert. Die Hintergrundkontrolle erhielt kein MTT-Reagenz, aber in den letzten 3 h der Inkubationszeit 1 mmol/L der PMAcOD SPIOs. Danach wurden die Überstände vorsichtig durch 0,2 ml DMSO ersetzt und für 10 min bei 37 °C schüttelnd inkubiert, um die gebildeten Formazan-Kristalle aufzulösen. Zuletzt wurde die Absorption bei 540 nm/620 nm gemessen (Photometer Biotrak II Plate Reader, Amersham Biosciences), und die Zellviabilität nach Formel 1.9 berechnet:

$$(\%) \text{ Viabilität} = \frac{\text{Abs(Probe)} - \text{Abs(Hintergrundkontrolle)}}{\text{Abs(Lebendkontrolle)}} * 100 \qquad (1.9)$$

2.4.12 CellTiter-Blue® Cell Viability Assay

Der Nachweis der Zellvitalität mittels „CellTiter-Blue® Cell Viability Assay" der Firma Promega (Mannheim) beruht auf der Reduktion des dunkelblauen Resazurins in das rosafarbene, fluoreszierende Resarufin durch das metabolische Reduktionspotenzial der Zellen. Die Menge der gemessenen Fluoreszenz entspricht dem Stoffwechselumsatz der Zellen und somit der Zellviabilität.

Die Durchführung des Tests erfolgte nach den Herstellerangaben. Dazu wurden in schwarzen 96-Well Platten mit durchsichtigem Boden $4*10^3$ Zellen in 0,2 ml Vollmedium pro Vertiefung ausgesät und über Nacht bei 37 °C im Brutschrank inkubiert. Am nächsten Tag (bei Inkubation mit der Prüfsubstanz für 36 h und 48 h) bzw. nach zwei Tagen (bei 24stündiger Inkubation) wurden die Zellen mit den Stimulanzien in 0,25 ml Vollmedium bei 37 °C im Brutschrank inkubiert, die Lebendkontrollen erhielten in den letzten 3 h der Inkubationszeit die jeweilige Prüfsubstanz verabreicht, um potenzielle Wechselwirkungen zwischen dem Eisen und dem Farbreagenz oder Quencheffekte zu berücksichtigen. Anschließend wurden die Überstände abgenommen und durch 60 µl der Farbreagenzlösung (50 µl Medium ohne Zusätze + 10 µl Farbreagenz) ersetzt, die Platte vorsichtig geschüttelt und für 3 h bei 37 °C im Brutschrank inkubiert. Die Hintergrundkontrolle erhielt nur Medium ohne Farbreagenz, aber in den letzten 3 h der Inkubationszeit 1 mmol/L der PMAcOD SPIOs. Die Fluoreszenz wurde bei einer Anregungswellenlänge von 560 nm und einer Emissionswellenlänge von 590 nm gemessen (FluoStar Galaxy der Firma BMG Labtech GmbH, Ortenberg), und die Zellviabilität nach Formel 1.10 berechnet:

$$(\%) \text{ Viabilität} = \frac{\text{Abs(Probe)} - \text{Abs(Hintergrundkontrolle)}}{\text{Abs(Lebendkontrolle)}} * 100 \quad (1.10)$$

2.4.13 LDH Assays

Für Zytotoxizitäts-Untersuchungen ist die Bestimmung des Enzyms Lactat Dehydrogenase (LDH) ein oft eingesetztes Mittel. Dabei wird die LDH-Freisetzung nach einer Zellmembran-Beschädigung gemessen. Hier wurde es für Toxizitäts-Untersuchungen der für Zellaufnahme-Experimente genutzten Inhibitoren und der Nanopartikeln verwendet.

Für die Unbedenklichkeits-Untersuchung der in den Zellaufnahme-Experimenten verwendeten Inhibitoren (Kap. 3.2.2.3) wurde der „LDH-Cytotoxic Test" Kit der Firma Wako Pure Chemical Industries (Neuss) eingesetzt. Die Messung von LDH erfolgt über die Umsetzung von Lactat zu Pyruvat in Gegenwart von NAD+. Das Enzym Diaphorase nutzt NADH zur Reduzierung von Nitrotetrazolium Blau zu einem violetten Diformazan, das bei einer Wellenlänge von 560 nm photometrisch gemessen werden kann.

Der Test wurde nach Herstellerangaben durchgeführt. Dazu wurden die Zellen in 96-Well Platten zu $5*10^3$ Zellen pro Vertiefung in 0,25 ml Vollmedium ausgesät und für zwei Tage bei 37 °C inkubiert. Das Medium wurde abgenommen und die Zellen zweimal mit HBSS (GIBCO, Life Technologies GmbH, Darmstadt) gewaschen. Anschließend wurden sie für 1,5 h mit 0,1 ml der Inhibitoren in HBSS bei 37 °C im Brutschrank inkubiert. Die Positivkontrolle erhielt 0,2 % Tween-20 in HBSS, die Negativkontrolle nur HBSS. Nach der Inkubation wurden die Platten zentrifugiert (3 min, 300 g) und 50 µl des LDH enthaltenden Überstandes in eine neue Mikrotiterplatte überführt. Es wurden 50 µl Farbreagenz aus dem Kit dazu gegeben und bei Raumtemperatur für 45 min inkubiert. Die Umsetzung des Farbreagenzes wurde durch die Zugabe von 0,1 ml eines „Reaction Terminators" gestoppt, und die Absorption bei einer Wellenlänge von 560 nm photometrisch gemessen. Die Zellschädigungsrate wurde durch Formel 1.11 berechnet:

$$(\%) \text{ Zellschädigung} = \frac{\text{Abs(Probe)} - \text{Abs(Negativkontrolle)}}{\text{Abs(Positivkontrolle)} - \text{Abs(Negativkontrolle)}} * 100 \qquad (1.11)$$

Für die Toxizitäts-Untersuchungen der verwendeten Nanopartikel (Kap. 3.4.4.4) wurde der „CytoTox 96® Non-Radioactive Cytotoxicity Assay" von Promega (Mannheim) eingesetzt, dessen Testprinzip dem oben beschriebenen von Wako ähnlich ist. Als Farbreagenz wird jedoch ein Tetrazolium Salz zu einem roten Foramzan umgesetzt.

Zur Durchführung des Assays wurden $3*10^4$ Zellen in 0,25 ml Vollmedium pro Vertiefung ausgesät und über Nacht bei 37 °C im Brutschrank inkubiert. Am nächsten Tag (bei Inkubation mit der Prüfsubstanz für 48 h) bzw. nach zwei Tagen (bei 24stündiger Inkubation) wurden die Zellen mit den Stimulanzien in 0,25 ml Vollmedium bei 37 °C im Brutschrank inkubiert. Die Positivkontrolle erhielt 45 min vor dem Ende der Inkubationszeit 27 μl einer 10x „Lysis Solution" aus dem Kit. Nach der Inkubation wurde die Platte zentrifugiert (4 min, 250 g), 50 μl der LDH-enthaltenden Überstände abgenommen und in eine neue Platte transferiert ($LDH_{ÜS}$). Der Rest wurde vorsichtig abgesaugt und durch 0,1 ml Medium (ohne Zusätze) ersetzt. Diese Platte wurde für 30 min bei -70 °C eingefroren und nach dem Auftauen zentrifugiert (4 min, 250 g). 50 μl der Überstände wurden abgenommen und in die neue Platte überführt (LDH_{Zellen}). Zur Bestimmung der LDH-Konzentrationen wurden 50 μl Substrat Mix aus dem Kit zu den Überständen gegeben, die Platte vorsichtig geschüttelt und für 30 min im Dunkeln bei Raumtemperatur inkubiert. Die Hintergrundkontrolle (HK) erhielt nur den Puffer ohne Farbreagenz. Zuletzt wurde die Reaktion durch die Zugabe von 50 μl „Stop Solution" aus dem Kit gestoppt und die Absorption bei 492 nm (Photometer Biotrak II Plate Reader, Amersham Biosciences) gemessen. Die LDH-Freisetzung wurde nach Formel 1.12 berechnet:

$$\text{LDH} - \text{Freisetzung} = \frac{\text{Abs}(LDH_{ÜS}) - \text{Abs}(HK)}{[\text{Abs}(LDH_{ÜS}) - \text{Abs}(HK)] + [\text{Abs}(LDH_{Zellen}) - \text{Abs}(HK)]} * 100 \qquad (1.12)$$

Diese wurde im Verhältnis zur Positivkontrolle (= 100 %) angegeben.

2.5 Biochemische Methoden

2.5.1 Proteinbestimmung nach LOWRY

Für die Proteinbestimmung nach LOWRY wurden 20 μl einer Probe zu 80 μl einer 0,1 N NaOH-Lösung pipettiert. Anschließend wurde 1 ml Lösung C, die aus 50 Teilen Lösung A (Tab. 2.2) und einem Teil Lösung B (Tab. 2.3) besteht, dazugegeben, gemischt, und der Ansatz für 10 min bei

Raumtemperatur inkubiert. Danach wurden 0,1 ml einer 1:2 verdünnten Folin-Ciocalteau-Phenollösung (Cat. No. 1.09001.0500; Merck Darmstadt) dazugegeben, gevortext, und der Ansatz für 30 min bei Raumtemperatur im Dunkeln inkubiert. Zuletzt wurden 0,3 ml jeder Probe in eine 96-Well Platte überführt und die Absorption bei einer Wellenlänge von 750 nm gemessen. Die Konzentrationsberechnung erfolgte mittels einer Standardgeraden mit definierten BSA-Standardlösungen (Cat. No. 61105; Pierce USA).

Tab. 2.2: Zusammensetzung Lösung A

Substanz	Konzentration	
Na_2CO_3	2	%
NaK-Tartrat	0,02	%
NaOH	0,1	N

Tab. 2.3: Zusammensetzung Lösung B

Substanz	Konzentration	
$CuSO_4$	0,5	%
SDS	5	%

in aqua dest.

2.5.2 Gelelektrophorese und Western Blot

Gelelektrophorese:

Die auf ein Gel aufgetragene Proteinmenge betrug 10–20 µg pro Spur. Gegebenenfalls wurden die Proben in einer Vakuumzentrifuge aufkonzentriert. Vor dem Gelauftrag wurden die Probe 6,5 : 2,5 :1 (Probe : Probenpuffer : Reducing Agent; Tab. 2.4) verdünnt und für 5 min bei 90 °C denaturiert. Die Proben wurden auf Eis abgekühlt und kurz herunter zentrifugiert. Anschließend wurden bis zu 30 µl des Probengemisches pro Spur eines 4–12% NuPAGE Bis-Tris-Gradientengels mit 10 Spuren (Invitrogen) aufgetragen. Zusätzlich wurden 10 µl eines Markergemisches (2 µl Marker RPN800 + 2,5 µl Probenpuffer + 1 µl Reducing Agent + 4,5 µl H_2O), das ebenfalls denaturiert wurde, aufgetragen. Die Elektrophorese erfolgt in „NOVEX (Invitrogen) XCell II Surelock Mini-cell vertical electrophoresis" Kammern für 5 min bei 50 V und anschließend für ca. 90 min bei 180 V in 1x MES-Laufpuffer (1:20 mit aqua dest. verdünnt; Tab. 2.4).

Tab. 2.4: Für die Gelelektrophorese verwendete Substanzen

Substanz	Original-Bezeichnung	Herkunft
Probenpuffer	LDS Sample Buffer 4x	Cat. No. NP0007; Invitrogen
Reducing Agent	Sample Reducing Agent 10x	Cat. No. NP0009; Invitrogen
Marker RPN800	Rainbow Molecular Weight Marker	Cat. No. RPN800E; Amersham
1x MES-Laufpuffer	NuPAGE MES SDS Running Buffer 20x	Cat. No. NP0002; Invitrogen

Blotten:

Der Aufbau des Blots erfolgte nach Abb. 2.8, wobei die einzelnen Bestandteile zuvor in Blotting Puffer (Tab. 2.5) getränkt wurden. Als Transfer-Membran wurde eine Nitrozellulose-Membran (0,45 µm, Protran, Whatman/GE Healthcare), als Filterpapier Whatman Papier verwendet. Das Blotten erfolgte in Invitrogen XCell II Blot Modulen. In der Mitte der Blottingkammer befand sich Blotting Puffer, in den äußeren Kammern Wasser. Der Transfer erfolgte bei 400 mA für 2 h – 2,5 h.

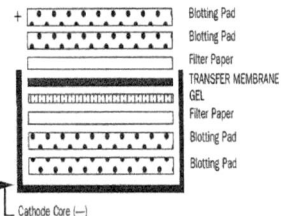

Abb. 2.8: Aufbau des Blots

Tab. 2.5: Zusammensetzung des Blotting Puffers

Substanz	Konzentration	
Glycin	11,2	g/L
Tris	2,4	g/L
Methanol	20	%

in aqua dest.

Antikörper-Inkubation:

Nach dem Transfer wurde der Blot beschriftet und für 1 h bei Raumtemperatur mit Blockierungspuffer (100 g/L Milchpulver in TBS-T; Tab. 2.6) inkubiert. Anschließend erfolgte die Inkubation mit dem 1. Antikörper bei 4 °C über Nacht (Kühlraum), gefolgt von drei Waschschritten mit TBS-T für jeweils 10 min. Die Inkubation mit dem 2. Antikörper erfolgte für 1,5 h bei Raumtemperatur, gefolgt von drei Waschschritten mit TBS-T für jeweils 10 min.

Tab. 2.6: Zusammensetzung von TBS-T (Tris-Puffer mit Tween-20)

Substanz	Konzentration	
NaCl	150	mmol/L
Tris-HCl	25	mmol/L
Tween-20	0,1	%

in aqua dest.

2. Material und Methoden

Tab. 2.7: Für die Western Blots verwendete Antikörper

Ziel/ Bezeichnung	AK	Verdünnung	Herkunft
Ferroportin 1	1. AK	1:500	Gabe von Günther Weiss
DMT1	1. AK	1:500	Cat. No. NBP1-59869; Novus Biological
Phospho-SAPK/JNK (Thr183/Tyr185)	1. AK	1:1000	#9251L; Cell Signaling Technology
SAPK/JNK	1. AK	1:500	#9252; Cell Signaling Technology
Phospho-p38 MAPK (Thr180/Tyr182)	1. AK	1:500	#9211; Cell Signaling Technology
Goat anti-rabbit Meerrettichperoxidase	2. AK	1:5000	allgemeiner Laborbestand
Mouse β-Aktin	1. AK	1:20.000	allgemeiner Laborbestand
Goat anti-mouse Meerrettichperoxidase	2. AK	1:5000	allgemeiner Laborbestand

der angezeigte 2. AK wurde immer mit den in der Tabelle darüber gelisteten 1.AK verwendet;
die Primärantikörper (1.AK) wurden in TBS-T mit 5 % BSA/ Albumin Fraktion V angesetzt;
die Sekunkärantikörper (2.AK) wurden in Blockierungspuffer (100 g/L Milchpulver in TBS-T) angsetzt

ECL-Detektion („*Enhanced Chemiluminescence*"):

Für die Detektion der Banden wurde die Membran für 3 min mit 2 ml Detektionslösung (RPN2132, Amersham/GE Healthcare) inkubiert und die Banden mittels Chemilumineszenz auf eine Filmfolie übertragen. Es wurden unterschiedliche Belichtungszeiten ausprobiert.
Für die Quantifizierung der Bandenstärken wurde das Programm Image J 1.46r verwendet.

Strippen der Membran:

Zum Strippen wurde die Membran für 10 min in 20 mmol/L Glycinlösung pH 2,5 schüttelnd inkubiert. Danach folgten zwei Waschschritte mit 50 mmol/L Tris-HCl für je 10 min, und ein Waschschritt mit TBS-T für 5 min. Nach dem Trocknen konnte die Membran erneut für eine Antikörperinkubation (nach dem Blockieren mit Blockierungspuffer) verwendet werden.

2.5.3 ELISA

Es wurde ein Mouse Ferritin ELISA (Cat. No. E-90F) der Firma Immunology Consultants Laboratory (Lieferung durch Dunn Labortechnik GmbH, Asbach) verwendet. Die Durchführung erfolgte nach den Herstellerangaben.

2.5.4 TBARS

Bei dem Nachweis von Thiobarbitursäure-reaktiven Substanzen (engl. *thiobarbituric acid-reactive substances*, TBARS) (Ohkawa *et al.*, 1979) werden die durch oxidativen Stress gebildeten zyklischen Lipidperoxide in einem sauren Milieu und durch Hitze in Malondialdehyd umgewandelt. Dieses reagiert mit Thiobarbitursäure (TBA) zu einem TBA-MDA-Produkt, dass fluoreszenzphotometrisch quantifiziert werden kann. Die MDA-Konzentration ist ein Maß für die stattgefundene Lipidperoxidation.

Dazu wurden nach Ernte der Zellen die Proben zum Schutz vor einer weiteren Oxidation mit 0,05 % des Antioxidationsmittels BTH (engl. *butylated hydroxy toluene*) versetzt, 5 mal 5 sec. sonifiziert (Branson Digital Sonifier; 20 % Amplitude) und anschließend bei -20 °C eingefroren.

Für den Nachweis wurden 60 µl der Probe (Zelllysat) mit 0,6 ml einer 1 %igen Ortho-Phosphorsäure gemischt und anschließend 0,2 ml einer 0,6 %igen Thiobarbitursäure (Cat. T5500) der Firma Sigma-Aldrich (München, Deutschland) dazugegeben. Die Proben wurden für 1 h bei 95 °C schüttelnd inkubiert. Nach dem Abkühlen auf Eis wurden 0,7 ml n-Butanol hinzugegeben, die Proben gründlich gevortext, und anschließend bei 1000 g für 10 min zentrifugiert. 0,15 ml der Überstände wurden in eine schwarze Mikrotiterplatte mit 96 undurchsichtigen Rundboden-Vertiefungen überführt und die Fluoreszenz bei 560 nm gemessen (Anregung bei 520 nm). Zur Quantifizierung wurde eine Standardgerade mit Malondialdehyd bis(diethyl acetal) (1,1,3,3-Tetraethoxyproan, TEP der Firma Sigma-Aldrich; Cat. T9889) in 40 %igem Ethanol und durch Verdünnen mit HBSS hergestellt. Die Proben der Standardgerade umfassten den Konzentrationsbereich zwischen 0,1 und 10 µmol/L und wurden wie die zu untersuchenden Proben behandelt.

2.5.5 Glutathion-Assay

Zum Nachweis der intrazellulären Glutathion-Konzentration wurde ein Glutathion Assay Kit der Firma Cayman Chemical Company (Ann Arbor, USA) verwendet. Zuvor wurden die Zellen nach der Behandlung mit Nanopartikeln und der Zellernte (siehe Kap. 2.4.2) in MES-Puffer aus dem Kit resuspendiert und anschließend sonifiziert (4 mal 5 sec.; Amplitude: 20 %; Branson Digital Sonifizierer). Nach einer Zentrifugation (20 min, 18000 g, 4 °C) wurden die Überstände in neue Reaktionsgefäße überführt und bei -20 °C gelagert.

Das Funktionsprinzip des Assay ist das Folgende: Das Glutathion (GSH) aus der Probe reagiert mit DTNB (5,5´-dithio-*bis*-2-(nitrobenocic acid), Ellman´s Reagenz) des Kits zu einem gelben TNB (5-thio-2-nitrobencoic acid). Das dabei entstehende Disulfid (GSTNB, aus GSH und TNB) wird durch die Glutathion Reduktase reduziert, so dass mehr TNB produziert wird. Die Geschwindigkeit der TNB-Umsetzung ist proportional zu dieser Recycle-Reaktion, und dieses ist direkt proportional zur vorhandenen GSH-Konzentration. Die Absorption bei einer Wellenlänge von 405 nm wurde photometrisch gemessen.

Für die Konzentrations-Bestimmung von oxidiertem Glutathion (GSSG) wurde das in der Probe vorhandene GSH mit 2-Vinylpyridin (Sigma-Aldrich; Cat. 13229) derivatisiert. 10 µmol/L davon wurden dazu nach Auftauen der Proben hinzugegeben und für eine Stunde bei Raumtemperatur inkubiert. Die Konzentrationsbestimmung erfolgte durch das Ansetzen von Standardgeraden. Bei der GSSG-Bestimmung wurden die Standards auch mit 2- Vinylpyridin behandelt.

Die weitere Durchführung des Assays erfolgte wie im Kithandbuch beschrieben.

2.6 Molekularbiologische Methoden

2.6.1 mRNA Präparation

Vor der mRNA-Isolierung wurden Zellen für mindestens 5 min mit 0,5 ml Trizol® Reagenz (Invitrogen) pro Vertiefung einer 12-Well Platte inkubiert und anschließend darin durch wiederholtes Auf-und Abpipettieren resuspendiert. Die Lagerung der Proben bis zur mRNA-Isolierung erfolgte bei -20 °C.

Bei der Präparation aus der Leber wurde ein Reiskorn-großes Stück des Organs in 1 ml Trizol® Reagenz gelegt. Anschließend wurden autoklavierte Stahlkügelchen hinzugegeben und die Probe durch hochfrequentes Schütteln (2x 3 min, 20 Hertz) im Tissue-Lyzer homogenisiert. Die Lagerung bis zur mRNA-Isolierung erfolgte bei -20 °C.

Die RNA-Isolierung erfolgte mit dem NucleoSpin RNA II Kit von Macherey & Nagel (Düren) nach der Anleitung des Herstellers. Die Elution der mRNA von der Säule erfolgte mit RNAse-freiem Wasser. Es folgte eine Konzentrationsbestimmung des Eluats mit dem Nanodrop ND-1000 (peQLab Biotechnologie GmbH, Erlangen).

2.6.2 Umschreibung in cDNA

Die RNA aus Kap. 2.6.1 wurde durch reverse Transkription in cDNA umgeschrieben, wobei ein „High-Capacity cDNA Reverse TranscriptionKit" von Applied Biosystems verwendet wurde. Dazu wurde pro Probe folgender Ansatz erstellt:

Tab. 2.8: Ansatz für die Reverse Transkription. Angaben gelten für eine Probe. Es wurde jedoch ein Mastermix für mehrere Proben angesetzt (ohne RNA).

Komponente	Volumen in µl	Cat. No.	Hersteller
10x Reverse Transcription Buffer	5,0	4368813	Applied Biosystems
25x dNTP Mix	2,0	4368813	Applied Biosystems
10x Random primers	5,0	4368813	Applied Biosystems
MultiScribe™ Reverse Transcriptase (50 U/µL)	2,5	4319983	Applied Biosystems
RNAse Inhibitor (20 U/µl)	2,5	N8080119	Applied Biosystems
Nuclease-free (DEPC-treated) H_2O	8,0		
Gesamtansatz	**25 µl**		
RNA (1 µg / 25 µl), DNAse I behandelt	ad 50 µl H_2O		

Die Reverse Transkription erfolgte im Eppendorf Mastercycler Gradient mit folgendem Programm:

Tab. 2.9: Programm für die Reverse Transkription

Dauer	Temperatur
10 min	25°C
120 min	37°C
5 sec	85°C
	4°C

Bei der Verwendung des „RT² Profiler™ PCR Array Mouse Stress & Toxicity PathwayFinder" wurde der RT² First Strand Kit (Cat. No. C-03/330401) der Firma SABiosciences (Qiagen, Hilden) nach den Herstellerangaben verwendet.

2.6.3 RT-PCR

Die cDNA aus Kap. 2.6.2 wurde durch eine quantitative PCR (qPCR) amplifiziert. Dazu wurde pro Probe folgender Ansatz erstellt:

Tab. 2.10: Ansatz für die qPCR. Angaben gelten für eine Probe. Es wurde jedoch ein Mastermix für mehrere Proben angesetzt (ohne cDNA).

Komponente	Volumen in µl	Cat. No.	Hersteller
2x Reaction Buffer (enthält dNTPs, HotGoldStar DNA Polymerase, 10 mM $MgCl_2$, Stabilisierer, passive Referenz)	15	RT-QP2X-03-WOU+	Eurogentec
AoD (20x) (enthält Forward & Reverse Primers, FAM™ TaqMan® MGB Sonden)	1,5	siehe Tab. 2.12	Applied Biosystems
cDNA Template (1:5 verdünnt)	5	-	-
Nuclease-free (DEPC-treated) H_2O	8,5		
Gesamtansatz	30 µl		

Die in dieser Arbeit verwendeten qPCR-Assays (AoDs) sind in Tab. 2.12 angegeben.

Die qPCR erfolgte in 386-Well Platten mit dem TaqMan HT 7900 unter folgenden Bedingungen:

Tab. 2.11: Programm für die qPCR

Dauer	Temperatur	
15 sec	95°C	
1 min	60°C	40 Zyklen
	4°C	

Neben den Einzelassays wurde für einzelne Leberproben aus einem *in vivo* Experiment der „RT² Profiler™ PCR Array Mouse Stress & Toxicity PathwayFinder" (Cat. No. PAMM-003A) der Firma SABiosciences (Qiagen, Hilden) nach den Herstellerangaben verwendet.

Tab. 2.12: Verwendete qPCR-Assays (AoDs von Applied Biosystems)

Genname (Spezies)	Gensymbol	Assay ID
L-Ferritin (Maus)	mFtl1	Mm03030144_g1
L-Ferritin (Mensch)	hFtl	Hs00830226_gH
Transferrin-Rezeptor 1 (Maus)	mTrfc	Mm00441941_m1
Transferrin-Rezeptor 1 (Mensch)	hTrfc	Hs00951083_m1
Transferrin-Rezeptor 2 (Maus)	mTrfr	Mm00443703_m1
Transferrin-Rezeptor 2 (Mensch)	hTrfr	Hs01056398_m1
DMT1 (Maus)	mSlc11a2	Mm00435363_m1
DMT1 (Mensch)	hSlc11a2	Hs00167206_m1
Ferroportin (Maus)	mSlc40a1	Mm00489837_m1
Ferroportin (Mensch)	hSlc40a1	Hs00205888_m1
Hepcidin 1 (Maus)	mHamp	Mm00435363_m1
Hepcidin (Mensch)	hHamp	Hs00221783_m1
FBXL5 (Maus)	mFbxl5	Mm00618788_m1
Glutathione S-transferase, mu 3 (Maus)	mGstm3	Mm00833923_m1
Cytochrome P450, family 2, subfamily b, polypeptide 10 (Maus)	mCyp2b10	Mm01972453_s1
Cytochrome P450, family 4, subfamily a, polypeptide 10 (Maus)	mCyp4a10	Mm02601690
Cytochrome P450, family 4, subfamily a, polypeptide 14 (Maus)	mCyp4a14	Mm00484132_m1
Cytochrome P450, family 7, subfamily a, polypeptide 1 (Maus)	mCyp7a1	Mm00484152_m1
Flavin containing monooxygenase 4 (Maus)	mFmo4	Mm00467393_m1
Superoxide dismutase 1, soluble (Maus)	mSod1	Mm01700393_g1
Heme oxygenase (decycling) 1 (Maus)	mHmox1	Mm00516004_m1
Nrf2; nuclear factor erythroid derived 2, like 2 (Maus)	mNfe2l2	Mm00477786_m1
Nrf2; nuclear factor erythroid derived 2, like 2 (Mensch)	hNfe2l2	Hs00975960_m1
Chemokine (C-C motif) ligand 2 (Maus)	mMcp1 = mCcl2	Mm00441242_m1
Chemokine (C-C motif) ligand 3 (Maus)	mCcl3	Mm00441259_g1
Chemokine (C-X-C motif) ligand 10 (Maus)	mCxcl10	Mm00445235_m1
Nos2, nitric oxide synthase 2, inducible, macrophage (Maus)	mNos2	Mm00440485_m1
TNFα (Maus)	mTnf	Mm00443258_m1
Tumor necrosis factor receptor superfamily, member 1a (Maus)	mTnfrsf1a	Mm00441875_m1
Tumor necrosis factor (ligand) superfamily, member 10 (Maus)	mTnfsf10	Mm01283606_m1
Interleukin 1 beta (Maus)	mIl1b	Mm00434228_m1
Interleukin 6 (Maus)	mIl6	Mm00446190_m1
Colony stimulating factor 2 (granulocyte-macrophage) (Maus)	mCsf2	Mm01290062_m1
Cyclin D1 (Maus)	mCcnd1	Mm00432359_m1
Cyclin-dependent kinase inhibitor 1A (P21) (Maus)	mCdkn1a	Mm00432448_m1
Early growth response 1 (Maus)	mEgr1	Mm00656724_m1
Metallothionein 2 (Maus)	mMt2	Mm00809556_s1
Caspase 3, apoptosis related cysteine protease (Maus)	mCasp3	Mm00438045_m1
Insulin-like growth factor binding protein 6 (Maus)	mIgfbp6	Mm00599696_m1
Heat shock protein 1 (Maus)	mHspb1	Mm00834384_g1
Heat shock protein 1b (Maus)	mHspa1b	Mm03038954_s1
Serine (or cysteine) peptidase inhibitor, clade E, member 1 (Maus)	mSerpine1	Mm00435860_m1
Prostaglandin-endoperoxide synthase 2 (Cox-2) (Maus)	mPtgs2	Mm00478374_m1
Alkaline phosphatase, liver/bone/kidney (Maus)	mAkp2 = mAlpl	Mm00492097_m1
DNA-damage inducible transcript 3 (Maus)	mDdit3	Mm00492097_m1

2.7 *In vivo* Experimente

Alle Tierversuche wurden mit Genehmigung des Tierschutzkomitees des Universitätsklinikums Hamburg-Eppendorf und der Behörde für Wissenschaft und Gesundheit, Stadt Hamburg durchgeführt (Tierversuchsnummer 34/10). Es wurden Wildtyp-Mäuse der Linien BALB/c verwendet, die zwischen 8 und 12 Wochen alt waren und unter einem 12 h-Tag/Nacht-Zyklus gehalten wurden. Vor dem Experimente wurden die Mäuse 4 h gefastet.

Bei der intravenösen Applikation von Ferinject®, der PMAcOD SPIOs und der Nanosomen wurden 0,2 ml der (verdünnten) Probe in die Schwanzvene injiziert. Nach 2 Tagen wurden die Tiere mit Ketamin/Rompun narkotisiert und durch Herzpunktion Blut in mit Heparin beschichteten Röhrchen entnommen. Nach dem Tod wurden die Tiere mit PBS perfundiert und die Lebern entnommen. Davon wurde für die Untersuchung der Genexpression ein Reiskorn-großes Stück in 1 ml Trizol® Reagenz gelegt (siehe Kap. 2.6). Für die Untersuchung der Ferroportin-Expression mittels Western Blot wurde ein ca. 0,3 g schweres Stück in dem 6-fachen Volumen (1,8 ml) Homogenisierungspuffer mit PIC 1:1000 (Tab. 2.1) gegeben. Damit wurde eine Membranprotein Präparation (siehe Kap. 2.4.4), eine Proteinbestimmung (siehe Kap. 2.5.1), und ein Western Blot (siehe Kap. 2.5.2) durchgeführt. Des Weiteren wurde ein Leberlappen für histologischen Untersuchungen (Berliner Blau und CD45-Färbungen) durch das Institut für Anatomie entnommen. Außerdem wurde ein Stück in Matrixlösung für die Eisenbestimmung mittels AAS gegeben (siehe Kap. 2.3.3).

Bei der oralen Applikation von $^{59}CrCl_3$ und der ^{51}Cr-PMAcOD SPIOs wurden 0,2 ml (35 µg Fe) pro Maus mit einer Schlundsonde in den Magen injiziert. Bei den ^{51}Cr-Nanosomen waren es 0,44 ml (45 µg Fe). Dabei wurden für die drei Behandlungen in Abstand von 14 Tagen dieselben Mäuse verwendet (intraindividueller Vergleich). Die Ganzkörperretention wurde mit dem HAMCO sofort und im Zeitraum von bis zu 8 Tagen nach Formel 1.13 gemessen.

$$A(t) = A_0 * e^{\frac{-\ln*t}{T_{1/2}}} \qquad (1.13)$$

2.8 Statistik

Aufgrund der relativ geringen Stichprobenzahl wurden die zu analysierenden Werte logarithmiert, bevor eine Varianzanalyse (ANOVA) durchgeführt wurde. Bei dem Vergleich zweier Mittelwerte kam der T-Test (unabhängige Stichproben) zur Anwendung. Bei dem Vergleich mehrerer Gruppen wurde die univariate Varianzanalyse mit einfachen Kontrasten verwendet.
Die Analyse wurde mit SPSS Statistics 20 (IBM) durchgeführt.

3 Ergebnisse und Diskussion

3.1 Physikalische Charakterisierung der verwendeten Eisenoxid-Nanopartikel

Für die Aufnahme, Verteilung und Persistenz im Organismus spielen vor allem Struktur, Größe und Oberflächenbeschaffenheit von Nanopartikel wichtige Rollen (Abb. 1.12). Vor einer Anwendung *in vitro*, und vor allem *in vivo*, sollten deren physiko-chemischen Eigenschaften genau untersucht werden. Das Erlangen von aussagekräftigen und reproduzierbaren Resultaten gelingt nur bei klar definierten Nanopartikel-Eigenschaften. So ist eine monodisperse Größenverteilung im Vorteil und daher zu bevorzugen.

3.1.1 Untersuchung der Größenverteilung der Eisenoxid-Nanopartikel mittels Dynamischer Lichtstreuungsmessung (DLS)

Es wurden eine Reihe von selbst bzw. von Kooperationspartnern hergestellten und von kommerziell erhältlichen Nanopartikeln bzw. pharmazeutischen Eisenpräparaten mit Nanopartikel-Charakteristik untersucht. Ein wichtiges Kriterium zur Beurteilung der Nanopartikel-Qualität stellt die einheitliche Größe der Partikel in Suspension dar. In Tab. 3.1 sind die mittels DLS gemessenen Größenverteilungen der Nanopartikel und Eisenpräparate dargestellt. Für jedes Präparat wurden drei Messungen durchgeführt. In der Tabelle stellen Pk1, Pk2 und Pk3 die Peaks eines Histogramms dar, bei dem jeder Peak eine potenzielle Partikelpopulation darstellt. Angegeben sind der auf jeden Peak fallende prozentuale Anteil der Streuungsintensität (Area Int (%)) und die daraus berechneten Partikeldurchmesser (Mean Int (d.nm)).

Zu erkennen ist, dass die nanomag®-D-spios, Sinerem® und Venofer® eine monomodale Verteilung aufweisen, d.h. nur ein Peak konnte durch die Messung aufgelöst werden, was für eine Partikelpopulation spricht. Noch genauer beschreiben lässt sich die Qualität der Probe durch den Polydispersitätsindex (PdI). Ein Wert unter 0,1 stellt eine monodisperse, ein Wert über 0,5 eine eher polydisperse Probe dar. Das Kontrastmittel Sinerem® zeigte mit einem durchschnittlichen PdI von 0,109 die geringste Polydispersität und kann somit als monodispers bezeichnet werden. Der Z-Average in Tab. 3.1 stellt den Partikeldurchmesser unter Berücksichtigung des PdI dar. Je geringer die Polydispersität ist, desto genauer stimmt der Wert mit dem Durchmesser (Mean Int) des jeweiligen Peaks überein, wie das Beispiel Sinerem® zeigt (PdI[Mittelwert] = 0,109, Z-Average[Mittelwert] = 28,6 nm; Mean Int[Mittelwert] = 32,3 nm). Auch Venofer® zeigte mit einem PdI[Mittelwert] von 0,145 eine sehr enge Größenverteilung an (Z-Average[Mittelwert] = 12,7 nm).

Tab. 3.1: DLS-Messungen der verwendeten SPIOs und Eisenpräparate

Probe	Z-Average (d.nm)	PdI	Pk 1		Pk 2		Pk 3	
			Mean Int (d.nm)	Area Int (%)	Mean Int (d.nm)	Area Int (%)	Mean Int (d.nm)	Area Int (%)
nanomag®-D-spio plain	78,4	0,185	90,3	98,4	4500	1,6	0,0	0,0
nanomag®-D-spio plain	78,9	0,172	91,0	100	0,0	0,0	0,0	0,0
nanomag®-D-spio plain	78,9	0,162	94,7	100	0,0	0,0	0,0	0,0
nanomag®-D-spio-NH_2	71,8	0,195	91,9	100	0,0	0,0	0,0	0,0
nanomag®-D-spio-NH_2	69,6	0,197	85,7	100	0,0	0,0	0,0	0,0
nanomag®-D-spio-NH_2	69,5	0,199	89,6	100	0,0	0,0	0,0	0,0
nanomag®-D-spio-COOH	50,5	0,195	63,6	98,7	10,2	1,3	0,0	0,0
nanomag®-D-spio-COOH	50,9	0,193	63,7	100	0,0	0,0	0,0	0,0
nanomag®-D-spio-COOH	50,4	0,190	61,9	100	0,0	0,0	0,0	0,0
nanomag®-D-spio-PEG300	72,3	0,154	86,8	100	0,0	0,0	0,0	0,0
nanomag®-D-spio-PEG300	71,7	0,159	78,7	98,6	4885	1,4	0,0	0,0
nanomag®-D-spio-PEG300	71,6	0,136	83,2	100	0,0	0,0	0,0	0,0
nanomag®-D-spio-PEG-NH_2	69,5	0,164	84,1	100	0,0	0,0	0,0	0,0
nanomag®-D-spio-PEG-NH_2	68,2	0,184	82,4	100	0,0	0,0	0,0	0,0
nanomag®-D-spio-PEG-NH_2	68,9	0,177	84,9	100	0,0	0,0	0,0	0,0
nanomag®-D-spio-PEG-COOH	65,6	0,167	78,7	100	0,0	0,0	0,0	0,0
nanomag®-D-spio-PEG-COOH	64,9	0,166	75,2	100	0,0	0,0	0,0	0,0
nanomag®-D-spio-PEG-COOH	65,0	0,180	80,5	100	0,0	0,0	0,0	0,0
PI-b-PEO-OH	122,4	0,670	296,2	60,1	57,1	34,3	4949	5,6
PI-b-PEO-OH	128,0	0,528	93,6	56,4	577,6	39,9	4918	3,7
PI-b-PEO-OH	128,1	0,528	389,7	57,2	60,0	38,5	4596	4,2
PI-b-PEO-NH_2	296,4	0,538	398,9	94,6	4984	5,4	0,0	0,0
PI-b-PEO-NH_2	306,1	0,511	353,9	94,6	5200	5,4	0,0	0,0
PI-b-PEO-NH_2	306,3	0,483	787,2	98,1	47,1	1,9	0,0	0,0
PI-b-PEO-COOH	149,2	0,409	255,4	83,0	53,4	17,0	0,0	0,0
PI-b-PEO-COOH	145,9	0,403	244,8	100	0,0	0,0	0,0	0,0
PI-b-PEO-COOH	146,2	0,396	220,5	98,2	4689	1,8	0,0	0,0
Sinerem®	28,7	0,101	32,3	100	0,0	0,0	0,0	0,0
Sinerem®	28,6	0,111	32,4	100	0,0	0,0	0,0	0,0
Sinerem®	28,4	0,115	32,3	100	0,0	0,0	0,0	0,0
Venofer®	12,9	0,140	15,2	100	0,0	0,0	0,0	0,0
Venofer®	12,6	0,147	14,7	100	0,0	0,0	0,0	0,0
Venofer®	12,6	0,149	15,0	100	0,0	0,0	0,0	0,0

3. Ergebnisse und Diskussion

Z-Average: Partikeldurchmesser in nm; abgeleitet von den Intensitäts-Fluktuationen der gestreuten Strahlung
PdI: Polydispersity Index: gibt den Grad der Polydispersität an: < 0,1 eher monodispers; > 0,5 eher polydispers; die Verwendung des Z-Average ist dann nicht sinnvoll
Pk: Peak: Im Histogramm stellt ein Peak eine weitere Partikelpopulation dar

Im Gegensatz dazu ist die Aussagekraft des Z-Average bei stark polydispersen Proben (PdI > 0,5) gering. Bei PI-b-PEO-OH und PI-b-PEO-NH$_2$ wurden mittlere PdI von 0,575 und 0,511 gemessen, was für eher polydisperse Proben sprechen würde. Auch die polymodale Verteilung, also das Vorhandensein von mehreren Peaks, würde das unterstreichen. Ein anderer Grund für die hohen PdI-Werte könnte folgender sein: Bei den PEG/PEO-basierenden Polymeren könnten die schnellen und dynamischen Wechselwirkungen zwischen den Etherbrücken mit Wasser (je 3 Wassermoleküle pro Ethergruppe) die Messungen stören und dadurch sehr viel größer hydrodynamische Durchmesser als real vorhanden anzeigen. Besonders große hydrodynamische Durchmesser wurden bei PI-b-PEO-NH$_2$ gemessen. Hier könnte folgendes Phänomen eine mögliche Erklärung sein: Bei Zirkulationen (Schütteln, Strömung) gehen die Partikel auseinander und im Ruhezustand wechselwirken die Liganden aufgrund ihrer positiven Ladung (Amin) mit den Etherbrücken, die eine hohe Elektronendichte besitzen. Somit weicht der DLS-Wert von dem tatsächlichen Wert besonders drastisch ab. Darüber hinaus konnte nicht ausgeschlossen werden, dass auch Nanopartikel-Agglomerate oder Rückstände nach der Verpackung in der Probe vorhanden waren, die für die gemessene Polydispersität verantwortlich gemacht werden könnten.
Dass die durchgeführten Messungen korrekt waren, zeigte das interne Qualitätskriterium (Intercept zwischen 0,85 und 0,95), das bei allen Messungen erfüllt wurde.
Aufgrund der Polydispersität hat der Z-Average eine geringe Aussagekraft und ein hydrodynamischer Durchmesser für die PI-b-PEO SPIOs ließ sich nicht ermitteln. Nach Angaben des Herstellers sollten sie je nach Messmethode eine Größe von 50 – 70 nm besitzen, wobei die PI-b-PEO-NH$_2$ SPIOs geringfügig größer sind als die anderen beiden.
Die nanomag®-D-spios waren mit PdI-Werten zwischen 0,15 und 0,20 relativ monodispers. Betrachtet man den hydrodynamischen Durchmesser auf Basis des Z-Average, so sticht der nanomag®-D-spio-COOH mit einem Wert von im Mittel 51 nm hervor, während die anderen nanomag®-D-spios einen Durchmesser von 65 – 79 nm aufwiesen.

3.1.2 Begutachtung der Eisenoxid-Nanopartikel mittels Transmissionselektronenmikroskopie (TEM)

Zur Untersuchung der Struktur der verwendeten SPIOs und Eisenpräparate wurden von der Arbeitsgruppe Dr. Hohenberg (Heinrich-Pette-Institut, Hamburg) TEM-Bilder angefertigt (Abb. 3.1). Wie auf dem Bild zu erkennen ist, sind die PMAcOD SPIOs rund, monodispers, d.h. von einheitlicher Größe, und einzeln in der Hülle verpackt.
Die PI-b-PEO SPIOs (Arbeitsgruppe Prof. Weller der Physikalischen Chemie, Universität Hamburg)

besitzen auch eine runde Form. Jedoch waren in der Suspension auch größere Partikel vorzufinden (siehe Pfeil in Abb. 3.1). Auch konnte nicht vollständig ausgeschlossen werden, dass mehrere Eisenoxid-Kerne in einer Hülle verpackt waren (Kreis in Abb. 3.1). Die besonders bei PI-b-PEO-OH und PI-b-PEO-NH$_2$ in den DLS-Messungen gefundenen Polydispersitäten, untermauern das (siehe Kap. 3.1.1). Auf den TEM-Bildern waren mikroskopisch zwischen den drei verschiedenen PI-b-PEO SPIOs keine Unterschiede festzustellen.

Die nanomag®-D-spios werden vom Hersteller (Micromod) als „clusterförmig" angegeben. In Abb. 3.1 ist diese Struktur gut zu erkennen. Auf der TEM-Aufnahme erscheinen die Cluster unterschiedlich groß, obwohl mittels DLS-Messung (siehe Kap. 3.1.1) eine relative gute Monodispersität festgestellt wurde. Vermutlich sind diese Diskrepanzen methodisch bedingt. Durch die Präparation für die Elektronenmikroskopie haben sich die Nanopartikel vermutlich zum Teil zusammengelagert.

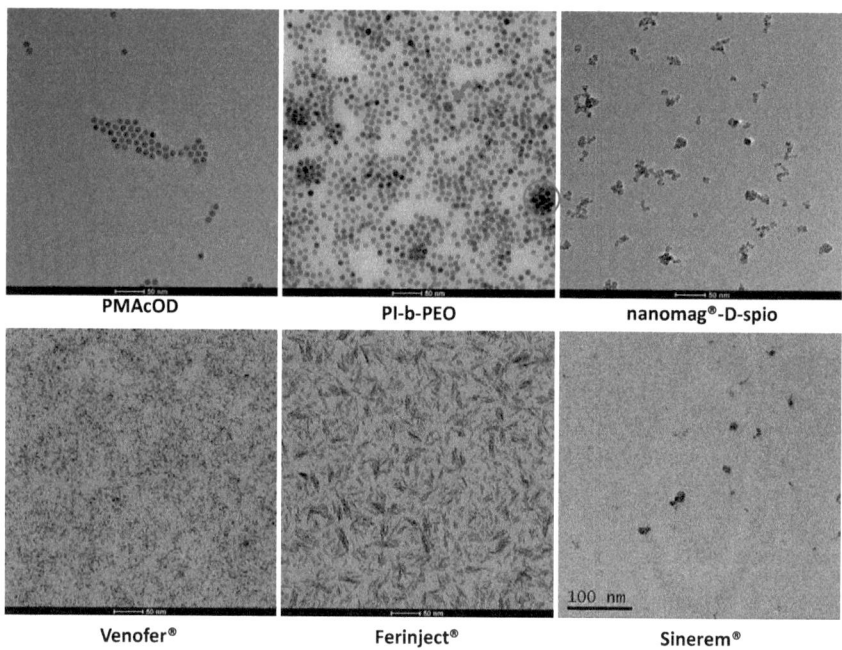

Abb. 3.1: TEM-Aufnahmen der verwendeten SPIOs. Da zwischen den einzelnen PI-b-PEO SPIOs (plain, -NH$_2$, -COOH) mikroskopisch keine Unterschiede festzustellen waren, wurde exemplarisch ein repräsentatives Bild gewählt.

Bei Venofer® ist keine klar definierbare Struktur zu erkennen (Abb. 3.1). Die elektronendichten Punkte scheinen aber eine gleiche Größe zu besitzen, was zu den DLS-Messungen passt.

Das Eisenpräparat Ferinject® wird im TEM-Bild als feine, aber relativ stark kontrastreiche, Nadelstrukturen dargestellt.

3. Ergebnisse und Diskussion

Das Kontrastmittel Sinerem® erscheint auf dem TEM-Bild sehr kontrastreich, jedoch ohne klar definierte einheitliche Struktur (Abb. 3.1). Trotzdem zeigten die DLS-Messungen monodisperse Eigenschaften (siehe Kap. 3.1.1).

3.2 Aufnahme von Eisenoxid-Nanopartikel

In den folgenden Experimenten wurde die Aufnahme der PMAcOD SPIOs in die Leber nach intravenöser Injektion in die Schwanzvene von Mäusen untersucht und mit der Aufnahme von Nanosomen und dem Eisenpräparat Ferinject® verglichen. Des Weiteren wurde die Aufnahme der PMAcOD SPIOs *in vitro* qualitativ und quantitativ untersucht. Ein besonderes Augenmerk wurde dabei auf Makrophagen gerichtet. Hier dienten verschiedene SPIOs und Eisenpräparate als Vergleichssubstanzen.

3.2.1 Aufnahme von Eisenoxid-Nanopartikel durch die Leber

Die Leber ist das wichtigste Organ bei dem Abbau und der Ausscheidung von Stoffwechselprodukten, Medikamenten und Giftstoffen. In vergangenen Experimenten aus unserer Arbeitsgruppe wurde festgestellt, dass über 80 % der Dosis von radioaktiv markierten ^{59}Fe-PMAcOD SPIOs und Nanosomen nach *i.v.* Injektion in die Schwanzvene von Mäusen innerhalb von einer Stunde in der Leber wiederzufinden waren (siehe Doktorarbeit Barbara Freund, 2012). In den Lebersinusoiden sind vor allem Makrophagen (Kupfferzellen) für die Aufnahme zuständig. Dies konnte in Experimenten damit gezeigt werden, dass nach Depletion der Kupfferzellen durch Clodronat, einem Bisphosphonat, deutlich weniger Nanopartikel von der Leber aufgenommen wurden (siehe Doktorarbeit Barbara Freund, 2012).

Durch Verwendung von fluoreszierenden Quantum-Dots, die mit der gleichen Polymerhülle wie die PMAcOD SPIOs verpackt waren, konnte auch eine Aufnahme durch Endothelzellen, die die Lebersinusoide oder die Blutgefäße des Darms auskleiden, nachgewiesen werden. Eine Aufnahme von Eisenoxid-Nanopartikeln wurde auch von Hanini *et al.* (2011) gezeigt.

Um zu untersuchen, ob sich die Verteilung von PMAcOD SPIOs und Nanosomen innerhalb der Leber qualitativ voneinander unterscheiden, wurden Balb/c Mäusen 0,1 mg (Eisen) der PMAcOD SPIOs sowie 0,052 mg (Eisen) an Nanosomen in die Schwanzvene injiziert. Die Dosis der PMAcOD SPIOs wurde etwa doppelt so hoch gewählt, wie für typische MRT-Experimente *in vivo* ausreichen würde. Da in vergangenen Experimenten die Nanosomen doppelt so gut durch die Leber aufgenommen wurden, wurde ca. die halbe Konzentration gewählt. Als Positivkontrolle wurde das Eisenpräparat Ferinject® (siehe Kap. 2.1.5) in einer Dosis gegeben, die der maximalen Dosis in der Therapie von Eisenmangel beim Menschen entspricht. Nach 2 Tagen wurden die Lebern entnommen und vom Institut für Anatomie (Universitätsklinikum Hamburg-Eppendorf) nach einer Hämotoxylin/Eosin-Färbung eine Berliner Blau Färbung von Leberschnitten durchgeführt. Mit dieser Färbung lassen sich

Regionen mit hohen Eisenkonzentrationen sichtbar machen. In Abb. 3.2 b ist die massive Eisenbeladung der Leber durch Ferinject® zu sehen. Die Vergrößerung zeigt, dass die Lebersinusoide angereichert an Eisen sind (Pfeile in Abb. 3.2 c). Darüber hinaus könnten auch die Hepatozyten mit Eisen beladen sein (Pfeilköpfe in Abb. 3.2 c). Denkbar wäre eine sekundäre Aufnahme von Eisen nach Abbau des Eisenpräparates durch Makrophagen und Freisetzung des Eisens, Aufnahme durch Hepatozyten und Speicherung in Form von Ferritin oder Hämosiderin.

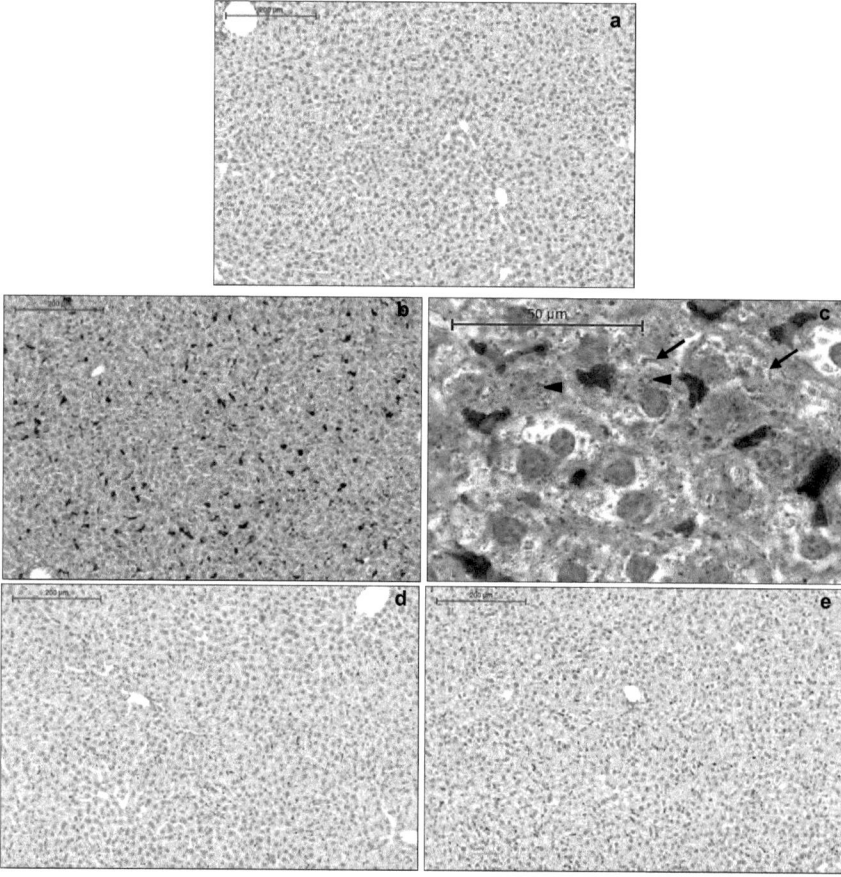

Abb. 3.2: Aufnahme von Nanopartikeln in die Leber. Balb/c Mäusen wurden PBS (Negativkontrolle, **a**), 4,6 mg Ferinject® (Positivkontrolle, **b** und **c**), 0,1 mg PMAcOD SPIOs (**d**) oder 0,052 mg Nanosomen (**e**) in die Schwanzvene injiziert. Die Nanosomen-Konzentration wurde halb so hoch gewählt wie die PMAcOD-Konzentration, weil aus vergangenen Experimenten eine doppelt so hohe Aufnahme durch die Leber beobachtet wurde. Als Positivkontrolle diente eine laut Herstellerangaben maximal empfohlene Bolusinjektion an Ferinject®. Nach 2 Tagen wurden die Lebern entnommen und nach einer Hämotoxylin/Eosin-Färbung eine Berliner Blau Färbung von Leberschnitten durchgeführt. Die Pfeile zeigen auf Eisen (hellblau) in Sinusoiden, die Pfeilköpfe auf Eisen potenziell in Hepatozyten (möglicherweise in Form von Hämosiderin).

3. Ergebnisse und Diskussion

Im Vergleich zu Ferinject® fiel die Aufnahme der PMAcOD SPIOs (Abb. 3.2 d) und der Nanosomen (Abb. 3.2 e) deutlich geringer aus. Wie die hellblaue Färbung von Eisen durch Berliner Blau und die rote Färbung von CD45-positiven Zellen (alle Leukozyten-Typen werden gefärbt) zeigen, sind die Nanopartikel bzw. deren Eisen in den Lebersinusoiden, und dort oft in Makrophagen, zu finden (Colokalisierung von roter und blauer Färbung, Pfeilköpfe in Abb. 3.3). Eine Auszählung von 10 gleichgroßen Sichtfeldern pro Behandlung ergab, dass nach Gabe der PMAcOD SPIOs 61 % der Blaufärbung mit CD45-positiven Zellen colokalisierte (Abb. 3.3 c). Bei den Nanosomen waren es 90 % (Abb. 3.3 d). Dies würde eine bessere Aufnahme von Nanosomen durch Makrophagen bedeuten. Jedoch darf nicht außer Acht gelassen werden, dass Makrophagen häufig auf den Endothelzellen sitzen, die die Sinusoide auskleiden, was durch die Rotfärbung nicht aufgelöst werden kann. Dadurch kann nicht ausgeschlossen werden, dass eine falsch positive Colokalisierung von Eisen, das in Wirklichkeit von Endothelzellen aufgenommen wurde, als Aufnahme durch Makrophagen gezählt wurde.

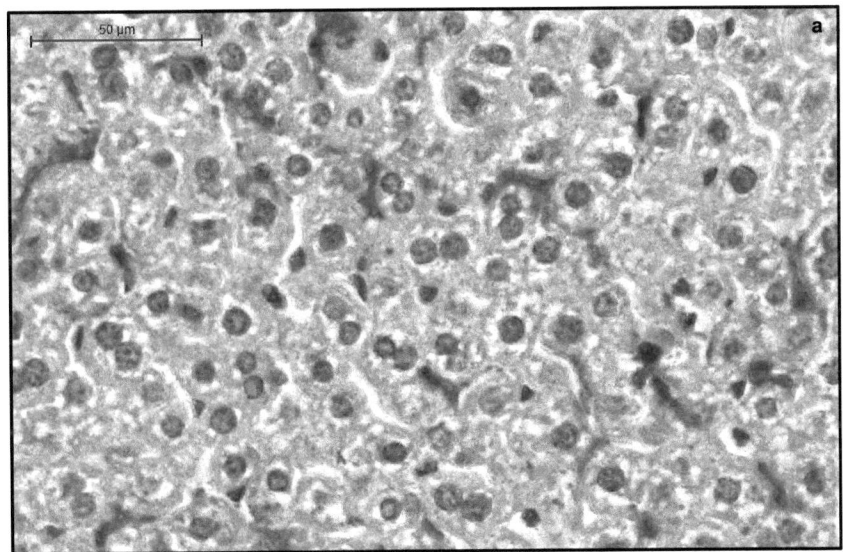

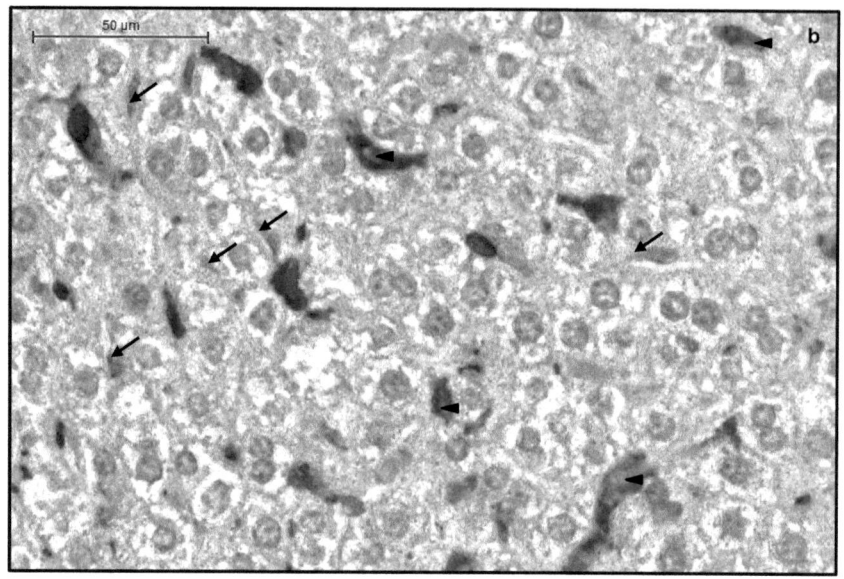

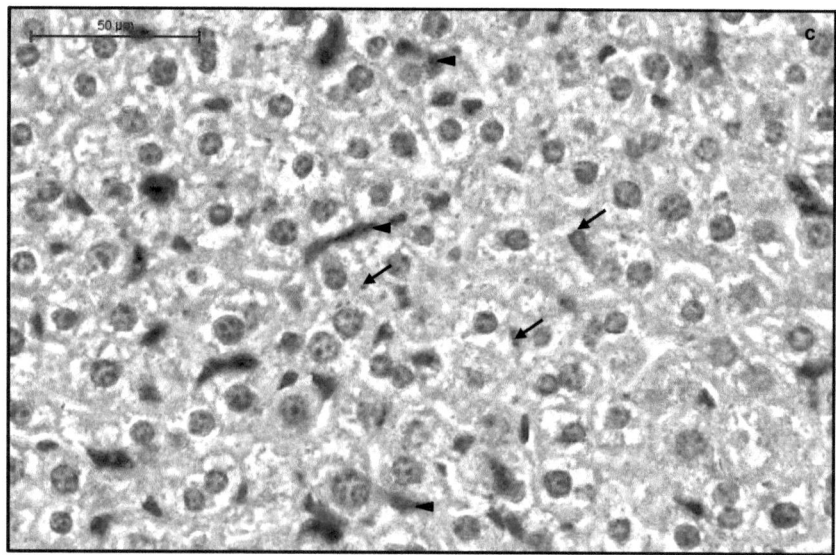

3. Ergebnisse und Diskussion

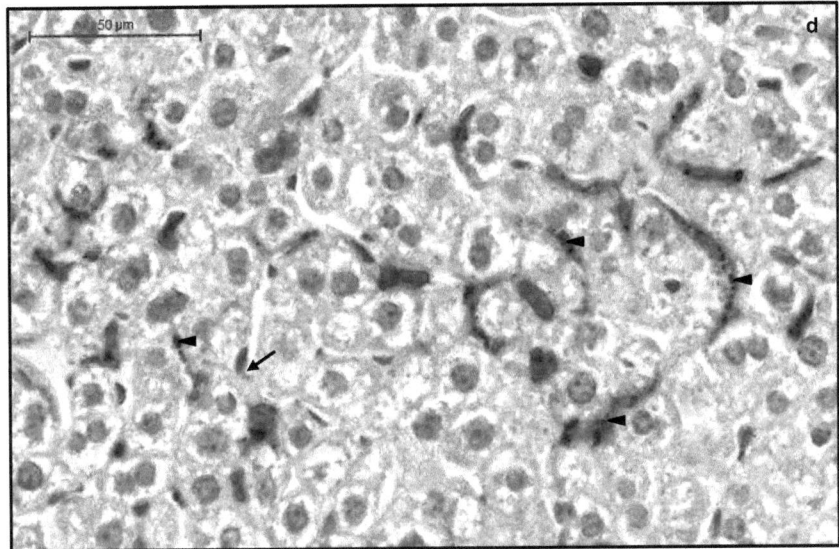

Abb. 3.3: Aufnahme von Nanopartikeln durch die Leber. Balb/c Mäusen wurden PBS (Negativkontrolle, **a**), 4,6 mg Ferinject® (Positivkontrolle, **b**), 0,1 mg PMAcOD SPIOs (**c**) oder 0,052 mg Nanosomen (**d**) in die Schwanzvene injiziert. Die Nanosomen-Konzentration wurde halb so hoch gewählt wie die PMAcOD-Konzentration, weil aus vergangenen Experimenten eine doppelt so hohe Aufnahme durch die Leber beobachtet wurde. Als Positivkontrolle diente eine laut Herstellerangaben maximal empfohlene Bolusinjektion an Ferinject®. Nach 2 Tagen wurden die Lebern entnommen und eine Berliner Blau Färbung (Eisen, hellblau Färbung, Pfeile) und eine CD45-Färbung (Leukozyten, rot) desselben Leberschnittes durchgeführt; die Pfeilköpfe zeigen auf Colokalisierungen von Leukozyten (Makrophagen) und Eisen; runde Zellkerne der Hepatozyten: dunkellila

3.2.2 Aufnahme von Eisenoxid-Nanopartikel durch Zellen

In den hier durchgeführten Experimenten wurde die Aufnahme von verschiedenen SPIOs in verschiedenen Zelltypen (Makrophagen, Hepatozyten, Endothelzellen) quantitativ untersucht. Darüber hinaus wurden Versuche zur Klärung des Aufnahmemechanismus der PMAcOD SPIOs durchgeführt.

3.2.2.1 Quantitative Bestimmung der Nanopartikel-Aufnahme

Makrophagen als Zellen des Retikuloendothelialen Systems sind maßgeblich an der Aufnahme von Nanopartikeln beteiligt. Das Aufnahmeverhalten von Maus Makrophagen wurde zunächst mit einem nanopartikelähnlichen Eisenpräparat (Venofer®, siehe Kap. 2.1.4) getestet. Dazu wurden J774-Zellen mit verschiedenen Konzentrationen an Venofer® oder eines Eisen(III)-Salzes (FAC) inkubiert und die Eisenaufnahme nach ausführlichen Waschungen der Zellen mittels Atomabsorptionsspektroskopie

(AAS) gemessen. Betrachtet man die aufgenommene Eisenmenge der Zellen nach 1 h, erkennt man eine konzentrationsabhängige Zunahme (Abb. 3.4 a). Bei Inkubation mit höheren Konzentrationen (> 1 mmol/L Eisen) nahm die Aufnahmerate etwas ab, ein Indiz für einen möglichen Sättigungseffekt. Dieser tritt möglicherweise dann auf, wenn die Aufnahmekapazität und/oder die zelluläre Speicherkapazität (in Form von Ferritin) erschöpft sind. Ein ähnlicher Effekt wurde für die Aufnahme von Transferrin, der über den Transferrin-Rezeptor durch Clathrin-vermittelte Endozytose aufgenommen wird, beschrieben (Warren et al., 1997).

Da bei 0,3 mmol/L Eisen noch kein Sättigungseffekt vorhanden war, wurde als nächstes der zeitliche Verlauf mit Konzentration von 0,05 mmol/L und 0,3 mmol/L getestet. Hier wurden die J774-Zellen für 1 h, 3 h und 5 h mit einem Eisen(II)-Salz (FAS), Venofer® oder dem PMAcOD SPIO inkubiert. Die AAS-Messungen zeigten eine zeitabhängige Zunahme der Eisenaufnahme, wobei die PMAcOD SPIOs weniger schnell und weniger stark aufgenommen wurden als das Eisensalz und das Eisenpräparat Venofer® (Abb. 3.4 b). Darüber hinaus zeigte sich bei PMAcOD nach 5 h ein möglicher Sättigungseffekt, der bei 0,05 mmol/L und 0,3 mmol/L Venofer® nicht zu beobachten war.

In Abb. 3.4 c wurde die Aufnahme des PMAcOD SPIOs in drei verschiedenen Konzentrationen (0,05 mmol/L, 0,3 mmol/L, 0,9 mmol/L) eingesetzt. Dabei wurden SPIOs verwendet, die durch Austauschmarkierung mit einer Tracerdosis an ^{59}Fe markiert wurden. Die Messung erfolgte mit dem Hamburger Ganzkörpercounter (HAMCO). Zwar ist die Aussagekraft bei drei Konzentrationen limitiert, aber auch hier war eine angehende Sättigung bei Inkubation der Makrophagen mit 0,9 mmol/L (Eisen) der PMAcOD SPIOs festzustellen.

Aufgrund dieser Ergebnisse wurde für die weiteren Zellkultur-Experimente eine Partikelkonzentration, bezogen auf Eisen, von 0,3 mmol/L favorisiert. In Abb. 3.4 c wäre dies ungefähr die Konzentration bei einer halb-maximalen Aufnahme der PMAcOD SPIOs. Die Wahl dieser Konzentration wurde auch durch folgende Überlegung unterstützt: Das Eisenpräparat Venofer® kann Mangelanämie-Patienten in einer Bolus-Injektion von 0,2 g/ 80 kg gegeben werden. Bezogen auf eine 20 g schwere Maus wären dies 50 µg. In in vivo Experimenten wurden die PMAcOD SPIOs auch in dieser Konzentration verwendet. Aus diesen Experimenten ist bekannt, dass ca. 80 % der applizierten Dosis in der Leber landet. Nach Jamal et al. (2000) besteht die Leber aus 10^8 Zellen, wovon 2 % Makrophagen sind, also $2*10^6$ Zellen. Bei einem Lebergewicht von 1 g (1 ml) und unter der theoretischen Annahme einer gleichmäßigen Beflutung aller Makrophagen der Leber bedeutet dies eine Inkubation von $2*10^6$ Zellen mit einer Eisenkonzentration von 40 µg/ml (0,72 mmol/L). Bei ca. $1*10^6$ Zellen, die pro Well eingesetzt wurden, ist die Inkubation mit 0,3 mmol/L Eisen im Einklang mit dieser Überlegung.

In den nächsten Experimenten wurde der Einfluss unterschiedlicher Nanopartikel-Eigenschaften auf die Aufnahme untersucht. Die PMAcOD SPIOs unserer Arbeitsgruppe (siehe Kap. 2.1.1) wurden mit weiteren verschiedenen SPIOs verglichen. Da der PMAcOD SPIO als Kontrastmittel eingesetzt werden soll, bietet es sich an, ein solches als Vergleichspartikel zu verwenden. Hier wurde Sinerem® genutzt (siehe Kap. 2.1.6), das zuvor durch eine Filtereinheit mit CutOff 5 kDa bei 6800 g zentrifugiert und in Wasser aufgenommen wurde. Diese Prozedur sollte potenziell vorhandene freie Eisenionen entfernen, um die reine Nanopartikelaufnahme, und nicht die Aufnahme von Eisenionen, zu messen. Mittels AAS würde beides gemessen werden. Als Positivkontrolle dienten das Eisenpräparat Venofer® (siehe Kap. 2.1.4), mit dem genauso verfahren wurde, sowie das Eisen(II)-Salz FAS. Letzteres wurde aufgrund der besseren Löslichkeit bei physiologischem pH-Wert und der gezielten Adressierung der Fe^{2+}-Aufnahme über DMT1 (siehe Kap. 1.4.1.1) gegenüber dem Eisen(III)-Salz bevorzugt. Dabei wurden eine mögliche Oxidierung zu Fe^{3+} und ein Verlust durch Bildung von unlöslichen Eisenhydroxiden in Kauf genommen. Zusätzlich wurden kommerziell erhältliche biodegradierbare Dextran-Eisenoxid-Kompositpartikel der Firma micromod (Rostock) eingesetzt, die unterschiedliche Oberflächen-Liganden trugen (-plain, -NH$_2$, -COOH, -PEG300, -PEG-NH$_2$, -PEG-COOH) (siehe Kap. 2.1.3). Von der Physikalischen Chemie der Universität Hamburg wurden zusätzlich PI-b-PEOs zur Verfügung gestellt. Dies sind Ölsäure-stabilisierte Eisenoxid-Kerne in einer Hülle aus amphiphilen Block-Copolymeren, die aus einem wasserunlöslichen Polyisopren (PI) Block und einer wasserlöslichen Poly(ethylene oxide) (PEO) Korona bestehen (siehe Kap. 2.1.2).

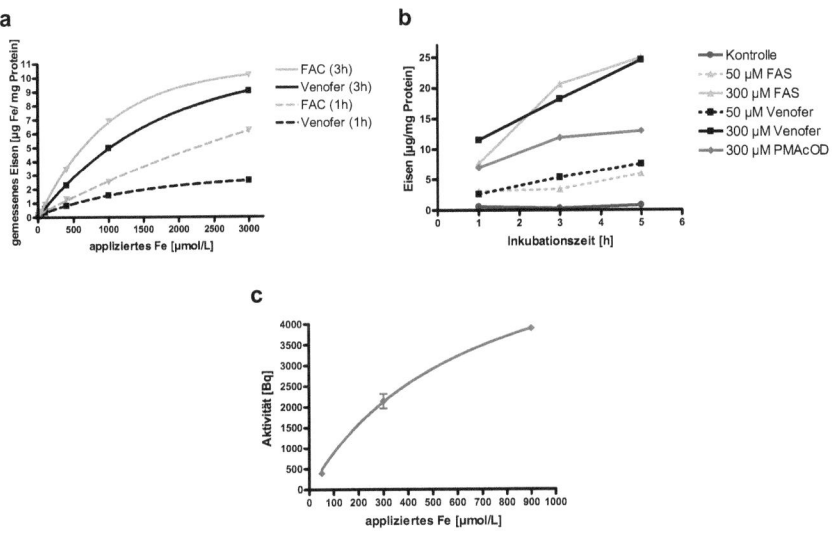

Abb. 3.4: Nanopartikel-Aufnahme durch Makrophagen. **a**: konzentrationsabhängig; **b**: zeitabhängig; J774-Zellen wurden für die angegebenen Zeiten mit den angegebenen Konzentrationen an Venofer®, Eisensalzen (FAC bzw. FAS) oder PMAcOD SPIOs inkubiert. Anschließend wurden die Zellen ausführlich gewaschen und die aufgenommene Eisenmenge mittels AAS gemessen. Die intrazelluläre Eisenkonzentration ist auf die zelluläre Proteinkonzentration normiert. **c**: J774-Zellen wurden für 6h mit ^{59}Fe-markierten PMAcOD SPIOs der angegebenen Konzentrationen inkubiert und anschließend gewaschen. Nach insgesamt 24h wurde nach Ernten der Zellen und Waschen die Aktivität des Zellpellets gemessen (n = 3)

Für diese Experimente wurden die Zellen für 1 h und 3 h mit den Präparaten inkubiert und die Eisenaufnahme mittels AAS gemessen. Die Aufnahmerate wurde über die Zunahme der Eisenkonzentration von 1 h zu 3 h berechnet (Tab. 3.2). Die J774-Zellen zeigten mit FAS als Testverbindung mit 37 µg Fe/mg Protein h^{-1} die mit Abstand stärkste Aufnahmerate. Dies ist nicht verwunderlich, da die Fe^{2+}-Ionen schnell über den Eisenimporter DMT1 aufgenommen werden.

Aber auch das Eisenpräparat Venofer® zeigte mit 4,8 µg Fe/mg Protein h^{-1} eine relativ hohe Aufnahmerate. Vermutlich liegt das an der Größe der Partikel. Bei derselben eingesetzten Eisenkonzentration sind die Venofer® Partikel den DLS-Messungen zu urteilen (siehe Tab. 3.1) mit ca. 13 nm vergleichsweise klein und könnten schneller aufgenommen werden als größere.

Da sich die verwendeten Nanopartikeltypen (PMAcOD, nanomag®-D-spios, PI-b-PEOs) in ihren Eigenschaften stark unterscheiden, ist es nur bedingt sinnvoll, sie direkt miteinander zu vergleichen. Jedoch ist ein Vergleich der nanomag®-D-spios untereinander aufgrund ihrer identischen Komposition durchführbar. Wie Tab. 3.2 zeigt, wurde bei den nanomag®-D-spios mit –COOH Liganden mit 3,9 µg/mg Protein h^{-1} die stärkste Aufnahmerate festgestellt. Da die Zellmembran negativ geladen ist, würde man stärkere Wechselwirkung mit und dadurch eine favorisierte Aufnahme von positiv geladenen Partikeln erwarten. Wie in Tab. 3.2 jedoch zu sehen ist, zeigten die nanomag®-D-spios mit –NH_2-Liganden deutlich geringere Aufnahmeraten als die SPIOs mit –COOH-Liganden. Die dort dargestellten, negativen Werte implizieren, dass keine Aufnahme stattgefunden hätte. Ein Vergleich der Eisenkonzentration zeigte jedoch signifikante Unterschiede zur Kontrolle und höhere Werte im Vergleich zu den ungeladen Nanopartikeln (nanomag®-D-spio plain, nanomag®-D-spio-PEG300). Die Unterschiede in den Eisenkonzentrationen zwischen 1 h und 3 h Inkubation sind zu gering, so dass sich Messfehler stärker auswirken und negative Aufnahmeraten berechnet wurden.

Die Bevorzugung von negativ geladenen Partikeln speziell durch J774-Zellen wurde bereits in Arbeiten von Lemarchand *et al.* (2006) gezeigt. Auch in Arbeiten von Mailänder *et al.* (2008) wurden bei mit Aminogruppen funktionalisierten (Polystyren-)Nanopartikeln eine um 40-fach höhere Aufnahme (in HeLa-Epithelzellen) gezeigt als ohne Funktionalisierung. Andere Arbeiten mit Makrophagen zeigten eine verminderte Aufnahme von SPIOs mit Aminogruppen-Funktionalisierung im Vergleich zu Dextran-umhüllten SPIOs (Fang *et al.*, 2009). Auch Lunov *et al.* (2011a) beobachtete eine verminderte Aufnahme von Polystyren-Nanopartikeln mit NH_2-Funktionalisierung im Vergleich zu den mit COOH-Gruppen funktionalisierten Nanopartikeln, sowohl bei Inkubation in Serum-haltigem Medium als auch in HBSS-Puffer. Dabei hatten die untersuchten Makrophagen beide Nanopartikel-Typen in dem Puffer besser aufgenommen als im Medium. Interessanterweise zeigte auch der nanomag®-D-spio-NH_2 bei einem vorherigen Experiment, in dem die SPIOs in Puffer (HBSS der Firma GIBCO) anstatt in Medium mit den Makrophagen inkubiert wurden, eine deutlich stärkere Aufnahme, während die nanomag®-D-spio-COOH SPIOs zwar stärker als die Partikel mit –NH_2-Liganden, aber geringer als bei einer Inkubation in Medium aufgenommen wurden (Daten nicht gezeigt). Dies ließ sich auch in abgeschwächter Form bei dem PI-b-PEOs mit -NH_2-Liganden feststellen.

Prinzipielle verändert sich bei einem Wechsel des Mediums, in dem sich der Nanopartikel befindet, auch dessen Oberflächen-Eigenschaften. Bei der Inkubation des Nanopartikels in einem serumhaltigen Medium adsorbieren die darin enthaltenen Proteine an die Nanopartikel-Oberfläche (Nel *et al.*, 2009; Jiang *et al.*, 2010b). Dabei ist die Zusammensetzung dieser Proteinkorona von den Eigenschaften der Partikeloberfläche abhängig, häufig werden aber Albumine, IgGs, Proteine des Komplementsystems und Apolipoproteine gefunden (Tenzer *et al.*, 2011). Die Proteinkorona kann das Aufnahmeverhalten des Nanopartikels drastisch ändern.

3. Ergebnisse und Diskussion

In den hier durchgeführten Experimenten wurden die Nanopartikel (bis auf PMAcOD) serumfrei inkubiert, so dass die Bildung einer typischen Proteinkorona keine Rolle spielt. Jedoch ist es denkbar, dass die Ursache für die geringere Aufnahme der SPIOs mit $-NH_2$ Liganden im Medium in der Neutralisierung oder Abschwächung der positiven Ladung durch Bindung von Medium-Komponenten (Aminosäuren, Vitamine) zu finden sein könnte.

Interessanterweise sind die am stärksten aufgenommenen nanomag®-D-spios (nanomag®-D-spio-COOH, nanomag®-D-spio-PEG-COOH) den DLS-Messungen zu urteilen auch die kleinsten (vergl. Tab. 3.1). Obwohl vom Hersteller als einheitliche Größe angegeben (hydrodynamische Durchmesser (Z-Average) im Bereich zwischen 20 – 100 nm), kann nicht ausgeschlossen werden, dass auch aufgrund der geringeren Größe mehr Partikel aufgenommen wurden. Gegen die Größe als für das Aufnahmeverhalten ausschlaggebendes Kriterium spricht jedoch das Beispiel Sinerem®: Das Kontrastmittel wurde vergleichsweise schwach aufgenommen (Tab. 3.2), obwohl der hydrodynamische Durchmesser von rund 29 nm der kleinste von allen gemessenen SPIOs war. Vielmehr scheint hier die Zusammensetzung des Nanopartikels eine Rolle zu spielen. Denn Sinerem® ist, wie die nanoamg-D-spio SPIOs auch, ein Eisen-Dextran-Kompositpartikel. Wie bereits beschrieben vermindern Dextran-Hüllen die Aufnahmeraten von Nanopartikeln (Bonnemain, 1998; Lemarchand et al., 2005). Passend dazu wurden vor allem bei den ungeladenen nanomag®-D-spios relativ geringe Aufnahmeraten gemessen (Tab. 3.2).

Wie aus der Literatur bekannt ist, erschwert tendenziell auch die PEGylierung eines Nanopartikels dessen Aufnahme (Owens III & Peppas, 2006; Hillaireau & Couvreur, 2009; Li & Huang, 2008; Sun et al., 2005). Dies konnte auch in den hier durchgeführten Experimenten mit den nanomag®-D-spios gezeigt werden: Die Nanopartikel mit PEG-COOH-Funktionalisierung wurden deutlich schwächer aufgenommen als die mit –COOH-Funktionalisierung ohne PEG (Tab. 3.2), jedoch stärker als die Nanopartikel mit ungeladener (nanomag®-D-spio-plain und nanomag®-D-spio-PEG300) oder positiv geladener (nanomag®-D-spio-NH$_2$ und nanomag®-D-spio-PEG-NH$_2$) Oberfläche. Dies zeigt, dass die negative Ladung (-COOH) vor der Komposition (Dextran, PEG) der maßgeblich bestimmende Faktor bei der Aufnahme von Nanopartikeln in J774-Zellen ist.

Bei Vergleich der Aufnahmeraten der Dextran-haltigen nanomag®-D-spios mit den PEGylierten PI-b-PEOs zeigten letztere höhere Werte (abgesehen von nanomag®-D-spio-COOH und nanomag®-D-spio-PEG-COOH). Da das Polyisopren im Nanopartikel hydrophob ist, könnte dieser Umstand hydrophobe Wechselwirkungen des SPIOs mit der Zellmembran und somit die Aufnahme erleichtern. Im Gegensatz zu den nanomag®-D-spios zeigte der Partikel mit –NH$_2$-Liganden mit 0,28 µg Fe/mg Protein h^{-1} eine stärkere Aufnahmerate als der mit –COOH-Liganden (0,18 µg Fe/mg Protein h^{-1}). Allerdings zeigte der ungeladene (-OH) mit 2,3 µg Fe/mg Protein*h^{-1} die stärkste Aufnahme der drei Nanopartikel. Auffälligerweise korrelieren die Aufnahmeraten positiv mit den PdI-Werten aus den DLS-Messungen, d.h. die polydispersen Nanopartikel zeigten auch hohe Aufnahmeraten (vergl. Tab. 3.1). Deshalb ist die Beurteilung der Aufnahme in Abhängigkeit von den Oberflächenliganden hier schwierig.

Die PMAcOD SPIOs zeigten mit 2,6 µg Fe/mg Protein h^{-1} eine Aufnahmerate, die kleiner als, aber in der Größenordnung von Venofer® und nanomag®-D-spio-COOH liegt (Tab. 3.2). Mit letzterem hat er eine negative Oberflächenfunktionalisierung gemeinsam. Die PMAcOD SPIOs wurden vor der

Inkubation mit den Zellen aus Stabilitätsgründen mit FCS inkubiert. Die Ausbildung einer Proteinkorona ist hier also sehr wahrscheinlich. In einem Vorexperiment, in dem die SPIOs ohne Vorinkubation mit FCS und in HBSS Puffer (darin sind sie stabil) anstatt in Medium mit den Zellen inkubiert wurden, wurde eine ähnliche Aufnahmerate festgestellt. Im Gegensatz dazu war die Aufnahme von mit FCS vorinkubierten Partikeln in Puffer deutlich geringer als dieselben Partikel ohne Proteinkorona (Abb. 3.22 d). Dies deutet darauf hin, dass die Umhüllung des Nanopartikels mit einer Proteinkorona die Aufnahme eher behindert. Eine plausible Erklärung dafür könnte die Abschwächung der negativen Ladung, die bereits bei den nanomag®-D-spios für eine starke Aufnahme verantwortlich war, durch die Proteine sein. Unterstützung findet diese Aussage durch eine Arbeit von van Furth et al. (1985), der feststellte, dass opsonisierte Partikel durch J774-Zellen schlechter aufgenommen wurden als nicht opsonisierte Partikel.

Tab. 3.2: Nanopartikel-Aufnahme durch Makrophagen. J774-Zellen wurden im Medium für 1h oder 3h mit 0,3 mmol/L der angegebenen SPIOs bzw. Eisenpräparate inkubiert. Anschließend wurden die Zellen gewaschen, die aufgenommene Eisenmenge mittels AAS gemessen und die intrazelluläre Eisenkonzentration auf die Proteinkonzentration normiert. Die Aufnahmerate R = $(\beta_{(3h)}-\beta_{(1h)})$ / 2 wurde für jedes Präparat berechnet. Die Tabelle ist absteigend nach der nach 3 h aufgenommenen Eisenmenge sortiert.
FCS: da die PMAcOD SPIOs in Medium nach einiger Zeit ausfielen, wurden sie zur Stabilisierung bei 37 °C mit FCS vorinkubiert. Um einen positiven Effekt von FCS auszuschließen, wurden Kontrollzellen mit einer entsprechenden Menge FCS inkubiert. Signifikante Unterschied zur Kontrolle sind dargestellt (***, $p \leq 0,001$; **, $p \leq 0,01$; *, $p \leq 0,05$; n = 2-3).

	Eisenkonzentration [µg Fe/mg Protein]		Signifikanz zur Kontrolle		Aufnahmerate [µg Fe/mg Protein*h^{-1}]
	1h	3h	1h	3h	
FAS	52	125	***	***	37
Venofer®	3,6	13	***	***	4,8
nanomag®-D-spio-COOH	3,4	11	***	***	3,9
PMAcOD	2,7	7,9	***	***	2,6
PI-b-PEO-OH	0,84	2,3	***	***	0,73
PI-b-PEO-NH$_2$	1,11	1,64	***	***	0,28
nanomag®-D-spio-PEG-COOH	0,26	1,47	***	***	0,61
PI-b-PEO-COOH	0,61	0,97	***	***	0,18
nanomag®-D-spio-NH$_2$	0,35	0,33	***	***	-0,01
nanomag®-D-spio-PEG-NH$_2$	0,26	0,23	***	***	-0,02
nanomag®-D-spio-plain	0,16	0,16	*	***	0,00
nanomag®-D-spio-PEG300	0,10	0,15	-	***	0,03
FCS	0,12	0,15			0,01
Sinerem®	0,17	0,10	*	-	-0,04

Vergleicht man das Aufnahmeverhalten von Makrophagen mit dem von Endothelzellen, lässt sich bei letzteren eine geringere Eisenaufnahme für die meisten untersuchten Verbindungen feststellen (Tab. 3.3). Das Eisen(II)-Salz (FAS) wurde von dem HUVECs sehr begrenzt aufgenommen (0,52 µg/mg Protein h^{-1}; Tab. 3.3). Anscheinend besitzen Endothelzellen DMT1 in geringerem Maße. Auch Venofer® (2,4 µg/mg Protein h^{-1}) und die nanomag®-D-spio-COOH SPIOs (1,01 µg/mg Protein h^{-1}) wurden im Vergleich zu den J774-Zellen weniger stark aufgenommen. Physiologisch ist das damit zu begründen, dass Endothelzellen zwar auch zur Aufnahme von Stoffen befähigt sein müssen, deren primäre Funktion jedoch das Ausbilden von Barrieren ist. Im Gegensatz dazu ist die Aufgabe von

3. Ergebnisse und Diskussion

Makrophagen neben der Beteiligung an Immun- und Entzündungsreaktionen die Phagozytierung und Beseitigung von Fremdkörpern.

Interessanterweise zeigte sich in den Experimenten mit den HUVECs eine relativ hohe Aufnahme der PMAcOD SPIOs im Vergleich zu Venofer® und der nanomag®-D-spio-COOH SPIOs. Dieser stark negativ geladene Nanopartikel wird hier offenbar gut aufgenommen, was auch zu den *in vivo* Experimenten aus unserer Arbeitsgruppe passen würde, bei denen Mäusen die PMAcOD SPIOs intravenös gegeben wurden (siehe Doktorarbeit von Barbara Freund, 2012).

Tab. 3.3: Nanopartikel-Aufnahme durch Endothelzellen. HUVEC wurden im Medium für 1h oder 3h mit 0,3 mmol/L der angegebenen SPIOs bzw. Eisenpräparate inkubiert. Anschließend wurden die Zellen gewaschen, die aufgenommene Eisenmenge mittels AAS gemessen und die intrazelluläre Eisenkonzentration auf die Proteinkonzentration normiert. Die Aufnahmerate R = (β(3h)-β(1h)) / 2 wurde für jedes Präparat berechnet. Die Tabelle ist absteigend nach der nach 3 h aufgenommenen Eisenmenge sortiert.
FCS: da die PMAcOD SPIOs in Medium nach einiger Zeit ausfielen, wurden sie zur Stabilisierung bei 37°C mit FCS vorinkubiert. Um einen positiven Effekt von FCS auszuschließen, wurden Kontrollzellen mit einer entsprechenden Menge FCS inkubiert. Signifikante Unterschied zur Kontrolle sind dargestellt (***, $p \leq 0,001$; **, $p \leq 0,01$; *, $p \leq 0,05$; n = 2-3)

	Eisenkonzentration [µg Fe/ mg Protein]		Signifikanz zur Kontrolle		Aufnahmerate [µg Fe/ mg Protein*h^{-1}]
	1h	3h	1h	3h	
PMAcOD	6,8	24	***	***	8,6
Venofer®	1,45	6,2	***	***	2,4
nanomag®-D-spio-COOH	0,39	2,4	*	***	1,01
FAS	0,49	1,52	**	***	0,52
FCS		0,33			

Zur Untersuchung der Nanopartikel-Aufnahme in Hepatozyten wurden HuH7-Zellen und αML-12-Zellen verwendet. Zunächst wurden HuH7-Zellen für 3 h mit unterschiedlichen Konzentrationen der PMAcOD SPIOs inkubiert. Im Gegensatz zu den Makrophagen (Abb. 3.4) zeigte sich bei den Hepatozyten eine geringere Aufnahme, die mit steigender Konzentration (exponentiell) zunahm (Abb. 3.5). Während bei der Inkubation der J774-Zellen mit 0,3 mmol/L (Eisen) der PMAcOD SPIOs nach 3 h eine intrazelluläre Eisenkonzentration von 7,9 µg/mg Protein erreicht wurden (Tab. 3.2), waren es bei den HuH7-Zellen nur 3,1 µg/mg Protein.

Die verwendeten Hepatozyten (αML-12) zeigten in einem Experiment, in dem sie mit ^{59}Fe-markierten PMAcOD SPIOs inkubiert wurden, eine sehr geringe Aufnahme. Zwar konnte eine zeit- und konzentrationsabhängige Aufnahme gemessen werden, aber die aufgenommene Menge entsprach nur etwa 0,2 - 0,4 % der gesamten applizierten Aktivität (Abb. 3.5). In ähnlichen Experimenten mit J774-Zellen wurden bis zu 23 % gemessen (Abb. 3.29 b).

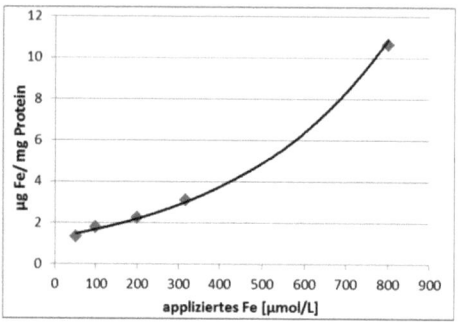 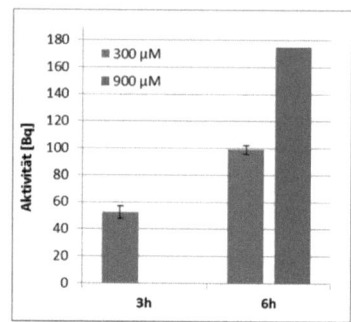

Abb. 3.5: Nanopartikel-Aufnahme durch Hepatozyten. **links:** HuH7-Zellen wurden für 3h mit PMAcOD SPIOs der angegebenen Konzentrationen inkubiert. Nach ausgiebigen Waschungen und Zellernte wurde die intrazelluläre Eisenkonzentration mittels AAS gemessen und auf die zelluläre Proteinkonzentration normiert; **rechts:** αML-12 Zellen wurden in Medium für 3h oder 6h mit 300 µM oder 900 µM (Eisen) von ^{59}Fe-markierten PMAcOD SPIOs inkubiert. Nach ausgiebigen Waschungen und Zellernte wurde die Radioaktivität der Zellpellets gemessen. Die aufgenommenen Mengen entsprachen 0,19 % (300 µM, 3h), 0,35 % (300 µM, 6h) und 0,23 % (900 µM, 6h) der applizierten Aktivität (n = 3).

Zusammenfassend kann gesagt werden, dass von den verwendeten Zelltypen die Makrophagen die stärkste Nanopartikelaufnahme zeigten. Neben Venofer® wurden die negativ geladenen nanomag®-D-spio-COOH SPIOs und die PMAcOD SPIOs besonders gut aufgenommen. Bei den Endothelzellen wurde eine ähnliche Präferenz festgestellt, wobei die PMAcOD SPIOs am besten aufgenommen wurden. Die Hepatozyten zeigten eine eher geringe Nanopartikelaufnahme.

3.2.2.2 Darstellung der Nanopartikel-Aufnahme mittels Transmissionselelektronenmikroskopie (TEM)

Zur Darstellung der Nanopartikel-Aufnahme mittels TEM wurden Maus Makrophagen (J774-Zellen) mit 0,3 mmol/L (Eisen) der PMAcOD SPIOs für 1 min, 10 min und 6 h inkubiert und anschließend gewaschen und fixiert.

In Abb. 3.6 a sind kurz nach Gabe der SPIOs diese in der Nähe von Membranausstülpungen zu finden. Solche Filopodien treten üblicherweise bei einer Fcγ-Rezeptor-vermittelten Phagozytose auf, bei der der Partikel umschlossen und anschließend internalisiert wird.

Aber auch Invaginationen der Zellmembranen, wie sie bei einer Clathrin-vermittelten Endozytose üblich sind, waren zu sehen. Abb. 3.6 b zeigt deutlich drei SPIOs, die in so genannten „coated pits" liegen. Innerhalb kürzester Zeit nach Nanopartikel-Gabe wurden einige SPIOs in Vesikeln nahe der Zellmembran, die „coated vesicles" darstellen könnten, gefunden. (Abb. 3.6 c und d).

3.Ergebnisse und Diskussion

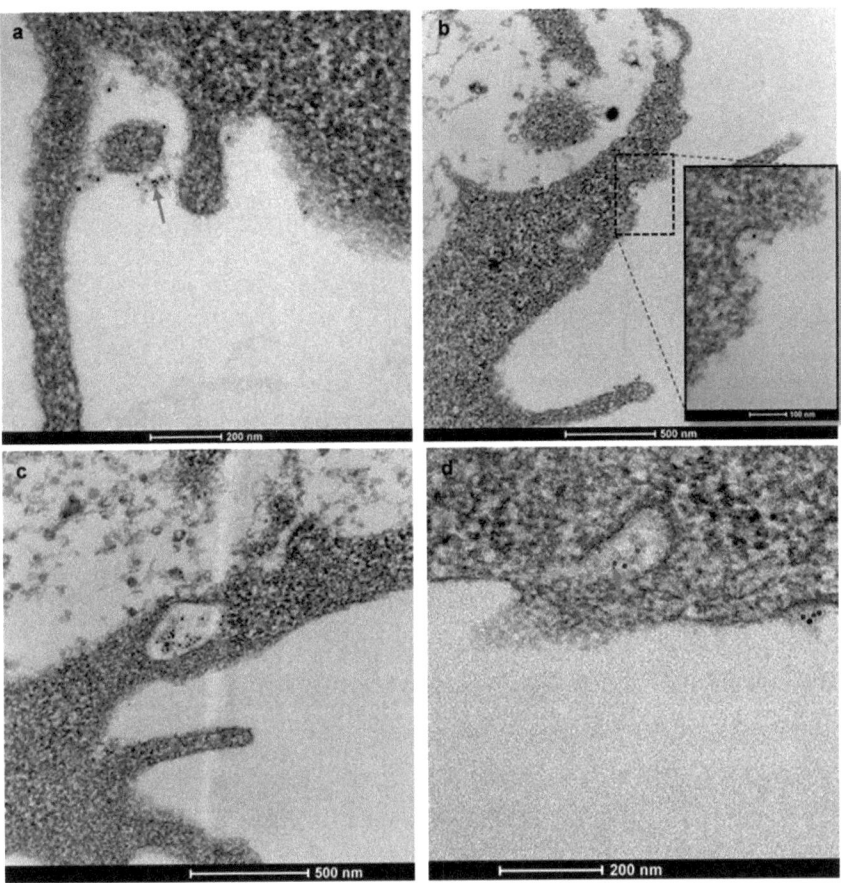

Abb. 3.6: Nanopartikel-Aufnahme durch Makrophagen (1 min). J774-Zellen wurden mit 300 µM PMAcOD SPIOs (Eisen) inkubiert. Nach 1 min. wurden die Zellen gewaschen, fixiert und TEM-Bilder angefertigt. Die Anlagerung von Nanopartikel (Pfeile) an der Zellmembran führt zur Ausbildung von Filopodien (**a**) oder „coated pits" (**b**), die sich zu „coated vesicles" abschnüren (**c, d**). Ersteres spricht für eine phagozytotische Aufnahme, letzteres für Endozytose.

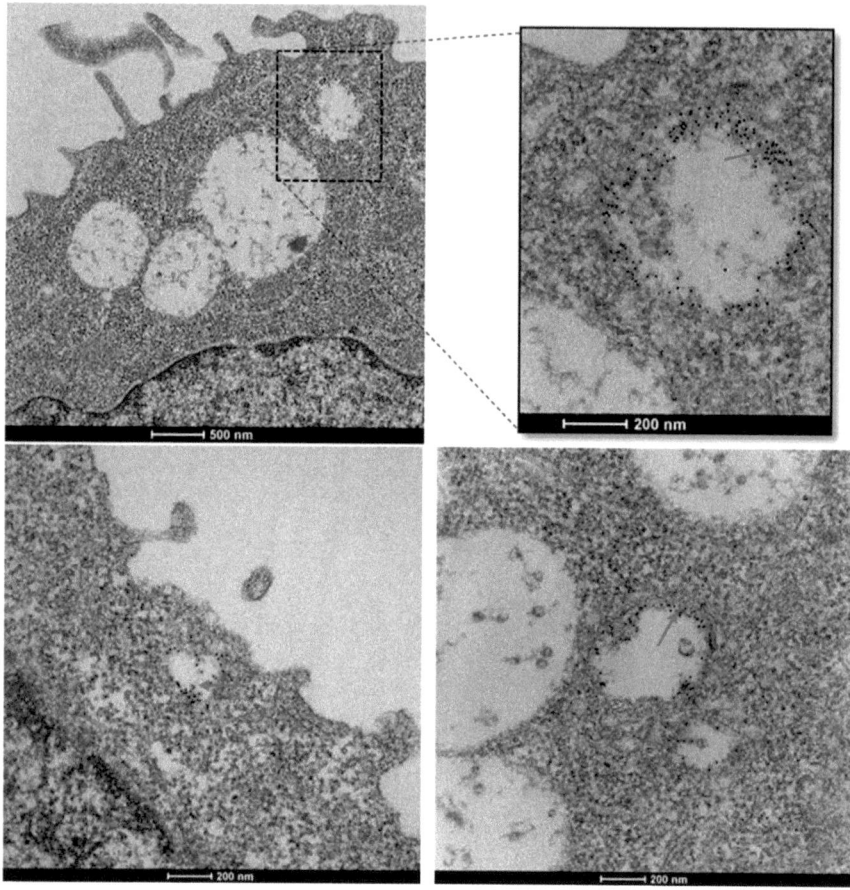

Abb. 3.7: Nanopartikel-Aufnahme durch Makrophagen (10 min). J774-Zellen wurden mit 300 µM PMAcOD SPIOs (Eisen) inkubiert. Nach 10 min. wurden die Zellen gewaschen, fixiert und TEM-Bilder angefertigt. Die Nanopartikel (Pfeile) befinden sich in kleinen endozytotischen Vesikeln (frühe Endosomen) in der Nähe der Zellmembran.

Nach 10 min sind die Nanopartikel in Vesikeln (frühe Endosomen) nahe der Plasmamembran zu finden (Abb. 3.7). Größere Vesikel (späte Endosomen, Lysosomen) beinhalten noch keine Partikel. Nach 6 h befinden sich die PMAcOD SPIOs unter anderem in Vesikeln, die zum Teil größer und weiter im Zellinneren lokalisiert sind (späte Endosomen, Lysosomen) (rote Pfeilköpfe in Abb. 3.8). Besonders deutlich wird dies nach Inkubation mit nanomag®-D-spio-COOH (Abb. 3.8 c). Es scheint eine Verschmelzung von kleinen Vesikeln zu größeren stattgefunden zu haben.

3.Ergebnisse und Diskussion

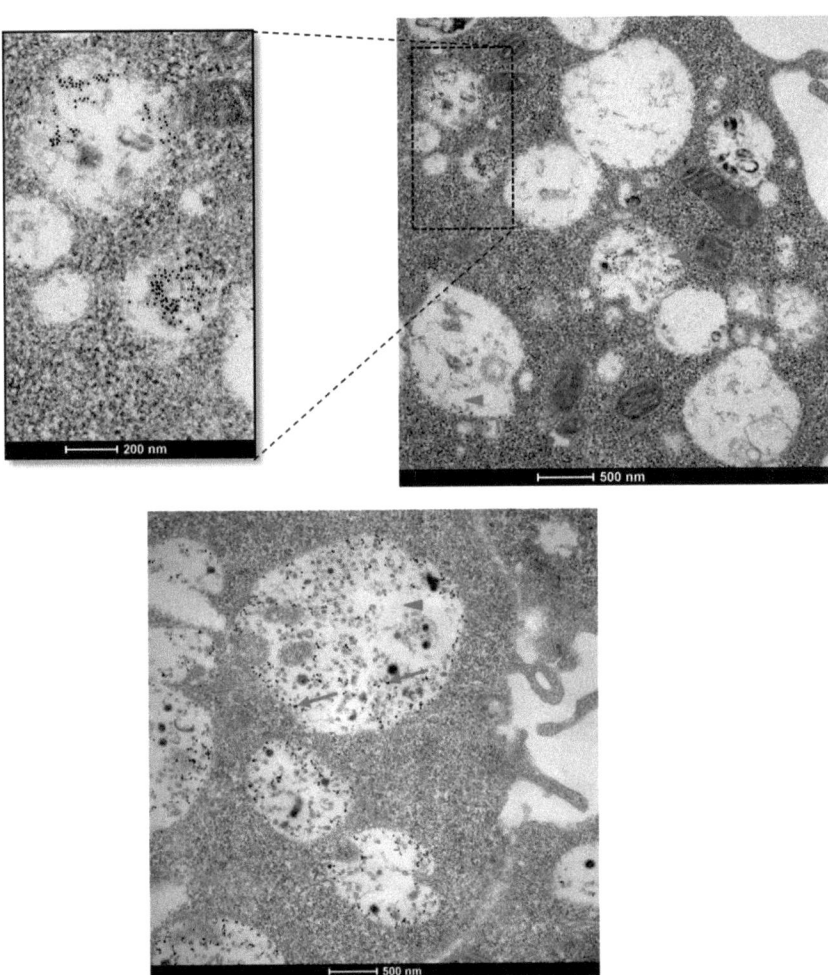

Abb. 3.8: Nanopartikel-Aufnahme durch Makrophagen (6 h). J774-Zellen wurden mit 300 µM PMAcOD SPIOs (Eisen) (oben) oder nanomag®-D-spio-COOH (unten) inkubiert. Nach 6 h wurden die Zellen gewaschen, fixiert und TEM-Bilder angefertigt. Die Nanopartikel (rote Pfeile) befinden sich auch in größeren endozytotischen Vesikeln (späte Endosomen) (oben) oder Lysosomen (unten, rote Pfeilköpfe)

3.2.2.3 Untersuchung des Aufnahmemechanismus

In den hier durchgeführten Experimenten wurde versucht, den Aufnahmemechanismus bei der Aufnahme von PMAcOD SPIOs durch Makrophagen aufzuklären.

Dazu wurden J774-Zellen vor der Gabe der SPIOs für 30 min mit unterschiedlichen Inhibitoren behandelt, die gezielt bestimmte Moleküle oder Schlüsselprozesse des betreffenden Aufnahmemechanismus inhibieren. In Tab. 3.4 sind die verwendeten Inhibitoren, ihre Wirkmechanismen sowie die in den Experimenten verwendeten Konzentrationen dargestellt. Im Gegensatz zu den vorherigen Experimenten wurde eine relativ kurze Aufnahmezeit von 1 h gewählt, um eine Kompensierung des unterdrückten Aufnahmewegs durch einen anderen, und potentiell toxische Wirkungen durch die Inhibitoren, zu minimieren.

Tab. 3.4: Zur Untersuchung der PMAcOD-Aufnahme durch Makrophagen verwendete Inhibitoren, deren Angriffsziele, beeinflusste Aufnahmemechanismen und in den Experimenten verwendete Konzentrationen. Die Inkubation mit den Inhibitoren erfolgte bei 37 °C (siehe auch Abb. 3.12)

Inhibitor	Ziel	Beeinflusster Aufnahmemechanismus	Inhibitor Konz. [mg/L]
4°C Inkubation		Energie-abhängige Aufnahme	
Wortmannin	Phosphoinositid-3-Kinase (PI3K)	(Fcγ-Rezeptor vermittelte) Phagozytose, Makropinozytose	0,1
U-73122	Phospholipase C (PLC)	(Fcγ- Rezeptor vermittelte) Phagozytose, Makropinozytose	10
EIPA	Na^+-Austausch	Phagozytose, Makropinozytose	30
Cytochalasin D	Aktin	Phagozytose, Makropinozytose	10
Nocodazol	Microtubuli	Makropinozytose	10
Dynasor	Dynamin	Endozytose	25
Staurosporin	Proteinkinase C (PKC)	(Caveolae-vermittelte) Endozytose	1,0
Filipin	Cholesterin	Caveolae- vermittelte Endozytose	10
Lovastatin	HMG-CoA Reduktase	Caveolae-/Clathrin-vermittelte Endozytose, Phagozytose	10
Genistein	Tyrosin Kinase	Caveolae-/Clathrin- vermittelte Endozytose	20
Chlorpromazin	Rho GTPase, Phospholipase C	Clathrin- vermittelte Endozytose, Phagozytose, (Makropinozytose)	25
Monodansylcadaverin	Clathrin	Clathrin- vermittelte Endozytose (möglicherweise auch Makropinozytose oder Phagozytose)	100
Kalium depletion	Clathrin	Clathrin- vermittelte Endozytose (Eliminierung des Membran-assoziierten Clathrin-Gitters)	-
Fucoidan	Scavenger Rezeptor	Scavenger Rezeptor-vermittelte Endozytose	10
Pertussis Toxin	G_i α Untereinheit	GPCR- vermittelte Endozytose	0,1

Um prinzipiell zu klären, ob es sich um einen Energie-abhängigen Aufnahme-Mechanismus handelt, wurden die J774-Zellen zunächst bei 4 °C anstatt bei 37 °C mit den PMAcOD SPIOs inkubiert. Im Vergleich zur Kontrolle (Inkubation bei 37 °C) führte dies zu einer Reduzierung der Aufnahme um

3. Ergebnisse und Diskussion

67 % (Abb. 3.11), was zeigt, dass es sich bei der Nanopartikel-Aufnahme um einen Energie-abhängigen Mechanismus handelt.

Inhibierung der Phagozytose/ Makropinozytose

Wortmannin ist ein anti-mykotisches Antibiotikum, das ursprünglich aus *Penicillium funiculosum* isoliert wurde. Es ist bekannt dafür, die Phosphoinositid-3-Kinase (PI3K) zu inhibieren, ein wichtiges Enzym, das bei vielen unterschiedliche Signaltransduktionsprozesse eine Schlüsselfunktion einnimmt. PI3K katalysiert die Phosphorylierung der 3'-OH Position am Inositolring von Phospholipiden in der Zellmembran, sogenannten Phosphatidylinositolen (Abb. 3.9) (Takenawa & Itoh, 2001). Diese Phosphoinositide, vor allem Phosphatidylinositol-3,4,5-trisphosphat (PIP3), dienen als Andockstellen für weitere Proteine, wie Proteinkinase B und PDK1. Die Inhibierung der PI3K blockiert die Makropinozytose und die Phagozytose (Amyere *et al.*, 2000; Araki *et al.*, 1996; Lemarchand *et al.*, 2005; Montaner *et al.*, 1999). Auf Grund der weitreichenden Einflüsse der PI3K kann ihre Inhibierung auch andere Vesikel-bildende Prozesse wie die Clathrin-vermittelte Endozytose stören.

In den hier durchgeführten Experimenten wurde eine sehr starke Inhibierung der PMAcOD SPIO-Aufnahme von 77 % erreicht (Abb. 3.11).

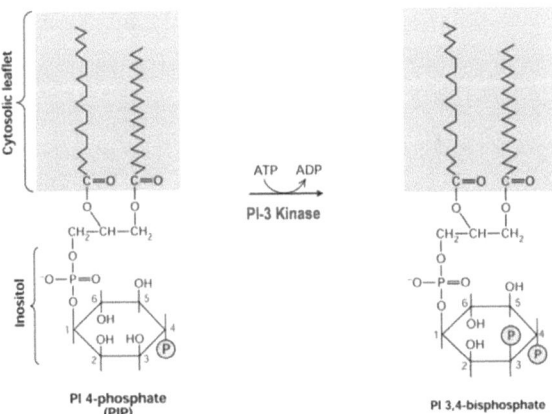

Abb. 3.9: Generierung von Phosphoinositol 3,4-Bisphosphat aus Phosphosinositol-4-Phosphat durch PI-3 Kinase. PI-3 Kinase wird von verschiedenen aktivierten Rezeptor-Tyrosinkinasen und Zytokin-Rezeptoren an die Zellmembran rekrutiert. Das hinzugefügte 3-Phosphat ist eine Bindestelle für eine Vielzahl von Signaltransduktions-Proteinen (Abbildung aus Lodish *et al.*, „Molecular Cell Biology 5th ed")

Ein anderes Enzym, das auch bei dem Phosphoinositid-Metabolismus eine Rolle spielt, ist die Phospholipase C (PLC), die Phosphatidylinositol-4,5-bisphosphat (PIP2) zu Inositoltrisphosphat (IP3) und Diacylglycerin (DAG) hydrolysiert (Abb. 3.10) (Wells *et al.*, 1999). Diese wird durch die Substanz

U-73122 inhibiert (Mettlen et al., 2006; Panicker et al., 2006). Eine Beteiligung von PI3K und PLC an der Fc-Rezeptor-vermittelten Phagozytose wurde bereits beschrieben (Swanson et al., 2004). Zhang et al. (2009) unterschied in seiner Arbeit speziell die G-Protein-gekoppelter-Rezeptor-vermittelte Aufnahme von anderen Aufnahme-Mechanismen, bei dem die PLC mitwirkt (Abb. 3.12.). Die Funktionen von PI3K und PLC im Zusammenhang mit Makropinozytose und Phagozytose lassen sich vermutlich damit erklären, dass die Bildung und Fusion von Vesikeln auf das Anlagern von unterschiedlichen Gerüst- und Signalproteinen zu einem Multiprotein-Komplex an der Plasmamembran angewiesen sind (Roth, 2004). Dies wird durch die Bindung von Phosphatidylinositiden an diesen Proteinen gewährleistet. Darüber hinaus spielen die Enzyme bei der Aktin-Polymerisation eine wichtige Rolle (Takenawa et al., 2001).

In Abb. 3.11 wurde die Nanopartikel-Aufnahme durch U-73122 um 40 % reduziert.

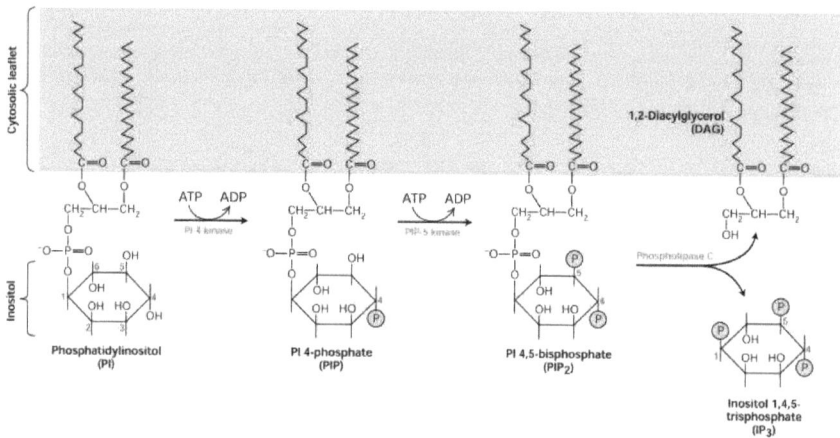

Abb. 3.10: Wirkung von Phospholipase C. Nach Phosphorylierung von Phosphatitylinositol der Zellmembran durch verschiedene Phosphoinositol Kinasen spaltet Phospholipase C Phosphinositol-4,5-Bisphosphat (PIP_2) zu 1,2-Diacylglycerol (DAG) und Inositol-1,4,5-Trisphosphat (IP_3). Diese sind wichtige Second-Messenger (Abbildung aus Lodish et al., „Molecular Cell Biology 5th ed").

EIPA (5-(*N*-ethyl-*N*-isopropyl)amilorid) inhibiert spezifisch Na^+/H^+-Pumpen in Membranen (Gekle et al., 1999; Gekle et al., 2001) und somit Makropinozytose und Phagozytose (Nakase et al., 2004; Fretz et al., 2006). In vergangenen Aufnahme-Experimenten durch andere Gruppen wurde eine inhibierende Wirkung durch EIPA bei positiv geladenen Partikeln festgestellt, die über Makropinozytose aufgenommen wurden (Dausend et al., 2008). Da in dem hier durchgeführten Experiment keine Aufnahme-Inhibierung festgestellt werden konnte, kann davon ausgegangen werden, dass Makropinozytose bei den negativ geladenen PMAcOD SPIOs keine Rolle spielt.

3. Ergebnisse und Diskussion

Einige Inhibitoren sind weniger spezifisch, da ihre Angriffsziele bei verschiedenen Aufnahmewegen eine Rolle spielen. Cytochalasine sind Mykotoxine und wurden erstmals 1964 entdeckt (Carter, 1967). Ein Vertreter aus dieser Gruppe ist **Cytochalasin D** aus *Metarrhizium anisopliae* (Aldridge & Turner, 1969). Das Alkaloid stört die Polymerisierung von Aktin (Peterson & Mitchison, 2002) und beeinflusst damit das Aktin-Zytoskelett (Abb. 3.12), das bei vielen Prozessen eine wichtige Rolle spielt, unter anderem bei der Phagozytose und Makropinozytose (Dharmawardhane *et al.*, 2000; Macia *et al.*, 2006; Mettlen *et al.*, 2006). In dem in Abb. 3.11 gezeigten Experiment hat Cytochalasin D eine Inhibierung um 41 % erzielt.

Nocodazol hemmt die Mikrotubuli-Bildung (Abb. 3.12) und wirkt aufgrund dessen anti-karzinogen. Es verhindert darüber hinaus den intrazellulären Übergang von frühen zu späten Endosomen. Rejman *et al.* (2004) fanden auf diese Weise heraus, dass eher kleinere Nanopartikel in einer Größenordnung von 50 – 100 nm eine Mikrotubili-abhängige Aufnahme zeigten. Hier verhinderte Nocodazol die Nanopartikel-Aufnahme um 41 %.

Inhibierung der Caveolae-vermittelten Endozytose

Ein weiteres Beispiel für ein ubiquitäres Molekül ist **Dynamin**. Dynasor ist ein Dynamin-Inhibitor (Macia *et al.*, 2006). Es stört die GTPase-Aktivität des Enzyms und blockiert damit die Prozessierung und Abschnürung von umhüllten Vesikeln von der Zellmembran. Es beeinflusst somit die Clathrin- als auch die Caveolae-vermittelte Endozytose. Aber auch ein Einfluss auf „lipid raft" abhängige Prozesse wurden berichtet (Kirkham *et al.*, 2005). In diesem Experiment wurde eine Aufnahme-Inhibierung um 44 % erreicht (Abb. 3.11).

Das Alkaloid **Staurosporin** wurde erstmals 1977 aus dem Bakterium *Streptomyces staurosporeus* isoliert (Omura *et al.*, 1977). Es blockiert die ATP-bindende Domäne von vielen Protein Kinasen, unter anderem von Protein Kinase C (PKC) (Swannie *et al.*, 2002; Parton *et al.*, 1994). Da PKC bei der die Internalisierung von Caveolae eine Rolle spielt (Parton *et al.*, 1994; Smart *et al.*, 1995), inhibiert Staurosporin in erster Linie die Caveolae-vermittelte Endozytose (Abb. 3.12). Aber auch eine PKC-Funktion bei der Phagozytose wurde beobachtet (Parton *et al.*, 1994; Sulahian *et al.*, 2008). In den hier durchgeführten Experimenten inhibierte das Staurosporin die Nanopartikel-Aufnahme um 44 % (Abb. 3.11).

Einige Endozytose-Mechanismen sind auf das Vorhandensein von Cholesterin in der Plasmamembran angewiesen (Grimmer *et al.*, 2002). Dies betrifft sowohl die Caveolae- (Smart & Anderson, 2002; Parton & Richards, 2003) als auch die Clathrin-vermittelten Endozytose (Zuhorn *et al.*, 2002; Rodal *et al.*, 1999; Subtil *et al.*, 1999). Das antimykotisch wirkende **Filipin** wurde erstmals 1955 aus dem Pilz Streptomyces filipinensis, der in Erdproben von den Philippinischen Inseln entdeckt wurde, isoliert. Es ist ein Sterol-bindendes Agens, das mit Cholesterin in biologischen Membranen interagiert und deren Eigenschaften verändert. Es kommt zur Aggregat-Bildung und Eliminierung von Cholesterin aus Membranstrukturen (Kitajima *et al.*, 1976). Dies verursacht Störungen in der Formierung von Caveolae (Ros-Baro *et al.*, 2001), Zerstreuung von GPI-assoziierten Proteinen (Rothberg *et al.*, 1990) sowie die Inhibierung der Internalisierung von „lipid rafts" Liganden (Orlandi & Fishman, 1998). Somit inhibiert Filipin relativ spezifisch die Caveolae-vermittelte Endozytose (Schnitzer et al., 1994). In dem hier durchgeführten Experiment konnte mit 1 µg/ml keine signifikante Aufnahme-Inhibierung erreicht werden. Eine höhere Konzentration von 10 µg/ml wirkte toxisch (LDH-Assay).

Ein für die Aufklärung der Partikelaufnahme häufig verwendeter Inhibitor ist **Lovastatin**. Dieser Arzneistoff aus der Gruppe der Statine war das erste von der FDA zugelassene Statin (August 1987). Statine werden vor allem zur Behandlung der Hypercholesterinämie eingesetzt (Bilheimer et al., 1983; Grundy & Bilheimer, 1984; Vega, 1987; Igel et al., 2003). Sie beeinflussen die de novo Synthese von Cholesterin durch Inhibierung des Enzyms 3-hydroxy-3-methylglutaryl Coenzym A (HMG-CoA) Reduktase (Liao & Laufs, 2005; Tobert, 2003).

In den hier durchgeführten Experimenten wurde die stärkste Inhibierung (83 %) erreicht (Abb. 3.11). Allerdings zeigte der durchgeführte LDH-Assay eine Zellschädigung von 7 % an. Außerdem haben sich relative viele Zellen bei dem Experiment abgelöst. Aus der Literatur sind Nebenwirkungen bekannt, die massive Störungen generell des Vesikel-„trafficking" und des Aktin-Zytoskelett verursachen können (Cordle et al., 2005). Da die Zellen im Überstand abgeschabt wurden, könnten die hier festgestellten geringen Aufnahmewerte auf eine potenziell toxische Reaktion zurückzuführen sein.

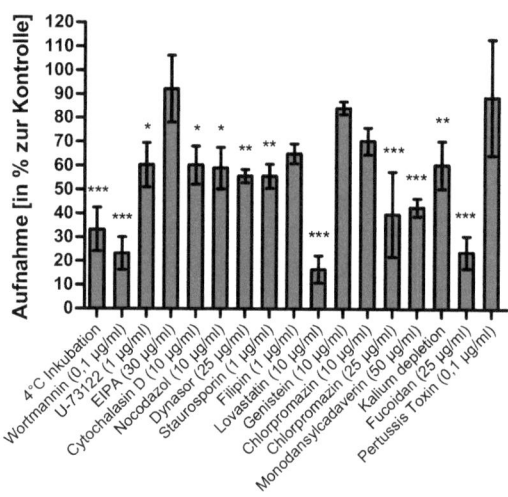

Abb. 3.11: Aufnahmemechanismus bei Inkubation von Makrophagen mit PMAcOD SPIOs. J774-Zellen wurden für 30 min bei 4 °C oder mit den angegebenen Inhibitoren in HBSS Puffer vorinkubiert und anschließend 1 h mit 0,3 mM (Eisen) der PMAcOD SPIOs im Beisein der Inhibitoren; nach Zellernte wurde eine Eisenbestimmung mittels AAS durchgeführt; die einzelnen Messwerte wurden auf die zelluläre Proteinkonzentration und auf die Kontrolle (= 100 %) normiert (***, p ≤ 0,001; **, p ≤ 0,01; *, p ≤ 0,05; n = 3).

3. Ergebnisse und Diskussion

Genistein ist ein Phytoöstrogen aus der Gruppe der Isoflavonoide, das unter anderem in der Sojabohne, dem Rotklee, der Ackerbohne und in der Kaffee-Pflanze vorkommt. Es wurde erstmals 1899 aus dem Färbeginster (*Genista tinctoria*) isoliert und besitzt antihelmintische Eigenschaften. Die Hauptwirkung von Genistein auf zellulärer Ebene ist die Hemmung von Rezeptor-assoziierten Tyrosin Kinasen (Abb. 3.12), Enzymen, die an einer Vielzahl von unterschiedlichen Signaltransduktionskaskaden beteiligt sind. Da sie in den „lipid rafts" lokalisiert sind, spielen sie bei der Caveolae-vermittelten Endozytose eine wichtige Rolle (Tuma & Hubbard, 2003). In einer anderen Arbeit wurde gezeigt, dass Genistein z.b. die Aufnahme des SV40 Virus inhibierte (Dangoria et al., 1996). Hier allerdings zeigte Genistein bei einer Konzentration von 10 µg/ml keine signifikante Inhibierung der Nanopartikel-Aufnahme (Abb. 3.11).

Inhibierung der Clathrin-vermittelten Endozytose

Chlorpromazin ist ein kationisches, amphiphiles Phenothiazin-Derivat und war der erste Arzneistoff aus der Gruppe der Neuroleptika und gilt als Grundstein der modernen Psychopharmaka-Therapie. Auf zellulärer Ebene stört Chlorpromazin die Clathrin-Prozessierung durch Verlust des AP2 Adapter Komplexes von der Zelloberfläche (Wang et al., 1993; Yao et al., 2002) und somit hauptsächlich die Clathrin-vermittelte Endozytose (Inal et al., 2005; Stuart & Brown, 2006). Durch dessen amphiphilen Charakter kann es in Lipid-Doppelschichten inkorporieren und ihre „Fluidität" erhöhen. Somit kann es auch mit der Biogenese von Phagosomen und Makropinosomen interferieren. Ein weiterer beschriebener Wirkmechanismus von Chlorpromazin ist die Inhibierung der Phospholipase C (Walenga et al., 1981), die ein wichtiger Regulator von Aktin-Polymerisation/Depolymerisation (Wells et al., 1999) und der Makropinozytose ist (Amyere et al., 2000).

Wie Abb. 3.11 zeigt, konnte eine konzentrations-abhängige Aufnahmehemmung erzielt werden. Während 10 µg/ml Chlorpromazin eine leichte, aber nicht signifikante Inhibierung erreichen konnte, war sie mit 25 µg/ml stark und signifikant (60 % Inhibierung).

Seit 1980 wird **Monodansylcadaverin** häufig zur Blockierung von Clathrin-vermittelten Endozytose-Mechanismen verwendet (Bradley et al., 1993; Davies et al., 1980; Panicker et al., 2006). In den hier durchgeführten Experimenten wurde eine Aufnahme-Inhibierung um 57 % erreicht. (Abb. 3.11)

Das als „**Kalium depletion**" bezeichnete Verfahren ist ein klassisches (Larkin et al., 1983) und heute noch wirkungsvolles Mittel zur Inhibierung der Clathrin-vermittelten Endozytose (Idkowiak-Baldys et al., 2006; Liu et al., 2004). Die Behandlung der Zellen besteht aus einem initialen hypotonen Schock, gefolgt von einer Inkubation in Kalium-freien Puffer. Dies resultiert in einer rapiden Verarmung an K^+-Ionen und bewirkt die Entfernung des Membran-assoziierten Clathrin-Gitters (Hansen et al., 1993). In den hier durchgeführten Experimenten wurde eine Inhibierung von 40 % erreicht (Abb. 3.11).

Inhibierung der Scavenger und GPCR-vermittelten Endozytose

Das Polysaccharid **Fucoidan** ist als Scavenger Rezeptor Antagonist bekannt (Platt & Gordon, 1998; Schulze *et al.*, 1995). Der Scavenger Rezeptor ist häufig das Zielmolekül bei der Rezeptor-vermittelten Endozytose, aber auch bei der Rezeptor-vermittelten Phagozytose. In den hier durchgeführten Experimenten wurde durch Fucoidan eine Aufnahme-Hemmung um 76 % erreicht (Abb. 3.11).

Pertussis Toxin ist ein bakterielles Exotoxin aus *Bordetella pertussis*. Es gilt als spezifischer Inhibitor von heterotrimeren GTP-bindenen Proteinen der G_i-Proteinfamilie (Abb. 1.8) (Whitman *et al.*, 2000) und inhibiert somit die G-Protein gekoppelte Endozytose (Zhang & Monteiro-Riviere, 2009). Pertussis Toxin hat in dem hier durchgeführten Experimenten in einer Konzentration von 0,1 µg/ml keine inhibierende Wirkung gezeigt (Abb. 3.11).

Zusammenfassung der Aufnahmeversuche

Zusammenfassend kann zunächst gesagt werden, dass die meisten Inhibitoren keine absolute Spezifität gewährleisten können. Durch die Komplexität der zellulären Mechanismen und der Redundanz einzelner Ziel-Proteine können neben den anvisierten auch andere Aufnahmewege mit beeinflusst werden, die simultan stattfinden können. Dieser Unzulänglichkeit wurde durch die Verwendung von vielen unterschiedlichen Inhibitoren versucht zu kompensieren. Dabei wurden mit Bedacht Inhibitor-Konzentrationen gewählt, die in einer Vielzahl von Arbeiten Effekte hervorgerufen hatten.

Da Makrophagen so effizient wie kein anderer Zelltyp zur Phagozytose befähigt sind, ist es nicht verwunderlich, dass die Ergebnisse aus den Inhibierungsexperimenten auf eine Nanopartikel-Aufnahme via Phagozytose hindeuten (Inhibierung durch Wortmannin, U-73122 und Cytochalasin D). Dabei ist es aber schwierig, die Phagozytose von den anderen Aufnahme-Mechanismen zu unterscheiden, weil vor allem die Makropinozytose, aber auch Endozytose-Mechanismen auf ein intaktes Zytoskelett angewiesen sind. Die verwendeten Inhibitoren, Cytochalasin D und Nocodazol, greifen durch Störung der Aktin- bzw. Microtubuli-Dynamiken in wesentliche Zellprozesse ein. Aber auch Wortmannin und U-73122 können, wie oben beschrieben, durch Störung des Phosphoinositid-Metabolismus nicht nur die Fcγ-vermittelte Phagozytose, sondern auch andere Vesikel-bildende Prozesse (Makropinozytose, Endozytose) beeinflussen. Dem gegenüber wurde EIPA als ein relativ spezifischer Inhibitor für Phagozytose/Makropinozytose beschrieben (Ivanov, 2008). In den hier durchgeführten Experimenten zeigte es jedoch keinen Einfluss auf die Nanopartikel-Aufnahme.

Aus der Literatur ist bekannt, dass Phagozytose eher bei größeren (> 250 nm) als den hier verwendeten Partikeln favorisiert wird. Lunov *et al.* (2011a) beobachteten aber auch bei Inkubation von Makrophagen mit ca. 100 nm großen Nanopartikeln in Serum-enthaltenden Medium Phagozytose. Dieser Aufnahme-Mechanismus tritt besonders effizient nach Opsonierung der Partikel, wie sie bei der Inkubation in Serum geschieht (Nel *et al.*, 2009; Röcker *et al.*, 2009), und durch Mitwirken des Fcγ-Rezeptors (z.B. CD64), in Kraft (Hillaireau *et al.*, 2009; Lunov *et al.*, 2011a). Bei J774-Zellen hindert eine Opsonierung eher die Aufnahme (van Furth *et al.*, 1984). Die Inhibierung durch

3. Ergebnisse und Diskussion

Wortmannin und U-73122 kann auf eine Scavenger Rezeptor-vermittelte Phagozytose hindeuten. Die Beteiligung des Scavenger-Rezeptors an der Aufnahme von Nanopartikeln wurde bereits beschrieben (Sulahian et al., 2008).

Die Ergebnisse deuten darauf hin, dass die Caveolae-vermittelte Endozytose bei der Aufnahme der PMAcOD SPIOs keine Rolle spielt. Der für diesen Aufnahmeweg relativ spezifische Inhibitor, Filipin, zeigte keine Beeinflussung der Nanopartikelaufnahme, und auch Genistein nicht. Zwar wurde durch Staurosporin ein Effekt erzielt, jedoch kann die Inhibierung der PKC-Funktion auch die Phagozytose beeinflussen (Sulahian et al., 2008). Lovastatin schließlich zeigte toxische Nebenwirkungen, wie durch einen LDH-Assay ermittelt wurde. Die Beobachtungen finden auch Unterstützung aus der Literatur, wo in Arbeiten beobachtet wurde, dass Caveolae-vermittelte Endozytose-Mechanismen eher bei der Aufnahme von größeren als den verwendeten, und positiv geladenen, Nanopartikeln eine Rolle spielen (Mailänder & Landfester, 2009).

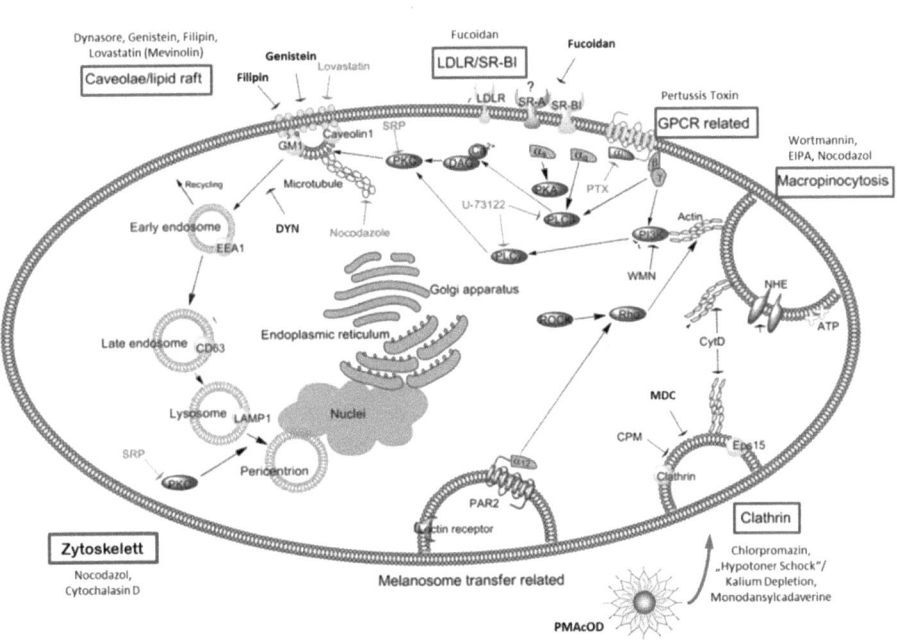

Abb. 3.12: Inhibierung der Nanopartikel-Aufnahme. Dargestellt sind die potenziellen Aufnahmewege (rote Kästen) sowie beteiligte Schlüsselmoleküle und ihre Inhibitoren. Der wahrscheinliche Aufnahmeweg der PMAcOD SPIOs ist angezeigt. LDLR/SR-BI: LDL Rezeptor/ Scavenger Rezeptor; GPCR: G-Protein gekoppelter Rezeptor; Moleküle: DAG: Diacylglycerin, PI3K: Phosphoinositid-3-Kinase, PKA: Phosphokinase A, PKC: Phosphokinase C, PLC: Phospholipase C; Inhibitoren: CPM: Chlorpromazin, Cyt D: Cytochalasin D, DYN: Dynasor, MDC: Monodansylcadaverin, PTX: Pertussis Toxin, SRP: Staurosporin, WMN: Wortmannin (Abbildung modifiziert aus Zhang et al., 2009)

Die Daten deuten letztendlich auf einen Clathrin-vermittelten Endozytose-Mechanismus hin (starke Inhibierung durch Chlorpromazin, Monodansylcadaverin und „Kalium depletion"). Besonders zuverlässig wird die Aussage durch die Tatsache, dass Monodansylcadaverin und der „Kalium-Entzug" direkt und spezifisch Clathrin ansteuern und dadurch die Endozytose inhibieren. Die starke Aufnahme-Inhibierung durch Fucoidan deutet auf eine Beteiligung des Scavenger Rezeptors hin. Die Ergebnisse sind in guter Übereinstimmung mit zwei Arbeite von Lunov *et al.* (2011), in denen er eine Clathrin- und Dynamin- abhängige Aufnahme von negativ-geladenen Polystyren-Nanopartikeln, sowie eine Clathrin- und Scavenger-Rezeptor- vermittelte Aufnahme bei 20 nm und 60 nm großen Carboxydextran-SPIOs durch Makrophagen zeigen konnte. Zhang *et al.* (2009) beobachteten eine Beteiligung des Scavenger Rezeptors bei der Aufnahme von Quantum Dots mit carboxylierter Oberfläche durch Epithelzellen (HEK). Schließlich untermauern auch die „coated pit" Strukturen auf den elektronenmikroskopischen Aufnahmen (Abb. 3.6 b-d) die Vermutung, dass es sich wahrscheinlich um eine Clathrin-vermittelte Aufnahme handelt.

3.3 Degradation und Metabolisierung von Eisenoxid-Nanopartikel

Eine wichtige Frage bei dem Einsatz von Nanopartikeln in biologischen Systemen ist die *in vivo* Stabilität. Metabolisch labile Partikel können in Zellen rasch abgebaut und deren Kern- und Hüllsubstanzen freigesetzt werden, was ggf. zu zelltoxischen Reaktionen führen kann. Stabile, inerte Partikel können im Organismus über einen langen Zeitraum persistieren und bei häufiger Anwendung akkumulieren, und dadurch evtl. chronisch toxische Reaktionen hervorrufen. SPIOs enthalten im wesentlichen Eisen, also ein essentiellen Spurenelement, das nach Freisetzung aus Partikeln in den physiologischen Eisenstoffwechsel von Zellen eingeschleust werden kann.
Bei der Metabolisierung von SPIOs kann auf zellulärer Ebene das nach einer Degradation frei werdende Eisen direkt gemessen werden. Es kann aber auch sekundär die Reaktion von Genen und Proteinen untersuch werden, die unter physiologischen Bedingungen für die Regulierung der Eisenhomoöstase zuständig sind.

3.3.1 Untersuchung des intrazellulären labilen Eisenpools (LIP)

In der Mitte der Neunziger Jahre fanden Breuer *et al.* (1995) heraus, dass das über Transferrin durch Endozytose aufgenommene Eisen rasch intrazellulär in einen transienten, chelatierbaren, labilen Eisenpool (engl. *labile iron pool*, LIP) aufgenommen wird. Dieser besteht aus Eisen mit niedrigem Molekulargewicht, überwiegend in Form von Fe^{2+}, aber auch gebunden an Molekülen wie Phosphate, Nukleotide und Aminogruppen (Konijn *et al.*, 1999; Kakhlon *et al.*, 2001; Kakhlon *et al.*, 2002). Die Konzentration liegt bei ca. 1 % (0,5 µmol/L – 1 µmol/l; Hershko *et al.*, 1988) der gesamten Eisen-

3. Ergebnisse und Diskussion

menge der Säugetierzelle. Da der LIP aus redox-aktivem, und somit potenziell schädigendem Eisen besteht, sollte die Konzentration in engen Grenzen gehalten werden (Kakhlon & Cabantchik, 2002; Kruszewski, 2003). Dies geschieht durch Transport des Eisens zum Ort der Verwendung (z.B. in Mitochondrien für die Hämsynthese, Generierung von Eisen-Schwefel-Cluster, Einbau in Proteine und Enzyme), Speicherung in Form von Ferritin, oder Export über Ferroportin.

Nach der Aufnahme von SPIOs in Makrophagen sollte sich deren Abbau durch eine Eisen-Freisetzung, den Transport von Eisenionen (über DMT1) ins Zytoplasma, und einen LIP-Anstieg bemerkbar machen.

Zur Messung des labilen Zelleisens wurde das Fluophor Calcein nach einer Methode von Cabantchik und Mitarbeitern verwendet (Cabantchik *et al.*, 1996; Epsztejn *et al.*, 1997). Bei Inkubation von Zellen mit Calcein bindet es intrazellulär Eisenionen mit einer EDTA-ähnlichen Bindungskonstante von 10^{14} M^{-1} für Fe(II) und 10^{24} M^{-1} für Fe(III) (Breuer *et al.*, 1995), was zur Quenchung der Fluoreszenz führt. Durch anschließende Inkubation mit einem stärkeren Chelator (SIH) verliert Calcein das Eisen, was zu einem Fluoreszenzanstieg führt. Dies kann Fluoreszenz-photometrisch gemessen werden. Die Differenz vor und nach der Gabe von SIH spiegelt den LIP wieder.

In Anlehnung an die vorherigen Aufnahme-Experimente wurden J774-Zellen mit 0,3 mmol/L (Eisen) verschiedener SPIOs (nanomag®-D-spios, PI-b-PEO, PMAcOD), und als Vergleichssubstanzen mit einem Eisen(II)-Salz (FAS), sowie mit dem Eisenpräparat Venofer®, und dem Kontrastmittel Sinerem®, für unterschiedliche Zeitdauern inkubiert. Anschließend wurde der LIP-Nachweis durchgeführt.

Wie erwartete führte die Inkubation mit FAS bereits nach einer Stunde zu einem signifikanten LIP-Anstieg (Abb. 3.13). Über DMT1 werden die Fe^{2+}-Ionen rasch aufgenommen und in den intrazellulären Eisenpool eingeschleust. Nach 3 h wurde eine maximale LIP-Konzentration gemessen, die 453 % der unbehandelten Kontrolle erreichte. Anschließend fiel der Wert wieder auf 222 % nach 24 h ab. Das Eisen aus dem LIP geht in den Ferritinpool über und entgeht dadurch der Detektion. In Abb. 3.14 ist zu erkennen, dass die Ferritinproduktion nach der Inkubation mit FAS erst nach 3 h signifikant erhöht ist und mit steigenden Inkubationszeiten weiter zunimmt.

Auch Venofer®, das als Eisenpräparat eine schnelle Eisenfreisetzung ermöglichen soll, zeigte einen ähnlichen LIP-Anstieg und hohe Ferritin-Werte, die jedoch geringer waren als bei FAS.

Bei allen anderen eingesetzten SPIOs war nach 1 h noch kein LIP-Anstieg zu verzeichnen, nach 3 h bei den meisten, und nach 6 h bei allen (Abb. 3.13). Nach 3 h sticht bei den SPIOs besonders der nanomag®-D-spio-COOH heraus, der mit 193 % den höchsten Anstieg erreichte. Wie in Kap.3.2.2 gezeigt wurde, wurde dieser auch am stärksten aufgenommen. Dieser zeigte auch als einziger der SPIOs nach 3 h eine signifikante Erhöhung der Ferritinproduktion (Abb. 3.14). Allgemein ist bekannt, dass Nanopartikel, die mit Dextran oder ähnlichen Polysacchariden umhüllt sind, relativ schnell abgebaut werden können, während dies bei Polymer-umhüllten schwieriger ist.

Der nanomag®-D-spio-PEG-COOH, der von den nanomag®-D-spios die zweitstärkste Aufnahme in Makrophagen aufwies (vergl. Tab. 3.2), zeigte auch hier einen moderaten LIP-Anstieg, der nach 3 h signifikant ausfiel, und nach 24 h mit 139 % am stärksten war. Die Freisetzung von Eisen durch den Abbau bestätigte sich auch durch eine signifikante Erhöhung der Ferritin-Konzentration, die verzögert, nach 24 h, eintrat.

Auch die Inkubation mit den NH$_2$-funktionalisierten nanomag®-D-spios führte zu einer vergleichsweise hohen LIP-Konzentration, obwohl sie in den Aufnahme-Experimenten eher schwach aufgenommen wurden (Tab. 3.2). Mit steigender Inkubationszeit nahm sie weiter zu, wobei der nanomag®-D-spio-PEG-NH$_2$ einen schwächeren Anstieg zeigte als das nicht PEGylierte Gegenstück (Abb. 3.13). Beide zählten nach 3 h und 6 h mit dem nanomag®-D-spio-COOH zu den nanomag®-D-spios mit den größten LIP-Anstiegen. Offensichtlich werden die NH$_2$-funktionalisierten SPIOs im Verhältnis zu ihren Aufnahmen und im Vergleich mit den anderen nanomag®-D-spios relativ gut abgebaut. Auch die Untersuchung der Ferritinsynthese zeigte bei den nanomag®-D-spio-NH$_2$ SPIOs nach 24 h eine signifikant erhöhte Ferritinkonzentration (Abb. 3.14).

Die übrigen, ungeladen nanomag®-D-spios (-plain, -PEG300), sowie Sinerem®, wurden schwach aufgenommen, und offenbar nur in geringem Maße abgebaut (Abb. 3.13). Ein nennenswerter LIP-Anstieg wurde erst nach 6 h bzw. 24 h gemessen. Das freigesetzte Eisen reichte aber nicht aus, um nach 24 h eine messbar erhöhte Ferritinproduktion auszulösen (Abb. 3.14).

Die drei PI-b-PEO SPIOs verhielten sich zueinander ähnlich. Sie wurden im Vergleich zu den positiv geladenen und neutralen nanomag®-D-spios stärker aufgenommen (besonders der PI-b-PEO-OH, Tab. 3.2), aber nach 3 h und 6 h nicht effektiver abgebaut. Erst nach 24 h waren relativ deutliche LIP-Anstiege zu verzeichnen, wobei die Intensität bei den einzelnen SPIOs der Höhe der Aufnahmeraten entsprach (Abb. 3.13). Bestätigt wird das durch die entsprechenden Ferritin-Konzentrationen nach 24 h, wobei der negativ geladene PI-b-PEO-COOH keinen signifikanten Anstieg zeigte.

Die PMAcOD SPIOs wurden durch Makrophagen sehr stark aufgenommen (Tab. 3.2). Im Verhältnis dazu war der LIP-Anstieg moderat, und erst nach 24 h relativ deutlich, was durch die Ferritin-Konzentration bestätigt wurde. Dies deutet darauf hin, dass der PMAcOD SPIO in Zellen relativ stabil ist und vergleichsweise langsam abgebaut wird.

Zusammenfassend deuten die Ergebnisse darauf hin, dass ein Abbau von SPIOs durch die Makrophagen nach 3 h messbar ist. Das frei werdende Eisen gelangt ins Zytoplasma und erhöht die LIP-Konzentration. Dabei ist der Abbau bei den meisten SPIOs so langsam, dass die LIP-Erhöhung mit Ausnahme der nanomag®-D-spio-COOH SPIOs erst spät, nach 24 h zu einem Anstieg der Ferritinkonzentration führte. Anscheinend reichen zunächst die Eisenspeicherkapazitäten der vorhandenen Ferritinmoleküle aus. Dabei gehen Salgado *et al.* (2010) von einem durchschnittlichen Eisen/Ferritin Verhältnis von 1000:1 in der Zelle aus, das optimal für die Eisenpufferungs-Kapazität des Ferritins sei. Bei steigenden Eisenkonzentrationen kann sich das Verhältnis erhöhen, bis die maximale Kapazität erschöpft ist und weitere Ferritinmoleküle benötigt werden. Nach deren Model bleibt der LIP bis zu einem Eisen/Ferritin Verhältnis von 2500:1 konstant (Salgado *et al.*, 2010), was die Eigenschaft von Ferritin als Eisenpuffer unterstreicht.

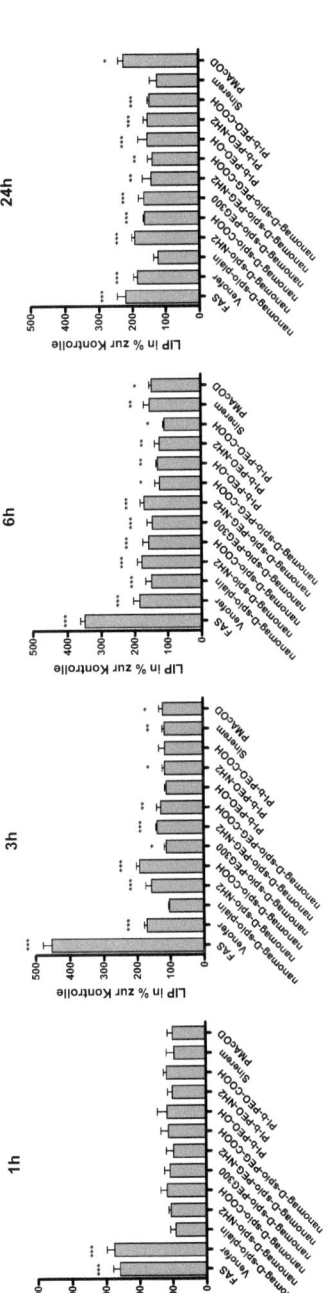

Abb. 3.13: Das labile Zelleisen (LIP) nach Inkubation von Makrophagen mit SPIOs. J774-Zellen wurden für 1h, 3h, oder 6h mit 0,3 mM (Eisen) der angegebenen SPIOs bzw. Eisenpräparate inkubiert. Anschließend wurden die Zellen gewaschen und ein LIP-Nachweis durchgeführt. Bei der 24h Variante wurden die Zellen nach 6h gewaschen und ohne Stimulanzien für weitere 18h inkubiert, bevor die LIP-Bestimmung durchgeführt wurde. Der LIP ist in Prozent zur entsprechenden Kontrolle angegeben. (Signifikanzen zur Kontrolle: ***, $p \leq 0,001$; **, $p \leq 0,01$; *, $p \leq 0,05$; n = 3-4)

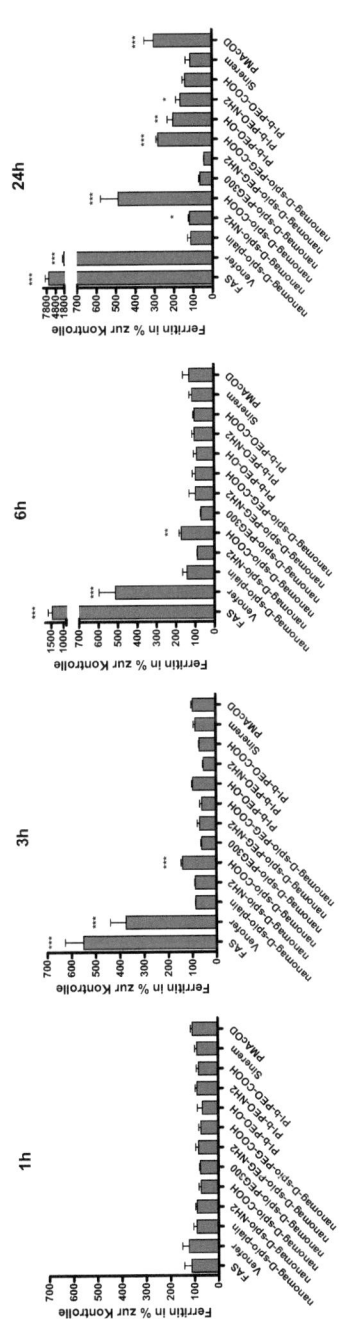

Abb. 3.14: Ferritin-Produktion nach Inkubation von Makrophagen mit SPIOs. J774-Zellen wurden für 1h oder 3h mit 0,3 mM (Eisen) der angegebenen SPIOs bzw. Eisenpräparaten inkubiert. Anschließend wurden die Zellen gewaschen und ein Ferritin-ELISA durchgeführt. Bei den 6h und 24h Varianten wurden die Zellen nach 3h gewaschen und ohne Stimulanzien für weitere 3h oder 21h inkubiert, bevor der ELISA durchgeführt wurde. Die Ferritin-Konzentrationen sind auf die Proteinkonzentrationen normiert und in Prozent zur Kontrolle angegeben. (Signifikanzen zur Kontrolle: ***, $p \leq 0,001$; **, $p \leq 0,01$; *, $p \leq 0,05$; n = 2-3)

3.3.2 Untersuchung der Expression spezifischer „Eisen-Homöostase-Gene"

Die Regulierung der an der Eisenhomöostase beteiligten Proteine findet auf transkriptionaler, post-transkriptionaler und post-translationaler Ebene statt (siehe Kap. 1.4). Eine durch Degradation von SPIOs verursachte Freisetzung von Eisen sollte sich auf die Transkription von Eisen-Homöostase-Genen auswirken, ohne zwangsläufig die Protein-Expression zu beeinflussen. Dies kann durch die Verwendung desselben Systems (qRT-PCR) sensitiv und bei verschiedenen Genen gleichzeitig untersucht werden, und gibt einen ersten Blick auf die Reaktion der Zelle auf die SPIOs.

3.3.2.1 In vitro

Makrophagen:
Im Körper sind in erster Linie Makrophagen der Leber, die an den Innenwänden von Sinusoiden sitzen (Kupffer-Zellen) für die Aufnahme und Beseitigung von Fremdstoffen (Xenobiotika) verantwortlich. Die physiologische Funktion von Milz- und Leber-Makrophagen im Eisenstoffwechsel ist die Aufnahme und Abbau von gealterten Erythrozyten. Das Eisen aus Häm wird über die Hämoxygenase 1 freigesetzt, dann in den Eisenstoffwechsel der Zelle eingespeist und als Ferritin gespeichert, oder als Transferrin und auch Ferritin exportiert.
Es wurde bereits oben gezeigt, dass Makrophagen SPIOs aufnehmen. Um zu untersuchen, ob sie diese auch abbauen können, wurden J774-Zellen für 6 h und 24 h mit verschiedenen SPIOs oder Eisenpräparaten (0,3 mmol/L Eisen) inkubiert, und anschließend die Genexpression von Ferritin, Transferrin-Rezeptoren 1, DMT1, Ferroportin und dem Eisensensor und IRP-Regulator, FBXL5, mittels RT-PCR untersucht (Abb. 3.15).

Die Stimulierung der Ferritin-Transkription durch Eisen in Monozyten und Makrophagen ist lange bekannt (Testa *et al.*, 1989). In den hier durchgeführten Experimenten zeigte die mRNA des von L-**Ferritin** nach 6 h nur bei der Inkubation mit dem Eisen(II)-Salz (FAS) eine signifikante Erhöhung. Nach 24 h war auch bei dem Eisenpräparat Venofer® ein signifikanter Anstieg festzustellen (Abb. 3.15). Während das Eisen aus dem Salz direkt zur Verfügung steht, müssen das Eisenpräparat und die Nanopartikel in der Zelle prozessiert werden. Insgesamt fiel die Erhöhung aber relativ niedrig aus, da eine Regulierung in erster Linie auf post-transkriptionaler Ebene stattfindet (siehe Kap. 1.4.6.1).
Eine erhöhte Transkription wurde auch durch die Behandlung der Zellen mit LPS festgestellt (Abb. 3.16). Es ist bekannt, dass inflammatorische Stimuli, z.B. Il-1, IL-6 oder TNFα, im Organismus zu einem systemischen Eisenentzug führen (Torti *et al.*, 1988). Dies geschieht durch eine erhöhte Expression von Transferrin-Rezeptor 1 und Ferritin in Hepatozyten und Makrophagen und somit zu einer erhöhten Eisen-Aufnahme und Speicherung (Rogers *et al.*, 1994; Birgegård & Caro, 1984; Alvarez-Hernández *et al.*, 1989; Gordeuk *et al.*, 1988; Tsuji *et al.*, 1991). Speziell in J774-Zellen führte die Behandlung mit IFNγ/LPS über die Synthese von NO zu einer Hemmung von IRP2 und damit zu einer erhöhten Ferritin-Expression (Recalcati *et al.*, 1998).

3.Ergebnisse und Diskussion

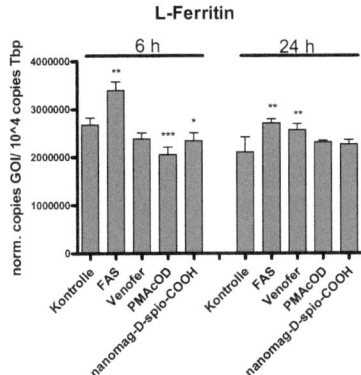

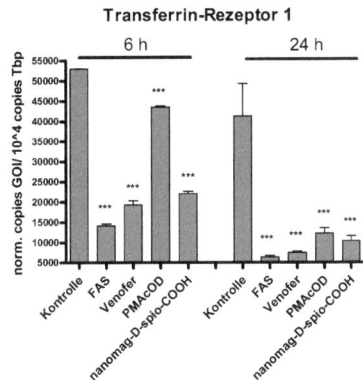

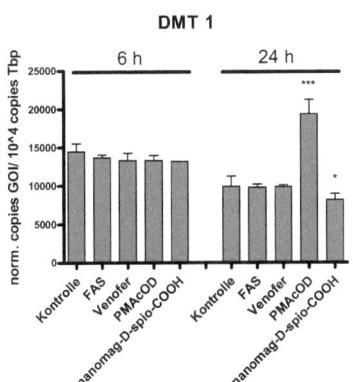

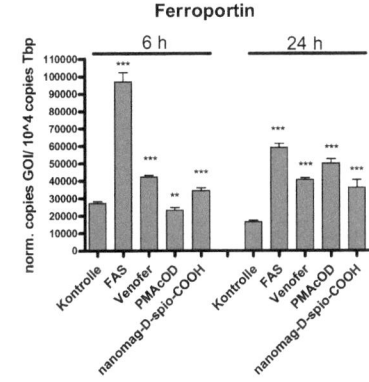

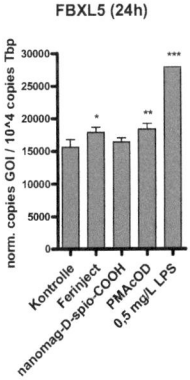

Abb. 3.15: Expression von „Eisengenen" in Makrophagen nach Inkubation mit SPIOs. J774-Zellen wurden für 6h oder 24h mit 0,3 mM (Eisen) der angegebenen SPIOs bzw. Eisenpräparate in Vollmedium inkubiert. Anschließend wurden die Zellen gewaschen und die Expression der angegebenen Gene mittels RT-PCR untersucht. Die Kopienzahlen wurden auf die des „housekeeping genes" (Tbp) normiert (Signifikanzen zur Kontrolle: ***, $p \leq 0,001$; **, $p \leq 0,01$; *, $p \leq 0,05$; n = 2-3).

Bei einem Überschuss an Eisen reduziert die Zelle den **Transferrin-Rezeptor 1** herunter, um sich vor einer potenziellen Eisen-Toxizität durch Aufnahme von Transferrin aus dem Plasma zu schützen. Nach 6 h bewirkten FAS und Venofer®, die beide stark von Makrophagen aufgenommen wurden (Kap. 3.2.2.1), eine extrem starke Herunterregulierung des Rezeptors. Aber auch der nanomag®-D-spio-COOH zeigte eine starke Reaktion, was für einen raschen Abbau des Nanopartikels spricht. Im Vergleich dazu ist der Abbau von PMAcOD SPIOs offenbar verzögert. Hier zeigte sich nach 6 h eine nur geringe, aber nach 24 h eine deutliche Abnahme der Transferrin-Rezeptor 1 mRNA.

Eine inflammatorische Stimulierung durch die Inkubation der Makrophagen mit LPS führt zu einem signifikanten Anstieg der TfR1-Transkiption (Abb. 3.16). Dies könnte durch eine Aktivierung der IRPs und Stabilisierung der TfR1 mRNA geschehen (Müllner et al., 1989). Neben dem oben zum Ferritin beschriebenen systemischen Eisenentzug bei Entzündungen als Ursache könnte dieser Effekt auch als sekundäre Reaktion auf die verminderte intrazelluläre Eisenkonzentration, bedingt durch ein erhöhte Eiseneinlagerung in Ferritin (Tsuji et al., 1991) und einen erhöhten Eisenausstrom (Taetle et al., 1988), gewertet werden. In der Literatur lassen sich je nach verwendetem Zelltyp und gewählten Experimentbedingungen unterschiedliche Wirkungen von Zytokinen herauslesen. In Experimenten mit aus dem Blut isolierten Monozyten zeigten IL-1, IFNα und GM-CSF keine Wirkungen auf die TfR1-Expression, jedoch wurde sie durch IFNγ erhöht (Taetle et al., 1988). Im Gegensatz dazu zeigten Experimente von Hamilton et al. (1984) in aktivierten und mit IFNγ behandelte Makrophagen eine verminderte TfR1-Expression. Ähnliche Ergebnisse erzielten Fahmy & Young (1993), die eine verminderte Tf-Aufnahme nach Inkubation einer Monozyten-Zelllinie mit IL-1β, TNFα oder IFNγ, eine verminderte TfR1-Expression aber nur durch IL-1β und TNFα, sahen. Ludwiczek et al. (2003) beobachteten nach einer Behandlung von zwei Monozyten-Zelllinien mit IFNγ oder LPS eine leicht erhöhte TfR1-Expression, bei gleichzeitiger Gabe jedoch eine verminderte Expression, begleitet von einer erhöhten DMT1- und verminderten Ferroportin-Expression.

Diese Beispiele zeigen, dass die TfR1-Expresssion sehr komplex und sensitiv in Bezug auf unterschiedliche Experimentbedingungen sowie auf den Aktivierungs- und Differenzierungs-Status der Zellen ist.

Der Eisen-Importer **DMT1** wird aus demselben Grund wie der Transferrin-Rezeptor 1 durch hohe Eisenkonzentrationen herunterreguliert. In den durchgeführten Experimenten konnte dies nicht festgestellt werden. Wie Abb. 3.15 zeigt, gab es nach 6 h bei keiner Behandlung einen Unterschied im Vergleich zu unbehandelten Kontrolle. Auch nach 24 h war nur bei der Inkubation mit dem nanomag®-D-spio-COOH eine vernachlässigbare Reduktion festzustellen. Auch in Arbeiten von Wardrop & Richardson (2000) und Knutson et al. (2003) wurde in J774-Zellen nach Inkubation mit FAC bzw. nach Erythrophagozytose keine Eisen-abhängige Regulation der DMT1-mRNA festgestellt.

Auffallend in den hier durchgeführten Experimenten war der wiederholt starke Anstieg der DMT1 mRNA nach Inkubation mit den PMAcOD SPIOs. Dies ist vermutlich nicht auf eine selektive Induktion von DMT1 in Lysosomen, die auf einen stetigen Anfall von endozytotisch aufgenommenen SPIOs reagieren, zurückzuführen, da die nanomag®-D-spio-COOH SPIOs dies nicht bestätigten. Im Gegenteil, hier wurde eine leichte, aber signifikante Reduktion beobachtet. Eher handelt es sich um eine toxische Reaktion, denn die Inkubation der Zellen mit 0,5 mg/L LPS, das bekanntermaßen inflammatorisch wirkt, führte zu einem signifikanten Anstieg der DMT1 mRNA, aber auch der anderen „Eisengene" (Abb. 3.16). Bestätigt wird diese Aussage noch durch Beobachtungen aus anderen Experimenten, in denen hohe Konzentrationen von FAS (1 mmol/L) nach 24 h auch zu einer leichten Hochregulierung der DMT1-Expression in J774-Zellen führte (nicht gezeigt). Auch in der Literatur wurde eine Stimulierung der DMT1-Expression durch Zytokine (TNFα, IFNγ) und inflammatorische Stimuli (LPS) in Monozyten und Makrophagen (RAW2264.7, J774-Zellen) beobachtet (Ludwiczek *et al.*, 2003; Wardrop *et al.*, 2000).

Nach den Erkenntnissen einiger Autoren wird die **Ferroportin**-Expression in Makrophagen vor allem transkriptional reguliert. Bei hohen Eisenkonzentrationen wird die Fpn1-mRNA hochreguliert, um überschüssiges Eisen zu exportieren (Knutson *et al.*, 2003; Aydemir *et al.*, 2009). Eine Hochregulation wurde hier durch die Inkubation von J774-Zellen mit 0,3 mmol/L FAS bereits nach 6 h erreicht (Abb. 3.15). Auch Venofer® und die nanomag®-D-spio-COOH SPIOs verursachten eine geringere, aber signifikante Erhöhung. Die PMAcOD SPIOs wurden nach 6 h noch nicht abgebaut, aber nach 24 h konnten auch diese den Fpn1 mRNA Level signifikant erhöhen. Während die mRNA Level bei Venofer® und den nanomag®-D-spio-COOH SPIOs nach 24 h (bezogen auf die Zunahme zur Kontrolle) noch anstiegen, blieb er nach der Inkubation mit FAS genauso hoch wie nach 6 h. Anscheinend war die maximale Antwort erreicht worden.

Aus verschiedenen Arbeiten ist bekannt, dass LPS die Fpn1-Transkription hemmt (Liu *et al.*, 2005; Ludwiczek *et al.*, 2003; Yang *et al.*, 2002). In den hier durchgeführten Experimenten führte die Inkubation der Makrophagen mit LPS jedoch zu einer Hochregulation (Abb. 3.16). Ein Stimulator der Fpn1-Expression ist NRF2 (Harada *et al.*, 2011), ein Transkriptionsfaktor, der in Kap. 3.4.1 genauer beschrieben wird. Dieser wird durch NO, das durch die Stickstoffoxid-Synthase produziert wird, aktiviert (Ashino *et al.*, 2008). Das zuletzt genannte Enzym wurde in den in Kap. 3.4.1.2 beschriebenen Experimenten durch LPS hochreguliert (Abb. 3.43), so dass eine durch NRF2-aktivierte Fpn1-Transkription möglich erscheint.

FBXL5 steuert als Eisensensor die Eisenhomöostase durch Ubiquitinierung von IRP2 (und IRP1) bei hohen Eisenkonzentrationen. Die IRPs wiederum steuern die Translation der oben besprochenen mRNAs (siehe Kap. 1.4.7.1). In dem hier durchgeführten Experiment war nach 24stündiger Inkubation mit dem Eisenpräparat Ferinject® und mit dem PMAcOD SPIO eine leichte, aber signifikante Erhöhung der FBXL5 mRNA festzustellen (Abb. 3.15). Da der Entzündungs-Initiator, LPS, die Expression induzieren kann, ist nicht auszuschließen, dass die Reaktion, vor allem bei dem PMAcOD SPIO, in Anlehnung an die Beobachtung bei DMT1, auf eine leichte toxische Reaktion zurückzuführen war.

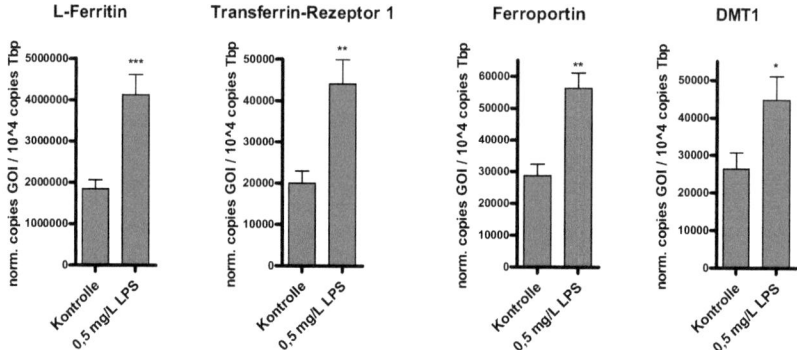

Abb. 3.16: Wirkung von LPS auf die „Eisengene" in Makrophagen. J774-Zellen wurden für 24h mit 0,5 mg/L LPS inkubiert. Anschließend wurden die Zellen gewaschen und die Expression der angegebenen Gene mittels RT-PCR untersucht. Die Kopienzahlen wurden auf die des „housekeeping genes" (Tbp) normiert (Signifikanzen zur Kontrolle: ***, $p \leq 0,001$; **, $p \leq 0,01$; *, $p \leq 0,05$; n =3).

Endothelzellen:

Die physiologische Rolle von Leber-Endothelzellen im Eisenstoffwechsel ist unklar. Anders als Hepatozyten und Kupfferzellen wird den sinusständigen Endothelzellen (LSEC) keine wesentliche Rolle zugeschrieben. Anderslautende ältere Befunde von Mehdi Tavalssoli, die LSECs als primäre Zellen für die Aufnahme von Transferrin aus dem Plasma ansahen, haben sich nicht durchgesetzt (Tavassoli *et al.*, 1986; Tavassoli, 1988; Soda *et al.*, 1989).

Bei den im Folgenden beschriebenen Versuchen wurde HUVECs als Model für Endothelzellen verwendet. Die Expression der **Ferritin** mRNAs wurde durch Inkubationen mit 0,3 mmol/L FAS, Venofer®, aber auch mit den PMAcOD SPIOs hochreguliert, wobei das Eisen(II)-Salz die größte Wirkung zeigte (Abb. 3.17). Nach 24 h zeigte auch der nanomag®-D-spio-COOH SPIO einen kleinen, aber signifikanten Unterschied zur Kontrolle, der nach 48 h jedoch wieder verschwand. Bei Inkubation mit Venofer® erhöhte sich die Expression der Ferritin mRNA nach 48 h noch ein wenig.

Die für die Makrophagen bezüglich der **Transferrin-Rezeptor 1** Expression getroffenen Aussagen lassen sich auch auf die Endothelzellen übertragen. Jedoch war bei den HUVECs nach 6 h Inkubation bei allen Präparaten eine stärkere Abnahme zu beobachten (Abb. 3.17). Stattdessen nahm die Stärke der Herunterregulation nach 24 h leicht ab, während sie bei den Makrophagen weiter zunahm. Vermutlich ist dies durch ein „Überschießen" der Expression zu erklären, das nach 24 h und 48 h korrigiert wurde. Während FAS, Venofer® und der nanomag®-D-spio-COOH SPIO insgesamt eine deutliche Reaktionen zeigten, war bei dem PMAcOD SPIO nur nach 6 h eine leicht signifikante Herunterregulierung der Transferrin-Rezeptor 1 mRNA zu beobachten, was für einen mäßigen Abbau des Nanopartikels spricht.

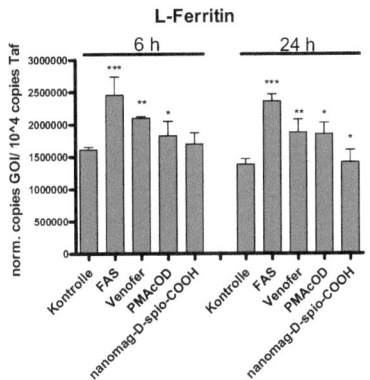
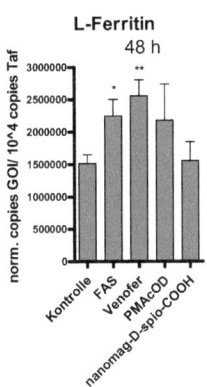

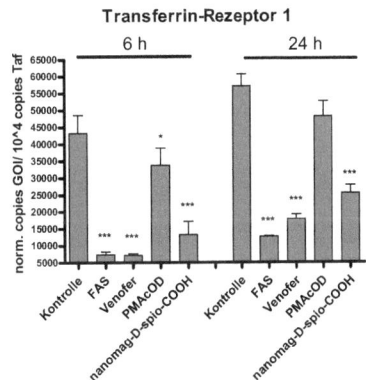
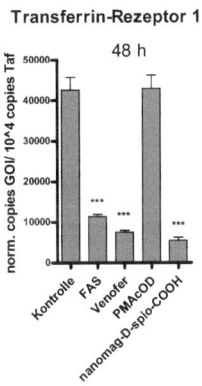

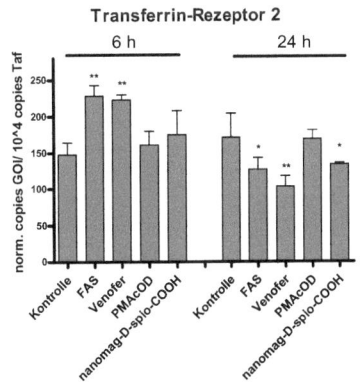
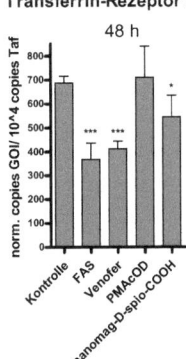

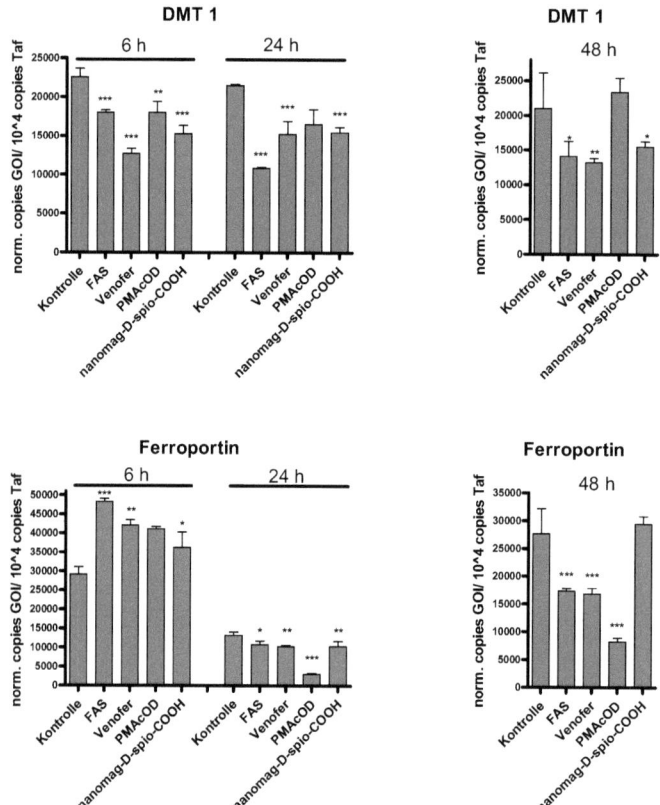

Abb. 3.17: Expression von „Eisengenen" in Endothelzellen nach Inkubation mit SPIOs. HUVECs wurden für 6h, 24h oder 48h mit 0,3 mM (Eisen) der angegebenen SPIOs bzw. Eisenpräparate in Vollmedium inkubiert. Anschließend wurden die Zellen gewaschen und die Expression der angegebenen Gene mittels RT-PCR untersucht. Die Kopienzahlen wurden auf die des „housekeeping genes" (Taf) normiert (Signifikanzen zur Kontrolle: ***, $p \leq 0,001$; **, $p \leq 0,01$; *, $p \leq 0,05$; n = 2-3). Die 48 h Zeitvarianten sind aus demselben Zellkulturexperiment wie die 6 h und 24 h Varianten, jedoch aus einem anderen RT-PCR Durchlauf. Deshalb sind die absoluten Kopienzahlen nicht direkt miteinander vergleichbar.

Der **Transferrin-Rezeptors 2** dient weniger der Versorgung der Zelle mit Eisen, sondern als Eisensensor für eine Regulation der Eisenhomöostase über Hepcidin. In J774-Zellen war die mRNA nicht ausreichend detektierbar. In HUVECs waren die Kopienzahlen sehr gering (Abb. 3.17). Trotzdem ließen sich nach Inkubation mit FAS und Venofer® für 6 h zunächst eine signifikante Steigerungen der mRNA-Expression feststellen. Nach 24 h jedoch waren die Konzentrationen signifikant niedriger als die der Kontrolle, was auch nach 48 h der Fall war. Offensichtlich führte die rapide Zuführung an Eisen in Form von FAS und Venofer® zu einer „akuten" Hochregulierung der Transferrin-Rezeptor 2 mRNA,

3. Ergebnisse und Diskussion

woraufhin Prozesse in Gang gesetzt wurden, die einer Eisenüberladung entgegensteuern (z.B. Ferritin-Expression, Herunterregulation von Transferrin-Rezeptor 1). Bei gleich bleibendem Stimulus wurde in diesem Zusammenhang die Transferrin-Rezeptor 2 mRNA nach 24 h herunter reguliert. Der PMAcOD SPIO bewirkte keine Veränderung, was für die Stabilität des Nanopartikels spricht.

Während **DMT1** bei J774-Zellen nicht eisenabhängig reguliert wurde, ergab die Inkubation mit allen Eisenpräparaten bei den HUVECs bereits nach 6 h eine Reduktion der mRNA-Konzentration (Abb. 3.17). Ähnlich wie bei Transferrin-Rezeptor 1 nahm die Stärke der Reduktion bei Inkubation mit Venofer®, dem nanomag®-D-spio-COOH SPIO und dem PMAcOD SPIO nach 24 h und 48 h weiter ab. Ein Grund für die stärkste Reaktion zum frühsten Zeitpunkt könnte freies Eisen sein, das in den Nanopartikel-Proben vorhanden ist. Nachdem die „akute" Reaktion auf das zusätzliche Eisen abgelaufen ist, ist der Stimulus zur weiteren Reduktion der mRNA vermutlich gesunken. Im Falle des PMAcOD SPIOs waren dadurch nach 24 h und 48 h keine Unterschiede in den DMT1 mRNA-Level im Vergleich zur unbehandelten Kontrolle festzustellen. Im Vergleich zu den J774-Zellen scheinen die HUVECs sensitiver auf anfallendes Eisen zu reagieren.

Wie erwartet stiegen die **Ferroportin** mRNA-Konzentrationen nach Inkubation der Zellen mit FAS, Venofer® und den nanomag®-D-spio-COOH SPIOs nach 6 h an. Die PMAcOD SPIOs erzielten keinen signifikanten Anstieg. Nach 24 h wurden die mRNA-Level im Vergleich zur Kontrolle leicht, nach 48 h stärker herunterreguliert (Abb. 3.17). Das Phänomen ist überraschend und lässt sich nicht genau klären. Vielleicht sahen wir nach 6 h eine bereits diskutierte „Überschuss"-Reaktion. Die anschließende, überschießende Reaktion in die Gegenrichtung verringerte die mRNA-Expression. Dabei ist jedoch auffällig, dass gerade die PMAcOD SPIOs, die nach 6 h die schwächste positive Reaktion, nach 24 h und 48 h die stärksten negativen Reaktionen zeigten. Dies ließe sich mit einer leichten toxischen Reaktion erklären, da aus unterschiedlichen Arbeiten bekannt ist, dass Stress- und Entzündungsstimuli (z.B. IL-6, TNFα, IFNγ LPS) Fpn1 herunterregulieren können (Ludwiczek *et al.*, 2003; Yang *et al.*, 2002; Naz *et al.*, 2012).

Hepatozyten:
Hepatozyten wird die Hauptrolle in der Regulation des Eisenstoffwechsel zugeschrieben. Sie nehmen Transferrin aus dem Plasma auf und speichern überschüssiges Eisen in Form von Ferritin und Hämosiderin. Bei Eisenbedarf kann Transferrin gebundenes Eisen exportiert werden.
In Experimenten mit Hepatozyten konnte nach Inkubation von αML-12 Zellen mit **0,9 mmol/L** der PMAcOD SPIOs für 6 h und Messung nach 24 h keine Beeinflussung der mRNAs von Ferritin, Transferrin-Rezeptor 1, Transferrin-Rezeptor 2, DMT1, Ferroportin oder Hepcidin festgestellt werden (Abb. 3.18). Dies deutet darauf hin, dass die SPIOs zwar aufgenommen werden (Abb. 3.30 b), eine Degradation jedoch nicht in dem Maße stattfindet, als dass die Eisen-Homöostase-Gene davon beeinflusst werden. Durch die Inkubation mit LPS wurde außerdem die Expression der „Eisengene" Transferrin-Rezeptor 1 und DMT1 erhöht, zwar viel schwächer als bei J774-Zellen, jedoch signifikant. Die Hepcidin mRNA wurde durch LPS um das 7,7-fache hoch reguliert (Abb. 3.18), was die Induktion

des Eisenhomöostase-Regulators durch Stress-Stimuli zeigt und im Einklang mit Erkenntnissen aus der Literatur ist (Nemeth *et al.*, 2003; Nicolas *et al.*, 2002a; Lee *et al.*, 2005; Sow *et al.*, 2007). Passend dazu wurde die Ferroportin mRNA leicht, aber signifikant herunter reguliert. Der physiologische Sinn dahinter besteht in der Bekämpfung von in den Körper eingedrungenen Krankheitserregern (Bakterien) durch Entzug von Eisen, das sie für die Metabolisierung und Proliferation benötigen. Die Ferritin-Expression wurde auf mRNA Ebene durch LPS nicht beeinflusst.

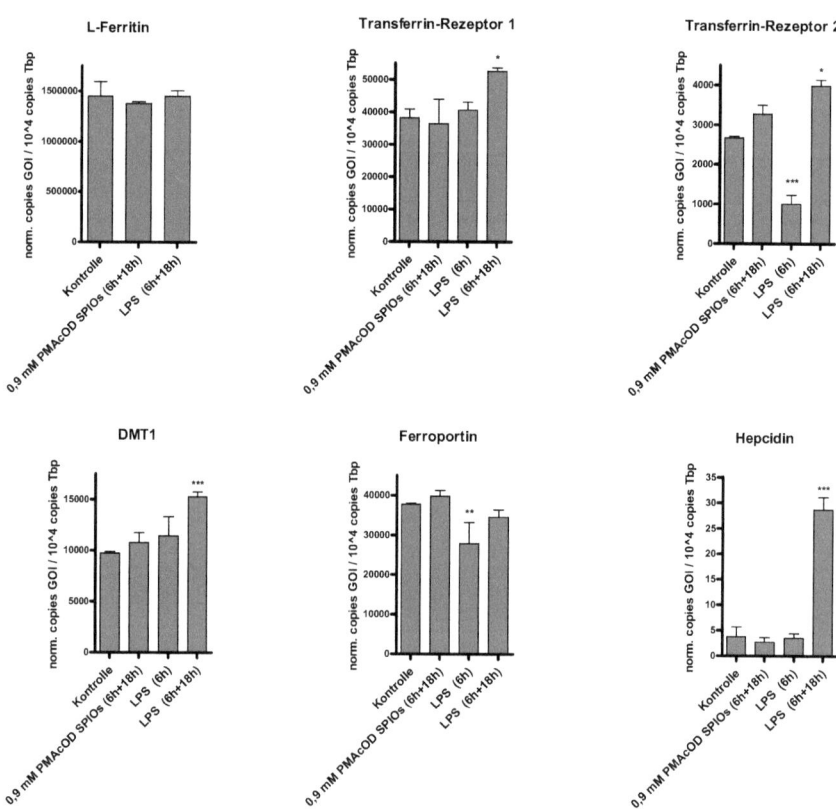

Abb. 3.18: Expression von „Eisengenen" in Hepatozyten nach Inkubation mit PMAcOD SPIOs oder LPS. αML-12-Zellen wurden für 6h mit 0,9 mM (Eisen) der PMAcOD SPIOs oder 0,5 mg/L LPS inkubiert. Anschließend wurden die Zellen gewaschen und für 18 weitere Stunden ohne die Substanzen inkubiert. Danach wurde die Expression der angegebenen Gene mittels RT-PCR untersucht. Die Kopienzahlen wurden auf die des „housekeeping genes" (Tbp) normiert (Signifikanzen zur Kontrolle: ***, $p \leq 0,001$; **, $p \leq 0,01$; *, $p \leq 0,05$; n = 2-3).

Zusammenfassend lässt sich sagen, dass die Stärke der Effekte der Eisenpräparate auf die Expression der untersuchten „Eisengene" gut mit der Verfügbarkeit an Eisen korrelierte. FAS und Venofer® werden schnell und in großen Mengen aufgenommen (siehe Kap.3.2.2.1). Hier verursachen sie die stärksten Reaktionen, sowohl bei den Makrophagen als auch bei den Endothelzellen. Auch die biodegradierbaren nanomag®-D-spio-COOH SPIOs bewirkten Änderungen der mRNA-Konzentrationen. Die PMAcOD SPIOs erwiesen sich als die stabilsten der verwendeten Präparate. Dennoch wurden sie mit fortschreitender Zeit durch die Makrophagen abgebaut, wie die Beeinflussung aller untersuchten Gene zeigte. Auch die Endothelzellen waren zum Abbau von Nanopartikeln befähigt. Die Antworten auf die Aufnahme der Eisenpräparate und SPIOs fielen schnell und in den ersten 6 h am deutlichsten aus (vor allem bei Transferrin-Rezeptor 1, DMT1, Ferroportin), und nahmen mit der Zeit ab.

3.3.2.2 *In vivo*

Die Wirkung von intravenös applizierten Eisenverbindungen auf Gene des Eisenstoffwechsels wurde auch *in vivo* untersucht. Dazu wurde die mRNA aus den Lebern von Mäusen isoliert, denen zwei Tagen zuvor 4,6 mg Eisen in Form von Ferinject®, 0,1 mg (Eisen) der PMAcOD SPIOs oder 0,052 mg (Eisen) der Nanosomen injiziert wurden (siehe Kap. 3.2.1). Untersucht wurde die Expression von Transferrin-Rezeptoren 1 und 2, DMT1, Ferroportin, Hepcidin und FBXL5.
Trotz der hohen Eisendosis konnte Ferinject® nur die Expression der Hepcidin mRNA signifikant erhöhen. Die höchste Sensitivität aller untersuchten „Eisengene" verdeutlicht dessen wichtige Rolle als Regulator der Eisenhomöostase. Obwohl nicht signifikant, konnten die auf einen Überschuss an Eisen erwarteten Reaktionen der Transferrin-Rezeptor 1 mRNA (Senkung) und der Ferroportin mRNA (Erhöhung) tendenzielle beobachtet werden (Abb. 3.19). Die fehlenden Signifikanzen sind einerseits den hohen Schwankungen zwischen den wenigen Tieren geschuldet. Auf der anderen Seite deuten die Ergebnisse darauf hin, dass die Regulierung der Eisenhomöostase auf Transkriptionsebene eher gering ausfällt und die mRNA Expression nach der Ferinject®-Behandlung bereits in der Sättigung ist. Trotz der deutlich geringeren Eisenkonzentration erzielten die Nanosomen bezogen auf die beiden zuletzt erwähnten Gene fast identische Reaktionen, was für eine effiziente Aufnahme durch die Leber spricht. Auch hier waren die Auswirkungen jedoch nicht signifikant (Abb. 3.19).
Die PMAcOD SPIOs bewirkten nur bei der DMT1-mRNA eine im Vergleich zu allen anderen Behandlungen signifikante Hochregulierung (Abb. 3.19). Interessanterweise wurde dies auch *in vitro* in den J774-Zellen beobachtet (Abb. 3.15). Da der Eisenimporter bei hohen Eisenkonzentrationen herunter reguliert wird, dies aber bei den hohen Eisengaben durch Ferinject® nicht beobachtet wurde, könnte der Anstieg der DMT1-mRNA eine von Eisen unabhängige sein. Alle anderen Gene wurden durch die Injektion der PMAcOD SPIOs nicht beeinflusst. Trotz der halb so hohen Eisenkonzentration konnten die Nanosomen die Transferrin Rezeptor 1 mRNA im Vergleich zu den PMAcOD SPIOs signifikant herunter regulieren, was für eine größere Stabilität des PMAcOD SPIOs spricht. Dies zeigte sich auch in *in vivo* Versuchen (siehe Dissertation Barbara Freund, Universität Hamburg 2012).

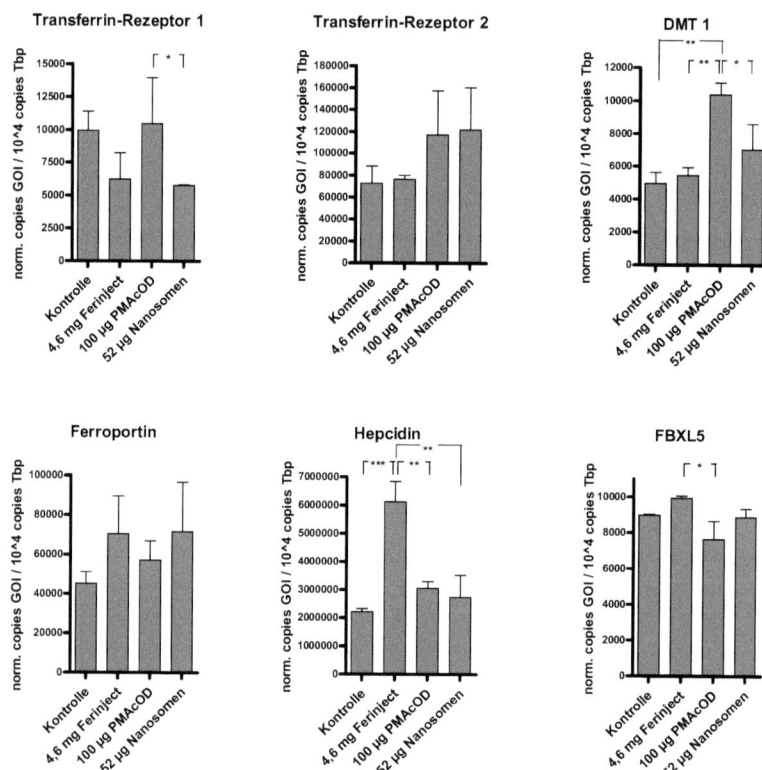

Abb. 3.19: Expression von „Eisengenen" in der Mäuseleber nach intravenöser Applikation von SPIOs. Balb/c Mäusen wurden die angegebenen SPIOs bzw. das Eisenpräparat Ferinject® in die Schwanzvene injiziert. Die Nanosomen-Konzentration wurde halb so hoch gewählt wie die PMAcOD-Konzentration, weil aus vergangenen Experimenten eine doppelt so hohe Aufnahme durch die Leber beobachtet wurde. Als Positivkontrolle diente eine laut Herstellerangaben maximal empfohlene Bolusinjektion an Ferinject®. Nach 2 Tagen wurden die Lebern entnommen und die Expression der angegebenen Gene mittels RT-PCR untersucht. Die Kopienzahlen wurden auf die des „housekeeping genes" (Tbp) normiert (Signifikanzen: ***, $p \leq 0,001$; **, $p \leq 0,01$; *, $p \leq 0,05$; n = 2-3)

3.3.3 Untersuchung der Ferritin-Produktion

In Kap. 3.3.1 wurde bereits erwähnt, dass durch den Abbau von SPIOs in Makrophagen das frei werdende Eisen zunächst in den intrazellulären labilen Eisenpool eingeht, und von da aus in Ferritin-moleküle gespeichert wird. In diesem Kapitel wurde das Verhalten der Ferritinsynthese *in vitro* und *in vivo* näher untersucht.

3.3.3.1 In vitro

Zur Untersuchung der Ferritinsynthese in Makrophagen wurde J774-Zellen zunächst für 3 h mit 1 mmol/L (Eisen) eines Eisen(II)-Salzes (FAS), Venofer®, dem nanomag®-D-spio-COOH SPIO, oder mit dem PMAcOD SPIO inkubiert und nach 24 h ein Western Blot auf Ferritin durchgeführt, wobei die Bandenstärken densitometrisch gemessen wurden. Die Behandlungen mit den nanomag®-D-spio-COOH SPIOs, FAS und Venofer® führten zu einer sichtbaren Ferritin-Expression, wobei sie bei FAS am stärksten war, gefolgt von Venofer® und den nanomag®-D-spios (Abb. 3.20). Nach der Inkubation mit den PMAcOD SPIOs war hier keine Ferritinsynthese festzustellen. Offenbar war die Methode bzw. der verwendete Antikörper nicht sensitiv genug.

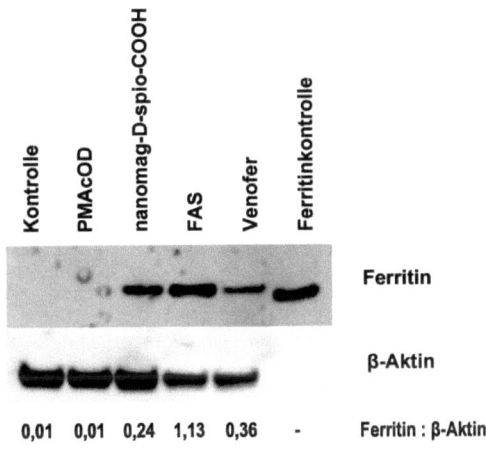

Abb. 3.20: Ferritin-Produktion nach Inkubation von Makrophagen mit SPIOs. J774-Zellen wurden für 3h mit 1 mM (Eisen) der angegebenen SPIOs bzw. Eisenpräparate inkubiert. Nach Waschungen wurde ohne Stimulanzien für weitere 21h inkubiert und anschließend ein Western-Blot auf Ferritin durchgeführt. Die Bandenstärken wurden densitometrisch quantifiziert (die Zahlen geben das Intensitäts-Verhältnis zwischen der Ferritin- und der β-Aktin-Bande an).

In verschiedenen Arbeiten wurde bei einer Eisenüberladung *in vitro* (Gutiérrez et al., 2009) und *in vivo* (Iancu et al., 2011; Levy et al., 2011) in elektronen-mikroskopischen Aufnahmen elektronendichte Strukturen entdeckt, die in Verbindung mit Hämosiderin gebracht wurden.
Bei Beladung von J774-Zellen mit 0,3 mmol/L (Eisen) der PMAcOD SPIOs traten nach 48 h in Lysosomen, in der Nähe der SPIOs, ähnliche Strukturen auf, die auf Ferritin oder Hämosiderin hindeuten könnten (Abb. 3.21 links). Der Anstieg der intrazellulären Ferritinkonzentration zeigte, dass ein Teil der Partikel nach 24 h und 48 h abgebaut wurde (Abb. 3.21 rechts). Auf der anderen Seite ist in der TEM-Aufnahme zu sehen, dass noch viele Partikel intakt sind.

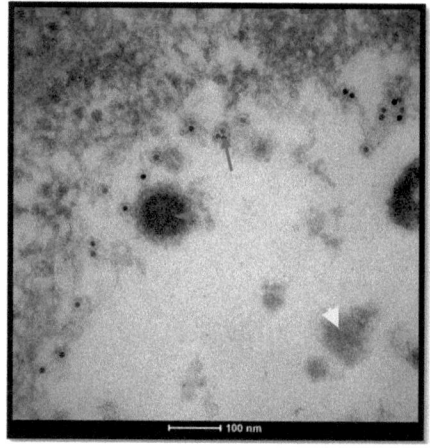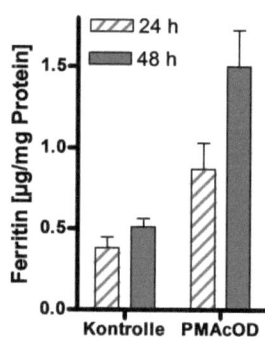

Abb. 3.21: Abbau von PMAcOD SPIOs durch Makrophagen. J774-Zellen wurden für 6h mit 0,3 mM (Eisen) der PMAcOD SPIOs inkubiert und nach Waschungen für weitere 18h bzw. 42h. links: transmissionselektronenmikroskopische Aufnahme nach 48h; dargestellt ist das Lysosom einer Zelle mit darin aufgenommenen Nanopartikeln (roter Pfeil). In der Nähe befinden sich elektronendichte Strukturen, die Ferritin (gelber Pfeilkopf) oder Hämosiderin, Ferritin-Abbauprodukte, darstellen könnten (roter Pfeilkopf); rechts: Die intrazelluläre Ferritinkonzentration wurde mittels ELISA bestimmt (n=3).

Zur genaueren Quantifizierung der Ferritin-Konzentrationen wurden ELISAs nach Inkubation von J774-Zellen mit 0,3 mmol/L (Eisen) verschiedener SPIOs und Eisensubstanzen (FAS, Venofer®, Sinerem®, nanomag®-D-spios, PI-b-PEO, PMAcOD) durchgeführt. In Abb. 3.14 wurde bereits der zeitliche Verlauf der Ferritinsynthese gezeigt. Abb. 3.22 (linke Diagramme) zeigt für jedes einzelne Präparat die während der verschiedenen Inkubationszeiten höchste gemessene absolute Ferritinkonzentration und stellt sie der jeweils aufgenommenen Eisenmenge gegenüber. Es ist deutlich zu erkennen, dass erhöhte Ferritinwerte (Abb. 3.22 a) mit erhöhten Eisenwerten (Abb. 3.22 b) korrelieren. So zeigten z.B. FAS (25 µg/mg Protein), Venofer® (7,4 µg/mg Protein) und der nanomag®-D-spio-COOH SPIO (9,8 µg/mg Protein) die höchsten Ferritinkonzentration, und zusammen mit den PMAcOD SPIOs auch die höchsten Eisenkonzentrationen. Offenbar war hier in erster Linie die aufgenommene Eisen-(SPIO)-Menge für das Ausmaß der Ferritinproduktion verantwortlich, und nicht die (Oberflächen-) Beschaffenheit der Nanopartikel. Die PMAcOD SPIOs bilden insofern eine Ausnahme, als dass sie sehr stark aufgenommen wurden (23 µg/mg Protein), die Ferritinproduktion jedoch nur moderat stimuliert wurde (2,0 µg/mg Protein).

Wie bereits beschrieben wurde, beeinflusst die Beladung eines Nanopartikels mit einer Proteinkorona die Aufnahme. Um zu untersuchen, ob sie darüber hinaus auch einen Einfluss auf den Abbau hat, wurden J774-Zellen mit 0,3 mmol/L(Eisen) der PMAcOD SPIOs für 3 h in HBSS inkubiert, und anschließend für 21 weitere Stunden in Medium (ohne FCS). Zur Ausbildung einer Proteinkorona wurden die PMAcOD SPIOs für 30 min bei 37 °C mit FCS inkubiert, bevor sie zu den Zellen gegeben

3. Ergebnisse und Diskussion

wurden. Die SPIOs mit Proteinkorona wurden mit 5,3 µg/mg Protein deutlich schwächer aufgenommen als die „nativen" SPIOs mit 13 µg/mg Protein (Abb. 3.22 d). Eine zur Kontrolle signifikant erhöhte Ferritinsynthese war nicht festzustellen, bei den „nativen" SPIOs jedoch schon (1,7 µg/mg Protein; Abb. 3.22 c). Leider lässt sich nicht klären, ob aufgrund der verminderten Aufnahme der SPIOs mit Proteinkorona eine zu geringe Nanopartikel-Konzentration als „Grundlage" für die Eisenlieferung für die Ferritin-Synthese vorhanden war, oder ob die Proteinkorona tatsächlich auch den Abbau inhibierte. Gegen einen effektiveren Abbau der SPIOs mit Proteinkorona spricht, dass dieser und somit die Ferritinproduktion die verminderte Aufnahme nicht „kompensieren" konnte.

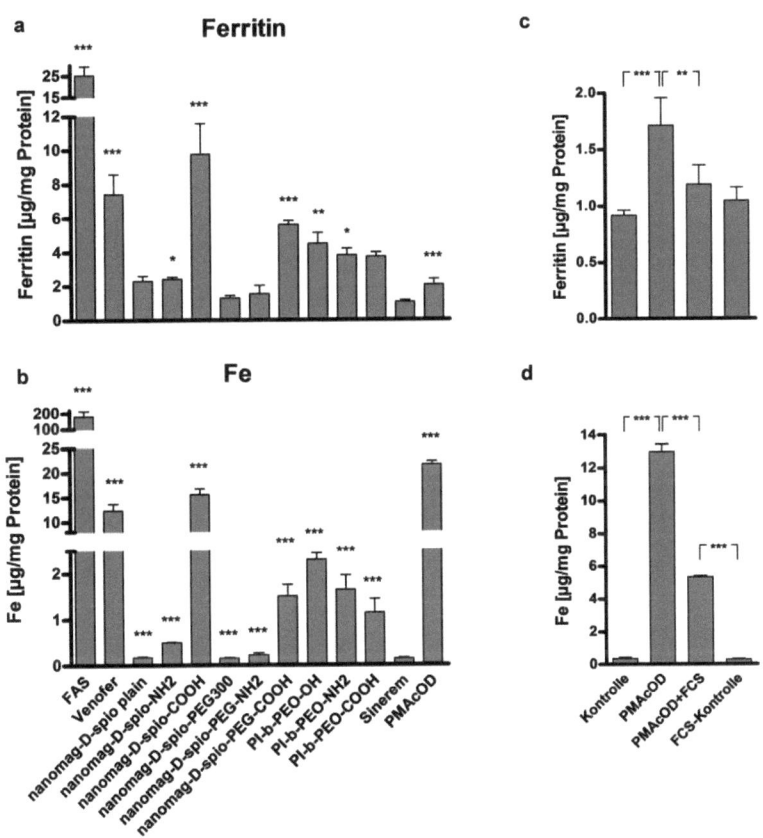

Abb. 3.22: Ferritin-Produktion nach Inkubation von Makrophagen mit SPIOs. Dargestellt sind die höchsten gemessenen, absoluten Ferritin-Konzentrationen aus Abb. 3.14 (a) sowie die höchsten gemessenen Eisenkonzentrationen (b) (jeweils normiert auf die Proteinkonzentrationen). Die rechten Diagramme zeigen die Ferritin-Konzentrationen (c) und die intrazellulären Eisenkonzentrationen (d) nach Inkubation von J774-Zellen mit PMAcOD SPIOs ohne oder mit einer Proteinkorona (durch Vorinkubation der Nanopartikel in FCS). Dazu wurden die Zellen für 3h in HBSS inkubiert und nach Waschungen weitere 21h in Medium. (Signifikanzen zur Kontrolle (a, b) oder wie angezeigt (c, d): ***, $p \leq 0{,}001$; **, $p \leq 0{,}01$; *, $p \leq 0{,}05$; n = 2-3).

Als nächstes wurde überprüft, ob die Inkubationsbedingungen, insbesondere die eingesetzte Konzentration, zu einer Sättigung der Ferritinsynthese in Makrophagen führte. Dazu wurden J774-Zellen mit den zwei nanomag®-D-spios inkubiert, die zuvor die stärksten Aufnahme- und Ferritin-Effekte gezeigt hatten (nanomag®-D-spio-COOH und nanomag®-D-spio-PEG-COOH). In Abb. 3.23 b ist zu sehen, dass die Ferritinproduktion bei der Inkubation mit 300 µmol/L (Eisen) der SPIOs nach 3 h kontinuierlich zunahm. Bei Verwendung von unterschiedlichen Konzentrationen zeigte sich bei der Inkubation der Zellen mit den nanomag®-D-spio-COOH SPIOs für **3 h** eine kontinuierliche, konzentrationsabhängige Aufnahme (intrazelluläre Eisenkonzentration, rote Kurve in Abb. 3.23 a). Bei dem PEGylierten Gegenstück war eine Zunahme erst ab einer applizierten Eisenkonzentration von 100 µmol/L zu beobachten. Nach **1 h** Inkubation war bei diesem bei keiner der eingesetzten Konzentrationen eine messbar erhöhte intrazelluläre Eisenkonzentration festzustellen (grüne gestrichelte Kurve in Abb. 3.23 a). Die nanomag®-D-spio-COOH SPIOs dagegen zeigten bei der Inkubation mit 300 µmol/L nach 1 h eine deutliche Aufnahme. Eine Sättigung der Aufnahme war nicht festzustellen (grüne Linie in Abb. 3.23 a).

Bei Betrachtung der Ferritinproduktion ist bei der Inkubation mit steigenden nanomag®-D-spio-PEG-COOH SPIO Konzentrationen ein klarer Anstieg erst bei einer Konzentration von 300 µmol/L erkennbar (orangene gestrichelte Kurve in Abb. 3.23 c). Der nanomag®-D-spio-COOH SPIO dagegen stimulierte die Ferritinsynthese bereits bei der Inkubation mit 50 µmol/L (Eisen) der SPIOs (orangene Kurve in Abb. 3.23 c). Mit steigender SPIO-Konzentration stieg auch die Ferritinproduktion an und begann bei 300 µmol/L in eine leichte Sättigung überzugehen.

Deutlicher wird dies, wenn man die Ferritinkonzentration in Abhängigkeit von der aufgenommenen SPIO-Menge (intrazelluläre Eisenkonzentration) betrachtet. Während bei den nanomag®-D-spio-PEG-COOH SPIOs die Ferritinkonzentration mit zunehmender intrazellulärer Eisenkonzentration linear zunahm (orangene gestrichelte Kurve in Abb. 3.23 d), schwächte sich bei den nanomag®-D-spio-COOH SPIOs ab einer intrazellulären Eisenkonzentration von ca. 0,3 µg Fe/mg Protein der Anstieg der Ferritinsyntheserate ab (orangene Kurve in Abb. 3.23 d). Anscheinend war ab dieser Konzentration bei diesem SPIO die maximale Syntheserate erreicht. Oder anders ausgedrückt: Mit steigenden applizierten SPIO-Konzentrationen nahm die Ferritinproduktion pro aufgenommene Eiseneinheit ab, und zwar mit steigenden Inkubationszeiten (Abb. 3.23 e).

Experimente mit ^{59}Fe-markierten PMAcOD SPIOs zeigten ein anderes Bild. Nach Inkubation der Makrophagen mit steigenden SPIO-Konzentrationen für 6 h und Messungen nach 24 h war eine leichte Sättigung in der Aufnahme festzustellen (braune Kurve in Abb. 3.23 f), während die Ferritinproduktion linear zunahm (rote Kurve in Abb. 3.23 f). Das deutet darauf hin, dass das Aufnahmepotenzial beginnt zu erschöpfen, während die Ferritinproduktion ihre Maximalrate offenbar noch nicht erreicht hat, was für die Stabilität des PMAcOD SPIOs spricht.

3. Ergebnisse und Diskussion

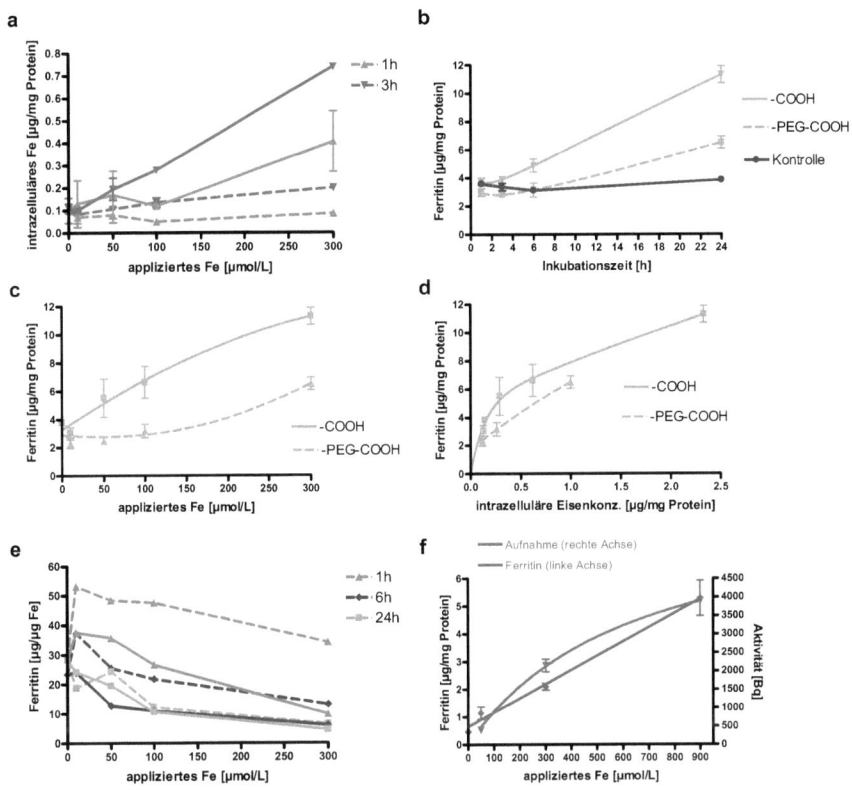

Abb. 3.23: Untersuchung einer potenziellen Sättigung der Ferritin-Produktion bei Makrophagen. **a-e**: J774-Zellen wurden für 1h oder 3h mit 0,3 mM (Eisen) oder den angegebenen Konzentrationen der nanomag®-D-spios mit –COOH (durchgehende Linien) oder –PEG-COOH-Funktionalisierung (gestrichelte Linien) inkubiert. Nach Waschungen wurde für bis zu 24h ohne die SPIOs weiter inkubiert. Anschließend wurden die intrazellulären Eisen- sowie die Ferritin-Konzentrationen mittels AAS bzw. ELISA bestimmt und auf die Proteinkonzentrationen normiert. Alle Abbildungen zeigen Daten aus demselben Experiment in unterschiedlichen Darstellungsweisen. **a**: Intrazelluläre Eisenkonzentration in Abhängigkeit von der applizierten Eisenkonzentration; **b**: Ferritin zeitabhängig nach Inkubation mit 0,3 mM (Eisen) der SPIOs; **c**: Ferritin nach 24h in Abhängigkeit von der applizierten Nanopartikel- (Eisen-) Konzentration; **d**: Ferritin nach 24h in Abhängigkeit von der intrazellulären Eisenkonzentration; **e**: Ferritin pro intrazelluläre Eisenkonzentration in Abhängigkeit von der applizierten Eisenkonzentration nach Inkubation mit nanomag®-D-spio-COOH oder nanomag®-D-spio-PEG-COOH; **f**: Inkubation von J774-Zellen mit radioaktiv markierten ^{59}Fe-PMAcOD SPIOs der angegebenen Konzentrationen für 6h. Nach Waschungen Inkubation für weitere 18h und anschließend Messung der zellulären Aufnahme mittels Radioaktivitätsbestimmung (HAMCO) und Ferritin-Produktion mittels ELISA.

Bei Experimenten mit Endothelzellen zeigte sich ein ähnliches Bild. Tendenziell wurden die angebotenen SPIOs und Eisenpräparate von den HUVECs schwächer aufgenommen als von den Makrophagen. Besonders stark jedoch und vergleichbar mit der Aufnahme in J774-Zellen wurden die PMAcOD SPIOs aufgenommen (Abb. 3.24 a).

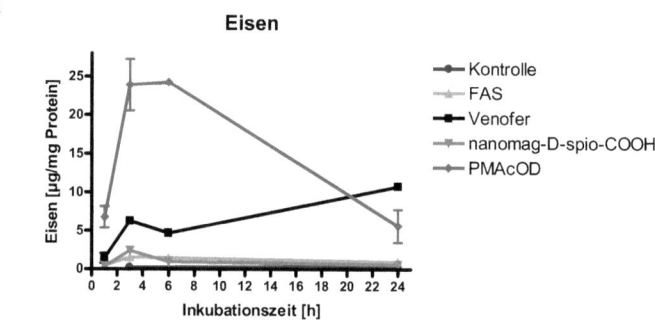

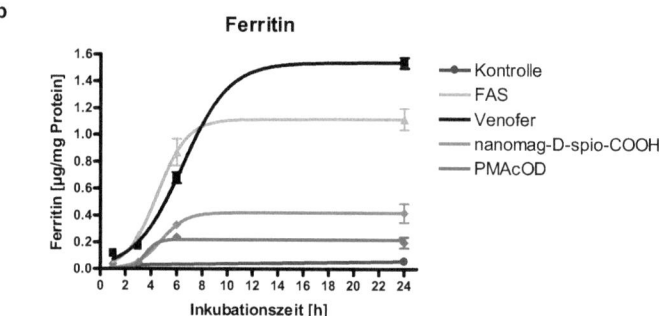

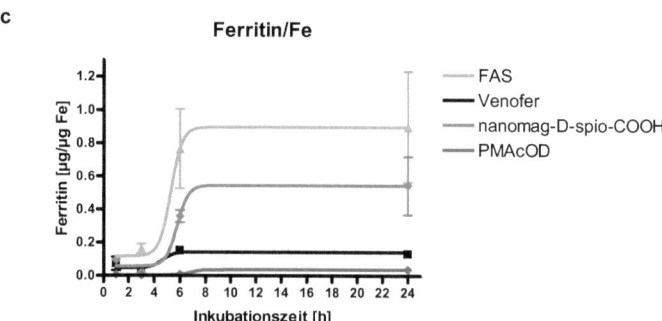

Abb. 3.24: Ferritin-Produktion nach Inkubation von Endothelzellen mit SPIOs. HUVECs wurden für 1h oder 3h mit 0,3 mM (Eisen) der angegebenen SPIOs bzw. Eisenpräparate inkubiert. Anschließend wurden die Zellen gewaschen und ein Ferritin-ELISA durchgeführt. Bei den 6h und 24h Varianten wurden die Zellen nach 3h gewaschen und ohne Stimulanzien für weitere 3h oder 21h inkubiert, bevor der ELISA durchgeführt wurde. Neben den Ferritin-Konzentrationen (**b**) sind auch die entsprechenden intrazellulären Eisenkonzentrationen (**a**) sowie die auf die aufgenommene Eisenmenge normierte Ferritin-Konzentrationen (Ferritin/Fe) (**c**) dargestellt. Die Ferritin- und Eisen-Konzentrationen sind auf die Proteinkonzentrationen normiert.

Aber auch in den HUVECs war die Degradation relativ gering, was sich in der Ferritinproduktion bemerkbar machte (Abb. 3.24 b). Das Verhältnis der Ferritinkonzentration zur aufgenommenen Eisenmenge (Ferritin/Fe) war von den untersuchten Substanzen am geringsten (Abb. 3.24 c).

Dagegen zeigte FAS eine relativ schwache Aufnahme. Bei Betrachtung der Ferritinproduktion wurden, wie bei den Makrophagen, durch FAS, und vor allem durch Venofer®, starke Effekte erzielt (Abb. 3.24 b). Durch das Eisen(II)-Salz wurde die Ferritinsynthese am schnellsten initiiert, weil die Eisenionen in der Zelle rasch verfügbar sind. Das macht sich durch das höchste gemessene Ferritin/Fe Verhältnis bemerkbar (Abb. 3.24 c). Durch die relativ geringe Aufnahme wurde jedoch nach 24 h eine geringere Ferritinkonzentration als bei Venofer® gemessen. Dieses wurde stärker aufgenommen und führte entsprechend zu einer stärkeren Ferritinsynthese (Abb. 3.24 b). Das Ferritin/Fe Verhältnis war hier deshalb relativ niedrig, weil die SPIO-Aufnahme im Vergleich zum Abbau verhältnismäßig hoch war. Die Aussagekraft des Quotienten ist daher bei hohen Eisenkonzentrationen nur bedingt aussagekräftig.

Während die nanomag®-D-spio-COOH SPIOs in J774-Zellen eine höhere Aufnahme und eine stärkere Ferritinproduktion als Venofer® zeigten, waren die Effekte in den Endothelzellen deutlich schwächer (Abb. 3.24). Die Präferenz zum Abbau von bestimmten Nanopartikeltypen hängt anscheinend von dem Zelltyp ab. Darüber hinaus war bei der Inkubation von Makrophagen mit diesen SPIOs über den gesamten Inkubationszeitraum ein kontinuierlicher Anstieg der Ferritinkonzentration festzustellen (Abb. 3.23 b). In den Endothelzellen hingegen war die Zunahme der Ferritinkonzentration nach 24 h geringer (Abb. 3.24 b). Dies deutet darauf hin, dass entweder die aufgenommenen Nanopartikel zu diesem Zeitpunkt zum größten Teil abgebaut waren, oder dass die maximale Ferritinsynthese-Kapazität der Zelle ausgeschöpft war.

3.3.3.2 *In vivo*

Zur Untersuchung des Nanopartikel-Abbaus in der Leber wurden Balb/c Mäusen 0,1 mg (Eisen) der PMAcOD SPIOs, 0,052 mg (Eisen) an Nanosomen, sowie als Positivkontrolle 4,6 mg Ferinject®, in die Schwanzvene injiziert. Es handelte sich hier um dasselbe Experiment wie in Kap. 3.2.1 beschrieben. Nach zwei Tagen wurden die Lebern entnommen, die Eisenkonzentrationen der Leber und die Ferritinkonzentrationen der Lebern und der Plasmen bestimmt.

Nur die hohe Dosis Ferinject® konnte signifikante Erhöhungen aller drei Parameter erzielen, und zwar im Vergleich zu allen Behandlungen (Abb. 3.25). Das zeigt, dass SPIOs potenziell durch die Leber abgebaut werden können. Die ausgebliebenen Effekte durch die PMAcOD SPIOs und die Nanosomen sind auf die im Vergleich zur Gesamteisenmenge der Leber relativ niedrigen applizierten Eisenmengen zurückzuführen. Somit ist ein Abbau über den Ferritin-Nachweis nicht sensitiv genug. Trotz fehlender Signifikanz ist erwähnenswert, dass nach der Verabreichung der PMAcOD SPIOs eine im Vergleich zur Kontrolle 30 µg höhere, bei den Nanosomen eine 50 µg höhere Eisenkonzentration gemessen wurde.

Auf der anderen Seite war das Serum-Ferritin nach Gabe der PMAcOD SPIOs zwar nicht signifikant zur Kontrolle, aber zu den Nanosomen, erhöht (Abb. 3.34 c). Dies könnte einen Hinweis auf eine

potenziell toxische Reaktion zurückzuführen sein, das Serum-Ferritin auch sekundär erhöht vorliegen kann, z.B. durch Freisetzung aus Leberzellen im Rahmen von auch nur dezenten Zellschäden (Firkin & Rusch, 1997).

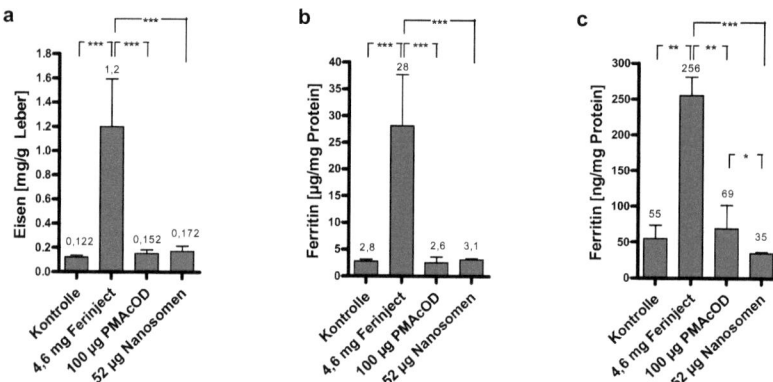

Abb. 3.25: Degradation von SPIOs durch die Leber. Balb/c Mäusen wurden die angegebenen SPIOs bzw. das Eisenpräparat Ferinject® i.v. appliziert. Die Nanosomen-Konzentration wurde halb so hoch gewählt wie die PMAcOD-Konzentration, weil aus vergangenen Experimenten eine doppelt so hohe Aufnahme durch die Leber beobachtet wurde. Als Positivkontrolle diente eine laut Herstellerangaben maximal empfohlene Bolusinjektion. Nach 2 Tagen wurden Blut und Lebern entnommen und eine Eisenbestimmung der Leber mittels AAS (**a**) sowie Ferritin-Bestimmungen von Leber- (**b**) und Plasmaproben (**c**) mittels ELISA durchgeführt. (Signifikanzen: ***, $p \leq 0{,}001$; **, $p \leq 0{,}01$; *, $p \leq 0{,}05$; n = 2-3).

3.3.4 Untersuchung der Ferroportin 1 Expression

Ein weiteres wichtiges Protein, das an der Regulierung der Eisenhomöostase beteiligt ist, ist Ferroportin 1 (Fpn1), der einzige bekannte Eisenexporter (siehe Kap. 1.4.5.1). Bei einem intrazellulären Eisenüberschuss wird dessen Expression hochreguliert, um die Zelle vor einer zu hohen Eisenkonzentration zu schützen (Delaby *et al.*, 2005; Knutson *et al.*, 2003).

3.3.4.1 In vitro

Um zu untersuchen, ob sich eine Degradation von durch Makrophagen aufgenommenen SPIOs in einer Erhöhung der Ferroportinkonzentration bemerkbar macht, wurden J774-Zellen für 24 h mit 0,3 mmol/L (Eisen) der PMAcOD SPIOs, und als Vergleichssubstanzen mit einem Eisen(II)-Salz (FAS) oder mit dem Eisenpräparat Venofer®, inkubiert. Zur Untersuchung einer negativen Reaktion wurden die Zellen mit zwei Eisenchelatoren, Salicylaldehydisonicotinoylhydrazon (SIH) und Deferoxamin (DFO), behandelt. Schließlich wurde auch die Wirkung von Hepcidin (Firma Peptides International,

Louisville, USA) auf den Ferroportingehalt der Zellmembranen untersucht. Hepcidin bindet an Fpn1, was zu dessen Internalisierung und Degradation führt.
Anschließend wurden eine Membranprotein-Präparation und ein Western Blot durchgeführt.

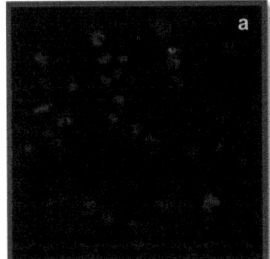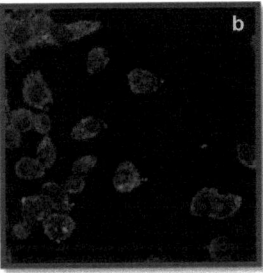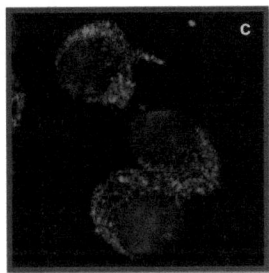

Abb. 3.26: Ferroportin 1-Expression in Makrophagen nach Stimulierung mit Eisen. J774-Zellen wurden für 24 h mit 0,3 mM FAS inkubiert. Anschließend wurden die Zellen gewaschen und eine Immunofluoreszenz-Detektion von Fpn1 (rot) durchgeführt. Die Zellkerne wurden mit DAPI blau gefärbt. **a**: unbehandelte Kontrolle; **b**: 0,3 mM FAS; **c**: Vergrößerte Darstellung von mit FAS inkubierten Zellen.

Die Inkubation mit FAS führte in Makrophagen zu einem Anstieg der Fpn1-Konzentration, wie der Western Blot (Abb. 3.27) und die Detektion mittels Immunofluoreszenz (Abb. 3.26) zeigten. Auch Venofer® stimulierte die Fpn1-Expression. Ein besonders deutlicher Unterschied wurde zwischen den beiden unterschiedlichen Konzentrationen (0,3 und 1 mmol/L Eisen) sichtbar (Abb. 3.27 oben). Die relativ hohe Aufnahme (Tab. 3.2) und ein relativ hoher Umsatz, der zuvor zu einem relativ hohen Anstieg des LIPs (Abb. 3.13) und der Ferritinproduktion (Abb. 3.14 und Abb. 3.22) geführt hatte, machte sich auch hier bemerkbar. In ähnlichen Experimenten konnten auch Delaby et al. (2005) nach Inkubation von J774-Zellen mit Eisen eine sichtbare Ferroportin-Expression zeigen. Während dort die unbehandelten Kontroll-Zellen eine relativ schwache Expression zeigten, war hier die Bande relativ stark, so dass positive Fpn1-Effekte bei den mit Eisenpräparaten bzw. SPIOs behandelten Zellen im Vergleich dazu relativ schwach ausfielen. Anscheinend war die Fpn1-Konzentration in den Membranen bei den J774-Zellen bereits relativ hoch, obwohl die Zellen ohne FCS inkubiert wurden, so dass ein weiterer Anstieg der Eisenkonzentration nur noch einen geringen Anstieg der Expression bewirkte. Dazu ist weiterhin aus der Literatur bekannt, dass J774-Zellen prinzipiell eine schwächere Fpn1-Expression aufweisen als z.B. Knochenmarks-Makrophagen (BMDM) (Canonne-Hergaux et al., 2006).
Auf der anderen Seite ließen sich die Fpn1-Konzentration mit den Chelatoren SIH und DFO deutlich sichtbar reduzieren, was auch im Einklang mit den Experimenten von anderen Autoren ist (Knutson et al., 2003; Delaby et al. ,2005), und die oben beschriebene Überlegung unterstützt.

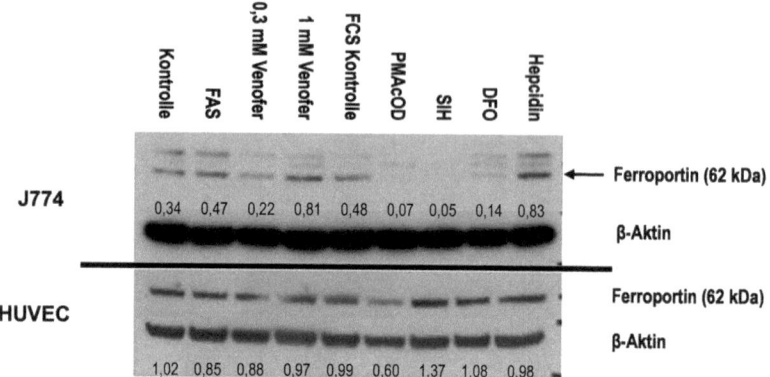

Abb. 3.27: Fpn1 Expression in Makrophagen und Endothelzellen bei verschiedenen Eisen-Bedingungen. J774-Zellen (oben) oder HUVECs (unten) wurden für 24h mit den PMAcOD SPIOs, Eisen(II)-Salz (FAS), oder einem Eisenpräparat (Venofer®) bei 37 °C inkubiert. Negative Reaktionen wurden durch die Inkubation mit den Eisenchelatoren SIH (0,1 mM) oder DFO (0,2 mM) untersucht, sowie die Wirkung von Hepcidin (1 µM) auf den Ferroportin-Gehalt von Zellmembranen. „FCS-Kontrolle" ist die Kontrolle für die Behandlung mit PMAcOD SPIOs. Nach Waschungen und Zellernte wurden Membranprotein-Präparationen und anschließend ein Western-Blot auf Ferroportin durchgeführt, wobei 15 µg des Proteins pro Tasche geladen wurden. Die Zahlen geben die densitometrisch quantifizierten Bandenstärken im Verhältnis zu ß-Aktin an.

Die Inkubation mit den PMAcOD SPIOs bewirkte eine Herunterregulierung des Fpn1-Proteins (Abb. 3.27 oben), obwohl die Transkription nach einer 24-stündigen Inkubation stimuliert wurde (vergl. Abb. 3.15). Aus der Literatur ist bekannt, dass Stress- und Entzündungsstimuli (z.B. IL-6, TNFα, IFNγ LPS) Fpn1 sowohl auf mRNA- als auch auf Protein-Ebene herunterregulieren können (Ludwiczek et al., 2003; Yang et al., 2002; Naz et al., 2012). Dies kann durch die Aktivierung von Hepcidin geschehen (vergl. Kap. 1.4.7.2.1) (Vecchi et al., 2009). So haben Theurl et al. (2008) in Monozyten eine Herunterregulierung der Ferroportin mRNA durch LPS und IL-6 über Hepcidin gefunden. Die Hepcidin-Stimulierung durch IL-6 und anderen inflammatorischen Stimuli wurde auch von anderen beobachtet (Naz et al., 2012; Nemeth et al., 2004; Nemeth et al., 2003; Lee et al., 2005; Nicolas et al., 2002a). Dieser Weg spielt in den hier durchgeführten Experimenten jedoch keine Rolle, da die J774-Zellen selbst kein Hepcidin produzieren (nicht gezeigt). Extern ins Medium hinzugefügtes Hepcidin hatte auf der anderen Seite keinen negativen Effekt auf die Ferroportinkonzentration. Im Gegenteil, anscheinend wurde die Expression stimuliert (Abb. 3.27 oben). Eine Erklärung dafür könnte die Stabilität von Hepcidin sein. In primären Makrophagen (BMDMs) erzielten Delaby et al. (2005) bereits 3 h nach der Hepcidin-Gabe die maximale Reaktion und Du et al. (2012) in J774-Zellen nach 6 h den größten Rückgang der Fpn1-Konzentration. Bei letzterem nahm die Intensität der Hemmung mit längerer Inkubationsdauer ab. In den hier durchgeführten Experimenten könnte dies ähnlich der Fall gewesen sein. Es ist nicht auszuschließen, dass nach 24 h das Hepcidin abgebaut wurde, was anschließend zu einer „überschießenden" Ferroportin-Expression geführt haben könnte.

Bei Experimenten mit Endothelzellen war die Wirkung der verschiedenen Eisenverbindungen auf die Ferroportin-Expression verhaltener. Keine der applizierten Substanzen bewirkte eine deutliche Stimulierung der Expression (Abb. 3.28 unten). Wie in den Makrophagen konnte auch hier eine Inhibierung der Fpn1-Expression durch PMAcOD beobachtet werden. Dies passt zu den RT-PCR-Daten, wo nach 24-stündiger Inkubation mit den PMAcOD SPIOs eine starke und signifikante Herunterregulation der Ferroportin-Transkription nachgewiesen wurde (vergl. Abb. 3.17). Die fehlenden Effekte der anderen Behandlungen passen insofern zum Gesamtbild, als dass die HUVECs im Vergleich zu den J774-Zellen eine (abgesehen von den PMAcOD SPIOs) schwächere Aufnahme (Tab. 3.3), sowie eine schwächere Ferritinproduktion (Abb. 3.24) zeigten, die Metabolisierung der Nanopartikel also insgesamt schwächer ausfiel.

3.3.4.2 In vivo

Um zu untersuchen, ob sich ein Nanopartikel-Abbau in der Leber in eine Erhöhung der Ferroportin-Konzentration bemerkbar macht, wurden Balb/c Mäusen 0,1 mg (Eisen) der PMAcOD SPIOs, 0,052 mg (Eisen) an Nanosomen, sowie als Positivkontrolle 4,6 mg Ferinject®, in die Schwanzvene injiziert. Es handelte sich hier um dasselbe Experiment wie in Kap. 3.2.1 beschrieben. Nach zwei Tagen wurde die Leber entnommen, eine Membranprotein-Präparation mit den Leberhomogenaten, und anschließend ein Western Blot durchgeführt. Keine der Behandlungen führte zu einer sichtbaren Ferroportin-Stimulierung (Abb. 3.28)

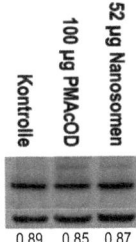

Abb. 3.28: Ferroportin-Expression in der Leber nach der Gabe von SPIOs oder Nanosomen. Balb/c Mäusen wurden 100 μg (Eisen) der PMAcOD SPIOs oder 52 μg der Nanosomen i.v. appliziert. Die Nanosomen-Konzentration wurde halb so hoch gewählt wie die PMAcOD-Konzentration, weil aus vergangenen Experimenten eine doppelt so hohe Aufnahme durch die Leber beobachtet wurde. Nach 2 Tagen wurden die Lebern entnommen und eine Membranprotein-Präparation der Leberhomogenate und anschließend ein Western-Blot auf Ferroportin durchgeführt, wobei 20 μg des Proteins pro Tasche geladen wurden. Die Zahlen geben die densitometrisch quantifizierten Bandenstärken im Verhältnis zu ß-Aktin an.

3.3.5 Messung des Eisen-Exports nach Nanopartikel-Aufnahme

Die bisherigen Ergebnisse haben gezeigt, dass die PMAcOD SPIOs durch Makrophagen degradiert werden, und dass das frei werdende Eisen die Eisenhomöostase der Zelle beeinflusst (Anstieg von LIP und Ferritin, Beeinflussung der „Eisengene"). Hier wurde untersucht, ob Eisen nach der Degradation aus der Zelle exportiert wird. Dazu wurden die PMAcOD SPIOs mit ^{59}Fe markiert. In Untersuchungen aus unserer Arbeitsgruppe wurde zuvor gezeigt, dass es sich dabei um eine stabile Markierung des Nanopartikelkerns handelt (Freund *et al.*, 2012). Zur Untersuchung des Eisenexports wurden J774-Zellen mit unterschiedlichen Nanopartikel-Konzentrationen (0,05 mmol/L, 0,3 mmol/L und 0,9 mmol/L Eisen) für 6 h inkubiert, die Zellen anschließend gewaschen und nach insgesamt 24 h die Radioaktivität in den Zellen und im Medium gemessen. Eine Gruppe wurde nach Inkubation mit 0,3 mmol/L (Eisen) der Nanopartikel für die restliche Zeit mit Hepcidin inkubiert.

Mit steigender Nanopartikel-Konzentration wurden nach 24 h steigende Aktivitäten im Medium gefunden, was für einen Export spricht (Abb. 3.29 a und d). Die Behandlung mit 1 µmol/L Hepcidin führte zu einer signifikanten Reduktion der extrazellulären Aktivität, was auf einen Export von Eisenionen über Ferroportin hindeutet (Abb. 3.29 a). Zwar wurden mit steigender Nanopartikel-Konzentration auch steigende intrazelluläre Aktivitäten gemessen, wobei eine leichte Sättigung der Aufnahme beobachtet werden konnte (Abb. 3.29 b und d), jedoch führte die Hepcidin-Behandlung zu keinem messbaren Unterschied im Vergleich zu den ohne Hepcidin behandelten Zellen (Abb. 3.29 b). Dies liegt vermutlich daran, dass das durch Degradation frei werdende ^{59}Fe im Vergleich zur gesamten aufgenommenen Aktivität nur ein geringer Bruchteil darstellt, der durch die Methode nicht messbar war. In ähnlichen Experimenten mit radioaktiv markiertem Eisen(II)-Salz (FAS) konnte nach sechsstündiger Aufnahme und anschließender vierundzwanzigstündiger Inkubation mit Hepcidin eine signifikant höhere intrazelluläre Aktivität festgestellt werden als ohne (Daten nicht gezeigt).

Die Konzentrations-abhängige Aufnahme und Degradation der PMAcOD SPIOs wurde darüber hinaus durch eine linear steigende Ferritin-Produktion bestätigt (Abb. 3.29 c und d). Interessant ist auch, dass Hepcidin die intrazelluläre Ferritin-Konzentration signifikant erhöhen konnte (Abb. 3.29 c). Dies ist wahrscheinlich auf einen sekundären Effekt zurückzuführen, bei dem der eingeschränkte Eisenexport die intrazelluläre Eisenkonzentration erhöht, und dies die Ferritinsynthese stimuliert.

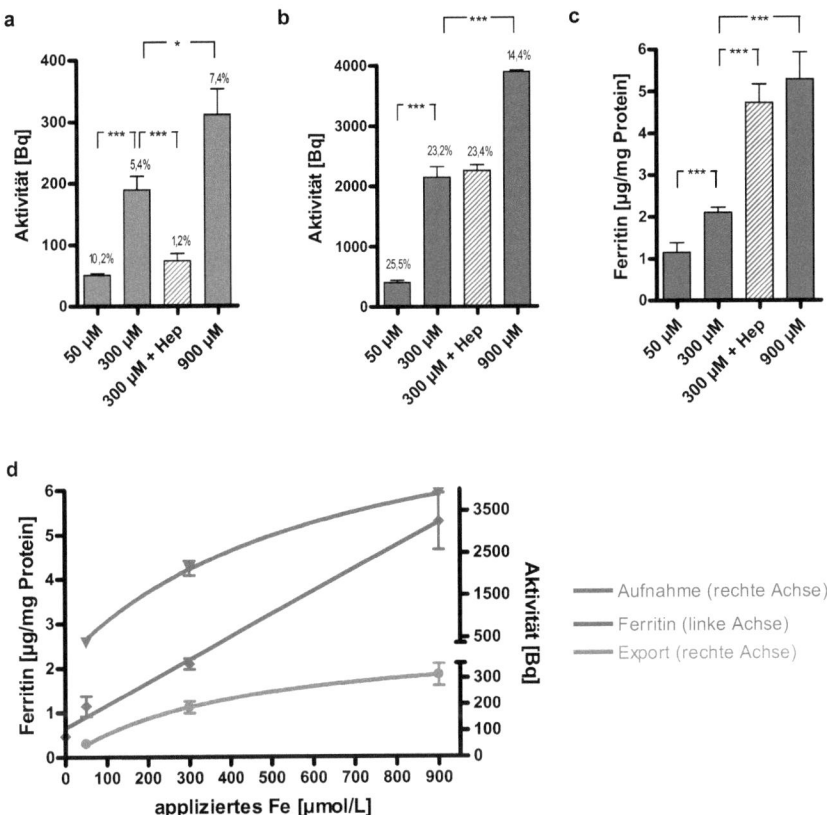

Abb. 3.29: Eisenexport nach Nanopartikelaufnahme durch Makrophagen. J774-Zellen wurden für 6h mit 50 µM, 300 µM oder 900 µM von ^{59}Fe-markierten PMAcOD SPIOs inkubiert. Nach Waschungen wurde eine Gruppe, die 300 µM der SPIOs erhalten hat, mit 1 µM Hepcidin (Hep) für weitere 18h inkubiert, während alle anderen in Medium ohne die SPIOs und ohne Hepcidin weiter inkubiert wurden. Nach 24h wurde die Radioaktivität im Überstand (a) und nach Zellernte im Zellpellet gemessen (b), sowie ein Ferritin-ELISA durchgeführt (c). In dem Graph (d) sind die Nanopartikel-Aufnahme und ^{59}Fe-Export anhand der gemessenen Aktivitäten, sowie die Ferritin-Konzentrationen in Abhängigkeit von der applizierten Nanopartikel-Konzentration (Eisen) dargestellt. Die Zahlen in a geben die von der gesamten Radioaktivität prozentual aufgenommenen Anteile, die Zahlen in b die von der aufgenommenen Radioaktivität prozentual exportieren Anteile an.
(Signifikanzen: ***, p ≤ 0,001; **, p ≤ 0,01; *, p ≤ 0,05; n = 3).

Bei ähnlichen Experimenten mit Hepatozyten (αML-12-Zellen) ergab sich ein anderes Bild. Nur ein Bruchteil (< 0,4 %) der angebotenen PMAcOD SPIOs wurde von den Zellen aufgenommen, wobei sich eine Zeit- und Konzentrations-abhängige Aufnahme zeigte (Abb. 3.30 b). Die Inkubation mit Hepcidin bewirkte weder einen signifikant niedrigeren Export (Abb. 3.30 a) noch eine höhere intrazelluläre Radioaktivität (Abb. 3.30 b). Entweder wurde kein Eisen über Ferroportin exportiert, und/oder

Unterschiede fielen zu schwach und somit nicht messbar aus. Unterstützt werden diese Aussagen durch den in Kap. 3.3.2.1 beschriebenen fehlenden Einfluss der PMAcOD SPIOs auf die Eisenhomöostase-Gene, die sich durch eine schwache Aufnahme und nicht messbare Degradation erklären ließ. Obwohl jedoch bei der Messung der Zellüberstände die gemessenen Werte sehr niedrig und gerade noch messbar waren, konnte eine Zeit- und Konzentrations-abhängige Zunahme der extrazellulären Aktivität beobachtet werden (Abb. 3.30 a). Eine Erklärung könnte sein, dass es sich hierbei nicht um ^{59}Fe-Ionen, sondern um markierte PMAcOD SPIOs handelt. Ein Export von intakten Nanopartikeln wurde in der Literatur zwar noch nicht beschrieben, ist aber theoretisch denkbar. Darüber hinaus könnten sich abgeschwemmte Zellen oder Zelltrümmer, die sich trotz Zentrifugation noch im Überstand befunden haben könnten, aufgrund der niedrigen Werte stark ausgewirkt und zu falsch positiven Ergebnissen geführt haben, so dass die in Abb. 3.30 a angegebenen prozentualen Werte von über 20 % Eisenexport unter Vorbehalt betrachtet werden müssen.

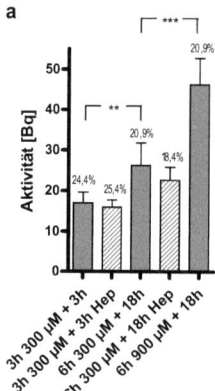 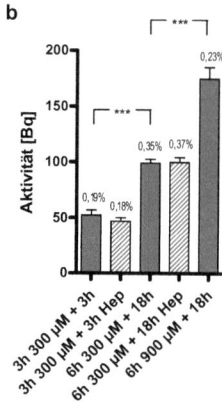

Abb. 3.30: Eisenexport nach Nanopartikelaufnahme durch Hepatozyten. αML-12-Zellen wurden für 3h oder 6h mit 300 µM oder 900 µM von ^{59}Fe-markierten PMAcOD SPIOs inkubiert. Nach Waschungen wurden die Gruppen, die 300 µM der SPIOs erhalten haben, mit 1 µM Hepcidin (Hep) für weitere 3h oder 18 h inkubiert, während die mit 900 µM PMAcOD SPIOs inkubierten Zellen in Medium ohne die SPIOs und ohne Hepcidin weiter inkubiert wurden. Anschließend wurde die Radioaktivität im Überstand (**a**) und nach Zellernte im Zellpellet gemessen (**b**). Die Zahlen in a geben die von der gesamten Radioaktivität prozentual aufgenommenen Anteile, die Zahlen in b die von der aufgenommenen Radioaktivität prozentual exportieren Anteile an. (Signifikanzen: ***, p ≤ 0,001; **, p ≤ 0,01; *, p ≤ 0,05; n = 3).

Bei Experimenten mit HUVECs konnte durch Hepcidin eine signifikant erhöhte Ferritin-Konzentration nach Inkubation mit PMAcOD SPIOs erzielt werden, ein Indiz dafür, dass auch Endothelzellen das durch den Abbau der Nanopartikel frei werdende Eisen über Ferroportin exportieren können (nicht gezeigt).

3.3.6 Untersuchung des endosomalen/ lysosomalen Abbauweges durch DMT1 knock down

In der Zellmembran sorgt DMT1 für die Aufnahme von zweiwertigen Ionen. Von besonderer Interesse ist hier die Aufnahme von Fe^{2+}-Ionen. Darüber hinaus ist es in der Membran von Endosomen und Lysosomen lokalisiert, wo es das Eisen nach der Endozytose von Holo-Transferrin-TfR-Komplexen ins Zytoplasma freisetzt (Kap. 1.4.1.1). Um zu überprüfen, ob in Makrophagen SPIOs denselben Weg beschreiten, wurde in J774-Zellen ein knock down der DMT1-mRNA durch eine transiente Transfektion mit esiRNA (MISSION®, Sigma-Aldrich, München) durchgeführt. Diese richtete sich gegen alle vier DMT1 Splice-Varianten, d.h. sowohl die Plasmamembran-ständige als auch die endosomale/ lysosomale Variante werden gehemmt. Eine sich auf Proteinebene auswirkende Hemmung von DMT1 der Plasmamembran sollte sich bei Inkubation mit einem Eisen(II)-Salz in eine geringere Eisen-Aufnahme und eine schwächere Ferritin-Produktion bemerkbar machen. Darüber hinaus wären durch die geringere Eisen-Aufnahme als sekundäre Reaktionen eine höhere TfR1 und eine niedrigere Fpn1-Transkription als bei untransfizierten Zellen zu erwarten. Eine Hemmung von DMT1 in Endosomen/Lysosomen sollte sich unter der Annahme einer endozytotischen Internalisierung und lysosomalen Degradierung von SPIOs in einer im Vergleich zu untransfizierten Zellen unveränderten Aufnahme, aber - durch einen inhibierten Eisentransport aus endozytotischen Vesikeln ins Zytoplasma - in einer geringeren Ferritinsynthese bemerkbar machen. Auch in diesem Fall würde man die oben für TfR1 und Fpn1 beschriebenen Reaktionen erwarten.

Wie Abb. 3.31 a zeigt, führte die Transfektion von J774-Zellen mit DMT1 esiRNA zu einer starken Transkriptionshemmung. Die anschließende Inkubation mit 0,1 mmol/L FAS oder den nanomag®-D-spio-COOH SPIOs für 6 h führte zu keiner Änderung der Transkription im Vergleich zur transfizierten, aber Eisen-unbehandelten Kontrolle. Nach weiteren 18 h Inkubation ohne FAS und SPIOs nahm die transkriptionale Hemmung ein wenig ab. Eine Auswirkung des DMT1 knock downs auf die TfR1-Transkription war nicht zu beobachten (nicht gezeigt), eine leicht geringere Transkription der Fpn1-mRNA nach 6 h nur bei der Eisen-unbehandelten Kontrolle (Abb. 3.31 b).
Auf Proteinebene zeigte sich durch die Transfektion nur bei den Eisen-unbehandelten Kontrollen nach 6 h eine deutliche Herunterregulation von DMT1 (Abb. 3.31 c). Nach weiteren 18 h war, wenn überhaupt, insgesamt nur eine schwache Herunterregulation festzustellen (Abb. 3.31 d).
Darüber hinaus zeigten die transfizierten, Eisen-unbehandelten Makrophagen im Vergleich zu den untransfizierten Zellen nach 6 h eine verminderte Ferritin-Synthese (Abb. 3.31 f), aber keine verminderte Eisenaufnahme (Abb. 3.31 e). Diese Reaktionen, die zwar gering, aber signifikant waren, würde man bei der Aufnahme von Holo-Transferrin-TfR-Komplexen erwarten. Eine verminderte DMT1-Beladung der Zellmembran würde keinen Einfluss auf die Aufnahme haben, verminderte DMT1-Konzentrationen in Endosomen/Lysosomen würden sich in einer geringeren Freisetzung von Eisen aus den Vesikeln ins Zytosol, und folglich in einer verminderten Fpn1-mRNA-Transkription, und vor allem in verminderte Ferritin-Konzentrationen widerspiegeln. Da die Zellen in serumhaltigem (Transferrin-haltigem) Medium inkubiert wurden, könnte dies die Erklärung für die beobachteten Reaktionen der Eisen-unbehandelten Zellen sein.

a
DMT 1
6 h
6 h + 18h
norm. copies GOI/ 10^4 copies Tbp
50000
40000
30000
20000
10000
0
***
**
*
Kontrolle -
Kontrolle +
FAS -
FAS +
nanomag-D-spio-COOH -
nanomag-D-spio-COOH +
b
Ferroportin
30000
25000
20000
15000
5000
c
DMT1 (61 kDa)
β-Aktin
0,67 0,29 0,38 0,34 0,62 0,75
d
0,55 0,58 0,55 0,43 0,67 0,58
e
Fe
Fe [µg/mg Protein]
1.4
1.2
1.0
0.8
0.6
0.4
0.2
0.0
nanomag-D-spio -
nanomag-D-spio +
f
Ferritin
Ferritin [µg/mg Protein]
14
12
10
8
6
4
2
0

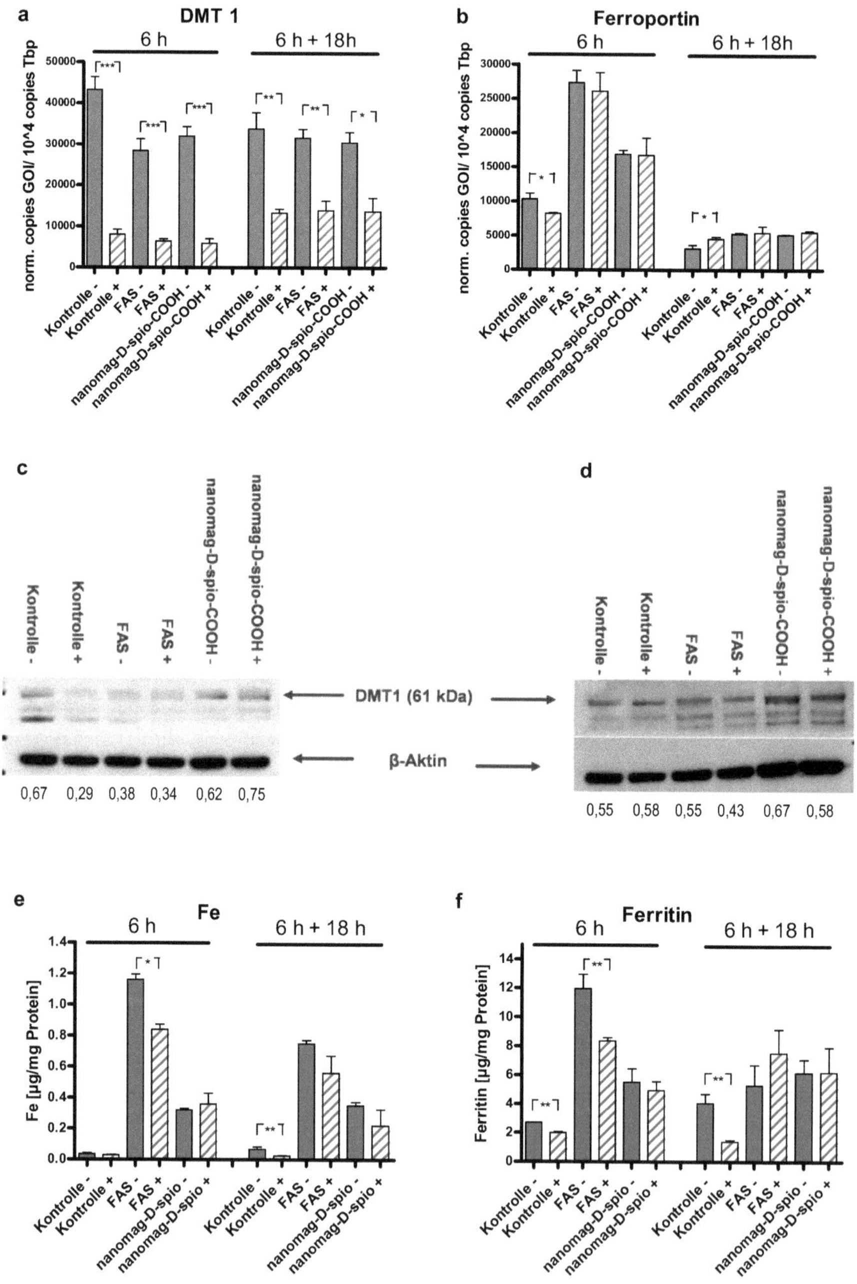

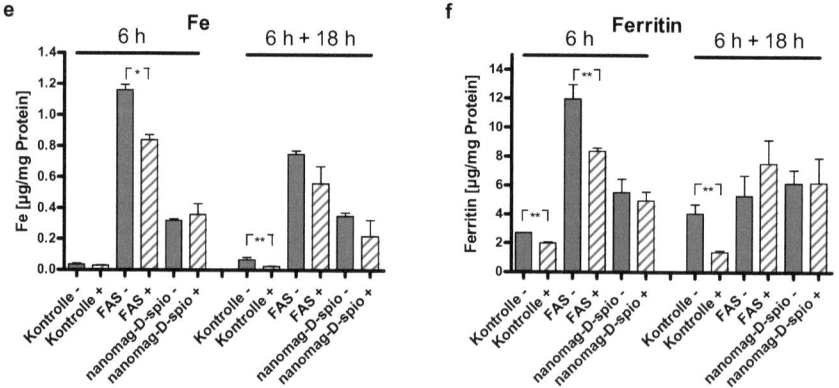

Abb. 3.31: DMT1 knock down in Makrophagen. J774-Zellen wurden für 24h mit esiRNA gegen alle DMT1-mRNA Isoformen transient transfiziert („+") oder nur mit dem Transfektions-Reagenz Lipofectamin inkubiert („-"). Anschließend erfolgte eine Inkubation mit 0,1 mM (Eisen) der nanomag®-D-spio-COOH SPIOs oder FAS für 6h, oder nach Waschungen für 18 weitere Stunden ohne Eisen. **a, b**: RT-PCR zum Nachweis von DMT1 (a) und Ferroportin mRNA (b); **c, d**: Western Blot zum Nachweis von DMT1 Protein mit einem AK gegen alle Isoformen nach Membranprotein-Präparation, nach 6h (c) und nach 6h + 18h (d); die Zahlen geben die densitometrisch quantifizierten Bandenstärken im Verhältnis zu ß-Aktin an; **e**: intrazelluläre Eisenkonzentrationen mittels AAS gemessen; **f**: Ferritin-Produktion mittels ELISA gemessen (Signifikanzen: ***, $p \leq 0,001$; **, $p \leq 0,01$; *, $p \leq 0,05$; n = 3)

Falls SPIOs denselben Weg einschlagen, sollten die eben beschriebenen Reaktionen auch bei der Inkubation mit den nanomag®-D-spio-COOH SPIOs zu beobachten sein. Das war jedoch nicht der Fall. Der Grund dafür bleibt unklar, zumal die Aufnahme-Experimente aus Kap. 3.2.2.3 auf eine Vesikel-abhängige Aufnahme von SPIOs (entweder durch Phagozytose oder durch Endozytose) hindeuteten, so dass bei einem knock down von vesikulärem DMT1 eine Beeinflussung der Fpn1-mRNA und der Ferritinsynthese zu erwarten wäre. Im Westernblot konnte auf Proteinebene nach der Transfektion keine deutlich verminderte Gesamt-DMT1-Konzentration festgestellt werden. Nach 6 h Inkubation mit den SPIOs wurde mit einem DMT1/β-Aktin-Verhältnis von 0,75 sogar eine leicht höhere Expression als bei den untransfizierten Zellen (0,62) gemessen (Abb. 3.31 c). Nach weiteren 18 h Inkubation ohne SPIOs wurde jedoch mit 0,58 gegenüber 0,67 ein geringerer Quotient gemessen (Abb. 3.31 d). Die geringen Unterschiede lassen keinen eindeutigen Schluss zu. Falls es doch einen Effekt auf Proteinebene gab, worauf die beschriebenen Reaktionen der transfizierten, Eisen-unbehandelten Kontroll-Zellen hindeuten, dann war die Auswirkung auf die vesikuläre DMT1-Population anscheinend so gering, dass durch die relativ hohe Eisenbeladung (durch die aufgenommenen und abgebauten SPIOs) mittels Messung der Ferritinsynthese nicht unterscheidbare Fe^{2+}-Konzentrationen ins Zytoplasma gelangt sind.

Potenziell könnte auf der anderen Seite ein Verwandter von DMT1 (Nramp2), nämlich Nramp1, der für seine Eisen-Transport-Funktion in Phagosomen bekannt ist (Gruenheid *et al.*, 1997; Gunshin *et al.*, 1997), die beeinträchtigte DMT1- Funktion kompensieren. Nach Vidal *et al.* (1996) besitzen J774-Zellen jedoch kein funktionsfähiges Nramp1. Mittlerweile wurde auch ein andere Eisentransporter, das Typ IV-Mukolipidose-assoziierte Protein 1 (TRPML1, auch Mucolipin 1), gefunden, der Fe^{2+}-Ionen aus späten Endosomen/ Lysosomen ins Zytoplasma transferieren kann (Dong *et al.*, 2008; Kiselyov *et al.*, 2011). Ein weiterer potenzieller Eisentransporter, der Eisen über Zellmembranen, aber auch über endosomale Membranen transportieren kann, ist „Stimulator of Fe transport" (SFT; Aisen *et al.*, 1999; Gutierrez *et al.*, 1998; Yu & Wessling-Resnick, 1998). In wie fern diese Transport-Proteine bei J774-Zellen eine Rolle spielen, ist jedoch unklar.

Bei der Inkubation der transfizierten J774-Zellen mit FAS konnte nach 6 h eine im Vergleich zu den untransfizierten Zellen signifikant verminderte intrazelluläre Eisenkonzentration festgestellt werden (Abb. 3.31 e). Passend dazu wurde auch eine verminderte Ferritinkonzentration gemessen (Abb. 3.31 f). Dies würde für eine verminderte Eisenaufnahme und somit für eine Hemmung der Membran-ständigen DMT1-Proteine sprechen, was im Western Blot allerdings nicht sichtbar war.

Zur eindeutigen Klärung ist es für zukünftige Experimente sinnvoll, gezielt die einzelnen DMT1 Isoformen durch die Wahl von spezifischen esiRNAs und Antikörpern anzusteuern.

3.4 Toxizität von Eisenoxid-Nanopartikeln

Vor der medizinischen Anwendung von Nanopartikeln ist die Sicherstellung deren Unbedenklichkeit für den Organismus unabdingbar. Da die toxischen Auswirkungen von Nanopartikeln *in vitro* und *in vivo* vielfältig sein können, sind dies auch die Untersuchungsmethoden. In den folgenden Kapiteln wurde zunächst die Auswirkungen von verschiedenen SPIOs auf spezifische Stress- und Toxizitätsgene sowie –Signaltransduktionswege untersucht. Anschließend wurde ein besonderes Augenmerk auf die Auslösung von oxidativen Stress gelegt, und zuletzt die Auswirkungen von SPIOs auf den Gesamtzustand von Makrophagen untersucht.

3.4.1 Untersuchung der Genexpression spezifischer Stress-und Toxizitätsgene

3.4.1.1 Expressionsmuster in der Mäuseleber

Tab. 3.5: Stimulierung der Transkription von Genen der Leber durch Nanopartikel, gemessen mit dem „RT² Profiler™ PCR Array Mouse Stress & Toxicity PathwayFinder" (PAMM-003A der Firma SABiosciences). Dargestellt sind die Gene, die bei mindestens einer Behandlung eine im Vergleich zur Kontrolle 2-fach höhere Expression aufwiesen. Die Zahlen geben die Faktoren der veränderten Expression an. Die fett gedruckten Gene wurden anschließend in Einzelassays untersucht.

Symbol	Gen	4,6 mg Ferinject®	100 µg PMAcOD	52 µg Nanosomen
Ccl21b	Chemokine (C-C motif) ligand 21b	-1,3	1,2	2,5
Ccl3	**Chemokine (C-C motif) ligand 3**	**8,6**	**1,1**	**2,5**
Ccl4	Chemokine (C-C motif) ligand 4	6,3	1,4	1,7
Ccnd1	**Cyclin D1**	**6,8**	**-2,2**	**2,0**
Cdkn1a	Cyclin-dependent kinase inhibitor 1A (P21)	2,3	3,9	-1,6
Cyp1a1	Cytochrome P450, family 1, subfamily a, polypeptide 1	1,0	1,0	2,5
Cyp1b1	Cytochrome P450, family 1, subfamily b, polypeptide 1	1,4	1,9	2,2
Cyp4a14	**Cytochrome P450, family 4, subfamily a, polypeptide 14**	**-1,6**	**15,8**	**2,8**
E2f1	E2F transcription factor 1	7,7	1,7	2,8
Egr1	**Early growth response 1**	**1,1**	**-2,1**	**4,1**
Gstm1	**Glutathione S-transferase, mu 1**	**2,1**	**-1,2**	**-1,0**
Gstm3	**Glutathione S-transferase, mu 3**	**6,0**	**-5,3**	**1,5**
Hmox1	**Heme oxygenase (decycling) 1**	**2,4**	**2,8**	**1,3**
Hspa1b	**Heat shock protein 1B**	**-1,1**	**3,8**	**1,1**
Lta	Lymphotoxin A	2,1	3,6	1,5
Mt2	**Metallothionein 2**	**1,2**	**28,4**	**8,1**
Nos2	**Nitric oxide synthase 2, inducible**	**6,5**	**3,6**	**7,6**
Serpine1	**Serine (or cysteine) peptidase inhibitor, clade E, member 1**	**1,8**	**3,6**	**2,3**
Ung	Uracil DNA glycosylase	1,3	2,6	1,2

3. Ergebnisse und Diskussion

Tab. 3.6: Inhibierung der Transkription von Genen der Leber durch Nanopartikel, gemessen mit dem „RT² Profiler™ PCR Array Mouse Stress & Toxicity PathwayFinder" (PAMM-003A der Firma SABiosciences). Dargestellt sind die Gene, die bei mindestens einer Behandlung eine im Vergleich zur Kontrolle 2-fach geringere Expression aufwiesen. Die Zahlen geben die Faktoren der veränderten Expression an. Die fett gedruckten Gene wurden anschließend in Einzelassays untersucht.

Symbol	Gen	4,6 mg Ferinject®	100 µg PMAcOD	52 µg Nanosomen
Ccnc	Cyclin C	-2,6	-2,2	-2,3
Ccnd1	**Cyclin D1**	6,8	-2,2	2,0
Ccng1	Cyclin G1	-2,2	-1,8	-1,8
Cxcl10	**Chemokine (C-X-C motif) ligand 10**	1,2	-2,5	-1,5
Cyp2a5	Cytochrome P450, family 2, subfamily a, polypeptide 5	-2,0	-2,6	1,1
Cyp2b10	**Cytochrome P450, family 2, subfamily b, polypeptide 10**	-6,1	-3,4	-6,1
Cyp2b9	Cytochrome P450, family 2, subfamily b, polypeptide 9	-2,5	-1,5	-2,0
Cyp2c29	Cytochrome P450, family 2, subfamily c, polypeptide 29	-2,8	-4,2	-2,1
Cyp4a10	**Cytochrome P450, family 4, subfamily a, polypeptide 10**	-3,8	1,7	1,3
Cyp7a1	**Cytochrome P450, family 7, subfamily a, polypeptide 1**	-4,5	-2,7	1,2
Dnaja1	DnaJ (Hsp40) homolog, subfamily A, member 1	-2,6	-1,2	-2,3
Egr1	**Early growth response 1**	1,1	-2,1	4,1
Ephx2	Epoxide hydrolase 2, cytoplasmic	-2,2	-1,1	-1,2
Fasl	Fas ligand (TNF superfamily, member 6)	-1,5	-2,2	-2,3
Fmo4	**Flavin containing monooxygenase 4**	-1,8	-2,0	-9,7
Gstm3	Glutathione S-transferase, mu 3	6,0	-5,3	1,5
Hspa1l	Heat shock protein 1-like	-1,8	-2,1	1,4
Hspa4	Heat shock protein 4	-3,1	-1,7	-2,3
Hspa5	Heat shock protein 5	-2,2	1,3	-2,3
Hspa8	Heat shock protein 8	-2,4	1,1	-3,8
Hspb1	**Heat shock protein 1**	-3,1	-2,0	-4,9
Hspd1	Heat shock protein 1 (chaperonin)	-2,1	-1,5	-1,4
Hspe1	Heat shock protein 1 (chaperonin 10)	-2,5	-1,8	-2,2
Igfbp6	**Insulin-like growth factor binding protein 6**	-12,7	-7,4	-7,3
IL-1a	Interleukin 1 alpha	1,1	-1,1	-2,1
IL-1b	**Interleukin 1 beta**	-2,3	1,0	-2,1
Por	P450 (cytochrome) oxidoreductase	-2,0	1,9	1,1
Sod1	**Superoxide dismutase 1, soluble**	-5,6	1,1	-1,4
Sod2	Superoxide dismutase 2, mitochondrial	-2,4	-1,7	-1,7
Tnfsf10	**Tumor necrosis factor (ligand) superfamily, member 10**	-5,5	-3,0	-1,5
Xrcc2	X-ray repair complementing defective repair in Chinese hamster cells 2	1,2	-3,4	1,4
Hsp90ab1	Heat shock protein 90 alpha (cytosolic), class B member 1	-2,5	-1,3	-1,8

Um die potenziell toxischen Wirkungen der PMAcOD SPIOs *in vivo* zu untersuchen, wurde die mRNA aus den Lebern der mit 4,6 mg Ferinject®, 0,1 mg PMAcOD SPIOs oder 0,052 mg Nanosomen behandelten Mäuse (siehe Kap. 3.2.1) isoliert, in cDNA umgeschrieben und schließlich einer RT-PCR unterzogen. Dabei kam der „RT² Profiler™ PCR Array Mouse Stress & Toxicity PathwayFinder" (PAMM-003A der Firma SABiosciences) zur Anwendung, der 88 verschiedene Stress- und Toxizitäts-Gene enthielt (siehe Tab. 4.1 im Anhang). Aus der Vielzahl an Markern wurden besonders stark hoch (Tab. 3.5) oder herunter (Tab. 3.6) regulierte Gene ausgewählt, und deren Expression mit RT-PCR Einzel-Assays untersucht.

Zuallererst fällt auf, dass die Unterschied der Expressionsmuster im Vergleich zur Kontrolle bei dem „RT² Profiler™ PCR Array Mouse Stress & Toxicity PathwayFinder", sowohl bei den hoch als auch bei den herunter regulierten Genen, deutlich größer sind als bei den Einzelassays. Besonders eine im Array gefundene leichte Herunterregulierung von Genen zeigte im Einzelassay oftmals ein im Vergleich zur Kontrolle gleiches Expressionslevel. Trotzdem stimmen die Ergebnisse insgesamt relativ gut überein.

Aufgrund des Expressionsmusters lassen sich die Gene nach den physiologischen Funktionen ihrer Proteine in vier Klassen unterteilen.

1. Oxidoreduktasen:

Die erste Gruppe der durch die SPIOs im Array beeinflussten Gene beinhaltet vor allem Mitglieder der P450 Cytochrom Familie (CYP). CYPs sind Hämproteine mit enzymatischer Oxidoreduktase-Aktivität, die in nahezu allen Organismen und in allen Organen, besonders in der Leber vorkommen. Die Hauptaufgabe dieser Enzyme ist die Oxidation zahlreicher körpereigener (z.B. Steroidhormone wie Östrogen und Testosteron, Fettsäuren, Sterole, Gallensäure) und körperfremder (Medikamente, Umweltschadstoffe, Nahrungsmittelzusätze), organischer Substanzen (Guengerich *et al.*, 2008; Nebert & Dieter, 2000). Die Oxidation von hydrophoben Substanzen verbessert deren Löslichkeit und ermöglicht eine effektive Biotransformation und Eliminierung aus dem Körper. Daneben sind CYPs an wichtigen Schritten der Synthese von Cholesterin, Steroidhormonen, Prostaglandinen, Retinoiden und von Vitamin D3 beteiligt (Zanger *et al.*, 2008; Hlavica & Lehnerer, 2010).

Beim Menschen sind 60, bei der Maus 101 CYPs bekannt, die in der inneren Mitochondrien-Membran und im Endoplasmatischen Retikulum zu finden sind, und die überwiegend als Monooxygenasen fungieren. Der wichtigste Reaktionstyp ist die Hydroxylierung nicht-aktivierter C-H-Bindungen (Formel 3.1):

$$R\text{-}H + O_2 + NADPH + H^+ \rightarrow R\text{-}OH + H_2O + NADP^+ \qquad (3.1)$$

(Eine gute Animation dazu ist auf http://elearn.pharmacy.ac.uk/flash/view/Cytochrome_P450.html zu finden). Statt NADPH können auch Flavine oder Flavoproteine sowie Eisen-Schwefel-Proteine wie Ferredoxin als Reduktionsäquivalente dienen.

Im Array wurden 10 unterschiedliche P450 Cytochrome aus 5 verschiedenen Familien (CYP1, CYP2, CYP3, CYP4 und CYP7) untersucht. Während die Vertreter aus der Familie CYP1, CYP2 und CYP3 für die Phase I Biotransformation der meisten Medikamente und Xenobiotika verantwortlich sind, sind die übrigen Familien eher für den endogenen Metabolismus zuständig (Tab. 3.7).

Die Injektion von Ferinject® änderte die mRNA-Konzentration der untersuchten P450 Cytochrome entweder nicht (Cyp1a1, Cyp1b1), oder führte zu einer Reduktion, die bei Cyp2b10 am stärksten ausfiel (-6,1-fach) (Tab. 3.6). Im Einzelassays bestätigte sich letzteres jedoch nicht, und auch die anderen untersuchten Genen (Cyp4a10, Cyp4a14, Cyp7a1) zeigten hier keine signifikante Veränderung (Abb. 3.32).

Auch nach der Behandlung mit den PMAcOD SPIOs war im Array bei fast allen P450 Cytochromen entweder keine Veränderung oder eine Herunterregulation festzustellen (Tab. 3.6). Lediglich die Expression der Cyp4a14 mRNA-Konzentration wurde um den Faktor 15,8 hoch reguliert (Tab. 3.5),

3. Ergebnisse und Diskussion

was sich auch im Einzelassay bestätigte (Abb. 3.32). Hier muss jedoch erwähnt werden, dass mit dem Array die mRNA jeweils nur einer Maus untersucht werden konnte. Im Falle der mit den PMAcOD SPIOs behandelten Mäuse wurde zufällig die eine gewählt (Maus 3), die bei vielen Genen eine außergewöhnlich starke Reaktion zeigte. Offensichtlich sprach Maus 3 generell stärker auf die PMAcOD-Gabe an. Ein weiteres Beispiel dafür ist Cyp2b10, das im Array um den Faktor 3,4 herunterreguliert wurde (Tab. 3.6), im Einzelassay bei Betrachtung des Mittelwerts jedoch keine signifikante Änderung angezeigt wurde (Abb. 3.32). Allerdings wurde das Gen bei Maus 3 um mehr als 50 %, herunter reguliert. Auch Cyp4a10, wurde im Einzelassay, bei der Maus 3, um mehr als das doppelte hochreguliert. Im Mittel ergab dies aber keine signifikante Veränderung im Vergleich zur Kontrolle (Abb. 3.32).

Tab. 3.7: Funktionen der untersuchten P450 Cytochrome.

Familie	Funktion	Gen	Funktion	Literatur
CYP1	Phase I Biotransformation von Medikamenten und Xenobiotika; Steroidmetabolismus	CYP1a1	Hydroxylierung von aromatischen Kohlenwasserstoffen z.B. Benzo(a)pyrene; Generierung von oxidativen Stress; Synthese von Cholesterol, Steroide u.a. Lipiden; Metabolisierung von polyzyklischen aromatischen Kohlenwasserstoffverbindungen und 17beta-Östradiol; an der zellulären Differenzierung beteiligt	Nebert et al., 2000
		CYP1b1		Sasaki et al., 2003
				Tang et al., 1996
				Zanger et al., 2008
				Mohan & Heyman, 2003
CYP2	Phase I Biotransformation von Medikamenten und Xenobiotika; Steroidmetabolismus	Cyp2a5	Metabolisierung von Nikotin, Aflatoxine und Cumarin-Alkaloide; Metabolisierung von Parathion, Malathion, Diazion, Bupropion, Efavirenz und Cyclophosphamid	Hodgson & Rose, 2007
		Cyp2b9		Wang & Tomkins, 2008
		Cyp2b10		Lang et al., 2004
		Cyp2c29		Zanger et al., 2008
				Wada et al., 2009
CYP4	endogener Metabolismus; Arachidon- und Fettsäure-Metabolismus	CYP4a10	Generierung von oxidativen Stress; beteiligt an Obesitas und Diabetes	Sobocanec et al., 2010
		CYP4a14		Cheng et al., 2008
CYP7	endogener Metabolismus; limitierendes Enzym bei der Gallensäure-Synthese aus Cholesterin	CYP7a1	katalysiert die Bildung von 7-alpha-Hydroxycholesterol durch Oxidation von Cholesterin	Russell & Setchell, 1992
				Chawla et al., 2000

Auch die Nanosomen bewirkten im Array eine Erhöhung der Cyp4a14 mRNA (Faktor 2,8, Tab. 3.5), die sich im Einzelassay als signifikante Erhöhung bestätigte (Abb. 3.32). Die Cyp4a10 mRNA wurde zwar nicht signifikant, aber am stärksten der applizierten Nanopartikel erhöht. Darüber hinaus bewirkten die Nanosomen eine relativ starke Expression der Cyp7a1 mRNA, die im Vergleich zu allen anderen Behandlungen signifikant war (Abb. 3.32). CYP7a1 wird vor allem durch den nukleären Rezeptor LXR (engl. *liver X receptor-like*) reguliert, der an der Cholesterin, Fettsäure und Glucose Homöostase beteiligt ist. Da CYP7a1 bei hohen Serum-Cholesterin-Level exprimiert wird, könnte dessen hohe Expression ein Indiz für den Abbau der Nanosomen und Aktivierung von LXR sein.

Cyp1a1 und Cyp1b1 wurden nur im Array untersucht. Im Gegensatz zu Ferinject® und den PMAcOD SPIOs wurden sie durch die Behandlung mit den Nanosomen und den Faktor 2,5 bzw. 2,2 hochreguliert (Tab. 3.5).

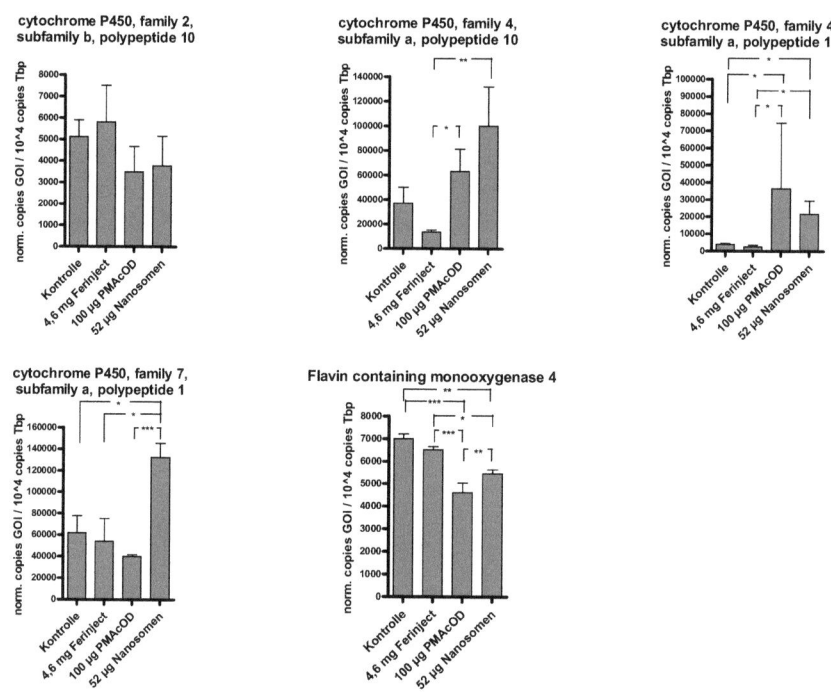

Abb. 3.32: *In vivo* Einfluss von SPIOs auf die Expression von Genen, die mit dem Fettsäure Stoffwechsel und der Metabolisierung von Xenobiotika durch die Cytochrom P450 Familie assoziiert sind. RT-PCR aus Leberhomogenaten 2 Tage nach *i.v.* Injektion der angegebenen SPIOs.
(Signifikanzen: ***, $p \leq 0{,}001$; **, $p \leq 0{,}01$; *, $p \leq 0{,}05$; n = 2-3).

Eine weitere Monooxygenase, die nicht zur P450 Familie gehört, ist die Flavin-abhängige Monooxygenase (engl. *flavin containing monooxygenase*, FMO). Wie die P450 Cytochrome oxidieren sie NADPH-abhängig eine Reihe von Substanzen durch Oxygenierung von Stickstoff-, Schwefel-, Phosphor-und Selen-Atomen. Sie besitzen Flavin als Cofaktor. Drei Mitglieder dieser Protein-Familie, Fmo1, Fmo4 und Fmo5 wurden im Array untersucht. Alle Nanopartikel bewirkten keine bis eine leichte Herunterregulation der mRNAs (Tab. 3.6). Die Fmo4 mRNA zeigte nach der Gabe von Nanosomen die stärkste Reduzierung (-9,7-fach), gefolgt von den PMAcOD SPIOs (-2,0-fach) und Ferinject® (-1,8-fach). Im Einzelassay wurde das Ergebnis durch signifikante Abnahmen der Fmo4 mRNAs nach Inkubation mit den PMAcOD SPIOs und den Nanosomen bestätigt (Abb. 3.32).
Eines der wichtigsten Enzyme für die Phase II Biotransformation ist die UDP-Glucuronosyltransferase (UGT). Sie führt die Glucoronidierung durch, die Übertragung von Glucoronsäure auf verschiedene

3. Ergebnisse und Diskussion

hydrophobe Xenobiotika, um sie besser wasserlöslich zu machen, so dass sie effektiver ausgeschieden werden können (King et al., 2000; Bock & Köhle, 2005). In dem Array war in der Expression der Ugt1a2 mRNA keine Veränderung im Vergleich zur Kontrolle festzustellen (nicht gezeigt).

Zusammenfassend lässt sich feststellen, dass die untersuchten Monooxigenase-Gene recht unterschiedlich auf die verschiedenen Präparate reagierten: Die hohe Eisendosis in Form von Ferinject® hatte eine geringe oder eher negative Wirkung (Herunterregulation). Die Nanopartikeln erzielten zum Teil ähnliche Reaktionen (Hochregulation von Cyp4a10 und Cyp4a14, Herunterregulation von Fmo4). Unterschiede zwischen den PMAcOD SPIOs und den Nanosomen in der Expression von einzelnen Genen (Cyp1a1, Cyp1b1, Cyp7a1) lassen sich vermutlich durch die unterschiedliche Komposition der Hüllen erkären.

2. Anti-oxidative/ anti-xenobiotische Gene:
Eisen ist für sein Potential bekannt, reaktive Sauerstoffspezies (ROS) zu generieren (siehe Kap. 1.5). Durch Interaktion mit Membranen, Proteinen und der DNA können diese Radikale massive Zellschädigungen (oxidativen Stress) hervorrufen. Die Zelle ist dem jedoch nicht schutzlos ausgeliefert, sondern ist mit verschiedenen Abwehrmechanismen ausgestattet. Zu den Nicht-enzymatischen Mechanismen gehören z.B. Karotine, Flavonoide, Glutathion, Thioredoxin-Puffersysteme, Ubiquinole und Vitamine (C und E), aber auch Metallothioneine und Ferritin (Sies, 1997). Neben der Katalase sind darüber hinaus weitere Enzyme beteiligt, die Phase II (Konjugations-) Reaktionen, die bei der Biotransformation von Xenobiotika und Medikamenten eine Rolle spielen, durchführen (z.B. NAD(P)H:Quinon Reduktasen, Glutathion S-Transferasen, Glutathion Peroxidasen Glutathion Reduktasen, γ-Glutamat-Cystein Synthetase). Einige wurden im Rahmen dieser Arbeit genauer untersucht:

Die **Glutathion-S-Transferase** (GST) katalysiert die Konjugation von reduziertem Glutathion mit verschiedenen elektrophilen Substraten, wie Karzinogenen, Medikamenten, Toxinen, und ROS-Produkten (Douglas, 1987). Diese sogenannte Phase II Reaktionen der Biotransformation fördern den Abbau dieser Substanzen. Darüber hinaus ermöglicht/verbessert die Glutathionbindung die Löslichkeit speziell von lipophilen Stoffen, so dass GSTs zur Detoxifikation der Zelle beitragen (Sheehan et al., 2001). Die Säugetier GSTs werden in die Klassen Alpha, Kappa, Mu, Omega, Pi, Sigma, Theta und Zeta eingeteilt (Wilce & Parker, 1994). Zwei Vertreter aus der Mu Klasse, Gstm1 und Gstm3, wurden im Array getestet.

Ein weiteres Enzym, das die Zelle vor oxidativem Stress schützt, ist die **Superoxid Dismutase** (SOD). Es wandelt Superoxidanionradikale, Nebenprodukte der mitochondrialen Elektronentransportkette, in Wasserstoffperoxid um (Formel 3.1) (Liochev & Fridovich, 2005).

$$2 \cdot O_2^- + 2H^+ \rightarrow H_2O_2 + O_2 \qquad (3.1)$$

Das Unschädlichmachen von Superoxidanionen ist deshalb so wichtig, weil sie ansonsten z.B. mit Stickstoffoxid (NO) zu toxischen Peroxynitriten oder mit anderen zellulären Bestandteilen reagieren könnten. SOD besitzt die höchste katalytische Aktivität k_{cat}/K_M aller bekannten Enzyme ($7*10^9$ $M^{-1}s^{-1}$).

In Säugetieren werden drei Superoxid Dismutasen unterschieden: SOD1 kommt im Zytoplasma vor, SOD2 in den Mitochondrien, und SOD3 ist extrazelluläre lokalisiert. SOD1 und SOD3 besitzen Kupfer und Zink als Cofaktoren in ihren aktiven Zentren, SOD2 Mangan.

Hämoxygenase 1 ist ein essentielles Enzym, das Häm zu Eisen, Biliverdin (welches schnell zu Bilirubin umgewandelt wird), Kohlenmonoxid und freies Eisen abbaut (Tenhunen et al., 1968). Beim Säugetier existieren drei Isoformen (McCoubrey et al., 1997), beim Menschen zwei, HMOX1 und HMOX2, das konstitutiv exprimiert wird (Maines et al., 1986). HMOX1 wird stimuliert durch TGF-β, verschiedenen Wachstumsfaktoren (PDGF, VEGF), durch das Chemokin SDF-1 und anderen Zytokinen, durch Schwermetalle, Endotoxine, NO, Sauerstoffmangel, Peroxynitrit, Lipidperoxide und generell durch oxidativen Stress (Durante et al., 1997; Yet et al., 1997). Der Abbau von Häm durch das Hämoxygenase-System ist die hauptsächliche Quelle für die Bildung von Kohlenstoffmonoxid im Körper. In geringen Konzentrationen wirkt es durch Inhibierung der Expression von TNFα, IL-1β und IL-6 anti-inflammatorisch (Otterbein et al., 2000; Morse et al., 2003). Weitere Funktionen sind die Förderung der Gefäßneubildung, antioxidative (Datla et al., 2007), anti-fibrotische sowie anti-proliferative (Morita et al., 1997; Duckers et al., 2001) und anti-apoptotische Wirkungen (Otterbein et al., 2003; Song et al., 2003).

Die Expression von GST, SOD, HMOX, sowie vielen weiteren Genen, wird von dem Transkriptionsfaktor **NRF2** (engl. *nuclear factor erythroid derived 2, like 2;* Nfe2l2) kontrolliert. Im inaktiven Zustand ist NRF2 im Zytoplasma an das Aktin-bindende Protein KEAP1 gebunden (Abb. 3.33). Durch oxidativen Stress wird NRF2 über PKC-Stimulierung, durch PI3K und MAPKinase Signalwege phosphoryliert. Dies bewirkt die Loslösung von KEAP1 und Translokation in den Zellkern. Dabei kann es verschiedene Proteine wie Maf, Jun oder p21 binden. Im Zellkern bindet es an *„Antioxidant Response Elements"* (ARE) der DNA und aktiviert die Expression von Proteinen, die für die Reparatur und Entfernung von geschädigten Proteinen (Ubiquitinierung, Degradation durch das Proteasom, Chaperone), den Transport, die Metabolisierung und Detoxifikation von Xenobiotika, zuständig sind, sowie von antioxidativ wirkenden Proteinen (Abb. 3.33) (Jaiswal, 2004; Kaspar et al., 2009). Die Bedeutung von NRF2 zeigt sich in Nrf2 knock out Mäusen, die sehr sensitiv auf oxidativen Stress und sonstigen Umwelteinflüssen reagieren (Kensler et al., 2007; Jiang et al., 2009; Sussan et al., 2008; Rangasamy et al., 2005).

Die Injektion der hohen Ferinject®-Dosis führte im Array zu einer Hochregulation von Gstm1 und Gstm3 (Tab. 3.5). Das zuletzt genannte Gen zeigte auch im Einzelassay eine starke positive Reaktion (Abb. 3.34). Die SOD1 und SOD2 mRNAs wurden im Array herunterreguliert (Tab. 3.6), zeigten im Einzelassay jedoch keine Veränderung im Vergleich zur Kontrolle (Abb. 3.34). Stattdessen wurde die Transkription von Hmox1, nicht aber von Hmox2, durch Ferinject® 2,4-fach hochreguliert (Tab. 3.5), was sich im Einzelassay bestätigte (Abb. 3.34). Die Expression der Nrf2 mRNA wurde im Array nicht untersucht. Im Einzelassay bewirkte Ferinject® eine Erhöhung der mRNA-Konzentration, die jedoch nicht signifikant war (Abb. 3.34).

Die Injektion der PMAcOD SPIOs führte im Array zu einer starken Herunterregulation von Gstm3, während die Gstm1 mRNA unbeeinflusst blieb (Tab. 3.5). Im Einzelassay bestätigte sich dies jedoch nicht. Lediglich die mRNA der Maus 3 wurde, wie im Array, stark herunterreguliert. SOD1, SOD2 und Nrf2 blieben durch die PMAcOD SPIOs unbeeinflusst, Hmox1 wurde im Array hochreguliert (2,8-fach, Tab. 3.5), und im Einzelassay nur bei der Maus 3.

3.Ergebnisse und Diskussion

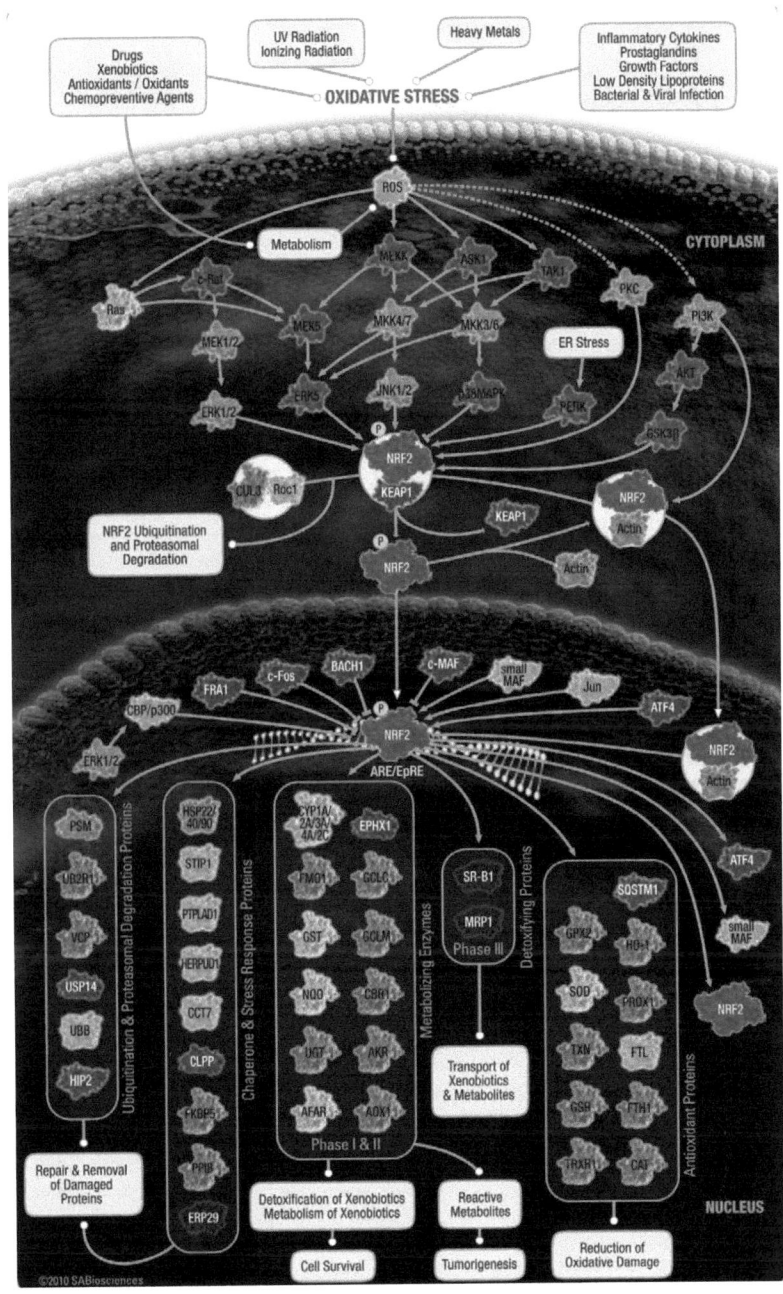

Abb. 3.33: NRF2-vermittelte Antwort auf oxidativen Stress
(für detaillierte Erläuterungen siehe Text; Abbildung von www.SABiosciences.com)

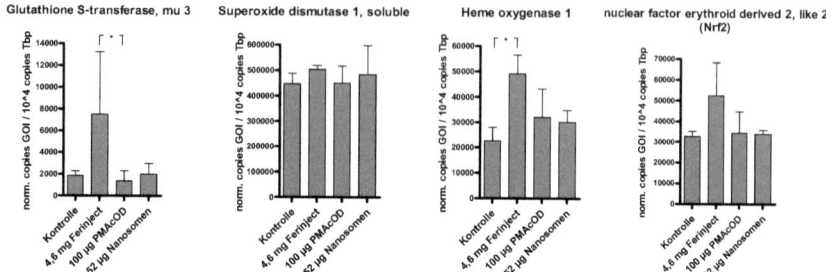

Abb. 3.34: *In vivo* Einfluss von SPIOs auf die Expression von Genen, die mit „Oxidativer Stress Antwort", „Phase II Reaktionen" und „Metabolisierung von Xenobiotika" assoziiert sind. RT-PCR aus Leberhomogenaten 2 Tage nach *i.v.* Injektion der angegebenen SPIOs (Signifikanzen: ***, $p \leq 0,001$; **, $p \leq 0,01$; *, $p \leq 0,05$; n = 2-3).

Die Nanosomen bewirkten keine Veränderung der untersuchten Gene.

Ein weiteres Enzym, das durch NRF2 reguliert wird, ist die Glutathion Peroxidase (GPX) (Abb. 3.33). Das Selen-enthaltende Enzym reduziert Lipid-Hydroperoxide (R-O-O-R) mit Hilfe von Glutathion zu ihren entsprechenden Alkoholen (R-O-O-H), und freies Wasserstoffperoxid (H_2O_2) zu Wasser (H_2O). Zwei Isoenzyme dieser Gruppe, Gpx1, das zytoplasmatisch vorkommt, und Gpx2, das intestinal und extrazellulär zu finden ist, wurden im Array untersucht, wurden durch die Nanopartikel jedoch nicht beeinflusst (nicht gezeigt).

Auch die Glutathion Reduktase (GSR), ein weiteres, durch NRF2 reguliertes Enzym, das oxidiertes Glutathion reduziert, zeigte im Array keine Veränderung nach Behandlung der Mäuse mit den Nanopartikeln (nicht gezeigt).

Zusammenfassend lässt sich sagen, dass Ferinject® die untersuchten anti-oxidativen Gene am stärksten stimulierte, die PMAcOD SPIOs und die Nanosomen beeinflussten sie kaum. Offensichtlich ist die hohe Eisenkonzentration die Ursache für die erhöhte Expression. Dies wurde auch bei Eisen-überladenen Ratten festgestellt (Brown *et al.*, 2007).

3. Zytokine:

Eine weitere, sehr bedeutende Gruppe sind die Zytokine. Zu der großen Familie der Zytokine gehören Proteine, Peptide oder Glykoproteine, die bei einer Vielzahl von physiologischen Reaktionen wie der Proliferation und Differenzierung von Zellen sowie bei immunologischen Reaktionen eine Rolle spielen. Man unterscheidet im Wesentlichen fünf Hauptgruppen, von denen vier im Rahmen dieser Arbeit näher untersucht wurden (Tab. 3.8). Die Hauptgruppe der Interferone wurde außer Acht gelassen.

Chemokine sind kleine (8-14 kDa) chemotaktische Zytokine, die ihre biologischen Wirkungen, die Chemotaxis, durch Bindung an Chemokin-Rezeptoren (G-Protein-gekoppelte Rezeptoren) von Immunzellen entfalten. Charakteristisch für diese Zytokine sind Cysteinreste am Amino-Terminus.

3. Ergebnisse und Diskussion

Anhand der Anzahl und der Positionen der Cysteine leitet sich die systematische Nomenklatur ab, nach der vier Klassen zu unterscheiden sind: CC, CXC, CX3C und XC Chemokine (Abb. 3.35). Das Anhängen eines „L" oder „R" benennt den Liganden (CCL) oder den Rezeptor (CCR). CC-Chemokine induzieren die Migration von Monozyten, Natürlichen Killerzellen und Dendritischen Zellen, aber auch Reaktionen wie Degranulierung, die Freisetzung von Superoxid-Anionen sowie die Veränderung der Avidität von Integrinen.

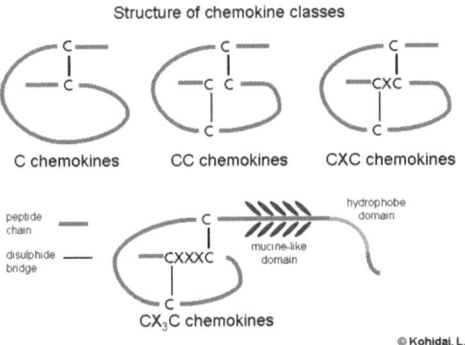

Abb. 3.35: Struktur von Chemokinen. „C" gibt die Cystein-Reste an, zwischen denen Disulfidbrücken ausgebildet werden, „X" die dazwischen liegenden Aminosäuren. Je nach Position werden vier Klassen unterschieden (Abbildung von Kohidai, 2008).

Tumornekrosefaktoren (TNF) sind Zytokine des Immunsystems, die an lokalen und systemischen Entzündungen beteiligt sind. Sie aktivieren die Aktivität von Immunzellen, aber auch Apoptose, Zellproliferation, Zelldifferenzierung und die Ausschüttung anderer Zytokine.

Interleukine sind Zytokine, die zur Kommunikation der Leukozyten untereinander dienen, um so koordiniert Krankheitserreger oder auch Tumorzellen zu bekämpfen. Weiterhin vermitteln bestimme Interleukine wie IL-1β und IL-6 gemeinsam mit TNFα auch systemische Wirkungen, wie die Auslösung von Fieber sowie generalisierte Durchblutungs- und Permeabilitätssteigerungen, sodass diese Zytokine im Falle einer Sepsis zu Kreislaufversagen führen können (Tab. 3.8).

Koloniestimulierende Faktoren (engl. *colony stimulating factor*, CSF) bewirken die Vermehrung und Reifung von Knochenmarkstammzellen. Einige erhöhen die Aktivität von ausdifferenzierten hämatopoetischen Zellen. Sie zählen damit zu den wichtigsten Regulatorsubstanzen des Immunsystems.

Neben den angegebenen Zytokinen wurde noch die induzierbare Stickstoffoxid Synthase 2 (NOS2) untersucht. Vor allem Makrophagen synthetisieren es nach Induktion durch LPS und bestimmten Zytokinen (z.B. IFNγ, IL-1β, IL-6, TNFα). Das durch sie produzierte Stickstoffoxid (NO) ist ein reaktives Radikal, das in verschiedenen biologischen Prozessen wie der Neurotransmission und bei antitumorigenen und anti-bakteriellen Prozessen eine wichtige Rolle spielt (Nathan, 1992; Snyder, 1992; Moncada & Higgs, 1996). NO wirkt zytotoxisch auf Bakterien und Zellen, indem es in die Zielzelle diffundiert und dort zum Eisenverlust führt (siehe auch Kap. 1.4.7.1) (Hibbs *et al.*, 1984; Wharton *et al.*, 1988), die DNA-Synthese abschaltet (Krahenbuhl & Remington, 1974), die Atmungskette in Mitochondrien (Granger & Lehninger, 1982) und den Zitronensäurezyklus beeinflusst (Drapier & Hibbs, 1986). Dies geschieht durch Interaktion von NO mit den Eisen-Schwefel-Clustern der beeinflussten Proteine (Pantopoulos *et al.*, 1994). Die Aktivität der Stickstoffoxid-Synthase ist kaum reguliert, sodass es nach Exprimierung zu einer schnellen, starken und langanhaltenden NO Synthese kommt.

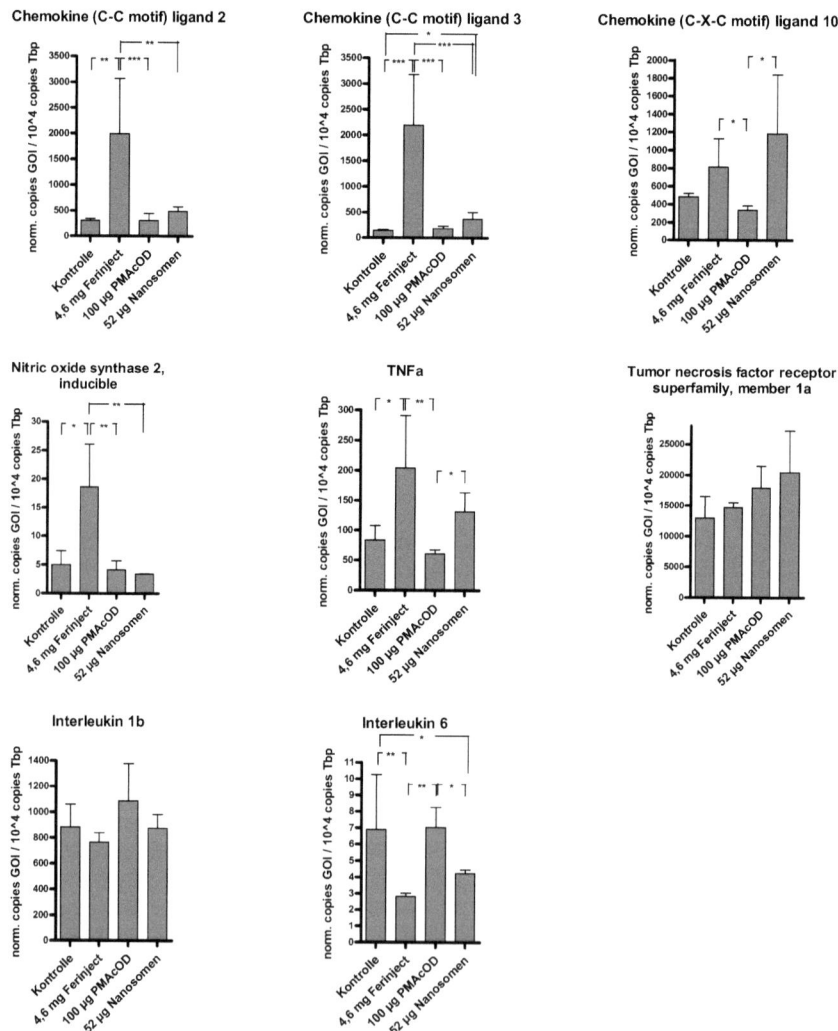

Abb. 3.36: Einfluss von SPIOs auf die Expression von Zytokinen *in vivo*. RT-PCR aus Leberhomogenaten 2 Tage nach *i.v.* Injektion der angegebenen SPIOs (Signifikanzen: ***, $p \leq 0,001$; **, $p \leq 0,01$; *, $p \leq 0,05$; n = 2-3).

Tab. 3.8: Hauptgruppen von Zytokinen und die im Rahmen dieser Arbeit untersuchten Gene

Gruppe	Gen	sezerniert von	Wirkung/Funktion	Literatur
Chemokine	Ccl2	Monozyten Makrophagen Dendritische Zellen	Rekrutierung von Monozyten, T-Zellen, basophile Granulozyten und Dendritische Zellen zum Entzündungsort; an neuroinflammatorischen Prozessen beteiligt sowie an der Pathogenese von (Psoriasis (Schuppenflechte), Rheumatoide Arthritis, Arteriosklerose, Epilepsie, Gehirn Ischämie, Alzheimer, Experimentellen Autoimmun-Encephalomyelitis (EAE), Hirntraumata	Carr et al., 1994 Xia & Sui, 2009 Foresti et al., 2009 Hickman & El Khoury, 2010 Ransohoff et al., 1993
	Ccl3 Ccl4	Makrophagen z.B. nach Stimulierung durch bakterielle Endotoxine	Aktivierung von Granulozyten → Entzündungsreaktionen; Stimulierung der Synthese und Freisetzung von IL-1, IL-6, TNFα u.a. von Fibroblasten und Makrophagen	Wolpe et al., 1988
	Cxcl10	Monozyten Endothelzellen Fibroblasten nach Stimulierung durch IFNγ	Chemotaxis von Monozyten, Makrophagen, T-Zellen, Natürlichen Killerzellen und Dendritischen Zellen; Beeinflussung der T-Zell-Adhäsion an Endothelzellen; Antitumor-Eigenschaften	Luster et al. 1985 Angiolillo et al., 1995
	Ccl21b		Chemotaxis von B-und T-Zellen sowie Dendritischen Zellen in sekundären lymphatischen Organen	Dufour et al, 2002
Tumor-nekrose-faktoren	TNFα	aktivierten Makrophagen	an systemischen Entzündungsprozessen und an „Akute-Phase-Reaktionen"** beteiligt; Auslösung von Fieber, Sepsis, Kachexie, Entzündungen und auf zellulärer Ebene Apoptose; Inhibierung der Tumorbildung und der viralen Replikation; an „priming"** beteiligt	Olszewski et al., 2007
	TNFβ		zentrale Rollen bei der Immunantwort gegen Infektionen; Erhöhung der Expression von Adhäsionsfaktoren auf Endothelzellen → Migration von Leukozyten zum Infektionsort; Auslösung von Fieber; Regulation der Hämatopoese;	Bankers-Fulbright et al., 1996 Dinarello, 1997
Interleukine	IL-1α	Monozyten Makrophagen		Deak et al., 2005 Olivadoti & Opp, 2008
	IL-1β	Fibroblasten Dendritische Zellen	IL-1β Freisetzung, den Anstieg von neutrophilen Granulozyten und Thrombozyten, die Bildung von Prostaglandin E2 in Endothelzellen und die Kortison-Ausschüttung durch die Nebenniere	Fabricio et al., 2006 Ramadori et al., 1988 Ballmer et al., 1991
	IL-6	Makrophagen T-Zellen	Stimulierung von B-Lymozyten zur IgG-Sekretion; Stimulierung von „Akute-Phase-Reaktionen"*; Schlüsselrolle bei dem Übergang von der angeborenen zur erlernten Immunantwort; Regulation der Differenzierung (z.B. von Monozyten zu Makrophagen), Proliferation, Polarisierung und Apoptose von Leukozyten; anti-inflammatorische Wirkung durch Inhibition von TNFα und IL-1; an „priming"** beteiligt	Ponce et al., 2012
Kolonie-stimulierende Faktoren	Csf2	Makrophagen T-Zellen Mastzellen Endothelzellen Fibroblasten	immunologische Abwehr; Leukozyten Wachstumsfaktor → stimuliert Stammzellen zur Differenzierung zu Granulozyten und Monozyten;	Clahsen & Schaper, 2008

***Akute-Phase-Reaktionen**: unspezifische Immunreaktion nach Gewebsschädigungen (Verletzung, Operation, Infektion), bei der Endothelzellen, Fibroblasten und Makrophagen im geschädigten Gewebe neben TNFα weitere Mediatoren wie IL-1, IL-6, TGFβ, IFNγ, EGF, LIF und andere freisetzen. Über die Blutbahn erreichen sie die Leber, wo sie in Anwesenheit von Kortisol die Leber zur vermehrten Synthese von weiteren Akute-Phase-Proteinen stimulieren (Bode et al., 2012).

„*priming*": In Kombination mit IL-6 hat TNFα in der Leber die Funktion, Hepatozyten nach Leberschädigungen auf Wachstum und Zellteilung vorzubereiten, so dass dafür notwendige Transkriptionsfaktoren bereits gebildet werden, ohne dass sich die Zelle teilt. Erst im nächsten Schritt wird durch Wachstumsfaktoren (HGF, EGF, TGFα) die Produktion von Cyclin D stimuliert und die Mitose eingeleitet (Jia, 2011)

Abb. 3.36 zeigt die Wirkung der Nanopartikel auf die Expression von Zytokinen in der Leber. Bei Betrachtung der Chemokine induzierte Ferinject® nach zwei Tagen massiv die Expression von Ccl3 (8,6-fach) und Ccl4 (6,3-fach) im Array (Tab. 3.5), und Ccl2 und Ccl3 in den Einzelassays (Abb. 3.36). Aufgrund der hohen Standardabweichungen ware die Expression der Cxcl10 mRNA im Vergleich zur Kontrolle nicht, aber zu den mit den PMAcOD SPIOs behandelten Tieren, signifikant erhöht. (Abb. 3.36).

Auch die NOS2 und TNFα Transkriptionen wurden durch die Ferinject-Behandlung stimuliert Abb. 3.36). TNFβ (Genname Lta, Lymphotoxin α), ein weiterer Vertreter der TNF-Familie, zeigte im Array eine 2,1-fach erhöhte Expression (Tab. 3.5), der TNF-Rezeptor 1a (Tnfrsf1a) im Einzelassay jedoch nicht (Abb. 3.36). TNFα bindet sowohl an TNF-Rezeptor 1 (TNFR1) als auch an TNF-Rezeptor-2 (TNFR2). TNFR1 wird in den meisten Geweben exprimiert, während TNFR2 nur in Zellen des Immunsystems zu finden sind. Nach Bindung von TNFα können Signalkaskaden in Gang gesetzt werden, die zu inflammatorischen oder anti-apoptotischen, aber auch apoptotischen Prozessen führen, was hier anscheinend nicht der Fall war (Abb. 3.39).

Bei Betrachtung der Wirkung von Ferinject® auf die Interleukine kann festgehalten werden, dass im Array IL-1α nicht beeinflusst wurde, und IL-1β herunterreguliert wurde (-2,1-fach; Tab. 3.6). Im Einzelassay wurde von beiden Genen nur IL-1β untersucht, es zeigte jedoch keine signifikante Änderung im Vergleich zur Kontrolle. Stattdessen wurde jedoch IL-6 signifikant herunterreguliert (Abb. 3.36).

Die Gabe der PMAcOD SPIOs führt im Array nur bei NOS2 und bei TNFβ (Lta,) zu einer um 3,6-fach erhöhten Expression (Tab. 3.6). Darüber hinaus war dort die IL-6 mRNA nur bei der Behandlung mit den PMAcOD SPIOs detektierbar (also höher als bei den anderen Behandlungen, nicht gezeigt). In dem Einzelassay waren die Kopienzahlen insgesamt sehr niedrig, die Expression aber signifikant höher als bei den anderen Behandlungen, jedoch nicht im Vergleich zur Kontrolle (Abb. 3.36). Alle anderen Zytokine wurden durch die PMAcOD SPIOs nicht beeinflusst.

Die Injektion der Nanosomen stimulierte die Expression der Ccl3 und Ccl21b mRNAs im Array um den Faktor 2,5 (Tab. 3.5), und von Ccl3 signifikant im Einzelassay (Abb. 3.36). Gleichzeitig war dies die höchste Expression aller Behandlungen, aufgrund der hohen Standardabweichung war sie im Vergleich zur Kontrolle nicht signifikant, jedoch zu den mit den PMAcOD SPIOs behandelten Tieren (Abb. 3.36). Dasselbe war bei der TNFα mRNA der Fall.

Die NOS2 mRNA-Konzentration war nach der Behandlung mit den Nanosomen nur im Array erhöht

(7,6-fach, Tab. 3.5). Die Transkriptionen von Tnfrsf1a wurde im Einzelassay leicht, aber nicht signifikant hochreguliert (Abb. 3.36).

Zusammenfassend kann gesagt werden, dass die intravenöse Applikation von 4,6 mg Ferinject® nach zwei Tagen in der Leber zur Expression von Chemokinen (Ccl2, Ccl3) und TNFα führte. Eine potenziell folgende Stimulierung von weiteren proinflammatorischen Zytokinen wie IL-1β und IL-6 wurde nicht festgestellt. Die Stimulierung von TNFα und iNOS durch Ferinject® kann auf hepatozelluläres „priming" zurückzuführen sein.

Nach der Injektion der Nansomen war die Expression der Chmokine Ccl3 und Cxcl10 signifikant erhöht. Die Reaktionen fielen aber tendenziell geringer als bei Ferinject® aus. Weitere proinflammatorische Zytokine wurden jedoch eher nicht stimuliert.

Die PMAcOD SPIOs erzielten in Bezug auf die Entzündungsmediatoren im Vergleich zu Ferinject® und den Nanosomen abweichende Ergebnisse. Wie bei Ferinject® und den Nanosomen war zwar die Expression von iNOS im Array erhöht, die Expression aller untersuchten Chemokine sowie von TNFα jedoch nicht. Im Unterschied zu diesen war jedoch zusätzlich die IL-6 Expression im Array als einzige messbar, und im Einzelassay (bei geringen Kopienzahlen) zumindest signifikant höher als nach der Behandlung mit Ferinject® oder den Nanosomen. Auch die IL-1β Expression war zwar nicht signifikant, jedoch sowohl im Array als auch im Einzelassay höher als bei allen anderen Behandlungen.

4. Gene für Zellproliferation und Zelltod:

Die letzte Gruppe von Genen, die durch die Injektion von Nanopartikeln beeinflusst wurden, sind solche, die mit „Zellwachstum, Proliferation, Leber Regeneration" & „Zelltod, Nekrosen, Leberschädigung" assoziiert sind.

Die Abfolge der Zellzyklusphasen (Mitose, G1, S, G2) wird von Steuerungsmechanismen, sogenannten Kontrollpunkten (Checkpoints) überwacht, die dafür sorgen, dass erst dann der nächste Schritt des Zellzyklus erfolgt, wenn der vorhergehende abgeschlossen ist (Zhou et al., 2000; Clarke et al., 2000). Die Fortführung einer Phase und der Übergang zur nächsten werden von unterschiedlichen Cyclinen und als Komplex mit ihren Kinasen gesteuert. Die Konzentrationen der Cycline schwanken innerhalb des Zyklus (Abb. 3.37) (Koepp et al., 1999). Das wichtigste Cyclin ist das **Cyclin D1** (CCND1). Dessen Konzentration schwankt während des gesamten Zyklus am geringsten. Die Synthese wird während der G1-Phase durch bestimmte Wachstumsfaktoren initiiert (Sewing et al., 1993; Surmacz et al., 1992) und bewirkt den Übergang von der G1- zur S-Phase durch Bindung und Aktivierung der Kinasen CDK4 oder CDK6 und der daraus resultierenden Phosphorylierung von weiteren Effektor-Proteinen. Dazu gehört das **Tumor Supressor Protein Rb** (engl. *retinoblastoma susceptibility protein*), das nach Phosphorylierung dessen Bindung zu dem Transkriptionsfaktor **E2F1** löst (Harbour et al., 2000; Hinds et al., 1992). Daraufhin gelangt dieser in den Zellkern und kann dort die Transkription von Genen, die unter anderem für den Nukleotid-Metabolismus und der DNA-Synthese zuständig sind, aktivieren (Abb. 3.38) (Nevins et al., 1998).

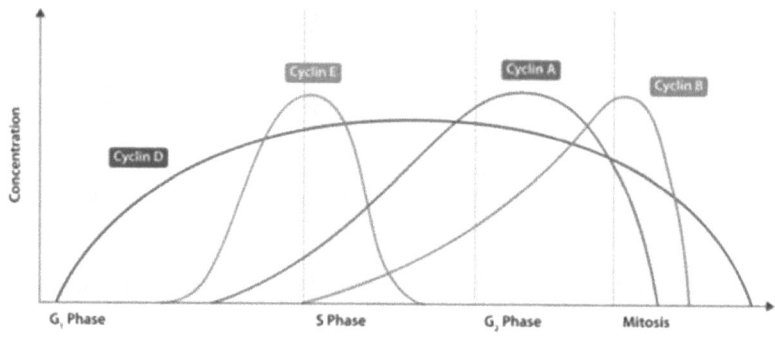

Abb. 3.37: Cycline während des Zellzyklus

Die Produktion von Cyclinen wird durch Wachstumsfaktoren, die über den Ras/Raf/Mek/ERK Signaltransduktionsweg wirken, stimuliert (Abb. 3.38) (Winston et al., 1996; Filmus et al., 1994; Aktas et al., 1997). Eine direkte negative Regulation findet durch Inhibitor-Proteine statt, die die Cyclin/Kinase-Komplexe binden und damit inhibieren (Sherr et al., 1999). Einen potenten Cyclin-abhängigen Kinase Inhibitor stellt **CDKN1a** (**p21**) dar, das Cyclin/CDK2 oder Cyclin/CDK1 Komplexe inhibiert und so das Verbleiben der Zelle in der G1-Phase bewirkt (Abb. 3.38) (Gartel et al., 2005; Sherr et al., 1999). Dieser Mechanismus tritt besonders bei DNA-Schädigungen auf (Dolezalova et al., 2012). Auf der anderen Seite co-aktiviert es, zumindest in geringen Konzentrationen, Cyclin D/CDK Komplexe. Die Expression von p21 kann nach Stimulierung durch TGFβ über den MAPK Signalweg induziert werden (Hu et al., 1999).

Alternativ wird die Expression von p21 in Abhängigkeit von bestimmten Stress-Stimuli streng von dem Tumor-Suppressor Protein **p53** kontrolliert (Abb. 3.38). Neben der Zellzykluskontrolle reguliert p53 unter anderem auch die Reparatur von DNA-Schäden und kann bei irreparablen Schäden die Apoptose einleiten. Die Regulation von p53 findet entweder über Kinasen der MAPK Familie statt (JNK1-3, ERK1-2, p38 MAPK). Auslöser dafür sind z.B. Membranschädigungen, oxidativer Stress (Han et al., 2008), osmotischer Schock oder Hitzeschock. Alternativ wird p53 durch eine Gruppe von Kinasen reguliert, die durch genotoxischen Stress, der zu DNA-Schädigungen führt, stimuliert wird, und deren Vertreter für die Checkpoint-Kontrolle zuständig sind (ATR, **ATM**, CHK1, **CHK2**, DNA-PK, CAK, TP53RK) (Abb. 3.38).

In nicht gestressten Zellen wird der p53-Level durch kontinuierliche Degradation niedrig gehalten. Ein Protein, das durch dessen Bindung p53 hemmt und es aus dem Nukleus ins Zytoplasma transportiert, ist **MDM2** (Abb. 3.38). Darüber hinaus besitzt MDM2 eine Ubiquitin-Ligase-Aktivität und markiert p53 somit für die Degradation.

EGR1 (engl. *early growth response protein 1*) ist ein C_2H_2 Zinkfingerprotein, also ein Transkriptionsfaktor, der die Transkription von Genen aktiviert, die für die Differenzierung und die Proliferation verantwortlich sind. Es gibt aber auch Studien, die eine Beteiligung von EGR1 an inflammatorischen Prozessen zusprechen (Florkowska et al., 2012; Dyson et al., 2012; Yu et al., 2012). EGR1 kann durch

3. Ergebnisse und Diskussion

eine Vielzahl an extrazellulären Stimuli aktiviert werden. Dazu zählen Wachstumsfaktoren, Zytokine, Hypoxie und Verletzungen (McCaffrey et al., 2000).

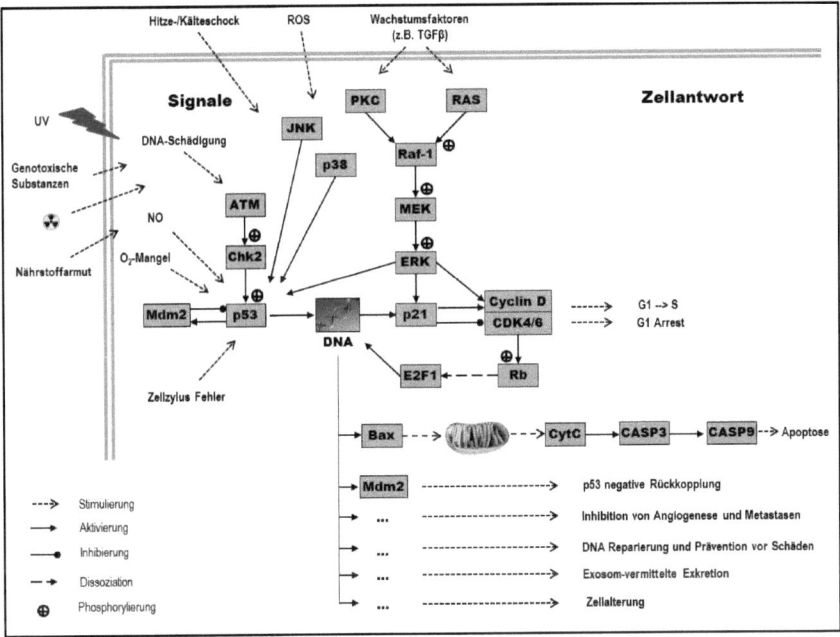

Abb. 3.38: Die Rollen von p53 und p21 mit Fokus auf die Zellzyklus-Regulierung (zur Erklärung siehe Text)

Metallothioneine (MT) gehören zu einer Familie cysteinreicher (Anteil 30 %), zytoplasmatischer Proteine (0,5 bis 14 kDa), die die Fähigkeit besitzen, eine Vielzahl von Metallen zu binden (vor allem Cadmium, aber auch Quecksilber, Silber, Kupfer, Arsen) und somit einer potenziellen Schwermetall-Toxizität entgegenwirken (Masters et al., 1994; Schwarz et al., 1994). In hohen Konzentrationen bilden sich MT-Kristalle oder Einschlusskörperchen („*inclusion bodies*"), die in Geweben akkumulieren können. Darüber hinaus wird ihnen eine regulatorische Funktion für physiologische Metalle wie Kupfer und Zink zugesprochen (Krezel et al., 2007). Metallothionein könnte an der Lieferung und Versorgung der Zellen mit Zink, das wichtiger Bestandteil z.B. von Zinkfinger-Transkriptionsfaktoren ist, beteiligt sein. Aufgrund der Beteiligung an der Regulation von Transkriptionsfaktoren (z.B. p53; Ostrakhovitch et al., 2006) wird ihnen auch eine Rolle bei der Proliferation, Differenzierung, der Tumorentstehung, aber auch bei der Apoptose zugesprochen (Cardoso et al., 2009; Huang & Yang, 2002). Es ist darüber hinaus bekannt, dass Metallothioneine bei der Regeneration der Leber nach Gewebeschädigungen eine Rolle spielen (Mehendale, 2005). Da Cystein-Reste reaktive Sauerstoffspezies (ROS) wie das Hydroxylradikal (OH•) und das Superoxidanionradikal (O_2^-•) binden und so unschädlich machen können, wird auch eine Rolle von Metallothioneinen als Teil eines Schutzmechanismus gegen oxidativen Stress diskutiert (Kumari et al., 1998; Viarengo et al., 1999). Darüber hinaus wurde eine Stimulation der Metallothionein-Expression durch Substanzen, die an inflammatorischen Prozessen beteiligt sind, wie z.b. Glucocorticoid Hormone, LPS, IL-1, IL-6 oder TNFα, beobachtet (Sato et al., 1992), so dass Metallothioneine eine Rolle bei der Stressantwort spielen könnten (Ebadi et al., 1995; Inoue et al., 2009).

IGFBP-6 (engl *insulin-like growth factor-binding protein 6*) dient einerseits als „Carrier-Protein" für die Wachstumsfaktoren IGF-1 und IGF-2 (engl. *insulin-like growth factor*) (Hwa et al., 1999). Es bindet IGF in der Leber, verlängert dadurch seine Halbwertszeit, reguliert aber auf der anderen Seite seine Verfügbarkeit. IGFs stimulieren die Proliferation und Differenzierung von Zellen, und sie sind vor allem am Knochen- und Muskelwachstum beteiligt. Auf der anderen Seite kann IGFBP-6 aber auch unabhängig von IGFs wirken. So inhibiert IGFBP-6 die Differenzierung von Myoblasten und Osteoblasten (Strohbach et al., 2008). Dessen Überexpression kann die Proliferation, Invasion und Metastasenbildung von Tumoren supprimieren und dessen Apoptoserate erhöhen (Kuo et al., 2010). Der knock down von Igfbp-6 durch antisense-RNA führte auf der anderen Seite zu schnellerem Zellwachstum (Kim et al., 2002). In anderen Arbeiten wurde herausgefunden, dass IGFBP-6 nukleäre Proteine bindet, die für die DNA-Stabilität verantwortlich sind (Ku80, Ku70; Histone) (Iosef et al., 2010).

Hitzeschockproteine (engl. *heat shock proteins*, HSP) sind Proteine (Chaperone), die bei der Faltung und bei der Erhaltung der Sekundärstruktur anderer Proteine, nicht nur unter Stressbedingungen (Hitze, xenobiotischer Stress, UV-Strahlung, Entzündungen, Sauerstoffmangel), eine wichtige Rolle einnehmen (De Maio, 1999; Santoro; 2000). In diesen Situationen zellulären Stresses stabilisieren sie zelluläre Proteine und schützen sie vor Denaturierung oder beschleunigen den Abbau nicht mehr funktionsfähiger Proteine über das Proteasom (Parcellier et al., 2003). Hitzeschockproteine werden nach ihrer Molekülmasse in kDa in Familien eingeteilt (z.B. Hsp27, Hsp40, Hsp60, Hsp70, Hsp90), die strukturell und funktionell sehr unterschiedlich sein können.

Auf dem Array war eine Vielzahl von Hitzeschockproteinen vertreten. Aus der Familie der sHSP (engl. *small heat heat shock protein*) ist das **Hitzeschockprotein 1** (**Hspb1** = Hsp27) an verschiedenen Funktionen wie Thermotoleranz, Apoptose-Inhibierung (Sarto et al., 2000; Charette et al., 2000), Zell-Differenzierung und –Entwicklung (Arrigo, 2005) sowie bei der Signaltransduktion beteiligt. In einigen Arbeiten werden HSP27 auch Funktionen beim Schutz vor oxidativem Stress zugeschrieben. Dies wird erreicht durch Erhöhung und Beibehaltung eines reduzierten Glutathion-Levels (Arrigo et al., 2005), oder unter Beteiligung von **alpha B-Crystallin** (**Cryab**) (Schultz et al., 2001).

Eine schnelle (innerhalb von Minuten) Aktivierung von Hsp27 erfolgt über dessen Phosphorylierung durch p38 MAPKinase und den MAPKinase-Weg. Dies führt zur Oligomerisierung des Proteins und zu dessen Chaperon-Aktivität (Gusev et al., 2002). Stimulanzien dafür können Differenzierungs- oder Mitose-stimulierende Agenzien, inflammatorische Zytokine wie TNFα und IL-1β, sowie Wasserstoffperoxid und andere Oxidationsmittel sein (Garrido, 2002). Nach Stunden erfolgt auch eine Aktivierung über die Stimulierung der Expression.

Die Mitglieder aus der **HSP70** Familie sind die wohl am meisten untersuchten Hitzeschockproteine. Sie dienen in erster Linie als Chaperone bei der Proteinfaltung, und als Schutzmechanismus gegen zellulären Stress (Morano, 2007; Tavaria et al., 1999). Sie helfen dabei, geschädigte Proteine dem Proteolyse-Weg zuzuführen (Lüders et al., 2000), und inhibieren die Apoptose (Beere et al., 2000). Im Array wurden verschiedene Vertreter dieser Familie untersucht (**Hspa1b, Hspa1l, Hspa4, Hspa5, Hspa8**).

Darüber hinaus existieren noch Cochaperone wie **Dnaja1** (Hsp40), das die ATPase-Aktivität von HSP70 nach dessen Peptidbindung erhöht, und Hitzeschock-Transkriptionsfaktoren wie **Hsf1**, der nach Aktivierung durch die genannten Stressstimuli in den Zellkern gelangt, an „heat shock elements" der DNA bindet, und die Transkription von HSPs aktiviert (Shamovsky & Nudler, 2008).

Apoptose kann durch externe Stimuli wie z.b. durch die Bindung von TNFα an den TNF-Rezeptor stimuliert werden (Abb. 3.39). Daraufhin werden Phophorylierungskaskaden in Gang gesetzt, die zu einer Aktivierung des Transkriptionsfaktors **NFκB** führt, der neben TNFα auch durch IL-1β aktiviert werden kann. Nach Translokation in den Zellkern induziert NFκB die Expression von Genen, die bei der Regulation der Immunantwort, der Zellproliferation und des Zelltodes wichtig sind, unter anderem auch von TNFα und IL-1β (Abb. 3.39).

Alternativ werden neben dem Adapterprotein **TRADD** und RIP noch weitere Signalproteine an den „death receptor" rekrutiert, wie z.b. der FAS Ligand (**FASL**), ein Mitglied der TNF Superfamilie, wodurch der Caspase-Weg aktiviert wird. **Caspasen** spalten Peptidbindungen C-Terminal von Aspartat. Sie sind die wichtigsten Enzyme der Apoptose und sind damit essentiell für die korrekte Entwicklung eines Lebewesens, aber auch für die Antwort einer Zelle auf schwere Beschädigung (z. B. durch Strahlung) oder Infektion durch Viren (Abb. 3.39).

Ein Protein, das bei der Aktivierung des Caspase Signaltransduktionskaskade beteiligt ist, ist **TNFSF10** (Kuribayashi et al., 2008; Wei et al., 2012).

Ein weiterer, intrinsischer Weg erfolgt über die Cytochrom C Freisetung aus Mitochondrien, die durch die pro-apoptotischen Proteine BID, BAK und **BAX** (engl. BCL2-associated X proteins) iniziiert, und durch **BCL2L1** (engl. BCL2-like 1) inhibiert wird (Abb. 3.39).

Die Injektion von Ferinject® führte im Array zu einer Hochregulation der an der Regulierung des Zellzyklus beteiligten Gene E2f1 (7,7-fach) und Cyclin D1 (Ccnd1) (6,8-fach), aber auch von Cdkn1a (p21; 2,3-fach) (Tab. 3.5), was sich bei den beiden zuletzt genannten Genen in den Einzelassays bestätigte (Abb. 3.40). Aus der Literatur ist bekannt, dass die entgegengesetzt wirkenden Proteine, CCND1 und p21, simultan exprimiert werden können (Blagosklonny, 1999). Die Reaktion der Zelle hängt von ihrem Proliferationsstatus und von weiteren, vorhandenen Stimuli ab.

Zwei weitere Cycline, Cyclin C (phosphoryliert RNA Polymerase II, mRNA Peak in G1-Phase) und Cyclin G wurden nur im Array untersucht. Sie zeigten keine erhöhte Expression (nicht gezeigt).

Auch die upstream Regulatoren Atm, Chck2, p53 und Mdm2 (Abb. 3.38) wurden durch Ferinject® im Array nicht beeinflusst (nicht gezeigt). Darüber hinaus zeigte der Array bei dem Transkriptionsfaktor Egr1 keine Erhöhung, eine leichte, aber zur Kontrolle nicht signifikante Stimulierung konnte jedoch im Einzelassay beobachtet werden (Abb. 3.40). Mt2 wurde durch Ferinject® nicht beeinflusst.

Stattdessen wurde die Igfbp-6 mRNA im Array am stärksten aller untersuchten Gene herunter-reguliert (-12,7-fach) (Tab. 3.6), was für eine Apoptose-Inhibierung und Proliferations-Stimulierung spricht. Im Einzelassay konnte aufgrund der wenigen Tiere und zum Teil hohen Schwankungen kein signifikanter Unterschied festgestellt werden (Abb. 3.40).

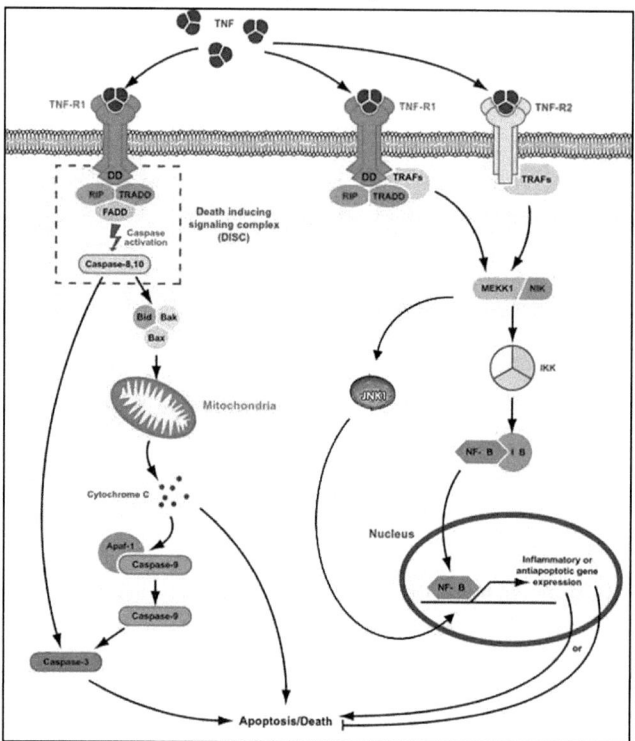

Abb. 3.39: TNF-induzierte Apoptose und Anti-Apoptose Signaltransduktionsweg. Nach der Interaktion von TNF mit dem TNF Rezeptor (TNF-R) wird das Adapter-Proteine TRADD zur zytosolischen Domäne rekrutiert. Die Anlagerung von weiteren assoziierten Proteinen (TRAFs und RIP) führt entweder über die Aktivierung der Protein Kinasen MEKK1 und NIK zur Aktivierung der NFκB-Inhibitor Kinase (IKK). Dieser phophoryliert den NFκB-Inhibitor (IκB), der dadurch degradiert wird, was zur Aktivierung und Translokation von NFκB in den Zellkern führt, wo es die Expression von inflammatorischen und anti-apoptotischen Genen induziert. Über einen anderen MAPKinase-Signalweg (über MEKK7) können auch „Stressproteine" aus der JNK Familie (z.B. JNK1) aktiviert werden. Diese gelangen in den Zellkern und aktivieren Transkriptionsfaktoren wie c-Jun und ATF2, die die Expression von pro-apoptotischen Proteinen, die Zelldifferenzierung und Proliferation regulieren, einschalten. Alternativ kann durch Bindung des Adapter-Proteins FADD an TRADD die Aktivierung des Caspase-Signalwegs ausgelöst werden. Mit der Aktivierung von proapoptotischen Proteinen aus der Bcl-2 Familie führen Bid, Bak, und Bax zur Cytochrom C Freisetzung aus Mitochondrien, zur Aktivierung von Caspasen 9 und 3, und damit einhergehend zum programmierten Zelltod (Abbildung modifiziert aus Rahman & McFadden, 2006).

Bei Betrachtung der Gene der Hitzeschockproteine und der assoziierten Proteine auf dem Array kann festgestellt werden, dass Ferinject® die Expression dieser Gene (Hspa1l, Hspa4, Hspa5, Hspa8, Hspb1, Hspd1, Hspe1, Dnaja1, Hsf1, Cryab) entweder nicht beeinflusste oder herunterregulierte (Tab. 3.6). Im Einzelassay war eine tendenzielle, aber aufgrund der gringen Anzahl der Tiere und der hohen Schwankung keine signifikante, Herunterregulation der Hitzeschockproteine 1 und 1b festzustellen (Abb. 3.40).

Auch die mit Apoptose assoziierten Gene (FasL, BCL2L1, BAX, Caspase 1, Caspase 3, Caspase 8, TNFSF10, TRADD, NFκB, IKB) sowie der typische Apoptose-Marker Annexin V (Anxa5) (Koopman et al., 1994; Vermes et al., 1995), wurden durch die Injektion von Ferinject® entweder nicht beeinflusst oder herunterreguliert (Tab. 3.6 und Abb. 3.40).

Im Gengensatz zu Ferinject® bewirkten die PMAcOD SPIOs im Array eine um den Faktor 2,2 verminderte Transkription der Cyclin D1 (Ccnd1) mRNA (Tab. 3.6). Dies würde eine Proliferations-Hemmung bedeuten. Im Einzelassay war die Expression der Ccnd1 mRNA im Mittel jedoch von der Kontrolle nicht signifikant verschieden (Abb. 3.40), allerdings zeigte (die auch im Array untersuchte) Maus 3 mit 3612 Kopien eine deutlich geringere Expression als die anderen beiden Mäuse (8278 und 12611 Kopien) und als die Kontrolltiere (Mittelwert: 7321 Kopien). Die Cycline C und G wurden nicht stimuliert (nicht gezeigt). Stattdessen stimulierten die PMAcOD SPIOs die Cdkn1a Transkription im Array (3,9-fach; Tab. 3.5), aber nicht im Einzelassay. Aber auch hier wies Maus 3 die stärkste Expression auf (3610 Kopien), während die Transkriptionsmuster der anderen beiden Mäuse ähnlich (700 und 626 Kopien) und von der Kontrolle nicht zu unterscheiden waren. Die erhöhte Cdkn1a mRNA Transkription speziell der Maus 3 passt gut mit dem Expressionsmuster der Cyclin D1 mRNA zusammen, wonach die PMAcOD SPIOs die durch Cyclin D1 vermittelte G1/S Transition durch Aktivierung von p21 hemmen würden.

Wie bei Ferinject® wurden die upstream Regulatoren des Zellzyklus, Atm, Chck2, p53 und Mdm2 (Abb. 3.38), durch die PMAcOD SPIOs im Array nicht beeinflusst (nicht gezeigt).

Während Ferinject® keine Wirkung auf die Egr1 mRNA-Konzentration hatte, wurde sie durch die PMAcOD SPIOs um 2,1-fach herunterreguliert (Tab. 3.5), was sich im Einzelassay jedoch nicht bestätigte (Abb. 3.40). Dass eine im Array gefundene leichte Herunterregulation sich im Einzelassay nicht immer wiederfindet, wurde bereits erwähnt.

In dem hier durchgeführten Experiment zeigte Mt2 im Array nach der Injektion der PMAcOD SPIOs die stärkste Transkriptions-Stimulierung aller untersuchten Gene (28,4-fach; Tab. 3.5), die sich im Einzelassay jedoch als nicht signifikan erwies (Abb. 3.40). Allerdings zeigte erneut Maus 3 mit über 276.000 Kopien gegenüber 16.247 und 14.592 Kopien bei den anderen Mäusen derselben Gruppe eine extrem starke Stimulierung der Mt2 mRNA Expression. Aus der Literatur ist bekannt, dass Eisenverbindungen die MT Expression aufgrund der ROS-Generierung erhöhen können (Min et al., 2005; Brown et al., 2007). Da die hohe Eisengabe durch Ferinject® jedoch keine Reaktion hervorrief, ist ein durch Eisen ausgelöster oxidativer Stress für die hier festgestellte hohe Expression durch die PMAcOD SPIOs eher zu vernachlässigen.

Jedoch fanden Bauman et al. 1991 heraus, dass Dimethylmaleat als Auslöser von oxidativem Stress eine starke Metallothionein Expression in der Leber hervorrief. Da die Hülle der PMAcOD SPIOs aus einem Polymaleinsäure-Derivat besteht, könnte das möglicherweise die im Array gefundene hohe Expression erklären.

Eine andere Erklärung ist die inflammatorische Komponente, zumal im Array IL-6 zusammen mit Mt2 nach der Gabe der PMAcOD SPIOs von den Nanopartikeln die höchsten Expressionen zeigten. (Abb. 3.36). Denkbar wäre also eine durch Interleukine und/oder TNFα stimulierte Expression von Mt2, wie sie in der Literatur bereits beschrieben wurde (Min et al., 2005; Ebadi et al., 1995).

Im Array wurde durch die PMAcOD SPIOs, ähnlich wie bei Ferinject®, die Igfbp-6 mRNA am stärksten

aller untersuchten Gene herunterreguliert (-7,4-fach; Tab. 3.6), was für eine Apoptose-Inhibierung spricht. Auch im Einzelassay konnte eine Reduktion festgestellt werden, die aufgrund der wenigen Tiere und zum Teil hohen Schwankungen nicht signifikant war (Abb. 3.40).
Bei Betrachtung der Gene der Hitzeschockproteine und der assoziierten Proteine können die bei Ferinject® gemachten Aussagen übernomme werden (keine Beeinflussung oder Herunterregulation), wobei die Negativreaktionen durch die PMAcOD SPIOs prinzipiell geringer ausfielen, was darauf hindeutet, dass dies durch hohe Eisenkonzentrationen verursacht wurde (Tab. 3.6). Von den untersuchten Hitzeschockproteinen wurde jedoch ein einziger Vertreter, nämlich das Hitzeschockprotein 1b durch die PMAcOD-Gabe stimuliert (3,8-fach; Tab. 3.5). Im Einzelassay war bei Maus 3 eine deutliche Erhöhung festzustellen, bei Betrachtung aller Tiere war sie jedoch nicht signifikant (Abb. 3.40). Die mit Apoptose assoziierten Gene (FasL, BCL2L1, BAX, Caspase 1, Caspase 3, Caspase 8, TNFSF10, TRADD, NFκB, IKB, Anxa5) wurden durch die PMAcOD SPIOs nicht beeinflusst (Tab. 3.6 und Abb. 3.40).

Das Expressionsprofil nach der Injektion der Nanosomen war dem nach der Applikation der PMAcOD SPIOs insgesamt ähnlich. Bei einzelnen Genen gab es jedoch relativ große Unterschiede. So wurde z.B. das Cyclin D1 durch die Nanosomen im Array (2,0-fach) induziert (Tab. 3.5). In dem Einzelassay war die Expression der mRNA leicht, aber nicht signifikant erhöht (Abb. 3.40).
Einen deutlichen Unterschied zeigte auch die Egr1-Expression, die im Array durch die Nanosomen um 4,2-fach hoch reguliert wurde (Tab. 3.5), was sich in dem Einzelassay bestätigte (Abb. 3.40). Die starke Reaktion lässt sich vielleicht mit einer Nanopartikel-Aufnahme durch andere Zellen erklären. Timothy *et al.* beschrieben 2000 eine besonders hohe Expression unter anderem in Endothelzellen. Bisher wurde eine Aufnahme von Nanosomen durch diese Zellen jedoch nicht beobachtet.

Wie bei den PMAcOD SPIOs zeigte Mt2 im Array die stärkste Transkriptions-Stimulierung aller untersuchten Gene (8,1-fach; Tab. 3.5). Im Gengensatz zu den PMAcOD SPIOs (die nur in Maus 3 diese starke Reaktion hervorriefen), war dies bei den Nanosomen bei allen Mäusen der Fall (Abb. 3.40). Neben der bereits bei den PMAcOD SPIOs diskutierten inflammatorischen Komponente als Auslöser für diese starke Reaktion könnte die Zusammensetzung der Nanosomen eine weitere Erklärung liefern. Dessen Hülle besteht aus triglyceridreichen Lipoproteinen, die Cholesterine enthalten. Diese sind Ausgangs-Substanzen für die Synthese von Glucocorticoiden, potenziellen MT Stimulatoren. Eine vermehrte Glucocorticoid-Synthese nach Abbau der Nanosomen und Cholesterin-Freisetzung als Auslöser für die hohe Mt2 Expression ist zwar spekulativ, aber nicht ganz abwegig. Auffällig und interessant ist darüber hinaus die bereits oben beschriebene, durch die Nanosomen ausgelöste, starke Expression von Egr1, einem Zinkfinger-Transkriptionsfaktor, das ein Zielmolekül von Metallothioneinen ist (Abb. 3.40).
Im Zusammenhang mit den „Apoptose-Genen" ist noch die starke Herunterregulation der Igfbp-6 im im Array (-7,3-fach; Tab. 3.6), sowie die signifikante Herunterregulation von Caspase 3 im Einzelassay (Abb. 3.40) erwähnenswert.

3.Ergebnisse und Diskussion

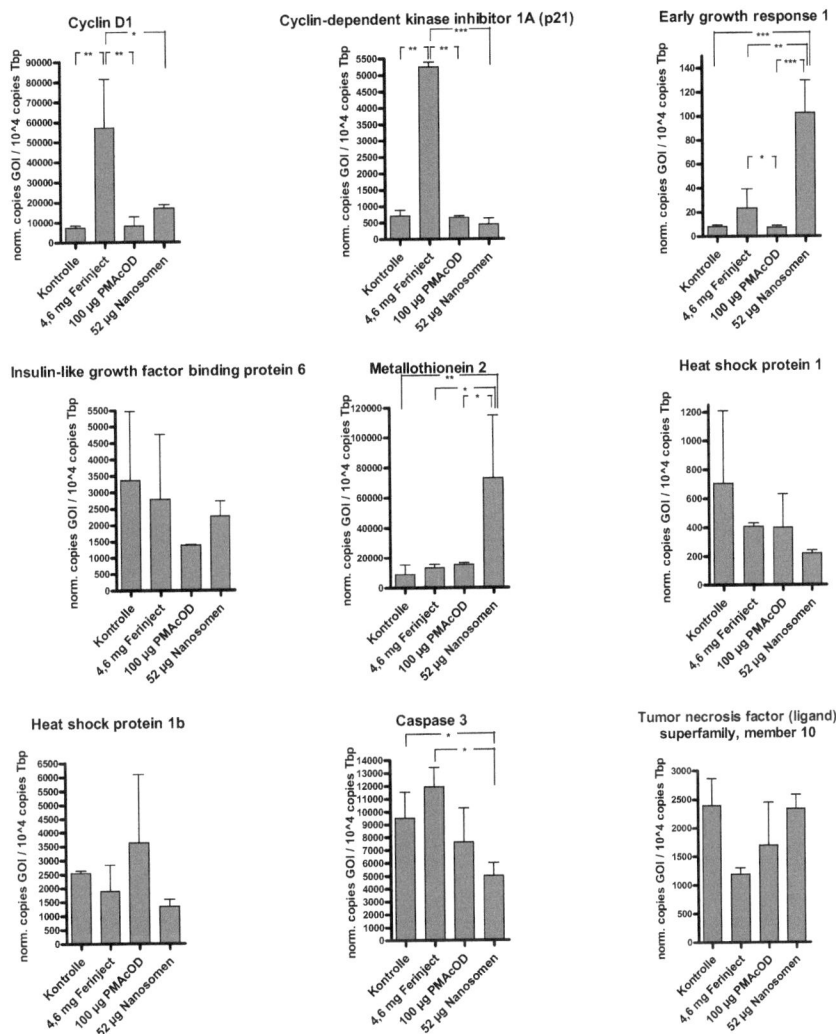

Abb. 3.40: *In vivo* Einfluss von SPIOs auf die Expression von Genen, die mit „Zellwachstum, Proliferation, Leber Regeneration" & „Zelltod, Nekrosen, Leberschädigung" assoziiert sind. RT-PCR aus Leberhomogenaten 2 Tage nach *i.v.* Injektion der angegebenen SPIOs (Signifikanzen: ***, $p \leq 0,001$; **, $p \leq 0,01$; *, $p \leq 0,05$; n = 2-3).

Zusamenfassend lässt sich feststellen, dass das Expressionsmuster nach der Injektion der hohen Ferinject®-Konzentration auf eine Proliferations-Stimulierung hindeutet. Offensichtlich bewirkt eine Überladung mit Eisen die Zellproliferation, wobei die downstream Effektoren (z.B E2f1) stärker beeinflusst werden. Die leichte Expressions-Stimulierung des Hitzeschockproteins 1b durch die

155

PMAcOD SPIOs könnte auf die Generierung von leichtem oxidativen Stress und auf die Einleitung von anti-apoptotischen Prozessen hindeuten. Insgesamt fielen die durch die PMAcOD SPIOs verursachten Effekte gering aus. Auch das Expressionsmuster nach der Nanosomen-Gabe deutet auf eine Proliferations-Stimulierung hin und auf ein „Erkennen" des Vorhandenseins der Nanopartikel in der Leber. Insgesamt deuten die Ergebnisse weder auf einen massiven Zellstress noch auf eine Apoptose-Stimulierung hin.

Zusammenfassung:

Die intravenöse Applikation von 4,6 mg **Ferinject®** führte nach zwei Tagen in der Leber zur Expression von Chemokinen (Ccl2, Ccl3, TNFα). Eine potenziell folgende Stimulierung von weiteren proinflammatorischen Zytokinen wie IL-1β und IL-6 wurde nicht gemessen. Hämoxygenase 1 ist ein Enzym, das eine Inhibierung er zuletzt genannten Zytokine verursacht haben könnte (Otterbein et al., 2000; Morse et al., 2003). Die Ergebnisse deuten auf eine leichte Entzündungsreaktion der Leber hin, aber nicht auf eine Aktivierung von „Akute-Phase-Reaktionen". Stattdessen deutet die Stimulierung von TNFα und NOS2 durch Ferinject® eher auf hepatozelluläres „priming", die erhöhte Expression von Cyclin D1 auf Proliferations-Stimulierung hin, die auch in anderen Arbeiten bei dem Einsatz von SPIOs beobachtet wurde (Huang et al., 2009). Insgesamt scheint die Leber auf die hohe Eisengabe durch Ferinject® mit der Aktivierung von Regenerationsprozessen zu reagieren. Die Aktivierung der Expression weiterer Proliferations-stimulierender Gene, wie Egr1 und E2f1, unterstützen diese Aussage. Um sicher zu gehen, müsste die Aktivität von weiteren Genen und Proteinen, die bei diesem Prozess typischerweise beteiligt sind, untersucht werden. Dazu zählen z.B. Wachstumsfaktoren wie TGFβ, EGF, und HGF, sowie Transkriptionsfaktoren wie c-Jun, c-Fos, Stat3 oder NF-κB (Fausto et al., 1995; Diehl et al., 1996). Zumindest im Array wurde die mRNA-Konzentration von NF-κB nicht beeinflusst.

Das Potenzial von Eisen, oxidativen Stress auslösen zu können, ist hinreichend bekannt. Die signifikant erhöhte Expression von Glutathion-S-Transferase und Hämoxygenase 1 durch Ferinject® deutet auch darauf hin. Auch der upstream-Regulator Nrf2 wurde erhöht exprimiert, jedoch nicht die durch ihn regulierten Gene der Superoxid-Dismutase, der Glutathion Peroxidase oder der Glutathion Reduktase. In diesem Zusammenhang besitzt interessanterweise TNFα durch Aktivierung der zytosolischen Phospholipase A (cPLA) das Potenzial zur Generierung von ROS (Woo et al., 2000). Da die TNFα-Expression durch Ferinject® signifikant erhöht wurde, ist eine downstream Stimulierung der beschriebenen antioxidativen Gene durch über TNFα generierte ROS denkbar (Lunov et al., 2010). In den Einzelassays hatte Ferinject® keinen signifikanten Einfluss auf die untersuchten Monooxygenasen aus den Gruppen der P450 Cytochrome und der Flavin-abhängigen Monooxygenasen. In dem Array wurden jedoch fast alle Gene herunterreguliert. Aus der Literatur ist bekannt, dass die nukleären Rezeptoren CAR, PXR und RXRalph, die die P450 Cytochrome regulieren, durch Entzündungsmediatoren herunter reguliert werden können (Pascussi & Vilarem, 2008), z.B. durch IL-1β (Assenat et al., 2004).

Die Behandlung der Mäuse mit 0,052 mg (Eisen) der **Nanosomen** zeigte ein ähnliches Muster. Die Expression von Zytokinen wie Ccl3 und Cxcl10 waren signifikant erhöht. Die Reaktionen fielen aber tendenziell geringer aus als bei Ferinject®. Die applizierte Eisenmenge war auch um den Faktor 88 geringer, die durch die Leber aufgenommene Menge um den Faktor 22 (Abb. 3.25 a). So wurde die Expression von IL-1β und IL-6 nicht, von NOS2 und TNFα entweder nur im Array, oder aber nicht signifikant im Vergleich zur Kontrolle erhöht. Genauso verhielt es sich mit dem Zellzyklus-aktivierende Gen für das Cyclin D1. Starke Expressionsstimulierungen wurden darüber hinaus bei den Genen E2f1, und sogar signifikant bei Egr1 und Mt2, festgestellt. Die letzten beiden können auch inflammatorisch wirken. Insgesamt deuten die Daten auf die Generierung von leichten Entzündungreaktionen und auf eine Stimulierung von Proliferationsprozessen hin. Die Bildung von oxidativem Stress durch die Nanosomen konnte nicht nachgewiesen werden: Keine der potenziellen Gene wurde hochreguliert. Der Grund dafür liegt wahrscheinlich in der relativ geringen, applizierten Eisenkonzentration. Stattdessen wurden die Expressionen der P450 Cytochrome CYP4a10, CYP4a14 und CYP7a1 stimuliert. Auch die mRNA-Konzentrationen der anderen untersuchten Cytochrome waren, wenn auch geringer als die Kontrolle, meistens höher, als durch Ferinject® und den PMAcOD SPIOs erzielt wurde. Zu erklären ist dies vermutlich mit deren Funktionen im Arachidon- und Fettsäurestoffwechsel sowie mit dem Abbau der Nanosomen und Freisetzung der Triglyceride.

Die Behandlung der Mäuse mit 0,1 mg (Eisen) der **PMAcOD SPIOs** führte insgesamt zu geringen und meistens nicht signifikanten Effekten. Bezogen auf die Entzündungsmediatoren waren die Expressionen von NOS2, IL-6 und IL-1β erhöht, bei den beiden zuletzt genannten war die Stimulierung höher als nach der Injektion von Ferinjet oder der Nanosomen, so dass den PMAcOD SPIOs ein geringes inflammatorisches Potenzial zugeschrieben werden kann.

Besonders eine der mit den PMAcOD SPIOs untersuchten Mäuse reagierte stärker als die anderen derselben Gruppe (die mRNA dieser Maus wurde auch im Array untersucht). Die Ursache dafür bleibt unklar. Vielleicht hat sie eine versehentlich höhere Dosis bekommen, oder es handelt sich um einen statistischen Ausreißer. Berücksichtig man das Expressionsmuster speziell dieser Maus, kann man die potenziellen Wirkungen einer evtl. höheren Nanopartikel-Konzentration herauslesen, die sonst bei Betrachtung des Mittelwertes verborgen bliebe. Zusätzlich zu den oben genannten Genen wurden Mt2 und Hspb1 der Maus 3 hoch reguliert, weitere Indizien, die auf ein stressinduzierendes Potential der PMAcOD SPIOs hindeuten. Auch die untersuchten Hitzeschockproteine wurden im Array zwar nicht hoch reguliert, deren Expressionen waren aber fast immer stärker als bei den mit Ferinject® und den Nanosomen behandelten Mäusen. Aufgrund fehlender Signifikanzen wegen eine zu geringen Anzahl an Mäusen erlauben die Daten jedoch keine sichere Aussage in diese Richtung.

Im Gegensatz zu Ferinject® (und im geringeren Maße zu den Nanosomen) wurden die Zellzyklus-stimulierenden Gene Cyclin D1 und Egr1 der Maus 3 durch die PMAcOD SPIOs herunterreguliert, und E2f1 nicht hochreguliert. Stattdessen wurden der Cyclin-Inhibitor Cdkn1a (p21) sowie dessen Regulator, TGFβ (Lta) hochreguliert, was eher für eine Hemmung des Übergangs von der G1- zur S-Phase bedeuten würde, was z.B. bei DNA-Schädigungen auftreten kann. In dieser Hinsicht zeigte jedoch keine der Behandlungen eine positive Beeinflussung von DNA-Reparatur-Genen wie Atm (engl. *ataxia telangiectasia mutated homolog*), Ercc1, Ercc4. (engl. *excision repair cross-complementing rodent repair deficiency*), Rad23a, Rad50, Xrcc1, Xrcc2 und Xrcc4 (engl. *X-ray repair complementing defective repair in Chinese hamster cells*), die im Array untersucht wurden (nicht gezeigt). Lediglich die mRNA der Uracil-DNA Glycosylase, die in die DNA falsch eingebaute Uracil Basen entfernt und so vor Mutationen schützt (Peterssen *et al.*, 2011), wurde im Array durch die PMAcOD SPIOs (Maus 3) um den Faktor 2,6 hoch reguliert (Tab. 3.5). Uracil-Basen treten durch Desaminierung von Cytosinen oder durch Fehleinbau von dUTPs auf.

Oxidativer Stress kann prinzipiell auch unabhängig von Eisen, durch Nanopartikel verursacht werden. Die PMAcOD SPIOs haben, betrachtet man den Mittelwert, keine signifikante Veränderung irgendeines der auf oxidativen Stress reagierenden Gene bewirkt. Jedoch zeigte die Maus 3 eine im Vergleich zur Kontrolle erhöhte Hämoxygenase 1 Expression. Bei Vergleich aller im Array untersuchten anti-oxidativ wirkenden Gene bewirkten die PMAcOD SPIOs (in Maus 3) im Vergleich zu den Behandlungen mit Ferinject® und den Nanosomen (unter Außerachtlassung der Kontrolle) die höchste Expression oder die geringste Herunterregulation fast all dieser Gene (Gpx1, Gsr, Hmox1, Hmox2, Sod1, Sod2, Ephx2). Nur Gpx2, Gstm1 und Gstm3 wurden durch Ferinject® stärker hochreguliert. Dies verdeutlicht die potenzielle Eigenschaft der PMAcOD SPIOs zur Auslösung von oxidativem Stress unabhängig von Eisen.

Ähnlich wie bei den Nanosomen bewirkten die PMAcOD SPIOs eine Stimulierung der mRNA-Expressionen von CYP4a10 und CYP4a14, vor allem durch die Reaktion der Maus 3. Zumindest erkennt die Leber das Vorhandensein der SPIOs als Fremdstoff und reagiert darauf. Aber auch hier wurden die meisten P450 Cytochrome eher herunterreguliert, jedoch nicht so stark wie bei Ferinject®. Auch hier könnten Entzündungsmediatoren dafür verantwortlich sein.

Insgesamt war die Wirkung der Nanopartikel, sogar der hohen Eisengabe durch Ferinject® so moderat, dass die wichtigen Schlüsselgene wie NF-κB, TRADD, p21 oder p53 nicht beeinflusst wurden, sondern, wenn überhaupt, dann „downstream" Effektoren. Dabei muss allerdings berücksichtig werden, dass die Aktivierung solcher Regulatoren oft posttranslational, also auf Proteinebene erfolgt (z.B. durch Phosphorylierung). Falls die Nanopartikel in der Leber Zellstress auslösten, dann war er nicht so groß, dass er Zellproliferation hemmende und (pro-) apoptotisch wirkende Gene wie Gadd45a (engl. *growth arrest and DNA-damage-inducible 45 alpha*; auch Ddit1 genannt), aktivierte. Auch verursachten sie keine durch ER-Stress vermittelte Apoptose, wie die fehlende Reaktion des pro-apoptotischen Transkriptionsfaktors, Ddit3 (engl. *DNA-damage inducible transcript 3*; auch „CHOP" oder „Gadd153" genannt) zeigte. Weitere Hinweise, dass Apoptoseprozesse durch keine der Behandlungen aktiviert wurden, sind die zu erwartenden, jedoch ausgebliebenen Expressions-Stimulierungen von Tnfsf10, FasL, Bcl2l1, Bax, Caspasen 1, 3 und 8 sowie Anxa 5.

Letztendlich muss beachtet werden, dass die hier erzielten Ergebnisse nur eine Momentaufnahme darstellen. Sicherlich können in den ersten Stunden nach Gabe der Nanopartikel Reaktionen stattgefunden haben, die nach 2 Tagen wieder abgeklungen sind. Auf der anderen Seite ist es sinnvoll zu untersuchen, ob nach länger Zeitdauer entweder durch den Abbau der relativ stabilen PMAcOD SPIOs oder durch die Persistenz im Körper chronische Reaktionen oder Schäden auftreten.

3.4.1.2 Expressionsmuster *in vitro*

Zur Untersuchung der toxischen Wirkungen von SPIOs *in vitro* wurden J774-Zellen (Makrophagen-Zelllinie) für 24 h mit 0,3 mmol/L (Eisen) der PMAcOD SPIOs inkubiert und anschließend die mRNA auf die Expression verschiedener Stress- und Toxizitätsgene untersucht. Dazu wurden, basierend auf den Erkenntnissen aus den *in vivo* Versuchen (Kap. 3.4.1.1), die dort stark reagierenden Gene ausgewählt. Da die PMAcOD SPIOs aus Stabilitätsgründen zuvor in FCS vorinkubiert wurden, hat die Negativkontrolle die entsprechende Menge an FCS bekommen. Als Vergleichs-Nanopartikel dienten das Eisenpräparat Ferinject® sowie der unter den nanomag® SPIOs am stärksten aufgenommene, biodegradierbare nanomag®-D-spio-COOH. Als Stress-auslösende Positivkontrolle wurden 0,5 mg/L LPS eingesetzt.

1. Oxidoreduktasen:

In der Gruppe der Gene, die mit dem Fettsäure Stoffwechsel und der Metabolisierung von Xenobiotika durch die Cytochrom P450 Familie assoziiert sind, wurden Cyp4a10, Cyp4a14, Cyp7a1 und Fmo4 in J774-Zellen nicht nachweisbar exprimiert. In relativ geringer Kopienzahl wurde Cyp2b10 exprimiert, das jedoch bei keinen der Behandlungen signifikant von der Kontrolle verschieden war (Abb. 3.41).

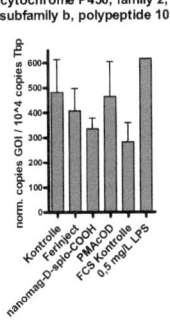

Abb. 3.41: *In vitro* Einfluss von SPIOs auf die Expression von Genen, die mit dem Fettsäure Stoffwechsel und der Metabolisierung von Xenobiotika durch die Cytochrom P450 Familie assoziiert sind. J774-Zellen wurden für 24h mit 0,3 mM (Eisen) der angegebenen SPIOs bzw. Eisenpräparate in Vollmedium inkubiert. Da die PMAcOD SPIOs zur Stabilisierung zuvor mit FCS inkubiert wurden, erhielt die Negativkontrolle (FCS Kontrolle) die entsprechende Menge an FCS. „Kontrolle" bezeichnet die Negativkontrolle für alle anderen Behandlungen. Als Positivkontrolle wurde eine Gruppe von Zellen mit 0,5 mg/L des inflammatorisch wirkenden LPS inkubiert. Anschließend wurden die Zellen gewaschen und die Expression der angegebenen Gene mittels RT-PCR untersucht. Die Kopienzahlen wurden auf die des „housekeeping genes" (Tbp) normiert.
(Signifikanzen zur Kontrolle: ***, $p \leq 0,001$; **, $p \leq 0,01$; *, $p \leq 0,05$; n = 2-3).

2. Anti-oxidative/ anti-xenobiotische Gene:

Aus der Gruppe der Gene, die mit „Oxidativer Stress Antwort", „Phase II Reaktionen" und „Metabolisierung von Xenobiotika" assoziiert sind, wurden Sod1, Hmox1 und Nrf2 untersucht. Gstm3 wurde in J774-Zellen nicht nachweisbar exprimiert. Die PMAcOD SPIOs bewirkten eine signifikante Stimulierung der Hämoxygenase 1 Expression, jedoch nicht der Superoxid Dismutase 1 Expression (Abb. 3.42). Die starke Hochregulation der Hmox1 durch LPS deutet darauf hin, dass es sich um eine inflammatorische Reaktion handeln könnte, und nicht eine durch Eisen hervorgerufene. Denn Ferinject® und die nanomag®-D-spio-COOH SPIOs riefen diese Reaktion nicht hervor, konnten aber die Sod1 Expression leicht, aber signifikant stimulieren. Nrf2, der Regulator dieser Gene, wurde durch Ferinject® signifikant, durch PMAcOD nur leicht erhöht. Die Ergebnisse deuten darauf hin, dass das durch den Abbau der Nanopartikel frei werdende Eisen, wenn überhaupt, dann nur im geringen Maße, oxidativen Stress auslösen und die benannten Gene stimulieren.

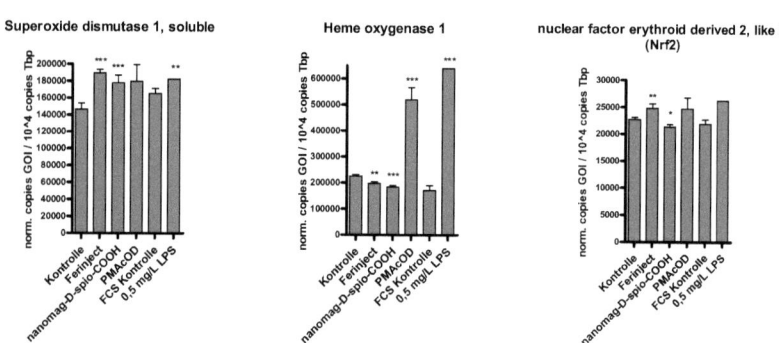

Abb. 3.42: *In vitro* Einfluss von SPIOs auf die Expression von Genen, die mit „Oxidativer Stress Antwort", „Phase II Reaktionen" und „Metabolisierung von Xenobiotika" assoziiert sind. J774-Zellen wurden für 24h mit 0,3 mM (Eisen) der angegebenen SPIOs bzw. Eisenpräparate in Vollmedium inkubiert. Da die PMAcOD SPIOs zur Stabilisierung zuvor mit FCS inkubiert wurden, erhielt die Negativkontrolle (FCS Kontrolle) die entsprechende Menge an FCS. „Kontrolle" bezeichnet die Negativkontrolle für alle anderen Behandlungen. Als Positivkontrolle wurde eine Gruppe von Zellen mit 0,5 mg/L des inflammatorisch wirkenden LPS inkubiert. Anschließend wurden die Zellen gewaschen und die Expression der angegebenen Gene mittels RT-PCR untersucht. Die Kopienzahlen wurden auf die des „housekeeping genes" (Tbp) normiert.
(Signifikanzen zur Kontrolle: ***, $p \leq 0,001$; **, $p \leq 0,01$; *, $p \leq 0,05$; n = 2-3).

3. Zytokine:

Bei Betrachtung der Gruppe der Zytokine fällt die relativ starken und signifikanten Expressionen von Ccl2, Ccl3, TNFα, und NOS2 nach Applikation der PMAcOD SPIOs auf (Abb. 3.43). Auch Csf2 (engl. *colony stimulatin factor 2*), ein Zytokin ,das von Makrophagen, T-Zellen, Mastzellen, Endothelzellen und Fibroblasten sezerniert wird, als Wachstumsfaktor für Leukozyten fungiert, und die Bildung von Granulozyten und Monozyten stimuliert, wurde stark exprimiert. Die mRNAs von Tnfsf10 und IL-6 konnten in den Einzelassay nicht nachgewiesen werden. Die Ergebnisse zeigen, vor alle im Vergleich mit der Behandlung mit LPS, eine relativ starke inflammatorische Wirkung der PMAcOD SPIOs. Obwohl Ferinject® und die nanomag® SPIOs stärker abgebaut wurden (Kap. 3.3), lösten sie keine starken Reaktionen aus. Im Gegenteil, sämtliche untersuchten Zytokine wurden herunterreguliert (Abb. 3.43). Dies zeigt, dass die hervorgerufene Zytotoxizität in erster Linie nicht durch das Eisen hervorgerufen wurde.

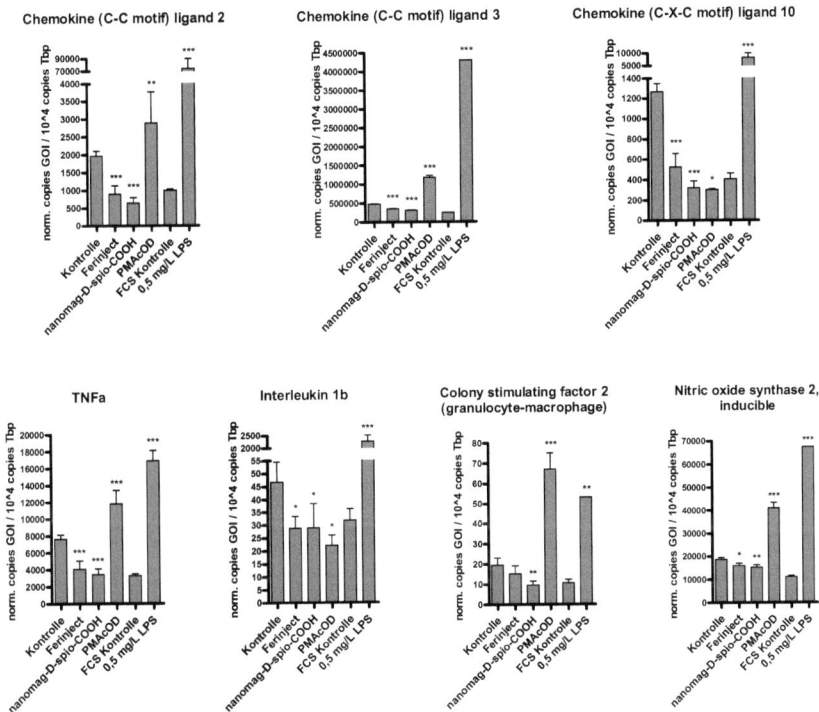

Abb. 3.43: Einfluss von SPIOs auf die Expression von Zytokinen *in vitro*. J774-Zellen wurden für 24h mit 0,3 mM (Eisen) der angegebenen SPIOs bzw. Eisenpräparate in Vollmedium inkubiert. Da die PMAcOD SPIOs zur Stabilisierung zuvor mit FCS inkubiert wurden, erhielt die Negativkontrolle (FCS Kontrolle) die entsprechende Menge an FCS. „Kontrolle" bezeichnet die Negativkontrolle für alle anderen Behandlungen. Als Positivkontrolle wurde eine Gruppe von Zellen mit 0,5 mg/L des inflammatorisch wirkenden LPS inkubiert. Anschließend wurden die Zellen gewaschen und die Expression der angegebenen Gene mittels RT-PCR untersucht. Die Kopienzahlen wurden auf die des „housekeeping genes" (Tbp) normiert. (Signifikanzen zur Kontrolle: ***, $p \leq 0,001$; **, $p \leq 0,01$; *, $p \leq 0,05$; n = 2-3).

4. Gene für Zellproliferation und Zelltod:

Auch die Genen, die mit „Zelltod, Nekrosen, Leberschädigung" & „Zellwachstum, Proliferation, Leber Regeneration" assoziiert sind, sprachen auf die PMAcOD SPIOs an. So wurden den Zellzyklus regulierende Gene wie Ccnd1 und Cdkn1a sowie das Proliferations-fördernde Egfr1, das auch durch

Entzündungsmediatoren stimuliert werden kann, hochreguliert (Abb. 3.44). Interessanterweise wurde Ccnd1 durch LPS herunterreguliert. Die Stimulierung der Expression der Hitzeschockproteine 1 und 1b in geringerem Umfang zeigen, dass Zellstress ausgelöst wurde. Im Gegensatz dazu haben Ferinject® und die nanomag®-D-spio-COOH SPIOs so gut wie keine Veränderungen ausgelöst.

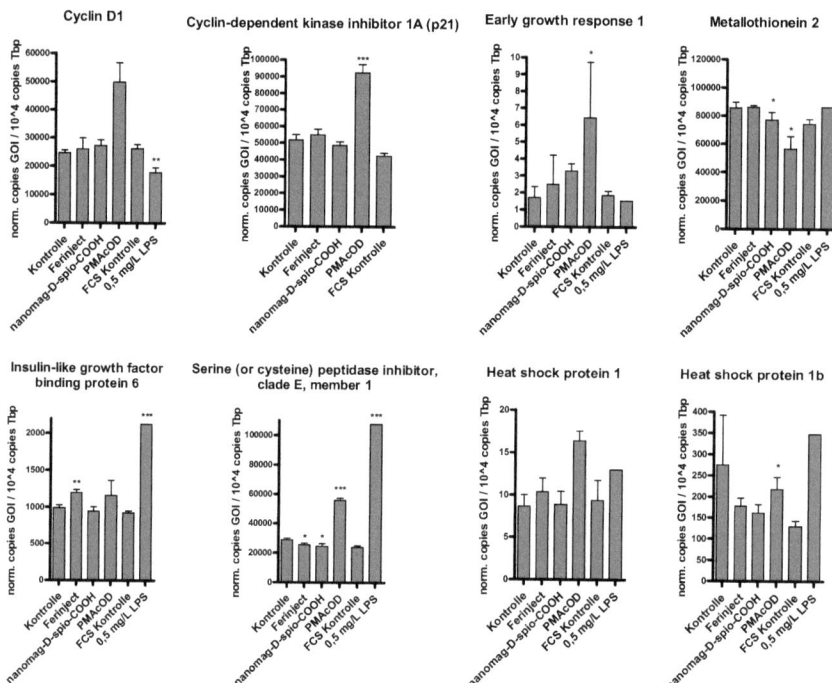

Abb. 3.44: *In vitro* Einfluss von SPIOs auf die Expression von Genen, die mit „Zelltod, Nekrosen, Leberschädigung" & „Zellwachstum, Proliferation, Leber Regeneration" assoziiert sind. J774-Zellen wurden für 24h mit 0,3 mM (Eisen) der angegebenen SPIOs bzw. Eisenpräparate in Vollmedium inkubiert. Da die PMAcOD SPIOs zur Stabilisierung zuvor mit FCS inkubiert wurden, erhielt die Negativkontrolle (FCS Kontrolle) die entsprechende Menge an FCS. „Kontrolle" bezeichnet die Negativkontrolle für alle anderen Behandlungen. Als Positivkontrolle wurde eine Gruppe von Zellen mit 0,5 mg/L des inflammatorisch wirkenden LPS inkubiert. Anschließend wurden die Zellen gewaschen und die Expression der angegebenen Gene mittels RT-PCR untersucht. Die Kopienzahlen wurden auf die des „housekeeping genes" (Tbp) normiert.
(Signifikanzen zur Kontrolle: ***, $p \leq 0,001$; **, $p \leq 0,01$; *, $p \leq 0,05$; n = 2-3)

Bei Vergleich der *in vitro* mit den *in vivo* Ergebnissen gibt es überwiegend Übereinstimmungen, aber auch einige Unterschiede. Die inflammatorische und Proliferations-stimulierende Wirkung von Ferinject® im Tierversuch wurde nur durch die sehr hohe eingesetzte Konzentration verursacht. *In vitro* hatte Ferinject® in der gleichen Konzentration wie die PMAcOD SPIOs (0,3 mmol/L) insgesamt

3. Ergebnisse und Diskussion

keinen negativen Einfluss auf die Zellen. Lediglich die Superoxid Dismutase und das Nrf2 wurden leicht, aber signifikant hochreguliert, während in den Mäusen neben Nrf2 auch die mRNA von Hämoxygenase 1 und Glutathion-S-Transferase 3 hochreguliert wurde. In beiden Systemen wurde die Generierung von (leichtem) oxidativem Stress angezeigt. Die Hochregulation von Hmox1 zeigt, dass versucht wird, gegen entstehenden zellulären Stress entgegenzuwirken. Dagegen wirkten die PMAcOD SPIOs bei Inkubation mit den Makrophagen stark und signifikant inflammatorisch und (leichten) Zellstress induzierend. Da die nanomag®-D-spio-COOH Nanopartikel in der gleichen Konzentration eingesetzt wurden wie die PMAcOD SPIOs, jedoch schneller und effektiver abgebaut wurden (stärkere Stimulierung der „Eisengene", LIP, Ferritin-Produktion), dabei aber keine zytotoxischen Effekte hervorriefen, ist davon auszugehen, dass die Ursache nicht in dem Eisen zu finden ist, sondern in den speziellen Eigenschaften des PMAcOD SPIOs, wie z.B. der Polymer-Hülle.

In den HUVECs wurden die mRNAs von Cyp3a4, IL-1β, TNFα und Cxcl10 nicht detektierbar exprimiert. Deshalb lässt sich im Rahmen dieser Arbeit keine fundierte Aussage über potenziell zytotoxische Effekte durch Nanopartikel in Endothelzellen sagen. Als zentraler Regulator von einer Vielzahl von anti-oxidativen und für die Metabolisierung und Detoxifikation von Xenobiotika sowie für das Überleben der Zelle wichtigen Genen wurde die Expression der Nrf2 mRNA untersucht. Dazu wurden die HUVECs mit 0,3 mmol/L FAS (Eisen(II)-Salz), mit dem Eisenpräparat Venofer®, den nanomag®-D-spio-COOH Nanopartikeln oder den PMAcOD SPIOs für 6 h, 24 h und 48 h inkubiert. Abb. 3.45 zeigt eine leichte Hochregulation der Nrf2 mRNA durch die PMAcOD SPIOs, die bereits nach 6 h signifikant war und sich nach 48 h nicht weiter erhöhte. Das Eisensalz, das Eisenpräparat und der nanomag®-D-spio-COOH Nanopartikel erreichten keine signifikante Erhöhung, nach 48 h eine Herunterregulierung. Dies deutet auf ein Eisen-unabhängiges, zytotoxisches Potenzial hin. Ohne weitere Indizien bleibt diese Aussage jedoch spekulativ.

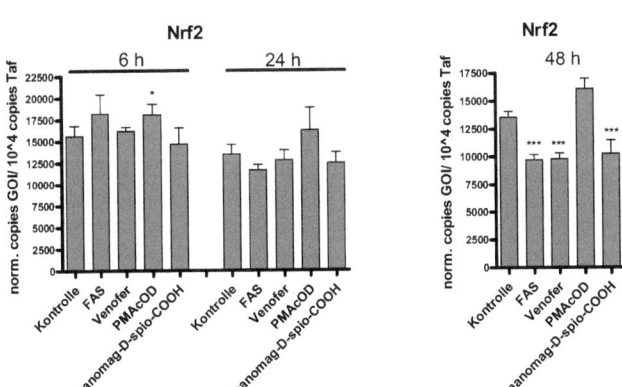

Abb. 3.45: Einfluss von SPIOs auf die Expression von „Nuklear factor erythroid derived 2, like 2" in Endothelzellen. HUVECs wurden für 6h oder 24h mit 0,3 mM (Eisen) der angegebenen SPIOs bzw. Eisenpräparate in Vollmedium inkubiert. Anschließend wurden die Zellen gewaschen und die Expression der Nrf2 mRNA mittels RT-PCR untersucht. Die Kopienzahlen wurden auf die des „housekeeping genes" (Taf) normiert.
(Signifikanzen zur Kontrolle: ***, p ≤ 0,001; **, p ≤ 0,01; *, p ≤ 0,05; n = 3).

Bei der Inkubation von αML-12 Zellen (Hepatozyten) mit einer höheren Eisenkonzentration (0,9 mmol/L) der PMAcOD SPIOs konnten keine nennenswerten Veränderungen des Expressionsmusters der untersuchten Gene (Nrf2, TNFα, Prostaglandin-Endoperoxid Synthase 2, Alkalische Phosphatase, Hmox1, Ccl2, Cxcl10, NOS2, Ddit3 festgestellt werden, jedoch durch Inkubation mit 0,5 mg/L LPS (nicht gezeigt). Dies bestätigt die zuvor getroffene Aussage, dass die Aufnahme und die damit einhergehende Degradation der PMAcOD SPIOs zu gering sind, als dass toxische Reaktionen hervorgerufen werden.

Wie in Kap. 3.2.2.2 ausgeführt wurde, wurde für die *in vitro* Experimente eine Zellzahl gewählt, die der Anzahl der Makrophagen in der Leber entsprechen könnte. Bedingt durch den komplexen, dreidimensionalen Aufbau der Leber, ist anzunehmen, dass die Makrophagen großräumiger verteilt sind, während in der Zellkulturschale die Zellen als Monolayer dicht nebeneinander sitzen und gleichmäßig mit den Nanopartikeln aus dem Überstand „geflutet" werden können. Darüber hinaus besteht die Leber aus verschiedenen Zelltypen (Hepatozyten, Makrophagen, Endothelzellen), die sich durch Ausschüttung von Hormonen und Zytokinen gegenseitig beeinflussen, und die außerdem unterschiedlich auf Stimuli reagieren können. Wahrscheinlich ist, dass toxische Effekte dadurch kompensiert werden können bzw. sich weniger stark auswirken.

3.4.2 Untersuchung der JNK- und der p38- Phosphorylierung

MAPKinasen (engl.: *mitogen-activated protein kinase*) sind evolutionär konservierte Enzyme, die Signale von Zelloberflächenrezeptoren zu ihren intrazellulären Zielmolekülen weiterleiten, und diese in unterschiedliche Outputsignale konvertieren. Sie spielen unter anderem bei der Signaltransduktion und der Antwort auf zellulären Stress bedeutende Rollen. Zwei wichtige downstream Effektorkinasen von unterschiedlichen MAPK Wegen sind JNK und p38 (Abb. 3.46).

JNK Proteine (c-Jun N-terminale Kinasen), oder auch SAPK (Stress-aktivierte Phosphokinasen) genannt, gehören zu den Proteinkinasen der MAP-Kinase-Familie. Ihr Name leitet sich von der Fähigkeit ab, N-terminale Aminosäurereste von c-Jun zu phosphorylieren. Es existiert aber eine Vielzahl von Zielproteinen (andere Protein-Kinasen oder Transkriptionsfaktoren). Insgesamt gibt es 10 Isoformen aus drei Gruppen: JNK1 (4 Isoformen) und JNK2 (4 Isoformen) kommen in nahezu allen Körperzellen und Geweben vor, JNK3 (2 Isoformen) hauptsächlich im Gehirn, aber auch im Herzen und in den Testes (Bode & Dong, 2007) Die Enzyme sind für die zelluläre Signaltransduktion, insbesondere von Stresssignalen (z.B. UV-Strahlung, Hitzeschock, Osmotischer Schock, Toxine, Sauerstoffmangel, Zytokine), aber auch bei der Proliferation und Differenzierung, der Gewebe-Entwicklung, bei Entzündungsprozessen und bei der Aktivierung von Apoptose, von großer Bedeutung (Abb. 3.39; Ip & Davis, 1998; Liu *et al.*, 2011; Lei & Davis, 2003; Park *et al.*, 2007). Die Aktivierung von JNK erfolgt durch Phosphorylierung von Threonin 183 und Tyrosin 185 durch die MAP Kinasen MKK4 und MKK7 (Yang *et al.*, 1997; Holland *et al.*, 1997).

3.Ergebnisse und Diskussion

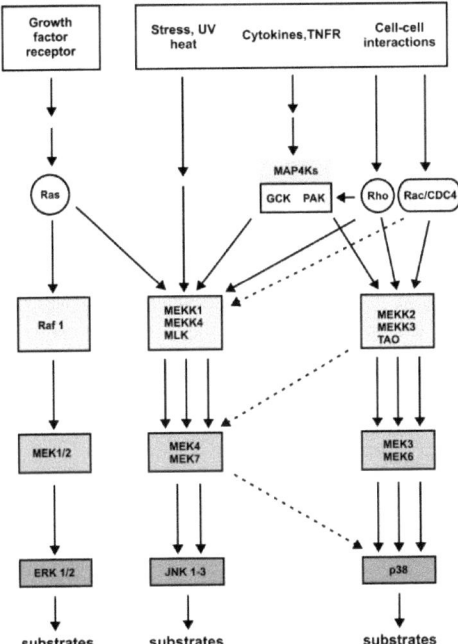

Abb. 3.46: Drei bedeutende MAPK Signaltransduktionswege in Säugetieren. Neben dem Ras/Raf/MEK/ERK Signalweg, der durch Rezeptor-Tyrosinkinasen aktiviert wird, sind die SAPK/JNK und p38 Signalwege vor allem bei der Zellantwort auf verschiedene Stress-Stimuli wichtig. Die Signalkaskade besteht aus MAP Kinasen (z.B. MEKK1, MEKK2), die weitere downstream Proteinkinasen phosphorylieren (z.B. MEK4, MEK3). Zwischen den Signaltransduktionswegen finden Interaktionen statt. TNFR: Tumornekrosefaktor-Rezeptor; GCK: Germinal Center Kinase; PAK: p21 aktivierte Kinase; MLK: Mixed Lineage Kinase; TAO: Thousand and one-amino acid protein kinase (Abbildung aus: "*Biochemistry of Signal Transduction and Regulation*" 3rd Ed.)

Um zu untersuchen, ob durch die Gabe von Nanopartikeln zellulärer Stress ausgelöst wird, der zu einer Phosphorylierung von JNK führt, wurden J774-Zellen (Makrophagen Zelllinie) für 3 h oder 6 h mit jeweils 0,3 mmol/L (Eisen) des Eisen(II)-Salzes FAS, des Eisenpräparats Venofer® und der PMAcOD SPIOs inkubiert. Anschließend wurden die Proteine isoliert und ein Western Blot durchgeführt (Abb. 3.47). Nach drei- und sechsstündiger Inkubation verursachten die PMAcOD SPIOs eine deutliche JNK-Phosphorylierung (Abb. 3.47 oben). Im Blot sind zwei Banden zu sehen. Das liegt daran, dass durch alternatives Spleißen jeweils eine 46-kDa und eine 54-kDa-Variante entstehen. Die Inkubation des Blots mit Antikörper gegen das unphosphorylierte JNK zeigte bei der Behandlung der Zellen mit FAS zwar starke Banden, jedoch ist dies vermutlich auf die stärkere Beladung zurückzuführen, wie die Ladekontrolle (β-Aktin) zeigt (Abb. 3.47 unten).

Die JNK-Phosphorylierung nach Inkubation der Makrophagen mit den PMAcOD SPIOs deutet auf das Vorhandensein von zellulärem Stress hin. Die JNK-Aktivierung könnte potenziell durch Zytokine, wie z.B. TNFα, ausgelöst worden sein (Barbin *et al.*, 2001), was zur Phosphorylierung und Hemmung von

E2F1 (Proliferations-stimulierender Transkriptionsfaktor) führt (Kishore et al., 2003). *In vitro* wurde die TNFα mRNA durch die PMAcOD SPIO auch hochreguliert (Abb. 3.43), und die Expression der E2f1 mRNA war *in vivo* deutlich schwächer als nach Behandlung der Mäuse mit Ferinject® oder den Nanosomen (Tab. 3.5).

Generell kann Endzündungsstress (z.B. durch LPS; Morse et al., 2003), aber auch oxidativer Stress die JNK-Phosphorylierung auslösen (Filosto et al., 2003; Hojo et al., 2002; Murakami et al., 2005). In den Makrophagen wurde die Hämoxygenase 1 auf mRNA-Ebene durch die PMAcOD SPIOs stimuliert (Abb. 3.42). Das durch dieses Enzym produzierte Kohlenmonoxid (CO) wirkt durch Inhibierung der Zytokine TNFα, IL-1β und IL-6 entzündungshemmend. Dies geschieht unter anderem durch Aktivierung von JNK (Morse et al., 2003). In den hier durchgeführten Experimenten mit Makrophagen wurde zumindest die IL-1β mRNA im Gegensatz zu nahezu allen anderen Zytokinen herunter reguliert (Abb. 3.43).

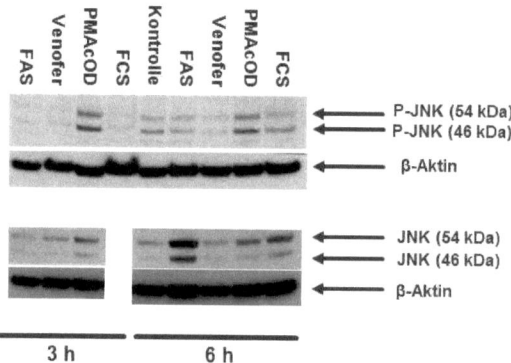

Abb. 3.47: JNK-Phosphorylierung nach Nanopartikel-Inkubation in Makrophagen. J774-Zellen wurden für 3h oder 6h mit 0,3 mM der angegebenen Eisenpräparate inkubiert. Nach Proteinisolierung wurden Western Blots mit Antikörpern gegen P-JNK (oben) oder JNK (unten) durchgeführt, wobei 20 µg bzw. 10 µg des Proteins pro Tasche geladen wurden. Als Ladekontrolle wurde nach Strippen derselbe Blot mit Antikörpern gegen β-Aktin inkubiert; FAS: Eisen(II)sulfat, Venofer®: Eisenpräparat, PMAcOD: SPIOs, FCS: Kontrolle der PMAcOD SPIOs.

Die MAPKinase p38 hat ähnliche Funktionen wie JNK. Es ist vor allem an verschiedenen Zellantworten auf unterschiedliche Stress-Stimuli beteiligt (Cohen, 1997; Ono & Han, 2000). Beide Kinase besitzen viele gemeinsame Zielmoleküle (z.B. den Transkriptionsfaktor Elk-1). Ein Zielmolekül von p38 ist Bcl-2, das durch Phosphorylierung an der Bindung mit BAD und BAX gehindert wird, so dass diese die Apoptose durch die Cytochrom C Freisetzung aus Mitochondrien einleiten können (Abb. 3.39). Somit ist p38 direkt an Apoptose-Prozessen beteiligt.

Weitere Zielmoleküle, die im Rahmen dieser Arbeit besprochen wurden, sind die Transkriptionsfaktoren p53 (Abb. 3.38; Huang et al., 1999) und Ddit3 (Gadd153), die bei der Tumorentstehung und Apoptose bzw. beim Zellwachstum und der Zelldifferenzierung beteiligt sind, sowie Cyclin D1 (Lavoie et al., 1996) und Rb, zwei wichtige Proteine, die den Zellzyklus regulieren. Darüber hinaus ist p38 an

3. Ergebnisse und Diskussion

der Produktion der proinflammatorischen Zytokine TNFα, IL-1β und IL-6 beteiligt (Perregaux et al., 1995), und es reguliert die Bildung von NO (Badger et al., 1998). Viele weitere Zielproteine von p38 und seinen Einfluss auf die unterschiedlichsten zellulären Prozesse sind bei Shi & Gaestel (2002) und Ono & Han (2000) reviewed.

Es existieren vier p38 Isoformen, α, β, γ und δ (Shi & Gaestel, 2002). Die Aktivierung von p38 erfolgt durch Phosphorylierung von Threonin 180 und Tyrosin 182 (Doza et al., 1995) hauptsächlich durch die MAP Kinasen MKK3, MKK4 und MKK6 (Dérijard et al., 1995; Reingeaud et al., 1995).

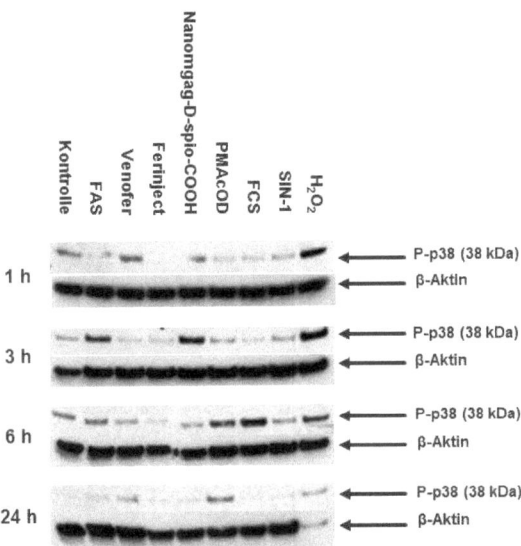

Abb. 3.48: p38-Phosphorylierung nach Nanopartikel-Inkubation in Makrophagen. J774-Zellen wurden für die angegebenen Zeitdauern mit 0,3 mM der angegebenen Präparate inkubiert. Nach Proteinisolierung wurden Western Blots mit Antikörpern gegen P-p38 durchgeführt, wobei 10 µg des Proteins pro Tasche geladen wurden. Als Ladekontrolle wurde nach Strippen derselbe Blot mit Antikörpern gegen β-Aktin inkubiert. FAS: Eisen(II)sulfat; Venofer®, Ferinject®: Eisenpräparate; nanomag®-D-spio-COOH: biodegradierbare Dextran-SPIOs; PMAcOD: SPIOs: FCS: Kontrolle der PMAcOD SPIOs; SIN-1: 3-Morpholinosydonimin Hydrochlorid, ein Peroxynitrit (ONOO$^-$) Generator.

Um zu untersuchen, ob Nanopartikel bzw. Eisen in Makrophagen zu einer Phosphorylierung und damit Aktivierung von p38 führen, wurden J774-Zellen für verschiedene Zeitdauern mit 0,3 mmol/L (Eisen) FAS, Venofer®, Ferinject®, den nanomag®-D-spio-COOH SPIOs oder den PMAcOD SPIOs inkubiert. Als Positivkontrolle dienten 25 µmol/L SIN-1, einem Peroxynitrit (ONOO$^-$) Generator sowie 0,3 mmol/L H_2O_2. Wie Abb. 3.48 zeigt, bewirkte die Inkubation der Makrophagen mit H_2O_2, nicht aber mit SIN-1, nach allen Inkubationszeiten eine p38-Phosphorylierung. Die positive Reaktion von FAS deutet darauf hin, dass es sich um eine Antwort auf die relativ hohe, da direkt verfügbare, Eisenkonzentration handeln könnte. In der Literatur wurde durch verschiedene Wissenschaftler die

Aktivierung von p38 durch Eisen nachgewiesen (Salvador & Oteiza, 2011; Dai *et al.*, 2004). Die p38-Phosphorylierung durch die nanomag®-D-spio-COOH könnte somit auch durch die Eisenfreisetzung bedingt sein, da der Nanopartikel relativ schnell abgebaut wird. Die nur verhaltene Reaktion von Venofer®, das in den zuvor beschriebenen Experimenten eine hohe Aufnahme und Eisenfreisetzung zeigte, unterstützt diese Aussage jedoch nicht. Andererseits ist aus der Literatur bekannt, dass prinzipiell Glucose (Moruno-Manchón *et al.*, 2012; Larsen et al, 2002; Cao *et al.*, 2012), und im Speziellen auch Dextran, über die Generierung von ROS die p38-Aktivierung bewirken können (Kwon et al, 2007). Jedoch wurden bei der Untersuchung des Expressionsmusters keine Anzeichen für oxidativen Stress durch die nanomag®-D-spio-COOH beobachtet (Kap. 3.4.1.2).

Die PMAcOD SPIOs bewirkten (im Vergleich zu allen anderen Behandlungen) erst nach 6 h bzw. 24 h eine deutliche p38-Phosphorylierung (Abb. 3.48). Dies wäre im Einklang mit der Beobachtung, dass dieser Nanopartikel relativ stabil ist und eine Eisenfreisetzung deshalb langsamer und später die p38-Aktivierung verursachen könnte. Der Vergleich mit der Kontrolle („FCS") zeigt, dass FCS allein p38 nach 6 h aktivierte. Dieser Effekt ließ aber nach 24 h nach. Zu diesem Zeitpunkt könnten auch andere Effekte (z.B. Polymerhülle, Ausfallen des Partikels, Agglomeration) als die Eisenkonzentration zu zyto-toxischen Erscheinungen führen, die eine p38-Aktivierung verursachen könnten.

Da die Aktivierung von JNK und p38 mit einer Vielzahl von Prozessen und Signaltransduktionswegen einhergeht, konnte der genaue Mechanismus der Kinasen bei der Beteiligung an dem durch die PMAcOD SPIOs hervorgerufenen Zellstress nicht endgültig geklärt werden. Potenzielle Wirkmechanismen der Kinasen in diesem Prozess wurden diskutiert. Zur genauen Klärung bedarf es weiterer Experimente.

3.4.3 Generierung von oxidativem Stress *in vitro*

Die Auslösung von oxidativen Stress und dessen Wirkung auf Zellen wurde ausführlich in Kap. 1.5 beschrieben. In den folgenden Experimenten wurde untersucht, in wieweit oxidativer Stress durch die Inkubation mit SPIOs augelöst wurde.

3.4.3.1.1 Untersuchung der Generierung von oxidativem Stress mittels eines Fluoreszein-Derivats

Zur Untersuchung von oxidativem Stress in Zellen ist die Verwendung eines Fluoreszein-Derivats eine bekannte und häufig angewandte Methode (LeBel et al., 1992). Um zu untersuchen, ob SPIOs oxidativen Stress in Makrophagen auslösen können, wurde das Fluophor 6-carboxy-2',7'-dichlorodihydrofluorescein diacetate, di(acetoxymethylester) (DCFH-DA) der Firma Invitrogen verwendet, und eine für Mikrotiterplatte modifizierte Methode nach Wang et al. (1999). Die reduzierte, acetylierte Form diffundiert in die Zelle, wo es durch Abspaltung des Acetoxymethylesters durch intrazelluläre Esterasen zu DCFH aktiviert wird (nicht fluoreszierend). Nach Oxidation, vornehmlich durch Wasserstoffperoxid, entsteht das grün fluoreszierende Carboxydichlorofluorescein (DCF). In der Literatur sind zwei unterschiedliche Einsatzmöglichkeiten beschrieben. Bei der ersten erfolgt die Inkubation der Zellen mit DCFH-DA vor der ROS-Stimulierung (Long et al., 2007; Sharma et al., 2007; Sarkar et al., 2007; Sohn et al., 2010). Da die Generierung von oxidativem Stress bei dieser Methode durch Messung zu jedem beliebigen Zeitpunkt „live" mitverfolgt werden kann, wird sie in dieser Arbeit als „kinetische Methode" bezeichnet. Bei der „Endpunkt-Methode" wurde zunächst die ROS-Produktion stimuliert und nach Waschungen der Zellen mit DCFH-DA inkubiert (Wang & Joseph, 1999; Hanley et al., 2008; Lin et al., 2006).

Die Untersuchung der ROS-Produktion nach der kinetischen Methode zeigte bei der Inkubation von Makrophagen (J774-Zellen) mit Venofer® die stärkste Fluoreszenz-Zunahme (Abb. 3.49 oben). Unter Berücksichtigung der massiven Aufnahme und Metabolisierung dieses Eisenpräparates (vergl. Abb. 3.4, Tab. 3.2 und Abb. 3.22) ist davon auszugehen, dass die Reaktion in erster Linie auf die Freisetzung von Eisen zurückzuführen ist. Auch die nanomag®-D-spio-COOH SPIOs bewirkten eine zum Teil exponentielle Zunahme der ROS-Produktion. Die Inkubation mit dem Eisen(II)-Salz (FAS) führte zwar auch zu einer Zunahme der Fluoreszenz, diese fiel jedoch deutlich geringer aus als bei Venofer®. Wie oben bereits beschrieben wurde, kann Glucose die ROS-Produktion ankurbeln. Eine zusätzliche Stimulierung durch die Saccharose im Venoferkomplex oder durch die Dextrane im nanomag®-D-spio-COOH SPIO wäre somit denkbar und könnte die stärkeren Reaktionen im Vergleich zu FAS erklären. Das Eisenpräparat Ferinject® initiierte einen Fluoreszenz-Anstieg, der geringer als der der Kontrolle war (Abb. 3.49 oben). Auch die PMAcOD SPIOs liefen unter ihren Kontrollen. Somit ließ sich bei den zuletzt genannten keine ROS-Produktion feststellen. Allerdings müssen potenziell mögliche Quencheffekte der Fluoreszenz durch Eisen bei allen Präparaten berücksichtigt werden. Auf der anderen Seite ist nicht auszuschließen, dass trotz Waschungen aktiviertes DCFH extrazellulär im Medium vorliegt, das durch das Eisen der SPIOs oxidiert wird und fluoresziert. Dies kann durch die Endpunkt-

Methode minimiert werden.

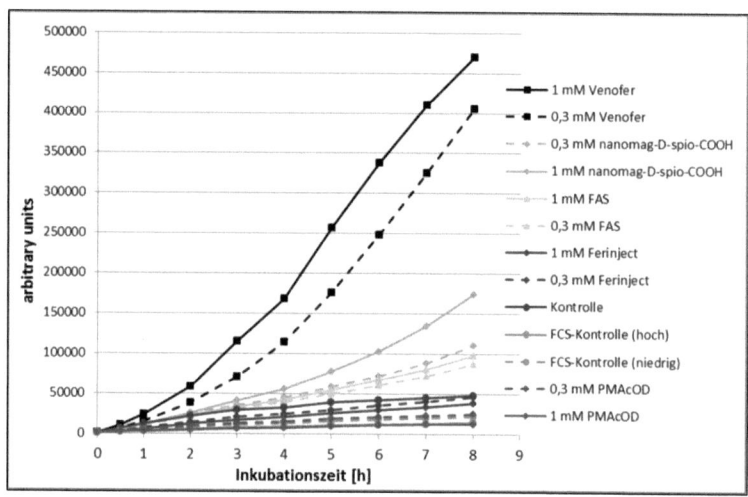

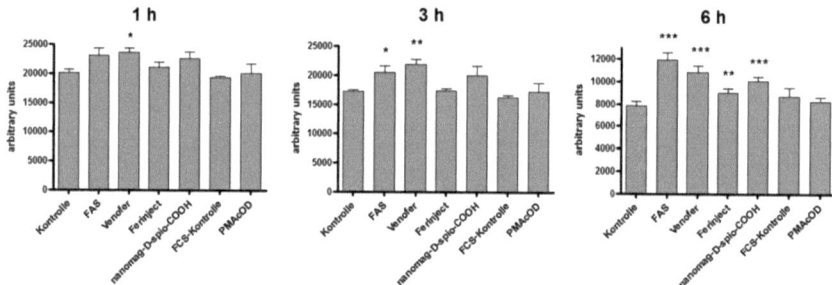

Abb. 3.49: ROS-Generierung in Makrophagen nach Inkubation mit SPIOs. **oben:** kinetische Methode: J774-Zellen wurden für 1h mit 20 µM DCFH-DA und nach Waschungen mit 0,3 mM (Eisen, gestrichelte Linien) oder 1 mM (Eisen, durchgehende Linien) der angegebenen Substanzen bei 37 °C inkubiert. Zu den angegebenen Zeitpunkten wurde die Fluoreszenz bei 535 nm nach Anregung bei 492 nm gemessen; „FCS-Kontrolle (hoch)" ist die Kontrolle für die mit 1 mM, „FCS-Kontrolle (niedrig)" für die mit 0,3 mM der PMAcOD SPIOs inkubierten Zellen; **unten:** Endpunkt-Methode: J774-Zellen wurden für die angegebenen Zeiten mit 0,3 mM (Eisen) der angegebenen Substanzen inkubiert. Nach Waschungen wurden die Zellen für 1h mit 20 µM DCFH-DA inkubiert und anschließend erneut gewaschen. Nach einer weiteren Stunde wurde die Fluoreszenz gemessen; FCS-Kontrolle ist die Kontrolle für die mit PMAcOD SPIOs inkubierten Zellen.
(Signifikanzen zur entsprechenden Kontrolle: ***, $p \leq 0{,}001$; **, $p \leq 0{,}01$; *, $p \leq 0{,}05$; n = 8).

Bei dieser fielen die Fluoreszenz-Anstiege aufgrund der zeitlich begrenzten Anwesenheit von DCFH-DA und der Abwesenheit von überschüssigen SPIOs im Medium deutlich geringer aus. Trotzdem ließen sich damit die bei der kinetischen Methode gewonnenen Erkenntnisse tendenziell bestätigen. So erreichte nach einer Stunde nur Venofer® eine signifikante Erhöhung der ROS-

Produktion, gefolgt von FAS nach 3 h (Abb. 3.49 unten). Nach 6 h erzielten auch die nanomag®-D-spio-COOH SPIOs sowie Ferinject® signifikante Fluoreszenz-Zunahmen. Die PMAcOD SPIOs hingegen waren zu keinem Zeitpunkt zur Kontrolle verschieden und lösten in diesen Experimenten keinen messbaren oxidativen Stress aus.

3.4.3.2 Untersuchung der Lipid-Peroxidation mittels TBARS

Eisenüberladung kann zu Lipidperoxidation führen (Abb. 1.24) (Khan et al., 1995; Dabbagh et al., 1994). Dabei ist nach Halliwell & Chiroco (1993) die Lipidperoxidation eine eher späte Begleiterscheinung während der ROS-Einwirkung. Der Anstieg des intrazellulären Ca^{2+}-Levels, Protein- und DNA-Schädigungen sind für die Zelle schwerwiegender und führen eher zum Zelltod. Nichtsdestotrotz ist die Lipidperoxidation z.B. bei der Ausbildung von Arteriosklerose (Shao & Heinecke, 2009; Ekuni et al., 2009), oder an den Folgeerscheinungen nach traumatischen oder ischämischen Hirn- und Rückenmarksschäden, wesentlich beteiligt (Hall, 1989), und deshalb untersuchenswert.

Je mehr Doppelbindungen eine Fettsäure besitzt, desto höher ist die Wahrscheinlichkeit für die Abspaltung eines H-Atoms. Deshalb sind mehrfach ungesättigte Fettsäuren anfälliger für eine Peroxidation (Halliwell & Chirico, 1993). Die entstehenden Lipid-Radikale können mit molekularem Sauerstoff zu Peroxyl-Radikalen reagieren, die entweder mit anderen Peroxyl-Radikalen interagieren, Membranproteine angreifen, oder die Reaktionskette der Radikalbildung durch Reaktionen mit weiteren Fettsäuren fortsetzen können (Abb. 1.24). Diese Kaskade wird durch Eisen, analog zur Fenton-Reaktion (Formel 3.1), stimuliert, was zur weiteren Degradation der Lipid Hydroperoxide führt (Formel 3.6 und 3.7). Dabei können schädliche Endprodukte wie Kohlenwasserstoffgase (Ethan, Pentan) oder das zuvor erwähnte Aldehyd 4-Hydroxy-2´-trans-Nonenal entstehen (Esterbauer, 1993).

$$LOOH + Fe^{2+} \rightarrow Fe^{3+} + OH^- + LO\bullet \qquad (3.6)$$

$$LOOH + Fe^{3+} \rightarrow Fe^{2+} + H^+ + LOO\bullet \qquad (3.7)$$

LOOH ist das Lipid Hydroperoxid, LO• das Alkoxyl-Radikal, und LOO• das Peroxyl-Radikal.

Alternativ können durch Reaktionen von Peroxyl-Radikalen mit derselben Kohlenstoffkette zyklische Lipidperoxide entstehen (Abb. 1.24), Vorstufen bei der Bildung von Malondialdehyd (MDA), dem Nachweisprodukt bei der TBARS-Methode ist.

Diese wurde angewandt, um zu untersuchen, ob SPIOs bzw. Eisen in Makrophagen Lipidperoxidation hervorrufen. Dazu wurden J774-Zellen für 1 h, 3 h, 6 h oder 24 h mit 0,3 mmol/L (Eisen) FAS, Venofer®, Ferinject®, nanomag®-D-spio-COOH SPIOs oder PMAcOD SPIOs inkubiert.

Nach drei Stunden verursachten FAS sowie die Eisenpräparate Venofer® und Ferinject® in Makrophagen einen signifikanten Anstieg der MDA-Konzentration, wobei dieser bei den Eisenpräparaten bereits nach einer Stunde festzustellen war (Abb. 3.50). Wie in dieser Arbeit bereits gezeigt wurde, sind Venofer® und FAS Substanzen, die durch Makrophagen stark aufgenommen und umgesetzt wurden (z.B. Ferritinanstieg, siehe Kap. 3.3.3.1). Das freigesetzte Eisen kann über die Formeln 3.6 und

3.7 Lipidradikale generieren und somit eine Lipidperoxidation auslösen. Während das Ausmaß der Lipidperoxidation bei den Eisenpräparaten mit der Zeit abnahm, stieg sie bei der Inkubation mit den PMAcOD SPIOs an, erreichte aber keine im Vergleich zur FCS-Kontrolle signifikant höheren Niveaus. Nach 24 h waren bei den mit Eisensalz, Eisenpräparaten oder SPIOs behandelten Zellen keine signifikant höheren MDA-Konzentrationen mehr festzustellen (Abb. 3.50). Vermutlich wurden in den Zellen Prozesse in Gang gesetzt, die der Auswirkungen von oxidativen Stress entgegenwirken.

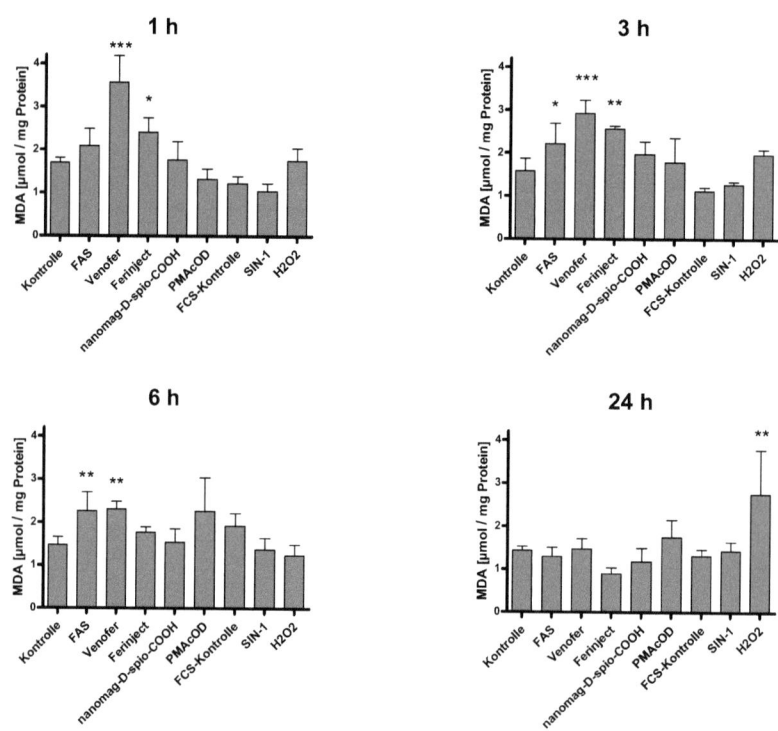

Abb. 3.50: Lipidperoxidation in Makrophagen nach Inkubation mit SPIOs. J774-Zellen wurden für 1h, 3h, 6h oder 24h mit 0,3 mM (Eisen) der angegebenen Substanzen bei 37 °C inkubiert. Nach Waschungen, Zellernte und -aufschluss wurde ein Nachweis auf Thiobarbitursäure-reaktive Substanzen (TBARS) durchgeführt. Angegeben sind die Malondialdehyd-Konzentrationen (MDA, Lipidperoxidationsprodukte), normiert auf die zelluläre Proteinkonzentration. FAS: Eisen(II)sulfat; Venofer®, Ferinject®: Eisenpräparate; nanomag®-D-spio-COOH: biodegradierbare Dextran-SPIOs; PMAcOD: SPIOs; FCS-Kontrolle: Kontrolle der PMAcOD SPIOs; SIN-1: 3-Morpholinosydonimin Hydrochlorid (25 µM), ein Peroxynitrit (ONOO-) Generator; H2O2: Wasserstoffperoxid (0,3 mM). (Signifikanzen zur entsprechenden Kontrolle: ***, $p \leq 0,001$; **, $p \leq 0,01$; *, $p \leq 0,05$; n = 2-3).

Interessanterweise kann man bei Vergleich der hier dargestellten Ergebnisse mit denen aus den Experimenten zur Untersuchung der p38-Phosphorylierung (Kap. 3.4.2, Abb. 3.48) relativ gute Übereinstimmungen in den erzielten Effekten erkennen. So spiegelt sich die hohe MDA-Konzentration von Venofer® nach 1 h in der relativ starken p38-Phosphorylierung wieder. Bei der Inkubation mit FAS wurden die signifikanten Lipidperoxidations-Effekte nach 3 h und 6 h durch starke p38-Phosphorylierungen (starke Banden im Western Blot) begleitet. Auch die höchsten erzielten MDA-Konzentrationen bei der Inkubation mit den nanomag®-D-spio-COOH SPIOs nach 3 h, sowie mit den PMAcOD SPIOs nach 6 h, gingen zeitlich mit dem Auftreten der höchsten Konzentrationen an phosphoryliertem p38 einher (vergl. Abb. 3.48). Denkbar wäre eine durch den oxidativen Stress ausgelöste Aktivierung von p38, das zelluläre Prozesse in Gang setzt, die weitere zytotoxische Auswirkungen des oxidativen Stresses eindämmen.

3.4.3.3 Untersuchung der Glutathion-Produktion

Glutathion ist ein Tripeptid (Glu-Cys-Gly), das in fast allen Zellen in hoher Konzentration (im Zytosol und in den Mitochondrien bis zu 11 mmol/L, im Nukleus bis zu 15 mmol/L; Valko et al., 2007) enthalten ist. Es wird durch die Glutamat-Cystein-Ligase und durch die Glutathion Synthetase produziert. Glutathion ist an dem Transport von Aminosäuren durch die Plasmamembran, an Phase II Reaktionen und somit am Abbau und an der Detoxifikation von Xenobiotika beteiligt, und dient als eine Reserve für Cystein. Als Elektronendonor ist es in der Lage, verschiedene Moleküle zu reduzieren. Dazu zählen Antioxidantien wie Vitamin C und E, die dadurch regeneriert werden können, aber auch Hydroxylradikale, die dadurch unschädlich gemacht werden. Durch die Glutathion-Peroxidase, einem Selen-haltigen Enzym, wird mit Glutathion als Cofaktor Wasserstoffperoxid zu Wasser reduziert, wobei sich zwei reduzierte Glutathion-Moleküle (GSH) über eine Disulfidbrücke zu Glutathiondisulfid (GSSG) verbinden (Formel 3.8) (Pastore et al., 2003; Brigelius-Flohe et al., 1999).

$$H_2O_2 + 2GSH \rightarrow GSSG + 2H_2O \qquad (3.8)$$

Oxidiertes Glutathion kann durch die Glutathion-Reduktase wieder in die reduzierte Form umgewandelt werden, wobei NADPH als Elektronendonor dient. In gesunden Zellen sind mehr als 90 % in der reduzierten Form (GSH) und unter 10 % in der oxidierten Form (GSSG) vorzufinden. Ein erhöhtes GSSG/GSH Verhältnis deutet auf oxidativen Stress hin. Mit Thioredoxin ist Glutathion in der Zelle das für die Regulierung des Redoxgleichgewichts wichtigste Molekül (Dröge, 2002).

Zur Untersuchung des Glutathion-Status wurden J774 Zellen für 3 h oder 6 h mit 0,3 mmol/L (Eisen) des Eisen(II)-Salzes, Venofer® oder der PMAcOD SPIOs inkubiert. Anschließend wurde das Zelllysat nach der Zellernte mit einem Glutathion-Assay der Firma Cayman Chemical Company (Ann Arbor, USA) auf Gesamt-Glutathion (GSH) sowie auf die oxidieret Form (GSSG) hin untersucht. Wie Abb. 3.51 zeigt, konnte bei keinem der Präparate eine erhöhte Gesamt-Glutathion-Konzentration oder eine erhöhte GSSG-Konzentration festgestellt werden. Eine signifikante Veränderung des Redox-Status der

Zelle durch die Aufnahme der Eisenoxid-Nanopartikel oder durch die eingesetzte Eisenkonzentration konnte nicht nachgewiesen werden. In ähnlichen Experimenten konnten Clift *et al.* (2010) bei Inkubation von J774-Zellen mit Quantumdots eine leichte Abnahme der Glutathion-Konzentration feststellen. Sie deuteten die Verarmung als einen Auslöser für die Entstehung von oxidativen Stress, und nicht als die Reaktion der Zelle auf diesen.

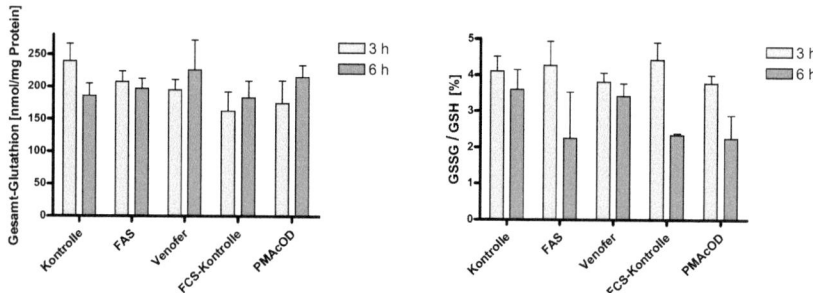

Abb. 3.51: Glutathion-Nachweis in Makrophagen nach Inkubation mit SPIOs. J774-Zellen wurden für 3h oder 6h mit 0,3 mM (Eisen) der angegebenen Substanzen inkubiert. Nach Waschungen, Zellernte und -aufschluss wurde ein Glutathion-Assay zur Untersuchung der Konzentrationen von Gesamt-Glutathion (GSH) (links, normiert auf die zelluläre Proteinkonzentration) und oxidiertes Glutathion (GSSG) durchgeführt. Der rechte Graph stellt das prozentuale Verhältnis von GSSG zum Gesamt-Glutathion der Zellen dar. FCS-Kontrolle ist die Kontrolle für die mit PMAcOD SPIOs inkubierten Zellen.
(Signifikanzen zur entsprechenden Kontrolle: ***, $p \leq 0,001$; **, $p \leq 0,01$; *, $p \leq 0,05$; n = 2-3)

Zusammenfassend kann gesagt werden, dass die hohe Eisenverfügbarkeit in Form des Eisen(II)-Salzes (FAS) oder Venofer *in vitro* rasch zu einer (leichten) Generierung von ROS geführt hat, die eine Lipidperoxidation verursachte. Dieser wurde offensichtlich nach 24 h entgegengewirkt, so dass insgesamt die „Redox-Homöostase" der Zelle nicht negativ beeinflusst wurde, wie der unveränderte Glutathionstatus zeigte. Die Nanoparitkeln zeigten diesbezüglich keine negativen Wirkungen.

3.4.4 Untersuchung von Zellvitalität, Stoffwechselumsatz und Membranintegrität

In dem folgenden Kapitel wurde untersucht, ob die bisher durch die Nanopartikel ausgelösten Reaktionen Auswirkung auf den Gesamtzustand der Zelle hatten. Dazu kamen etablierte Methoden zum Einsatz, die die Vitalität, den metabolischen Umsatz oder die Integrität der Zellen messen.

3.4.4.1 Untersuchung der Zellvitalität mittels Trypanblau Färbung

Eine schnell und einfach durchführbare Methode zur Messung von potenziell toxischen Reaktionen ist die Bestimmung der Lebendzellzahl mittels Trypanblau Färbung. Während geschädigte Zellen den Farbstoff aufnehmen, bleibt er in vitalen Zellen außen vor. Dazu wurden J774-Zellen für einen kurzen (3 h), mittleren (24 h) und langen (48 h) Zeitraum mit 0,3 mmol/L (Eisen) oder 1 mmol/L Venofer® oder den PMAcOD SPIOs inkubiert. Um bei einem positiven Ergebnis zu überprüfen, ob dieses durch die Polymerhülle des PMAcOD SPIOs verursacht wurde, wurde die Zellen auch mit 0,1 g/L Poly-Maleinsäureanhydrid-alt-1-octadecen inkubiert.

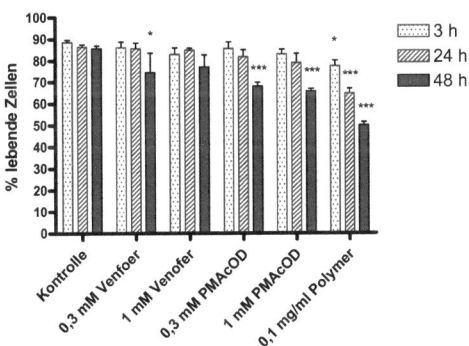

Abb. 3.52: Auswirkung von SPIOs auf die Lebendzellzahl von Makrophagen. J774-Zellen wurden für die angegebenen Inkubationszeiten mit 0,3 mM (Eisen) oder 1 mM Venofer® oder den PMAcOD SPIOs inkubiert und nach Waschungen und Zellernte eine Trypanblau Färbung durchgeführt, und damit die relative Anzahl der lebenden Zellen ermittelt. Zusätzlich wurden 0,1 mg/ml des Hüllpolymers der PMAcOD SPIOs eingesetzt. (Signifikanzen im Vergleich zur Kontrolle: ***, $p \leq 0,001$; **, $p \leq 0,01$; *, $p \leq 0,05$; n = 3).

Die Ergebnisse zeigen, dass erst die Inkubation für 48 h mit den PMAcOD SPIOs zu einer deutlichen und signifikanten Reduktion der Lebendzellzahl führte, sowohl bei der geringen (68 % lebend) als auch bei der hohen Konzentration (66 % lebend) (Abb. 3.52). Noch stärker inhibierend wirkte das Polymer, das die Lebendzellzahl nach 48 h auf 50 % reduzierte, und sogar schon nach 24 h und 3 h zu einer signifikanten Reduktion führte. Allerdings muss beachtet werden, dass es unmöglich war, die jeweils ein Nanopartikel umhüllende Polymermenge zu quantifizieren. Bei der Verpackung der SPIOs wurden 10 mg Polymer zu 1 mg (Eisen) gegeben. 1 mmol/L der PMAcOD SPIOs entsprechen 0,056 mg/ml, so dass die zehnfache Menge 0,56 mg/ml Polymer ergeben würde, falls das gesamte Polymer verbraucht würde. Da das mit Sicherheit nicht der Fall war, ist davon auszugehen, dass die im Experiment verwendete Polymer-Konzentration von 0,1 mg/ml immer noch höher ist als die durch die Inkubation mit den PMAcOD SPIOs tatsächlich gegebene Menge.

3.4.4.2 Untersuchung der Zellviabilität mittels MTT-Test

Eine etablierte und häufig verwendete Methode zur Bestimmung der Zellviabilität ist der MTT-Test. Dieser misst den Gesamt-Stoffwechselumsatz einer Zellpopulation und gibt somit einen Eindruck über die Vitalität der Zellen.

Zur Untersuchung potenziell toxischer Auswirkungen von Eisenoxid-Nanopartikeln auf Makrophagen wurden J774-Zellen für 48 h mit 0,3 mmol/L (Eisen) verschiedener SPIOs (nanomag®-D-spio, PI-b-PEO, Sinerem®), mit einem Eisen(II)-Salz, oder mit dem Eisenpräparat Venofer® inkubiert, und anschließend ein MTT-Test durchgeführt.

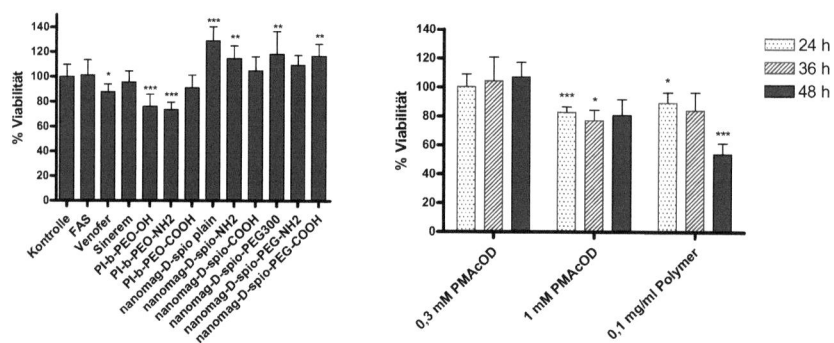

Abb. 3.53: Auswirkung von SPIOs auf die Viabilität von Makrophagen. **links:** J774-Zellen wurden für 48 h mit 0,3 mM (Eisen) der angegebenen SPIOs bzw. Eisenverbindungen inkubiert und anschließend ein MTT-Test durchgeführt; **rechts:** J774-Zellen wurden für die angegebenen Inkubationszeiten mit 0,3 mM (Eisen) oder 1 mM der PMAcOD SPIOs, oder mit 0,1 mg/ml des Hüllpolymers der PMAcOD SPIOs, inkubiert und anschließend ein MTT-Test durchgeführt. Die Viabilität wurde in Prozent zur Kontrolle angegeben. Zur Vermeidung von falschen Ergebnissen aufgrund von möglichen Interaktionen zwischen dem Eisen und dem MTT-Reagenz oder aufgrund von Quencheffekten wurden die Kontrollen für die letzten 3 h mit dem jeweiligen Prüfpräparat inkubiert. (Signifikanzen im Vergleich zur Kontrolle: ***, $p \leq 0,001$; **, $p \leq 0,01$; *, $p \leq 0,05$; n = 4-8).

Die Ergebnisse zeigen, dass fast alle eingesetzten Eisenverbindungen die Zellviabilität nicht nennenswert negativ beeinflussten. Lediglich die PI-b-PEO-OH und PI-b-PEO-NH$_2$ SPIOs senkten sie auf 76 % bzw. 74 %. Bei allen anderen Verbindungen blieb sie bei > 85 %. Interessanterweise zeigten die genannten PI-b-PEO SPIOs in der DLS-Messung die mit Abstand größte Polydispersität (Tab. 3.1), und wurden von Makrophagen relativ gut aufgenommen, jedenfalls besser als der PI-b-PEO-COOH und die meisten nanomag®-D-spio SPIOs (Tab. 3.2). Offensichtlich kann eine inhomogene Größenverteilung von Partikeln schädigend wirken.

Da die PMAcOD SPIOs im Mittelpunkt dieser Arbeit stehen, wurden im Rahmen dieser Experimente zwei unterschiedliche Konzentrationen (0,3 mmol/L und 1 mmol/L Eisen) sowie das Polymer bei drei unterschiedlichen Inkubationszeiten (24 h, 36 h, 48 h) untersucht. Während die geringere Konzentration an PMAcOD SPIOs auch nach 48 h keine messbare Änderung der Viabilität mit sich brachte, verursachten sowohl die höhere Konzentration als auch das Polymer bereits nach 24 h signifikante Minderungen (Abb. 3.53).

Bei der mikroskopischen Begutachtung der Zellen konnte man nach der 24stündigen Inkubation mit 1 mmol/L der PMAcOD SPIOs viele Zellen sehen, die sich bereits abgerundet und ihre Pseudopodien eingestülpt hatten. Mit steigender Inkubationszeit nahm dieser Effekt zu, so dass nach 36 h alle Zellen abgerundet waren und zum Teil Zellagglomerate bildeten. Außerdem war das Zellinnere dunkel strukturiert. Nach 48 h war mikroskopisch keine Verschlechterung sichtbar.
Nach der Inkubation mit dem Polymer waren nach 24 h viele abgerundete Zellen und einige Zelltrümmer zu beobachten. Nach 36 h konnten Zellhaufen mit großen abgerundeten Zellen, viele Zelltrümmer, sowie großflächig abgelöste Zellen festgestellt werden. Nach 48 h waren die Effekte noch stärker. Insgesamt passten diese Beobachtungen gut mit den im MTT-Test gewonnenen Erkenntnissen überein.

3.4.4.3 Untersuchung der Zellviabilität mittels CellTiter-Blue® Cell Viabilty Assay

Ähnlich wie der MTT-Test wird mit dem „CellTiter-Blue® Cell Viability Assay" der Stoffwechselumsatz einer Zellpopulation bestimmt, genauer genommen das Potenzial der Zellen, den Fluoreszenz-Farbstoff Resazurin zu Resarufin zu reduzieren. Dazu wurden in Anlehnung an den MTT-Test J774-Zellen für verschiedenen Inkubationszeiten mit 0,3 mmol/L oder 1 mmol/L (Eisen) der PMAcOD SPIOs oder mit 0,1 g/L des Polymers inkubiert.
Die Ergebnisse sind mit den im MTT-Test gewonnenen Erkenntnissen vergleichbar. Die Inkubation mit der hohen PMAcOD-Konzentration führte bereits nach 24 h zu einer signifikanten Abnahme der Zellviabilität auf 84 %, nicht aber die geringere Konzentration (Abb. 3.54). Bei letzterer war nach 48 h ein signifikanter Anstieg zu verzeichnen, was als Indiz für die „Anstrengungen" der Zellen gewertet werden könnte, die Vitalität durch einen erhöhten Stoffwechselumsatz beizubehalten. Das gleiche könnte bei dem leichten Anstieg durch das Polymer der Fall gewesen sein.

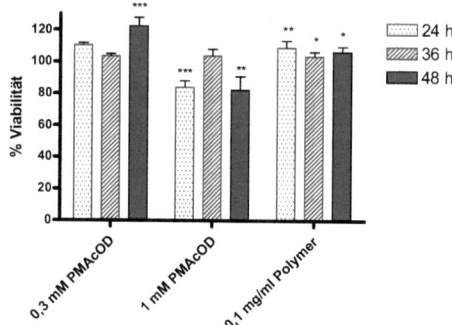

Abb. 3.54: Auswirkung von SPIOs auf die Viabilität von Makrophagen. J774-Zellen wurden für die angegebenen Inkubationszeiten mit 0,3 mM (Eisen) oder 1 mM der PMAcOD SPIOs, oder mit 0,1 mg/ml des Hüllpolymers der PMAcOD SPIOs inkubiert und anschließend der CellTiter-Blue® Cell Viability Assay durchgeführt. Die Viabilität wurde in Prozent zur Kontrolle angegeben. Zur Vermeidung von falschen Ergebnissen aufgrund von möglichen Interaktionen zwischen dem Eisen und dem Farbreagenz oder aufgrund von Quencheffekten wurden die Kontrollen für die letzten 3 h mit dem jeweiligen Prüfpräparat inkubiert (Signifikanzen im Vergleich zur Kontrolle: ***, $p \leq 0,001$; **, $p \leq 0,01$; *, $p \leq 0,05$; n = 6).

3.4.4.4 Untersuchung der Membranintegrität mittels LDH-Assay

Eine weitere populäre Methode bei zytotoxischen Untersuchung ist die Bestimmung der Lactatdehydrogenase- (LDH) Konzentration im zellulären Überstand. Erhöhte Werte deuten auf Schädigungen der Zellmembran hin, die auch bei Nekrosen charakteristisch sind, und zu einer LDH-Freisetzung führen.

In Anlehnung an die zuvor durchgeführten zytotoxischen Nachweismethoden wurden J774-Zellen für 24 h oder 48 h mit 0,3 mmol/L oder 1 mmol/L (Eisen) der PMAcOD SPIOs, oder 0,1 g/L des Polymers, inkubiert. Zusätzlich kam als „Eisenkontrolle" das Eisen(II)-Salz FAS hinzu.

Sowohl die geringe als auch die hohe FAS-Konzentration führten auch nach 48 h nicht zu einer im Vergleich zur unbehandelten Lebendkontrolle erhöhten LDH-Freisetzung (Abb. 3.55). Auch 0,3 mmol/L (Eisen) der PMAcOD SPIOs verursachten keine schwerwiegenden Zellmembran-Schädigungen, jedoch 1 mmol/L der PMAcOD SPIOs sowie das Polymer bereits nach 24 h, wobei der Effekt nach 48 h stärker war.

3.Ergebnisse und Diskussion

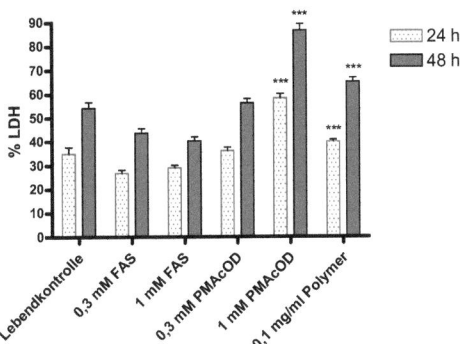

Abb. 3.55: Auswirkung von SPIOs auf die LDH-Freisetzung von Makrophagen. J774-Zellen wurden für die angegebenen Inkubationszeiten mit 0,3 mM (Eisen) oder 1 mM FAS, der PMAcOD SPIOs, oder mit 0,1 mg/ml des Hüllpolymers der PMAcOD SPIOs inkubiert. Anschließend wurden ein LDH-Assay durchgeführt und der Quotient aus LDH im Überstand und zellulärem LDH bestimmt. Dieser wurde in Prozent zu einer Positivkontrolle (=100 %) angegeben, die mit einem Lyse-Reagenz behandelt wurde (maximale LDH-Freisetzung).
(Signifikanzen im Vergleich zur Lebendkontrolle: ***, p ≤ 0,001; **, p ≤ 0,01; *, p ≤ 0,05; n = 6).

Die Ergebnisse zeigen, dass in den *in vitro* Versuchen nicht (nur) eine hohe Eisenkonzentration, sondern der Nanopartikel als Ganzes bzw. seine Polymerhülle toxisch wirken kann.

3.5 Orale Applikation von Eisenoxid-Nanopartikel

Die hier im Vordergrund stehenden PMAcOD SPIOs sind als Plattform für ein intelligentes MRI-Kontrastmittel für die intravenöse Anwendung gedacht. Da diese Partikel im Eisenoxidkern radioaktiv markiert werden können, bieten sie sich auch als Model an, um die gastrointestinale Absorption eines eisenbasierten Nanopartikel *in vivo* zu untersuchen. Wenn Nanopartikel heute bereits im Umfeld von Körperhygiene, Kleidung etc. verwendet werden (siehe Kap. 1.1), ist der Transferfaktor Gastrointestinaltrakt-Blut grundsätzlich interessant und wichtig für eine Risikoabschätzung. Darüber gibt es bisher so gut wie keine Literatur.

In einem ersten Versuch wurden ^{59}Fe-markierte Ölsäure-stabiliserte Eisenoxid-kerne (11 nm) in HDL-Nanosomen inkorporiert und Balb/c-Mäusen per Schlundsonde oral verabreicht. Die Ganzkörperretention wurde sofort und im Zeitraum von bis zu 8 Tagen gemessen (Abb. 3.59 links). Bei Mäusen ist die Magendarmpassage nach ca. 1-2 Tagen vollständig abgeschlossen, d.h. die nach 8 Tagen retinierte ^{59}Fe-Aktivität muss in den Körper aufgenommen worden sein. Dies zeigte auch die ^{59}Fe-Organverteilung nach 9 Tagen, bei dem der Großteil der ^{59}Fe-Aktivität im Blut wiederzufinden war (Abb. 3.59 rechts), und zwar eingebaut im Hämoglobin neu gebildeter Erythrozyten. Ein ähnliches Bild ergab die Applikation von mit ^{59}Fe markierten PMAcOD SPIOs (nicht gezeigt). Ob die Nanopartikel über den Darm intakt aufgenommen und anschließend durch Makrophagen der Leber abgebaut wurden, oder ob sie während der intestinalen Passage durch die Magen- und Darmsäfte zerstört, und die frei werdenden Fe^{2+}-Ionen über DMT1 aufgenommen wurden, kann aus diesem Versuch nicht geklärt werden, da die Eisenabsorption stark dosisabhängig ist und kleine Mengen freien Eisens sehr effizient im Duodenum aufgenommen werden können.

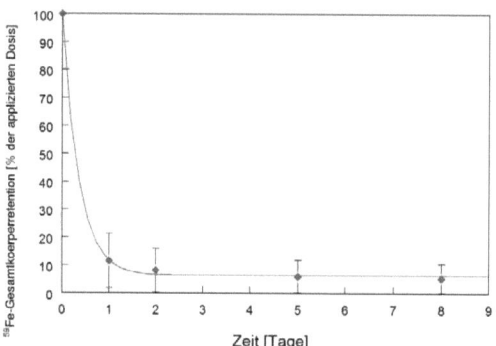
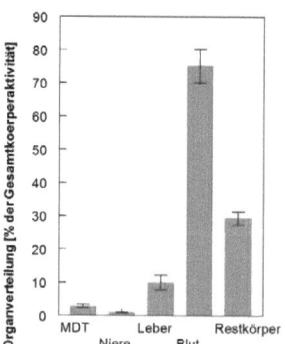

Abb. 3.56: Orale Applikation von ^{59}Fe-Nanosomen an Mäusen. **links**: zeitabhängige Ganzkörperretention nach bis zu 8 Tagen; **rechts**: Verteilung der Radioaktivität im Körper nach 9 Tagen. Die Radioaktivität wurde mit dem HAMCO gemessen (n = 3); MDT: Magen-Darm-Trakt.

3. Ergebnisse und Diskussion

Deshalb wurden in einem weiteren Experiment mit ^{51}Cr markierte PMAcOD SPIOs und Nanosomen verwendet. Der Vorteil von Chrom in diesem Zusammenhang ist die bei Nagern sehr geringe intestinale Aufnahme von < 0,5 % der zugeführten Dosis (Laschinsky et al. 2012). Wenn die oben dargestellten Ergebnisse für ^{59}Fe für eine intake Nanopartikelaufnahme sprechen sollten, dann müsste hier ebenfalls eine deutlich messbare ^{51}Cr-Aktivität im Körper retiniert werden.

Im intraindividuellen Vergleich erhielt eine Gruppe von acht Mäusen mittels einer Schlundsonde zunächst ^{51}Cr-PMAcOD SPIOs. Nach einem Tag waren davon nur noch 0,7 ± 0,45 % übrig, und nach zwei Tagen war die Aktivität vom Hintergrund nicht mehr zu unterscheiden (Abb. 3.57).
Anschließend erhielten die gleichen Tiere ^{51}Cr-Nanosomen. Dabei ergab sich ein ähnliches Bild, wobei die Ganzkörperretention nach einem Tag auf 1,3 ± 1,5 % sank.
Beide Partikel wurden geringer aufgenommen als ^{51}CrCl$_3$, das nach einem Tag noch eine Ganzkörperretention von 1,6 ± 0,5 % aufwies, die nach 7 Tagen jedoch auf 0,26 ± 0,01 % abfiel (Abb. 3.57).

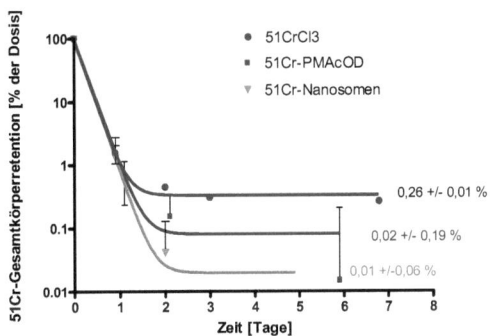

Abb. 3.57: Orale Applikation von SPIOs. Mäuse bekamen über eine Schlundsonde zunächst mit ^{51}Cr markierte PMAcOD SPIOs verabreicht. An den angegebenen Tagen wurde die noch im Körper verbliebene bzw. aufgenommene ^{51}Cr-Aktivität mittels HAMCO gemessen. Nachdem keine Restaktivität mehr vorhanden war, folgte die Applikation von mit ^{51}Cr markierten Nanosomen und anschließend von ^{51}CrCl$_3$ (n = 8).

Die Daten deuten daraufhin, dass die substantielle Aufnahme von ^{59}Fe aus markierten SPIOs offenbar durch den Verdau von den Eisenoxidkernen im sauren pH des Magens, gefolgt von einer Absorption von freigesetzem Fe^{2+} im Duodenum, erfolgt.

Ein wichtiges Ergebnis ist, dass die gastrointestinale Aufnahme von intakten wasserlöslichen oder fettlöslichen SPIOs nach oraler Gabe nur sehr gering sein kann (< 0.1 %). Hierbei kann es sich natürlich auch ganz oder teilweise um die säurekatalysierte Freisetzung von ^{51}Cr(III) durch den Magensaft und einer anschließenden intestinalen Aufnahme handeln. Experimente mit ^{59}Fe oder ^{51}Cr-markierten Partikeln zeigten eine langsame Freisetzung dieser Ionen in saurer Lösung (Doktorarbeit B. Freund, 2012). Dies schließt aber natürlich den Transfer von einzelnen Nanopartikeln aus dem Magendarmtrakt ins Blut nicht aus, was experimentell wohl mit keiner Methode direkt nachweisbar oder ausschließbar sein dürfte.

3.6 Zusammenfassung

In dieser Arbeit wurden die Aufnahme, Metabolisierung und Toxizität von superparamagnetischen Eisenoxid-basierten Nanopartikeln (SPIOs) *in vitro* und teilweise *in vivo* untersucht. Dabei wurde ein besonderer Fokus auf ein Polymer-gekoppeltes Model-SPIO (PMAcOD SPIO) gelegt, das die Arbeitsgruppe in Zusammenarbeit mit der physikalischen Chemie (Universität Hamburg) in radiomakierter Form synthetisiert hat. Andere ebenfalls monodisperse (PI-b-PEO SPIOs), und käuflich erworbene SPIOs (nanomag®-D-Spio), sowie nanobasierte Eisenpräparate (Venofer®, Ferinject®, Sinerem®) dienten als Vergleichspräparate.

Die Beurteilung der Auswirkungen erfolgte in Anlehnung an ein Model von Meng *et al.* (2008), das die zelluläre Antwort auf Nanopartikeln in inkrementellen Stufen beschreibt (Abb. 3.58).

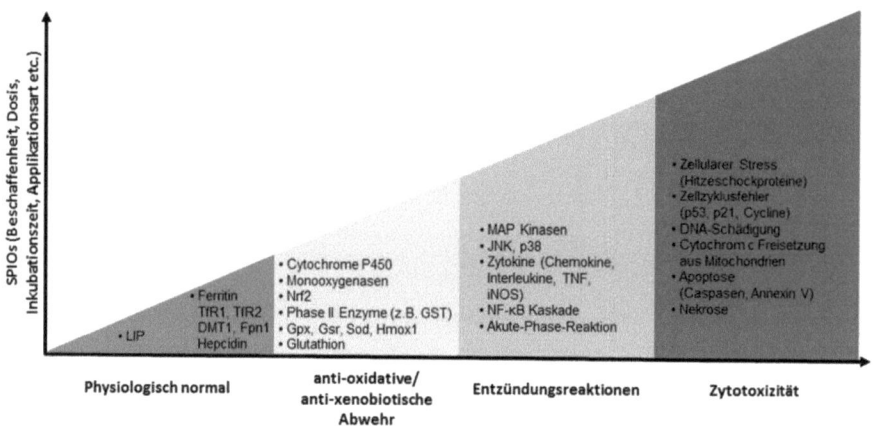

Abb. 3.58: Potentielle Wirkungen von Eisenoxid-Nanopartikel auf einen Organismus. SPIOs können mit unterschiedlicher Intensität auf einen Organismus einwirken und Reaktionen, die hierarchisch auf unterschiedlichen Stufen stehen, hervorrufen. Die Stärke der Reaktionen hängt von Parametern wie Beschaffenheit, Dosis, Inkubationszeit und Applikationsart der Nanopartikel ab. Bei der Beurteilung der Auswirkungen auf den Organismus ist es wichtig, möglichst alle Stufen zu untersuchen, was im Rahmen dieser Arbeit getan wurde. Zur Erklärung der Abkürzungen siehe Abkürzungsverzeichnis (Abbildung adaptiert aus Meng *et al.*, 2009).

in vitro **Befunde**:

Zellen des perisinusoidalen Raumes der Leber sind maßgeblich an der Aufnahme von Nanopartikeln beteiligt. Aus diesem Grund wurden für die *in vitro* Experimente hauptsächlich Zellkulturmodelle für Makrophagen (J774-Zellen), aber auch eine Hepatozyten (αML-12)- und eine Endothelzelllinie (HUVEC) verwendet.

Die Makrophagen zeigten eine Zeit- und Konzentrations-abhängige Nanopartikel-Aufnahme, die sättigbar war. Als maßgeblicher Faktor für die Quantität der Aufnahme stellte sich die Oberflächenladung heraus, wobei Nanopartikeln mit negativ geladenen Liganden (-COOH) bevorzugt aufgenommen wurden, gefolgt von Nanopartikeln mit positiv geladenen Liganden (-NH$_2$). SPIOs mit

3. Ergebnisse und Diskussion

neutraler Oberfläche wurden im Vergleich dazu schlechter aufgenommen. Relativ inerte Hüllmaterialien (PEGylierung, Dextran) hemmten die Aufnahme, auch die Opsonierung durch Serumproteine beeinflusste die Aufnahme negativ.

Bereits wenige Minuten nach der Nanopartikelgabe waren die PMAcOD SPIOs in intrazellulären Vesikeln zu finden. Sowohl die elektronenmikroskopischen Aufnahmen als auch die Inhibitionsversuche deuten auf eine Clathrin-vermittelte endozytotische **Aufnahme** hin, wobei auch die Phagozytose beteiligt sein kann.

Die PMAcOD SPIOs sind im Vergleich zu den anderen verwendeten SPIOs und Eisenpräparaten nach Aufnahme in Zellen relativ stabil und werden erst zeitlich verzögert (> 24 h) abgebaut. Dies zeigte sich an den Reaktionen von relevanten Eisenhomöostase-Genen (Ferritin, Transferrin-Rezeptor 1, Ferroportin 1), die wie bei einer erhöhten Eisenzufuhr reagierten. Das durch die **Degradation** frei werdende Eisen führte bei allen SPIOs nach spätestens 6 h zu einem signifikanten Anstieg des labilen Zelleisens (LIP), und nach 24 h war bei den meisten ein Anstieg des Ferritinspiegels zu verzeichnen, was für einen Transfer von Eisen aus dem LIP in den Speicher Ferritin spricht (Abb. 3.59). Dabei korrelierte der Anstieg der Ferritinkonzentration bei den meisten SPIOs mit der aufgenommenen Eisenmenge, was für einen weitgehenden Abbau des Eisenkerns spricht. Eine Ausnahme bildeten die PMAcOD SPIOs, die bei hoher Aufnahmerate eine geringe Ferritinsysnthese zeigten, was für eine höhere intrazelluläre Stabilität spricht.

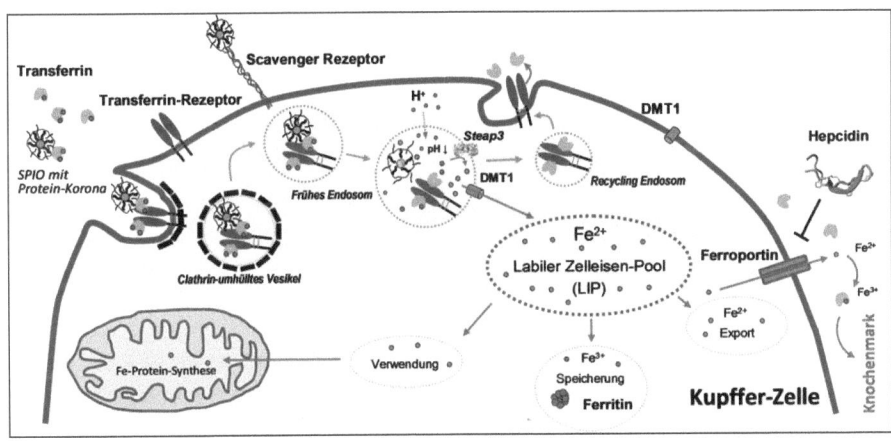

Abb. 3.59: Vorgeschlagener Weg der Prozessierung von SPIOs durch Zellen. Die Nanopartikel werden, ähnlich wie Transferrin, über clathrin-vermittelte Endozytosemechanismen aufgenommen. Nach Verschmelzung von endozytotischen Vesikeln zu späten Endosomen und Lysosomen werden die SPIOs (teilweise) degradiert. Das dadurch freigesetzte Eisen (grüne Punkte) gelangt über DMT1 ins Zytosol, wo es in den transienten labilen Eisenpool übergeht. In Abhängigkeit von der intrazellulären Eisenkonzentration und dem Eisenbedarf der Zelle wird das Eisen von dort aus für zelluläre metabolische Prozesse verwendet, in Ferritin gespeichert, oder über Ferroportin exportiert.

Eine Stimulierung der Ferroportin 1 Protein-Expression war bei den verwendeten Makrophagen durch die Inkubation mit hohen Eisengaben (in Form von 0,3 mmol/L FAS oder 1 mmol/L Venofer®)

möglich, bei der Gabe von PMAcOD SPIOs jedoch nicht, obwohl ein Export von Eisen zu beobachten war. Hier wurde eine Herunterregulierung festgestellt, die auf eine **toxische Reaktion** hindeuten könnte.

Denn in Zusammenhang mit Eisenoxid-Nanopartikeln sind generell Zellschädigungen durch die Generierung von reaktiven Sauerstoffspezies und den dadurch ausgelösten oxidativen Stress denkbar. Bis auf eine deutlich erhöhte Expression des Hämoxygenase-Gens durch die PMAcOD SPIOs gab es bei den verwendeten Methoden jedoch keine weiteren Anzeichen dafür, was vermutlich auf dessen Stabilität und die daraus resultierende geringe Eisenfreisetzung zurückzuführen ist. Stattdessen war eine Aktivierung von JNK und p38 zu beobachten, die durch die Auslösung von antioxidativen, zellulären Prozessen oxidativen Schädigungen entgegengewirkt haben könnten. Darüber hinaus wurden durch die Inkubation mit den PMAcOD SPIOs in den Makrophagen Zellzyklus-assoziierte und vor allem proinflammatorische Gene exprimiert. Dies war bei dem Eisenpräparat Ferinject® und den nanomag®-D-spio-COOH SPIOs trotz einer höheren Aufnahme und Degradation nicht der Fall, was darauf hindeutet, dass der induzierte Zellstress in erster Linie nicht auf eine erhöhte intrazelluläre Eisenkonzentration zurückzuführen ist, sondern auf die speziellen Eigenschaften des PMAcOD SPIOs. In Betracht kommt dabei vor allem seine Polymerhülle, die in den verwendeten Toxizitätstests (Trypanblau Färbung, MTT-Test, CellTiter-Blue® Cell Viabilty Assay, LDH-Assay) die stärksten negativen Reaktionen hervorrief. Eine toxische Wirkung der PMAcOD SPIOs zeigte sich *in vitro* aber erst bei einer relativ hohen (Eisen-)Konzentration von 1 mmol/L oder bei einer langen Inkubationsdauer von > 24 h.

Endothelzellen (HUVECs) zeigten für die Vergleichspräparate eine geringere Nanopartikel- und Eisen-Aufnahme, aber eine sehr starke Aufnahme der PMAcOD SPIOs, was gut zu den *in vivo* Experimenten aus unserer Arbeitsgruppe passt.

Aufgenommene SPIOs wurden durch die Endothelzellen abgebaut, was sich anhand der Reaktionen der Eisenhomöostase-Gene veranschaulichen ließ, die mit denen in den Makrophagen vergleichbar waren. Auch hier riefen die PMAcOD SPIOs die geringsten Veränderungen hervor, was für ihre relative Stabilität spricht. Aber auch hier zeigten Versuche mit ^{59}Fe-markierten PMAcOD SPIOs einen Eisenexport aus HUVECs.

Als Indikator für das toxische Potenzial der PMAcOD SPIOs in Endothelzellen zeigte Nrf2, ein zentraler Regulator von einer Vielzahl von anti-oxidativen, und für die Metabolisierung und Detoxifikation von Xenobiotika sowie für das Überleben der Zelle wichtigen Genen, eine leicht erhöhte Expression.

Die verwendeten Maus-Hepatozyten (αML-12 Zellen) hingegen zeigten eine relativ geringe Aufnahme der PMAcOD SPIOs. Passend dazu wurden die meisten Eisenhomöostase-Gene und die untersuchten „Toxizitäts- und Stress-Gene" nicht signifikant beeinflusst. Nach der Inkubation von radioaktiv markierten PMAcOD SPIOs konnte zwar eine extrazelluläre Radioaktivität gemessen werden, aufgrund der geringen Werte und einer fehlenden Hepcidinwirkung kann ein potenzieller Eisenexport nach der Degradation der SPIOs jedoch nicht klar bestätigt werden.

in vivo Befunde:

Nach einer intravenösen Bolusinjektion wurde die Wirkung von PMAcOD SPIOs (0,1 mg Fe/Maus) und Nanosomen (0,05 mg Fe/Maus) *in vivo* untersucht. Aus Versuchen mit den jeweils radiomarkierten

3. Ergebnisse und Diskussion

Verbindungen war bereits bekannt, dass in beiden Fällen der Großteil (80-90 %) der Partikel von Makrophagen und, im Falle der PMAcOD SPIOs, teilweise auch in Sinusendothelzellen der Leber, aufgenommen werden. Nach 48 h war in den Mäusen die Lebereisenkonzentration nicht erhöht, und es resultierte kein Ferritinanstieg im Serum, was bei der Eisendosis auch nicht zu erwarten war. Als Positivkontrolle wurde das i.v. Eisenpräparat Ferinject® (Eisencarboxymaltose) in hochdosierter Form (4,6 mg Fe/Maus) injiziert. Hiernach konnte histologisch mit der Berliner Blau Färbung eine Eisenaufnahme auch in Hepatozyten nachgewiesen weren, und es wurden erhöhte Lebereisenwerte und Plasma-Ferritinspiegel gemessen, als Zeichen, dass das Präparat aufgenommen und metabolisiert wurde.

Auf mRNA-Ebene ließen sich aber Reaktionen in der Leber auch nach PMAcOD SPIOs und Nanosomen-Injektionen beobachten. So reagierten Vertreter aus zwei P450 Cytochrom-Familien (Cyp4a10, Cyp4a14, Cyp7a2), die bei Arachidon-, Fettsäure- und Cholesterin-Metabolismen eine Rolle spielen, positiv auf die Gabe von PMAcOD SPIOs und Nanosomen, was für den Abbau der Nanopartikel spricht. Die Herunterregulierung der meisten anderen untersuchten P450 Cytochrome, die generell Oxidationsprozesse und dadurch potenziell eine ROS–Generierung initiieren, könnte als antioxidativer Mechanismus zur Vermeidung von oxidativen Stress gedeutet werden. Die Leber erkennt bereits, dass Nanopartikel vorhanden sind, was sich durch die sehr starke Reaktion von Metallothionein 2 zeigte, das an vielen physiologischen Prozessen beteiligt ist (Schutz vor Schwermetall-Toxizität und oxidativen Stress; regulatorische Funktion für physiologische Metalle; Regulation von Transkriptionsfaktoren für Proliferation, Differenzierung, Tumorentstehung und Apoptose; Regeneration von Leberschäden). Insgesamt waren die Auswirkungen sowohl der PMAcOD SPIOs als auch der Nanosomen in der hier getesteten Dosis ähnlich und sehr moderat.

Nach Gabe der hohen Ferinject-Konzentration war die Expression der antioxidativ wirkenden Gene stark erhöht, was zeigt, dass eiseninduzierter oxidativer Stress in der Leber offenbar nur durch höhere Eisenkonzentrationen ausgelöst wird. Genauso wurden Zytokine oder an Endzündungsprozessen beteiligte Gene durch Ferinject® stark hochreguliert. Starke Positivreaktionen einzelner Gene durch die Nanosomen (z.B. Egr1) könnten auf eine erhöhte Nanopartikel-Aufnahme auch durch andere Zellen als Makrophagen hindeuten oder durch Wirkung des Fettanteils (humane Fette) bedingt sein.

Zusammenfassend lässt sich feststellen, dass bei den verwendeten Konzentrationen von 0,1 mg (Eisen) der PMAcOD SPIOs oder 0,05 mg der Nanosomen nicht von akut toxischen Reaktionen der Leber auszugehen ist. Eine Dosis unterhalb von 0,1 mg ist bei der Anwendung der PMAcOD SPIOs zu empfehlen, was bei der Verwendung der SPIOs für bildgebende Verfahren (MRI) auch ausreichend ist.

Nach oraler Applikation von ^{59}Fe- bzw. ^{51}Cr-markierten PMAcOD SPIO oder Nanosomen wurde eine signifikante ^{59}Fe-, aber eine sehr geringe 7-Tage-^{51}Cr-Ganzkörperretention als Maß für die gastrointestinale Absorption gefunden. Die ^{59}Fe-Daten deuten auf eine Freisetzung von ionischem Eisen aus dem Kern im sauren Milieu des Magens hin, gefolgt von einer Aufnahme des ^{59}Fe(II) über DMT1 im Duodenum. Da ionisches ^{51}Cr(III) hingegen von Nagern extrem schlecht absorbiert wird, schließt die nach Nanopartikelgabe gemessene sehr geringe ^{51}Cr-Absorption eine messbare Partikelabsorption direkt aus. Ähnlich genaue Daten zum Transfer von intakten Nanopartikeln aus dem Magendarmtrakt in den Körper sind bisher in der Literatur nicht bekannt.

3.7 Summary

In this doctoral thesis, the uptake, metabolism and toxicity of superparamagnetic iron oxide-based nanoparticles (SPIOs) were investigated *in vitro* and to some extent *in vivo*. A particular focus was placed on a polymer-coated model SPIO (PMAcOD SPIO) that was synthesised and radiolabeled in cooperation with the department of physical chemistry of the University of Hamburg. Other monodisperse (PI-b-PEO SPIOs) and also commercially available SPIOs (nanomag-D-Spio), as well as nano-based iron-compounds (Venofer®, Ferinject®, Sinerem®) were used as comparative preparations. The assessment of the effects was based on a model of Meng *et al.* (2008), which describes incremental cellular responses to nanoparticles (Abb. 3.58).

in vitro results:
Cells of the liver perisinusoidal space are significantly involved in the uptake of nanoparticles. Therefore, a macrophage (J774), a hepatocyte (αML-12) and an endothelial cell line (HUVEC) were used for *in vitro* experiments.

The macrophages showed a concentration and time dependent, saturable nanoparticle uptake. The surface charge strongly affected the uptake, negatively charged (-COOH) nanoparticles were prefered, followed by particles with positive ligands (-NH_2). SPIOs with a neutral surface charge were taken up to a lesser extent. Relatively inert coating materials (PEGylation, dextrane) as well as the opsonization by serum proteins inhibited the uptake.

Just a few minutes after the administration, the PMAcOD SPIOs were found in intracellular vesicles. Both the electron micrographs and the inhibition experiments point to a clathrin-mediated endocytosis, phagocytotic mechanisms may also be involved.

Compared to the other used SPIOs and iron compounds the PMAcOD SPIOs are relatively stable within the cells showing a delayed degradation (> 24 h). This was evident in the reaction of iron homeostasis-related genes (ferritin, transferrin-receptor 1, ferroportin 1), which reacted as after an increased iron load. At the latest after 6 h of incubation the iron release after the degradation of all SPIOs resulted in a significant increase of the labile cell iron pool (LIP), and after 24 h in an increase of ferritin levels provided by the most of the SPIOs, indicating a transfer of iron from the LIP into the ferritin storage. For the most SPIOs the increase of ferritin levels correlated with the absorbed amount of iron indicating a degradation of the iron core. One exception was the PMAcOD SPIOs that showed a low ferritin synthesis at high absorption rates, reflecting a higher intracellular stability. A stimulation of the ferroportin 1 protein expression was achieved in macrophages after the incubation with a high iron dose (in the form of 0.3 mmol/L FAS or 1 mmol/L Venofer ®), but not after PMAcOD SPIO application, even though an export of iron was observed. The observed down-regulation could point to a toxic reaction.

Upon the application of iron oxide nanoparticles cell damages through the generation of reactive oxygen species resulting in oxidative stress are possible. Except from a significantly increased expression of the heme oxygenase gene stimulated by the PMAcOD SPIOs there was no evidence for oxidative stress in the methods used. This is probably due to their stability and a resulting low iron release. However, the activation of JNK and p38 was observed, which could have counteracted oxidative damages by activating anti-oxidative cellular processes. In addition, cell cycle-associated genes and in particular pro-inflammatory genes were induced in macrophages after incubation with the PMAcOD SPIOs. This was not the case with the iron compound Ferinject® and the nanomag ®-D spio-COOH SPIOs, despite a higher uptake and degradation, suggesting that the induced cell stress is not primarily due to an increased intracellular iron concentration, but to the special properties of the PMAcOD SPIOs. Especially its polymer coating, that showed the strongest negative effects in the toxicity tests (trypan blue staining, MTT assay, CellTiter-Blue ® Cell Viabilty assay, LDH assay), comes into consideration. A toxic effect of the PMAcOD SPIOs *in vitro* was only observed upon incubation with a relatively high (iron) concentration of 1 mmol/L or after a long incubation period of > 24 h.

Endothelial cells (HUVECs) showed a lower nanoparticle and iron uptake in the case of the comparative preparations, but a very high uptake of the PMAcOD SPIOs, corresponding well with the *in vivo* experiments done previously by our working group.
The absorbed SPIOs were degraded by the endothelial cells, illustrated by the reactions of the iron homeostasis genes that were comparable with those observe in macrophages. Here, also the PMAcOD SPIOs caused the slightest changes, demonstrating their relative high stability. However experiments with ^{59}Fe-labeled PMAcOD SPIOs showed an iron export from HUVECs.
As an indicator for the toxic potential of the PMAcOD SPIOs on endothelial cells Nrf2, a central regulator of a variety of anti-oxidative genes and genes important for the metabolism and detoxification of xenobiotics as well as for cell survival, showed a slightly increased expression.

The mouse hepatocytes (αML-12 cells) used, however, showed a relatively low uptake of the PMAcOD SPIOs. Corresponding to that most iron homeostasis genes and the examined "toxicity and stress genes" were not significantly affected. After the incubation with radiolabeled PMAcOD SPIOs extracellular radioactivity was measured. However, due to the small values and a missing Hepcidin effect, a prospective export of iron after the degradation of the SPIOs cannot be confirmed.

in vivo results:
After an intravenously administered bolus injection the effect of PMAcOD SPIOs (0.1 mg Fe/mouse) and nanosomes (0.05 mg Fe/mouse) was studied *in vivo*. Previous experiments with the respective radiolabelled compounds have shown that, in both cases, the majority (80-90 %) of the particles are cleared by macrophages, and in the case of the PMAcOD SPIOs, partially by sinusoidal endothelial cells of the liver. After 48 hours, liver iron and ferritin concentrations and serum ferritin levels were not elevated. As positive control the i.v. iron compound Ferinject® (ferric carboxymaltose) was injected with a high dose (4.6 mg Fe/mouse). Hereafter a histological Prussian blue staining showed an uptake of iron also by hepatocytes, and increased hepatic iron and plasma ferritin levels showed the degradation of the nanoparticles.

After the injection of the PMAcOD SPIOs and nanosomes several responses were observed in the liver at the mRNA level. Genes of two P450 cytochrome families (Cyp4a10, Cyp4a14, Cyp7a2), which play important roles in arachidonic acid, fatty acid and cholesterol metabolism, showed increased expression after treatment with PMAcOD SPIOs and nanosomes, indicating a degradation of the nanoparticles. The down-regulation of most the other investigated P450 cytochromes, which initiate oxidation processes and thus potentially ROS generation could be interpreted as an antioxidant mechanism of the cell to prevent from oxidative stress. The liver recognizes the presence of the nanoparticles, as was evidenced by the very strong reaction of metallothionein 2, which is involved in many physiological processes (protection against heavy metal toxicity and oxidative stress; regulatory function for physiological metals; regulation of transcription factors for proliferation, differentiation, tumor genesis and apoptosis; regeneration of liver damage). Overall, the effects of PMAcOD SPIOs and the nanosomes at the dose tested were similar and very moderate.

After application of the high Ferinject®concentration the expression of anti-oxidative genes were strongly increased, showing that iron-induced oxidative stress in the liver is apparently triggered only by high iron concentrations. Furthermore cytokines and genes involved in inflammatory processes were upregulated, too, by Ferinject®. Strong positive reactions of individual genes initialized by nanosomes (e.g. Egr1) may indicate an increased nanoparticle uptake by other cells than macrophages or may be caused by the lipid content/composition of the nanosomes (human lipids).

In summary it can be stated that acute toxic responses in the liver are not to be expected after the application of the PMAcOD SPIOs with an iron concentrations lower than 0.1 mg or 0.05 mg in the case of the nanosomes. Therefore a dose of less than 0.1 mg is recommended when applying the PMAcOD SPIOs, being a sufficient dose for imaging purposes (MRI).

After the oral application of ^{59}Fe or ^{51}Cr-labeled PMAcOD SPIOs or nanosomes, a significant ^{59}Fe-, but a very low 7-day-^{51}Cr-whole-body-retention was found as a measure of gastrointestinal absorption. The ^{59}Fe data indicate a release of ionic iron from the core due to the acidic environment of the stomach, followed by an absorption of the ^{59}Fe(II) via DMT1 in the duodenum. Since rodents poorly absorb ionic ^{51}Cr(III), a measurable particle absorption is excluded by the very low ^{51}Cr-absorption after application of the nanoparticles. Likewise accurate results for the transfer of intact nanoparticles from the gastrointestinal tract into the body are not published yet.

4 Anhang

Tab. 4.1: Plattenbelegung der Gen-Assays des RT² Profiler™ PCR Array Mouse Stress & Toxicity PathwayFinder (PAMM-003A der Firma SABiosciences)

Position	Unigene	GeneBank	Symbol	Description
A01	Mm.1620	NM_009673	Anxa5	Annexin A5
A02	Mm.5088	NM_007499	Atm	Ataxia telangiectasia mutated homolog (human)
A03	Mm.19904	NM_007527	Bax	Bcl2-associated X protein
A04	Mm.238213	NM_009743	Bcl2l1	Bcl2-like 1
A05	Mm.1051	NM_009807	Casp1	Caspase 1
A06	Mm.336851	NM_009812	Casp8	Caspase 8
A07	Mm.458815	NM_011335	Ccl21b	Chemokine (C-C motif) ligand 21b
A08	Mm.1282	NM_011337	Ccl3	Chemokine (C-C motif) ligand 3
A09	Mm.244263	NM_013652	Ccl4	Chemokine (C-C motif) ligand 4
A10	Mm.278584	NM_016746	Ccnc	Cyclin C
A11	Mm.273049	NM_007631	Ccnd1	Cyclin D1
A12	Mm.2103	NM_009831	Ccng1	Cyclin G1
B01	Mm.195663	NM_007669	Cdkn1a	Cyclin-dependent kinase inhibitor 1A (P21)
B02	Mm.279308	NM_016681	Chek2	CHK2 checkpoint homolog (S. pombe)
B03	Mm.178	NM_009964	Cryab	Crystallin, alpha B
B04	Mm.4922	NM_009969	Csf2	Colony stimulating factor 2 (granulocyte-macrophage)
B05	Mm.877	NM_021274	Cxcl10	Chemokine (C-X-C motif) ligand 10
B06	Mm.14089	NM_009992	Cyp1a1	Cytochrome P450, family 1, subfamily a, polypeptide 1
B07	Mm.214016	NM_009994	Cyp1b1	Cytochrome P450, family 1, subfamily b, polypeptide 1
B08	Mm.389848	NM_007812	Cyp2a5	Cytochrome P450, family 2, subfamily a, polypeptide 5
B09	Mm.218749	NM_009998	Cyp2b10	Cytochrome P450, family 2, subfamily b, polypeptide 10
B10	Mm.14413	NM_010000	Cyp2b9	Cytochrome P450, family 2, subfamily b, polypeptide 9
B11	Mm.20764	NM_007815	Cyp2c29	Cytochrome P450, family 2, subfamily c, polypeptide 29
B12	Mm.332844	NM_007818	Cyp3a11	Cytochrome P450, family 3, subfamily a, polypeptide 11
C01	Mm.10742	NM_010011	Cyp4a10	Cytochrome P450, family 4, subfamily a, polypeptide 10
C02	Mm.250901	NM_007822	Cyp4a14	Cytochrome P450, family 4, subfamily a, polypeptide 14
C03	Mm.57029	NM_007824	Cyp7a1	Cytochrome P450, family 7, subfamily a, polypeptide 1
C04	Mm.110220	NM_007837	Ddit3	DNA-damage inducible transcript 3
C05	Mm.27897	NM_008298	Dnaja1	DnaJ (Hsp40) homolog, subfamily A, member 1
C06	Mm.18036	NM_007891	E2f1	E2F transcription factor 1
C07	Mm.181959	NM_007913	Egr1	Early growth response 1
C08	Mm.15295	NM_007940	Ephx2	Epoxide hydrolase 2, cytoplasmic
C09	Mm.280913	NM_007948	Ercc1	Excision repair cross-complementing rodent repair deficiency, complementation group 1
C10	Mm.287837	NM_015769	Ercc4	Excision repair cross-complementing rodent repair deficiency, complementation group 4
C11	Mm.3355	NM_010177	Fasl	Fas ligand (TNF superfamily, member 6)
C12	Mm.976	NM_010231	Fmo1	Flavin containing monooxygenase 1
D01	Mm.155164	NM_144878	Fmo4	Flavin containing monooxygenase 4
D02	Mm.385180	NM_010232	Fmo5	Flavin containing monooxygenase 5
D03	Mm.389750	NM_007836	Gadd45a	Growth arrest and DNA-damage-inducible 45 alpha
D04	Mm.1090	NM_008160	Gpx1	Glutathione peroxidase 1
D05	Mm.441856	NM_030677	Gpx2	Glutathione peroxidase 2
D06	Mm.283573	NM_010344	Gsr	Glutathione reductase
D07	Mm.37199	NM_010358	Gstm1	Glutathione S-transferase, mu 1
D08	Mm.440885	NM_010359	Gstm3	Glutathione S-transferase, mu 3
D09	Mm.276389	NM_010442	Hmox1	Heme oxygenase (decycling) 1
D10	Mm.272866	NM_010443	Hmox2	Heme oxygenase (decycling) 2
D11	Mm.347444	NM_008296	Hsf1	Heat shock factor 1
D12	Mm.372314	NM_010478	Hspa1b	Heat shock protein 1B
E01	Mm.14287	NM_013558	Hspa1l	Heat shock protein 1-like
E02	Mm.239865	NM_008300	Hspa4	Heat shock protein 4
E03	Mm.330160	NM_022310	Hspa5	Heat shock protein 5
E04	Mm.336743	NM_031165	Hspa8	Heat shock protein 8
E05	Mm.13849	NM_013560	Hspb1	Heat shock protein 1
E06	Mm.1777	NM_010477	Hspd1	Heat shock protein 1 (chaperonin)
E07	Mm.215667	NM_008303	Hspe1	Heat shock protein 1 (chaperonin 10)
E08	Mm.358609	NM_008344	Igfbp6	Insulin-like growth factor binding protein 6
E09	Mm.1410	NM_008360	IL-18	Interleukin 18
E10	Mm.15534	NM_010554	IL-1a	Interleukin 1 alpha
E11	Mm.222830	NM_008361	IL-1b	Interleukin 1 beta
E12	Mm.1019	NM_031168	IL-6	Interleukin 6
F01	Mm.87787	NM_010735	Lta	Lymphotoxin A

Well	UniGene	RefSeq	Symbol	Description
F02	Mm.22670	NM_010786	Mdm2	Transformed mouse 3T3 cell double minute 2
F03	Mm.2326	NM_010798	Mif	Macrophage migration inhibitory factor
F04	Mm.147226	NM_008630	Mt2	Metallothionein 2
F05	Mm.256765	NM_008689	Nfkb1	Nuclear factor of kappa light polypeptide gene enhancer in B-cells 1, p105
F06	Mm.170515	NM_010907	Nfkbia	Nuclear factor of kappa light polypeptide gene enhancer in B-cells inhibitor, alpha
F07	Mm.2893	NM_010927	Nos2	Nitric oxide synthase 2, inducible
F08	Mm.7141	NM_011045	Pcna	Proliferating cell nuclear antigen
F09	Mm.27375	NM_023127	Polr2k	Polymerase (RNA) II (DNA directed) polypeptide K
F10	Mm.3863	NM_008898	Por	P450 (cytochrome) oxidoreductase
F11	Mm.477498	NM_009010	Rad23a	RAD23a homolog (S. cerevisiae)
F12	Mm.4888	NM_009012	Rad50	RAD50 homolog (S. cerevisiae)
G01	Mm.250422	NM_008871	Serpine1	Serine (or cysteine) peptidase inhibitor, clade E, member 1
G02	Mm.276325	NM_011434	Sod1	Superoxide dismutase 1, soluble
G03	Mm.290876	NM_013671	Sod2	Superoxide dismutase 2, mitochondrial
G04	Mm.1258	NM_011609	Tnfrsf1a	Tumor necrosis factor receptor superfamily, member 1a
G05	Mm.1062	NM_009425	Tnfsf10	Tumor necrosis factor (ligand) superfamily, member 10
G06	Mm.264255	NM_001033161	Tradd	TNFRSF1A-associated via death domain
G07	Mm.222	NM_011640	Trp53	Transformation related protein 53
G08	Mm.300095	NM_013701	Ugt1a2	UDP glucuronosyltransferase 1 family, polypeptide A2
G09	Mm.1393	NM_011677	Ung	Uracil DNA glycosylase
G10	Mm.4347	NM_009532	Xrcc1	X-ray repair complementing defective repair in Chinese hamster cells 1
G11	Mm.143767	NM_020570	Xrcc2	X-ray repair complementing defective repair in Chinese hamster cells 2
G12	Mm.37531	NM_028012	Xrcc4	X-ray repair complementing defective repair in Chinese hamster cells 4
H01	Mm.3317	NM_010368	Gusb	Glucuronidase, beta
H02	Mm.299381	NM_013556	Hprt1	Hypoxanthine guanine phosphoribosyl transferase 1
H03	Mm.2180	NM_008302	Hsp90ab1	Heat shock protein 90 alpha (cytosolic), class B member 1
H04	Mm.343110	NM_008084	Gapdh	Glyceraldehyde-3-phosphate dehydrogenase
H05	Mm.328431	NM_007393	Actb	Actin, beta
H06	N/A	SA_00106	MGDC	Mouse Genomic DNA Contamination
H07	N/A	SA_00104	RTC	Reverse Transcription Control
H08	N/A	SA_00104	RTC	Reverse Transcription Control
H09	N/A	SA_00104	RTC	Reverse Transcription Control
H10	N/A	SA_00103	PPC	Positive PCR Control
H11	N/A	SA_00103	PPC	Positive PCR Control
H12	N/A	SA_00103	PPC	Positive PCR Control

5 Literaturverzeichnis

Abboud, S. & Haile, D. J. (2000). A Novel Mammalian Iron-regulated Protein Involved in Intracellular. Iron Metabolism. *Journal of Biological Chemistry 275*, 19906-19912.

Aderem, A. A., Wright, S.D., Silverstein, S. C., Cohn, Z. A. (1985). Ligated complement receptors do not activate the arachidonic acid cascade in resident peritoneal macrophages. *J Exp Med. 161 (3)*, 617-622.

Aderem, A. & Underhill, D. M. (1999). Mechanisms of Phagocytosis in Macrophages. *Annu Rev Immunol. 17*, 593-623.

Aisen, P. (2004). Transferrin receptor 1. *The International Journal of Biochemistry & Cell Biology 36*, 2137-2143.

Aggarwal, P., Hall, J. B., McLeland, C. B., Dobrovolskaia, M. A., McNeil, S. E. (2009). Nanoparticle interaction with plasma proteins as it relates to particle biodistribution, biocompatibility and therapeutic efficacy. *Adv Drug Deliv Rev. 61(6)*, 428-437.

Aktas, H., Cai, H., Cooper, G. M. (1997). Ras links growth factor signaling to the cell cycle machinery via regulation of cyclin D1 and the Cdk inhibitor p27KIP1. *Molecular and Cellular Biology 17 (7)*, 3850-3857.

Aldridge, D. C. & Turner, W. B. (1969). Structures of cytochalasins C and D. *J. Chem. Soc. C* 923-928.

Alexander, J. & Kowdley, K. V. (2009). HFE-associated hereditary hemochromatosis. *Genet Med 11*, 307-313.

Allen, L. A. & Aderem, A. (1996). Molecular definition of distinct cytoskeletal structures involved in complement- and Fc receptor-mediated phagocytosis in macrophages. *J Exp Med. 184 (2)*, 627-637.

Allen, C., Yu, Y., Eisenberg, A., Maysinger, D. (1999). Cellular internalization of PCL_{20}-b-PEO_{44} block copolymer micelles. *Biochimica et Biophysica Acta (BBA) - Biomembranes 1421*, 32-38.

Alvarez, E., Gironés, N., Davis, R. J. (1990). Inhibition of the receptor-mediated endocytosis of diferric transferrin is associated with the covalent modification of the transferrin receptor with palmitic acid. *J. Biol. Chem. 265*, 16644-16655.

Alvarez-Hernández, X., Licéaga, J., McKay, I. C., Brock, J. H. (1989). Induction of hypoferremia and modulation of macrophage iron metabolism by tumor necrosis factor. *Lab Invest. 61 (3)*, 319-322.

Amyere, M., Payrastre, B., Krause, U., Smissen, P. V. D., Veithen, A., Courtoy, P. J. (2000). Constitutive Macropinocytosis in Oncogene-transformed Fibroblasts Depends on Sequential Permanent Activation of Phosphoinositide 3-Kinase and Phospholipase C. *Mol. Biol. Cell 11*, 3453-3467.

Anderson, H. A., Chen, Y., Norkin, L. C. (1998). MHC class I molecules are enriched in caveolae but do not enter with simian virus 40. *Journal of General Virology 79*, 1469-1477.

Anderson, S. A., Nizzi, C. P., Chang, Y. I., Deck, K. M., Schmidt, P. J., Galy, B., Damnernsawad, A., Broman, A. T., Kendziorski, C., Hentze, M. W., Fleming, M. D., Zhang, J., Eisenstein, R. S. (2013). The IRP1-HIF-2α Axis Coordinates Iron and Oxygen Sensing with Erythropoiesis and Iron Absorption. *Cell Metab. 17 (2)*, 282-290.

Andriopoulos Jr. B., Corradini, E., Xia, Y., Faasse, S. A., Chen, S., Grgurevic, L., Knutson, M. D., Pietrangelo, A., Vukicevic, S., Lin, H. Y., Babitt, J. L. (2009). BMP6 is a key endogenous regulator of hepcidin expression and iron metabolism. *Nat Genet 41*, 482-487.

Angiolillo, A. L., Sgadari, C., Taub, D. D., Liao, F., Farber, J. M., Maheshwari, S., Kleinman, H. K., Reaman, G. H., Tosato, G. (1995). Human interferon-inducible protein 10 is a potent inhibitor of angiogenesis in vivo. *J Exp Med. 182 (1)*, 155-162.

Araki, N., Johnson, M. T., Swanson, J. A. (1996). A role for phosphoinositide 3-kinase in the completion of macropinocytosis and phagocytosis by macrophages. *J. Cell Biol. 135*, 1249-1260.

Arosio, P. & Levi, S. (2010). Cytosolic and mitochondrial ferritins in the regulation of cellular iron homeostasis and oxidative damage. *Biochimica et Biophysica Acta (BBA) - General Subjects 1800*, 783-792.

Arredondo, M. & Núnez, M. T. (2005). Iron and copper metabolism. *Molecular Aspects of Medicine 26*, 313-327.

Arrigo, A. P. (2005). In search of the molecular mechanism by which small stress proteins counteract apoptosis during cellular differentiation. *J Cell Biochem. 94 (2)*, 241-246.

Arrigo, A. P., Virot, S., Chaufour, S., Firdaus, W., Kretz-Remy, C., Diaz-Latoud, C. (2005). Hsp27 consolidates intracellular redox homeostasis by upholding glutathione in its reduced form and by decreasing iron intracellular levels. *Antioxid Redox Signal. 7 (3-4)*, 414-422.

Ashino, T., Yamanaka, R., Yamamoto, M., Shimokawa, H., Sekikawa, K., Iwakura, Y., Shioda, S., Numazawa, S., Yoshida, T. (2008). Negative feedback regulation of lipopolysaccharide-induced inducible nitric oxide synthase gene expression by heme oxygenase-1 induction in macrophages. *Molecular Immunology 45 (7)*, 2106-2115

Assenat, E., Gerbal-Chaloin, S., Larrey, D., Saric, J., Fabre, J. M., Maurel, P., Vilarem, M. J., Pascussi J. M. (2004). Interleukin 1beta inhibits CAR-induced expression of hepatic genes involved in drug and bilirubin clearance. *Hepatology 40 (4)*, 951-960.

Aydemir, F., Jenkitkasemwong, S., Gulec, S., Knutson, M. D. (2009). Iron Loading Increases Ferroportin Heterogeneous Nuclear RNA and mRNA Levels in Murine J774 Macrophages. *The Journal of Nutrition 139*, 434-438.

Aziz, N. & Munro, H. N. (1987). Iron regulates ferritin mRNA translation through a segment of its 5' untranslated region. *Proceedings of the National Academy of Sciences 84*, 8478-8482.

Baas, A. S. & Berk, B. C. (1995). Differential Activation of Mitogen-Activated Protein Kinases by H2O2 and O2- in Vascular Smooth Muscle Cells. *Circul. Res. 77*, 29-36.

Babitt, J. L., Huang, F. W., Wrighting, D. M., Xia, Y., Sidis, Y., Samad, T. A., Campagna, J. A., Chung, R. T., Schneyer, A. L., Woolf, C. J., Andrews, N. C., Lin, H. Y. (2006). Bone morphogenetic protein signaling by hemojuvelin regulates hepcidin expression. *Nat Genet 38*, 531-539.

Babitt, J. L., Huang, F. W., Xia, Y., Sidis, Y., Andrews, N. C., Lin, H. Y. (2007). Modulation of bone morphogenetic protein signaling in vivo regulates systemic iron balance. *J Clin Invest 117*, 1933-1939.

Bacon, B. R. & Tavill, A. S. (1984). Role of the Liver in Normal Iron Metabolism. *Semin Liver Dis 4*, 181-192.

Bacon, B. R., Adams, P. C., Kowdley, K. V., Powell, L. W., Tavill, A. S.; American Association for the Study of Liver Diseases (2011). Diagnosis and management of hemochromatosis: 2011 practice guideline by the American Association for the Study of Liver Diseases. *Hepatology 54 (1)*, 328-343.

Badger, A. M., Cook, M. N., Lark, M. W., Newman-Tarr, T. M., Swift, B. A., Nelson, A. H., Barone, F. C., Kumar, S. (1998). SB 203580 Inhibits p38 Mitogen-Activated Protein Kinase, Nitric Oxide Production, and Inducible Nitric Oxide Synthase in Bovine Cartilage-Derived Chondrocytes. *The Journal of Immunology 161 (1)*, 467-473.

Baggs, R. B., Ferin, J., Oberdörster, G. (1997). Regression of Pulmonary Lesions Produced by Inhaled Titanium Dioxide in Rats. *Veterinary Pathology Online 34*, 592-597.

Baldwin, D. A., De Sousa, D. M., Von Wandruszka, R. M. (1982). The effect of pH on the kinetics of iron release from human transferrin. *Biochimica et Biophysica Acta 719*, 140-146.

Balla, G., Jacob, H. S., Balla, J., Rosenberg, M., Nath, K., Apple, F., Eaton, J. W., Vercellotti, G. M. (1992). Ferritin: a cytoprotective antioxidant strategem of endothelium. *J. Biol. Chem. 267*, 18148-18153.

Ballmer, P. E., McNurlan, M. A., Southorn, B. G., Grant, I., Garlick, P. J. (1991). Effects of human recombinant interleukin-1 beta on protein synthesis in rat tissues compared with a classical acute-phase reaction induced by turpentine. Rapid response of muscle to interleukin-1 beta. *Biochem J. 279 (Pt 3)*, 683-688.

Bankers-Fulbright, J. L., Kalli, K. R., McKean, D. J. (1996). Interleukin-1 signal transduction. *Life Sciences 59 (2)*, 61-83.

5. Literaturverzeichnis

Barbin, G., Roisin, M. P., Zalc, B. (2001). Tumor necrosis factor alpha activates the phosphorylation of ERK, SAPK/JNK, and P38 kinase in primary cultures of neurons. *Neurochem Res. 26 (2)*, 107-112.

Bareford, L. M. & Swaan, P. W. (2007). Endocytic mechanisms for targeted drug delivery. *Adv Drug Deliv Rev. 59*, 748-758.

Bauman, J. W., Liu, J., Liu, Y. P., Klaassen, C. D. (1991). Increase in metallothionein produced by chemicals that induce oxidative stress. *Toxicology and Applied Pharmacology 110 (2)*, 347-354.

Beere, H. M., Wolf, B. B., Cain, K., Mosser, D. D., Mahboubi, A., Kuwana, T., Tailor, P., Morimoto, R. I., Cohen, G. M., Green, D. R. (2000). Heat-shock protein 70 inhibits apoptosis by preventing recruitment of procaspase-9 to the Apaf-1 apoptosome. *Nat Cell Biol 2 (8)*, 469-475.

Beinert, H., Kennedy, M. C., Stout, C. D. (1996). Aconitase as Iron-Sulfur Protein, Enzyme, and Iron-Regulatory Protein. *Chem. Rev. 96*, 2335-2374.

Bellova, A., Bystrenova, E., Koneracka, M., Kopcansky, P., Valle, F., Tomasovicova, N., Timko, M., Bagelova, J., Biscarini, F., Gazova, Z. (2010). Effect of Fe_3O_4 magnetic nanoparticles on lysozyme amyloid aggregation. *Nanotechnology 21*, 065103.

Bergendi, L'., Benes, L., Durackova, Z., Ferencik, M. (1999). Chemistry, physiology and pathology of free radicals. *Life Sci. 65*, 1865-1874.

Bhasker, C. R., Burgiel, G., Neupert, B., Emery-Goodman, A., Kühn, L. C., May, B. K. (1993). The putative iron-responsive element in the human erythroid 5-aminolevulinate synthase mRNA mediates translational control. *J. Biol. Chem. 268*, 12699-12705.

Bianchi, L., Tacchini, L., Cairo, G. (1999). HIF-1-mediated activation of transferrin receptor gene transcription by iron chelation. *Nucleic Acids Res. 27*, 4223-4227.

Bilheimer, D. W., Grundy, S. M., Brown, M. S., Goldstein, J. L. (1983). Mevinolin and colestipol stimulate receptor-mediated clearance of low density lipoprotein from plasma in familial hypercholesterolemia heterozygotes. *Proc Natl Acad Sci USA 80*, 4124-4128.

Birgegård, .G. & Caro, J. (1994). Increased ferritin synthesis and iron uptake in inflammatory mouse macrophages. *Scand J Haematol. 33 (1)*, 43-48.

Blagosklonny, M. V. (1999). A node between proliferation, apoptosis, and growth arrest. *BioEssays: news and reviews in molecular, cellular and developmental biology 21 (8)*, 704-709.

Bock, K. W. & Köhle, C. (2005). UDP-glucuronosyltransferase 1A6: structural, functional, and regulatory aspects. *Methods Enzymol. 400*, 57-75.

Bode, A. M. & Dong, Z. (2007). The functional contrariety of JNK. *Mol Carcinog. 46 (8)*, 591-598.

Bonnemain, B. (1998). Superparamagnetic Agents in Magnetic Resonance Imaging: Physicochemical Characteristics and Clinical Applications. A Review. *J. Drug Targeting 6*, 167-174.

Bowdish, D. M. E. & Gordon, S. (2009). Conserved domains of the class A scavenger receptors: evolution and function. *Immunological Reviews 227*, 19-31.

Bradley, J. R., Johnson, D. R., Pober, J. S. (1993). Four different classes of inhibitors of receptor-mediated endocytosis decrease tumor necrosis factor-induced gene expression in human endothelial cells. *J Immunol 150*, 5544-5555.

Brasse-Lagnel, C., Karim, Z., Letteron, P., Bekri, S., Bado, A., Beaumont, C. (2011). Intestinal DMT1 Cotransporter Is Down-regulated by Hepcidin via Proteasome Internalization and Degradation. *Gastroenterology 140 (4)*, 1261-1271.

Braunsfurth, J. S., Gabbe, E. E., Heinrich, H. C. (1977). Performance parameters of the Hamburg 4 pi whole body radioactivity detector. *Physics in Medicine and Biology 22*, 1-17.

Breuer, W., Epsztejn, S., Millgram, P., Cabantchik, I. Z. (1995). Transport of iron and other transition metals into cells as revealed by a fluorescent probe. *American Journal of Physiology - Cell Physiology 268*, C1354-C1361.

Bridle, K. R., Frazer, D. M., Wilkins, S. J., Dixon, J. L., Purdie, D. M., Crawford, D. H., Subramaniam, V. N., Powell, L. W., Anderson, G. J., Ramm, G. A. (2003). Disrupted hepcidin regulation in HFE-associated haemochromatosis and the liver as a regulator of body iron homoeostasis. *The Lancet 361*, 669-673.

Brigelius-Flohé R., Tissue-specific functions of individual glutathione peroxidases. *Free Radic Biol Med. 27 (9-10)*, 951-965.

Brown, D. A. & London, E. (1998). FUNCTIONS OF LIPID RAFTS IN BIOLOGICAL MEMBRANES. *Annu. Rev. Cell Dev. Biol. 14*, 111-136.

Brown, F. D., Rozelle, A. L., Yin, H. L., Balla, T., Donaldson, J. G. (2001). Phosphatidylinositol 4,5-bisphosphate and Arf6-regulated membrane traffic. *J Cell Biol. 154 (5)*, 1007-1017.

Brown, K. E., Broadhurst, K. A., Mathahs, M. M., Weydert, J. (2007). Differential expression of stress-inducible proteins in chronic hepatic iron overload. *Toxicology and Applied Pharmacology 223 (2)*, 180-186.

Bruns, O. T., Ittrich, H., Peldschus, K., Kaul, M. G., Tromsdorf, U. I., Lauterwasser, J., Nikolic, M. S., Mollwitz, B., Merkel, M., Bigall, N. C., Sapra, S., Reimer, R., Hohenberg, H., Weller, H., Eychmüller, A., Adam, G., Beisiegel, U., Heeren., J. (2009). Real-time magnetic resonance imaging and quantification of lipoprotein metabolism in vivo using nanocrystals. *Nat Nanotechnol. 4 (3)*, 193-201.

Cabantchik, Z. I., Glickstein, H., Milgram, P., Breuer, W. (1996). A fluorescence assay for assessing chelation of intracellular iron in a membrane model system and in mammalian cells. *Anal Biochem. 233 (2)*, 221-227.

Camaschella, C., Roetto, A., Cali, A., De Gobbi, M., Garozzo, G., Carella, M., Majorano, N., Totaro, A., Gasparini, P. (2000). The gene TFR2 is mutated in a new type of haemochromatosis mapping to 7q22. *Nat Genet 25*, 14-15.

Canonne-Hergaux, F., Donovan, A., Delaby, C., Wang, H. j., Gros, P. (2006). Comparative studies of duodenal and macrophage ferroportin proteins. *American Journal of Physiology - Gastrointestinal and Liver Physiology 290*, G156-G163.

Cardoso, S. V., Silveira-Júnior, J. B., De Carvalho Machado, V., De Paula, M. , Loyola, A. M., De Aguira, M. C. (2009). Expression of Metallothionein and p53 Antigens are Correlated in Oral Squamous Cell Carcinoma. *Anticancer Research 29 (4)*, 1189-1193.

Caron, E. & Hall, A. (1998). Identification of Two Distinct Mechanisms of Phagocytosis Controlled by Different Rho GTPases. *Science 282*, 1717-1721.

Carr, M. W., Roth, S. J., Luther, E., Rose, S. S., Springer, T. A. (1994). Monocyte chemoattractant protein 1 acts as a T-lymphocyte chemoattractant. *Proceedings of the National Academy of Sciences 91 (9)*, 3652-3656

Carr, A. C., McCall, M. R., & Frei, B. (2000). Oxidation of LDL by Myeloperoxidase and Reactive Nitrogen Species. *Arteriosclerosis, Thrombosis, and Vascular Biology 20*, 1716-1723.

Carter, S. B. (1967). Effects of Cytochalasins on Mammalian Cells. *Nature 213*, 261-264.

Casey, J. L., Di Jeso, B., Rao, K., Klausner, R. D., Harford, J. B. (1988). Two genetic loci participate in the regulation by iron of the gene for the human transferrin receptor. *Proceedings of the National Academy of Sciences 85*, 1787-1791.

Catherine, C. B. (2009). Progress in functionalization of magnetic nanoparticles for applications in biomedicine. *Journal of Physics D: Applied Physics 42*, 224003.

Cedervall, T., Lynch, I., Lindman, S., Berggard, T., Thulin, E., Nilsson, H., Dawson, K. A., Linse, S. (2007). Understanding the nanoparticle-protein corona using methods to quantify exchange rates and affinities of proteins for nanoparticles. *Proc Natl Acad Sci USA 104*, 2050-2055.

Cermak, J., Balla, J. , Jacob, H. S., Balla, G. r., Enright, H., Nath, K., Vercellotti, G. M. (1993). Tumor Cell Heme Uptake Induces Ferritin Synthesis Resulting in Altered Oxidant Sensitivity: Possible Role in Chemotherapy Efficacy. *Cancer Res. 53*, 5308-5313.

5. Literaturverzeichnis

Charette, S. J., Lavoie, J. N., Lambert, H., Landry, J. (2000). Inhibition of Daxx-Mediated Apoptosis by Heat Shock Protein 27. *Molecular and Cellular Biology 20 (20)*, 7602-7612.

Chawla, A., Saez, E., Evans, R. M. (2000). "Don't Know Much Bile-ology". *Cell 103 (1)*, 1-4.

Chen, J., Chloupkova, M., Gao, J., Chapman-Arvedson, T. L., Enns, C. A. (2007). HFE Modulates Transferrin Receptor 2 Levels in Hepatoma Cells via Interactions That Differ from Transferrin Receptor 1-HFE Interactions. *J. Biol. Chem. 282*, 36862-36870.

Chen, Y., Wang, X., Ben, J., Yue, S., Bai, H., Guan, X., Bai, X., Jiang, L., Ji, Y., Fan, L., Chen, Q. (2006). The Di-Leucine Motif Contributes to Class A Scavenger Receptor-Mediated Internalization of Acetylated Lipoproteins. *Arterioscler Thromb Vasc Biol 26*, 1317-1322.

Cheng, Q., Aleksunes, L. M., Manautou, J. E., Cherrington, N. J., Scheffer, G. L., Yamasaki, H., Slitt, A. L. (2008). Drug-Metabolizing Enzyme and Transporter Expression in a Mouse Model of Diabetes and Obesity. *Molecular Pharmaceutics 5 (1)*, 77-91.

Chitambar, C. R., Massey, E. J., Seligman, P. A. (1983). Regulation of transferrin receptor expression on human leukemic cells during proliferation and induction of differentiation. Effects of gallium and dimethylsulfoxide. *J Clin Invest 72*, 1314-1325.

Chithrani, B. D., Ghazani, A. A., Chan, W. C. W. (2006). Determining the Size and Shape Dependence of Gold Nanoparticle Uptake into Mammalian Cells. *Nano Letters 6*, 662-668.

Chiu, V. C. & Haynes, D. H. (1977). High and low affinity Ca2+ binding to the sarcoplasmic reticulum: use of a high-affinity fluorescent calcium indicator. *Biophys J. 18 (1)*, 3-22.

Chlosta, S., Fishman, D. S., Harrington, L., Johnson, E. E., Knutson, M. D., Wessling-Resnick, M., Cherayil, B. J. (2006). The Iron Efflux Protein Ferroportin Regulates the Intracellular Growth of Salmonella enterica. *Infect. Immun. 74*, 3065-3067.

Cho, K., Wang, X., Nie, S., Chen, Z., Shin, D. M. (2008). Therapeutic Nanoparticles for Drug Delivery in Cancer. *Clin. Cancer. Res. 14*, 1310-1316.

Cianetti, L., Segnalini, P., Calzolari, A., Morsilli, O., Felicetti, F., Ramoni, C., Gabbianelli, M., Testa, U., Sposi, N. M. (2005). Expression of alternative transcripts of ferroportin-1 during human erythroid differentiation. *Haematologica 90*, 1595-1606.

Clahsen, T. & Schaper, F. (2008). Interleukin-6 acts in the fashion of a classical chemokine on monocytic cells by inducing integrin activation, cell adhesion, actin polymerization, chemotaxis, and transmigration. *J Leukoc Biol. 84 (6)*, 1521-1529.

Clarke, D. J., Giménez-Abián, J. F. (2000). Checkpoints controlling mitosis. *Bioessays 2000 22 (4)*, 351-363.

Claus, V., Jahraus, A., Tjelle, T., Berg, T., Kirschke, H., Faulstich, H., Griffiths, G. (1998). Lysosomal Enzyme Trafficking between Phagosomes, Endosomes, and Lysosomes in J774 Macrophages. *Journal of Biological Chemistry 273*, 9842-9851.

Clift, M. J., Boyles, M. S., Brown, D. M., Stone, V. (2010). An investigation into the potential for different surface-coated quantum dots to cause oxidative stress and affect macrophage cell signalling in vitro. *Nanotoxicology. 4 (2)*, 139-149.

Cohen, P. (1997). The search for physiological substrates of MAP and SAP kinases in mammalian cells. *Trends in Cell Biology 7 (9)*, 353-361.

Collawn, J. F., Lai, A., Domingo, D., Fitch, M., Hatton, S., Trowbridge, I. S. (1993). YTRF is the conserved internalization signal of the transferrin receptor, and a second YTRF signal at position 31-34 enhances endocytosis. *J. Biol. Chem. 268*, 21686-21692.

Conner, S. D. & Schmid, S. L. (2003). Regulated portals of entry into the cell. *Nature 422*, 37-44.

Cooperman, S. S., Meyron-Holtz, E. G., Olivierre-Wilson, H., Ghosh, M. C., McConnell, J. P., Rouault, T. A. (2005). Microcytic anemia, erythropoietic protoporphyria, and neurodegeneration in mice with targeted deletion of iron-regulatory protein 2. *Blood 106*, 1084-1091.

Cordle, A., Koenigsknecht-Talboo, J., Wilkinson, B., Limpert, A., Landreth, G. (2005). Mechanisms of Statin-mediated Inhibition of Small G-protein Function. *Journal of Biological Chemistry 280*, 34202-34209.

Courselaud, B., Pigeon, C., Inoue, Y., Inoue, J., Gonzalez, F. J., Leroyer, P., Gilot, D., Boudjema, K., Guguen-Guillouzo, C., Brissot, P., Loréal, O., Ilyin, G. (2002). C/EBPα Regulates Hepatic Transcription of Hepcidin, an Antimicrobial Peptide and Regulator of Iron Metabolism: Corss-talk between C/EBP Pathway and Iron Metabolism. *J. Biol. Chem. 277*, 41163-41170.

Crichton, R. R. & Declercq, J. P. (2010). X-ray structures of ferritins and related proteins. *Biochim Biophys Acta. 1800 (8)*, 706-718.

Dabbagh, A. J., Mannion, T., Lynch, S. M., Frei, B. (1994). The effect of iron overload on rat plasma and liver oxidant status in vivo. *Biochem J. 300 (Pt 3)*, 799-803.

Dai, J., Huang, C., Wu, J., Yang, C., Frenkel, K., Huang, X. (2004). Iron-induced interleukin-6 gene expression: possible mediation through the extracellular signal-regulated kinase and p38 mitogen-activated protein kinase pathways. *Toxicology 203 (1-3)*, 199-209.

Dangoria, N. S., Breau, W. C., Anderson, H. A., Cishek, D. M., Norkin, L. C. (1996). Extracellular Simian Virus 40 Induces an ERK/MAP Kinase-independent Signalling Pathway that Activates Primary Response Genes and Promotes Virus Entry. *Journal of General Virology 77*, 2173-2182.

Daniels, T. R., Delgado, T., Helguera, G., Penichet, M. L. (2006a). The transferrin receptor part II: Targeted delivery of therapeutic agents into cancer cells. *Clin. Immunol. 121*, 159-176.

Daniels, T. R., Delgado, T., Rodriguez, J. A., Helguera, G., Penichet, M. L. (2006b). The transferrin receptor part I: Biology and targeting with cytotoxic antibodies for the treatment of cancer. *Clin. Immunol. 121*, 144-158.

Dasuri, K., Zhang, L., Keller, J. N. (2013). Oxidative stress, neurodegeneration, and the balance of protein degradation and protein synthesis. *Free Radical Biol. Med. 62,* 170-185.

Datla, S. R., Dusting, G. J., Mori, T. A., Taylor, C. J., Croft, K. D., Jiang, F. (2007). Induction of Heme Oxygenase-1 In Vivo Suppresses NADPH Oxidase Derived Oxidative Stress. *Hypertension 50 (4)*, 636-642.

Dausend, J., Musyanovych, A., Dass, M., Walther, P., Schrezenmeier, H., Landfester, K., Mailänder, V. (2008). Uptake mechanism of oppositely charged fluorescent nanoparticles in HeLa cells. *Macromol Biosci. 8 (12)*, 1135-1143.

Dautry-Varsat, A., Ciechanover, A., Lodish, H. F. (1983). pH and the recycling of transferrin during receptor-mediated endocytosis. *Proceedings of the National Academy of Sciences 80*, 2258-2262.

Davies, P. J. A., Davies, D. R., Levitzki, A., Maxfield, F. R., Milhaud, P., Willingham, M. C., Pastan, I. H. (1980). Transglutaminase is essential in receptor-mediated endocytosis of [alpha]2-macroglobulin and polypeptide hormones. *Nature 283*, 162-167.

Deaglio, S., Capobianco, A., Cali, A., Bellora, F., Alberti, F., Righi, L., Sapino, A., Camaschella, C., & Malavasi, F. (2002). Structural, functional, and tissue distribution analysis of human transferrin receptor-2 by murine monoclonal antibodies and a polyclonal antiserum. *Blood 100*, 3782-3789.

Deak, T., Bellamy, C., Bordner, K. A. (2005). Protracted increases in core body temperature and interleukin-1 following acute administration of lipopolysaccharide: Implications for the stress response. *Physiol Behav 85 (3)*, 296-307.

Decuzzi, P. & Ferrari, M. (2007). The role of specific and non-specific interactions in receptor-mediated endocytosis of nanoparticles. *Biomaterials 28*, 2915-2922.

De Domenico, I., Ward, D. M., Nemeth, E., Vaughn, M. B., Musci, G., Ganz, T., Kaplan, J. (2005). The molecular basis of ferroportin-linked hemochromatosis. *Proc Natl Acad Sci U S A 102*, 8955-8960.

De Domenico, I., Vaughn, M. B., Li, L., Bagley, D., Musci, G., Ward, D. M., Kaplan, J. (2006). Ferroportin-mediated mobilization of ferritin iron precedes ferritin degradation by the proteasome. *EMBO J 25*, 5396-5404.

De Domenico, I., Ward, D. M., Langelier, C., Vaughn, M. B., Nemeth, E., Sundquist, W. I., Ganz, T., Musci, G., Kaplan, J. (2007a). The Molecular Mechanism of Hepcidin-mediated Ferroportin Down-Regulation. *Mol Biol Cell 18*, 2569-2578.

5. Literaturverzeichnis

De Domenico, I., Ward, D. M., Musci, G., Kaplan, J. (2007b). Evidence for the multimeric structure of ferroportin. *Blood 109*, 2205-2209.

De Domenico, I., Lo, E., Ward, D. M., Kaplan, J. (2009). Hepcidin-induced internalization of ferroportin requires binding and cooperative interaction with Jak2. *Proc Natl Acad Sci USA 106*, 3800-3805.

Delaby, C., Pilard, N., Goncalves, A. S., Beaumont, C., Canonne-Hergaux, F. (2005). Presence of the iron exporter ferroportin at the plasma membrane of macrophages is enhanced by iron loading and down-regulated by hepcidin. *Blood 106*, 3979-3984.

Delaby, C., Pilard, N., Puy, H., Canonne-Hergaux, F. (2008). Sequential regulation of ferroportin expression after erythrophagocytosis in murine macrophages: early mRNA induction by haem, followed by iron-dependent protein expression. *Biochem J. 411 (1)*, 123-131.

De Maio, A. (1999). Heat shock proteins: facts, thoughts, and dreams. *Shock. 11 (1)*, 1-12.

Dérijard, B., Raingeaud, J., Barrett, T., Wu, I. H., Han, J., Ulevitch, R. J., Davis, R. J. (1995). Independent human MAP-kinase signal transduction pathways defined by MEK and MKK isoforms. *Science 267 (5198)*, 682-685.

Devalia, V., Carter, K., Walker, A. P., Perkins, S. J., Worwood, M., May, A., Dooley, J. S. (2002). Autosomal dominant reticuloendothelial iron overload associated with a 3-base pair deletion in the ferroportin 1 gene (SLC11A3). *Blood 100*, 695-697.

Dharmawardhane, S., Schurmann, A., Sells, M. A., Chernoff, J., Schmid, S. L., Bokoch, G. M. (2000). Regulation of Macropinocytosis by p21-activated Kinase-1. *Mol. Biol. Cell 11*, 3341-3352.

Diehl, A. M. & Rai, R. M. (1996). Liver regeneration 3: Regulation of signal transduction during liver regeneration. *The FASEB Journal 10 (2)*, 215-227.

Dinarello, C. A. (1997). Interleukin-1. *Cytokine Growth Factor Rev. 8 (4)*, 253-265.

Dolezalova, D., Mraz, M., Barta, T., Plevova, K., Vinarsky, V., Holubcova, Z., Jaros, J., Dvorak, P., Pospisilova, S., Hampl, A. (2012). MicroRNAs regulate p21(Waf1/Cip1) protein expression and the DNA damage response in human embryonic stem cells. *Stem Cells 30 (7)*, 1362-1372.

Domachowske, J. B. (1997). The Role of Nitric Oxide in the Regulation of Cellular Iron Metabolism. *Biochemical and Molecular Medicine 60*, 1-7.

Donovan, A., Brownlie, A., Zhou, Y., Shepard, J., Pratt, S. J., Moynihan, J., Paw, B. H., Drejer, A., Barut, B., Zapata, A., Law, T. C., Brugnara, C., Lux, S. E., Pinkus, G. S., Pinkus, J. L., Kingsley, P. D., Palis, J., Fleming, M. D., Andrews, N. C., Zon, L. I. (2000). Positional cloning of zebrafish ferroportin1 identifies a conserved vertebrate iron exporter. *Nature 403*, 776-781.

Donovan, A., Lima, C. A., Pinkus, J. L., Pinkus, G. S., Zon, L. I., Robine, S., Andrews, N. C. (2005). The iron exporter ferroportin/Slc40a1 is essential for iron homeostasis. *Cell Metab. 1 (3)*, 191-200.

Doza, Y. N., Cuenda, A., Thomas, G. M., Cohen, P., Nebreda, A. R. (1995). Activation of the MAP kinase homologue RK requires the phosphorylation of Thr-180 and Tyr-182 and both residues are phosphorylated in chemically stressed KB cells. *FEBS Letters 364 (2)*, 223-228.

Drakesmith, H., Schimanski, L. M., Ormerod, E., Merryweather-Clarke, A. T., Viprakasit, V., Edwards, J. P., Sweetland, E., Bastin, J. M., Cowley, D., Chinthammitr, Y., Robson, K. J. H., Townsend, A. R. (2005). Resistance to hepcidin is conferred by hemochromatosis-associated mutations of ferroportin. *Blood 106*, 1092-1097.

Drapier, J. C. & Hibbs, J. B. Jr. (1986). Murine cytotoxic activated macrophages inhibit aconitase in tumor cells. Inhibition involves the iron-sulfur prosthetic group and is reversible. *The Journal of Clinical Investigation 78 (3)*, 790-797.

Drapier, J. C. & Hibbs, J. B. (1988). Differentiation of murine macrophages to express nonspecific cytotoxicity for tumor cells results in L-arginine-dependent inhibition of mitochondrial iron-sulfur enzymes in the macrophage effector cells. *The Journal of Immunology 140*, 2829-2838.

Drapier, J. C., Hirling, H., Wietzerbin, J., Kaldy, P., Kühn, L. C. (1993). Biosynthesis of nitric oxide activates iron regulatory factor in macrophages. *EMBO J 12*, 3643-3649.

Dröge, W. (2002). Free Radicals in the Physiological Control of Cell Function. *Physiological Reviews 82 (1)*, 47-95.

Du, X., She, E., Gelbart, T., Truksa, J., Lee, P., Xia, Y., Khovananth, K., Mudd, S., Mann, N., Moresco, E. M., Beutler, E., & Beutler, B. (2008). The Serine Protease TMPRSS6 Is Required to Sense Iron Deficiency. *Science 320*, 1088-1092.

Du, F., Qian, Z. m., Gong, Q., Zhu, Z. J., Lu, L., Ke, Y. (2012). The iron regulatory hormone hepcidin inhibits expression of iron release as well as iron uptake proteins in J774 cells. *The Journal of Nutritional Biochemistry 23*, 1694-1700.

Duckers, H. J., Boehm, M., True, A. L., Yet, S. F., San, H., Park, J. L., Clinton Webb, R., Lee, M. E., Nabel, G. J., Nabel, E. G. (2001). Heme oxygenase-1 protects against vascular constriction and proliferation. *Nat Med 7 (6)*, 693-698.

Dufour, J. H., Dziejman, M., Liu, M. T., Leung, J. H., Lane, T. E., Luster, A. D. (2002). IFN-gamma-Inducible Protein 10 (IP-10; CXCL10)-Deficient Mice Reveal a Role for IP-10 in Effector T Cell Generation and Trafficking. *J Immunol. 168 (7)*, 3195-3204.

Durante, W., Kroll, M. H., Christodoulides, N., Peyton, K. J., Schafer, A. I. (1997). Nitric Oxide Induces Heme Oxygenase-1 Gene Expression and Carbon Monoxide Production in Vascular Smooth Muscle Cells. *Circulation Research 80 (4)*, 557-564.

Dyson, O. F., Walker, L. R., Whitehouse, A., Cook, P. P., Akula, S. M. (2012). Resveratrol inhibits KSHV reactivation by lowering the levels of cellular EGR-1. *PLoS One 7 (3)*, e33364.

Ebadi, M., Iversen, P. L., Hao, R., Cerutis, D. R., Rojas, P., Happe, H. K., Murrin, L. C., Pfeiffer, R. F. (1995). Expression and regulation of brain metallothionein. *Neurochem Int. 27 (1)*, 1-22.

Ebadi, M., Leuschen, M. P., El Refaey, H., Hamada, F. M., Rojas, P. (1996). THE ANTIOXIDANT PROPERTIES OF ZINC AND METALLOTHIONEIN. *Neurochemistry International 29 (2)*, 159-166.

Eker, P., Holm, P. K., van Deurs, B., Sandvig, K. (1994). Selective regulation of apical endocytosis in polarized Madin-Darby canine kidney cells by mastoparan and cAMP. *J Biol Chem. 269 (28)*, 18607-18615.

Ekuni, D., Tomofuji, T., Sanbe, T., Irie, K., Azuma, T., Maruyama, T., Tamaki, N., Murakami, J., Kokeguchi, S., Yamamoto, T. (2009). Periodontitis-induced lipid peroxidation in rat descending aorta is involved in the initiation of atherosclerosis. *J Periodontal Res. 44 (4)*, 434-442.

Epsztejn, S., Kakhlon, O., Glickstein, H., Breuer, W., Cabantchik, Z. I. (1997). Fluorescence Analysis of the Labile Iron Pool of Mammalian Cells. *Analytical Biochemistry 248 (1)*, 31-40.

Epsztejn, S., Glickstein, H., Picard, V., Slotki, I. N., Breuer, W., Beaumont, C., Cabantchik, Z. I. (1999). H-Ferritin Subunit Overexpression in Erythroid Cells Reduces the Oxidative Stress Response and Induces Multidrug Resistance Properties. *Blood 94*, 3593-3603.

Epsztejn, S., Kakhlon, O., Glickstein, H., Breuer, W., Cabantchik, Z. I. (1997). Fluorescence Analysis of the Labile Iron Pool of Mammalian Cells. *Analytical Biochemistry 248*, 31-40.

Esterbauer, H. (1993). Cytotoxicity and genotoxicity of lipid-oxidation products. *Am J Clin Nutr. 57 (5)*, 779S-785S.

Fabricio, A. S. C., Tringali, G., Pozzoli, G., Melo, M. C., Vercesi, J. A., Souza, G. E., Navarra, P. (2006). Interleukin-1 mediates endothelin-1-induced fever and prostaglandin production in the preoptic area of rats. *Am J Physiol Regul Integr Comp Physiology 290 (6)*, R1515-R1523.

Fahmy, M. & Young, S. P. (1993). Modulation of iron metabolism in monocyte cell line U937 by inflammatory cytokines: changes in transferrin uptake, iron handling and ferritin mRNA. *Biochem. J. 296*, 175-181.

Falcone, S., Cocucci, E., Podini, P., Kirchhausen, T., Clementi, E., Meldolesi, J. (2006). Macropinocytosis: regulated coordination of endocytic and exocytic membrane traffic events. *Journal of Cell Science 119*, 4758-4769.

5. Literaturverzeichnis

Fang, C., Bhattarai, N., Sun, C., Zhang, M. (2009). Functionalized Nanoparticles with Long-Term Stability in Biological Media. *Small 5*, 1637-1641.

Fausto, N., Laird, A. D., Webber, E. M. (1995). Liver regeneration. 2. Role of growth factors and cytokines in hepatic regeneration. *The FASEB Journal 9 (15)*, 1527-1536.

Feder, J. N., Gnirke, A., Thomas, W., Tsuchihashi, Z., Ruddy, D. A., Basava, A., Dormishian, F., Domingo, R., Ellis, M. C., Fullan, A., Hinton, L. M., Jones, N. L., Kimmel, B. E., Kronmal, G. S., Lauer, P., Lee, V. K., Loeb, D. B., Mapa, F. A., McClelland, E., Meyer, N. C., Mintier, G. A., Moeller, N., Moore, T., Morikang, E., Prass, C. E., Quintana, L., Starnes, S. M., Schatzman, R. C., Brunke, K. J., Drayna, D. T., Risch, N. J., Bacon, B. R., Wolff, R. K. (1996). A novel MHC class I-like gene is mutated in patients with hereditary haemochromatosis. *Nat Genet 13*, 399-408.

Feder, J. N., Penny, D. M., Irrinki, A., Lee, V. K., Lebrón, J. A., Watson, N., Tsuchihashi, Z., Sigal, E., Bjorkman, P. J., Schatzman, R. C. (1998). The hemochromatosis gene product complexes with the transferrin receptor and lowers its affinity for ligand binding. *Proceedings of the National Academy of Sciences 95*, 1472-1477.

Ferring-Appel, D., Hentze, M. W., Galy, B. (2009). Cell-autonomous and systemic context-dependent functions of iron regulatory protein 2 in mammalian iron metabolism. *Blood 113*, 679-687.

Filmus, J., Robles, AI., Shi, W., Wong, M. J., Colombo, L. L., Conti, C. J. (1994). Induction of cyclin D1 overexpression by activated ras. *Oncogene 9 (12)*, 3627-3633.

Filosto, M., Tonin, P., Vattemi, G., Savio, C., Rizzuto, N., Tomelleri, G. (2003). Transcription factors c-Jun/activator protein-1 and nuclear factor-kappa B in oxidative stress response in mitochondrial diseases. *Neuropathol Appl Neurobiol. 29 (1)*, 52-59.

Finberg, K. E., Heeney, M. M., Campagna, D. R., Aydinok, Y., Pearson, H. A., Hartman, K. R., Mayo, M. M., Samuel, S. M., Strouse, J. J., Markianos, K., Andrews, N. C., Fleming, M. D. (2008). Mutations in TMPRSS6 cause iron-refractory iron deficiency anemia (IRIDA). *Nat Genet 40*, 569-571.

Fink, S. P., Reddy, G. R., Marnett, L. J. (1997). Mutagenicity in Escherichia coli of the major DNA adduct derived from the endogenous mutagen malondialdehyde. *Proceedings of the National Academy of Sciences 94*, 8652-8657.

Fleming, M. D., Romano, M. A., Su, M. A., Garrick, L. M., Garrick, M. D., Andrews, N. C. (1998). Nramp2 is mutated in the anemic Belgrade (b) rat: Evidence of a role for Nramp2 in endosomal iron transport. *Proceedings of the National Academy of Sciences 95*, 1148-1153.

Florkowska, M., Tymoszuk, P., Balwierz, A., Skucha, A., Kochan, J., Wawro, M., Stalinska, K., Kasza, A. (2012). EGF activates TTP expression by activation of ELK-1 and EGR-1 transcription factors. *BMC Molecular Biology 13 (1)*, 8.

Fong, L. G. & Le, D. (1999). The Processing of Ligands by the Class A Scavenger Receptor Is Dependent on Signal Information Located in the Cytoplasmic Domain. *J Biol Chem. 274*, 36808-36816.

Foresti, M., Arisi, G., Katki, K., Montanez, A., Sanchez, R., Shapiro, L. (2009). Chemokine CCL2 and its receptor CCR2 are increased in the hippocampus following pilocarpine-induced status epilepticus. *Journal of Neuroinflammation 6 (1)*, 40.

Frazer, D. M., Vulpe, C. D., McKie, A. T., Wilkins, S. J., Trinder, D., Cleghorn, G. J., Anderson, G. J. (2001). Cloning and gastrointestinal expression of rat hephaestin: relationship to other iron transport proteins. *American Journal of Physiology - Gastrointestinal and Liver Physiology 281*, G931-G939.

Frazer, D. M. & Anderson, G. J. (2005). Iron Imports. I. Intestinal iron absorption and its regulation. *American Journal of Physiology - Gastrointestinal and Liver Physiology 289*, G631-G635.

Fretz, M., Jin, J., Conibere, R., Penning, N. A., Al Taei, S., Storm, G., Futaki, S., Takeuchi, T., Nakase, I., Jones, A. T. (2006). Effects of Na+/H+ exchanger inhibitors on subcellular localisation of endocytic organelles and intracellular dynamics of protein transduction domains HIV-TAT peptide and octaarginine. *Journal of Controlled Release 116*, 247-254.

Freund, B., Tromsdorf, U. I., Bruns, O. T., Heine, M., Giemsa, A., Bartelt, A., Salmen, S. C., Raabe, N., Heeren, J., Ittrich, H., Reimer, R., Hohenberg, H., Schumacher, U., Weller, H., Nielsen, P. (2012). A Simple and Widely Applicable Method to 59Fe-

Radiolabel Monodisperse Superparamagnetic Iron Oxide Nanoparticles for In Vivo Quantification Studies. *ACS Nano 6*, 7318-7325.

Fridman, W. H. (1991). Fc receptors and immunoglobulin binding factors. *The FASEB Journal 5*, 2684-2690.

Fuchs, H., Lücken, U., Tauber, R., Engel, A., Geßner, R. (1998). Structural model of phospholipid-reconstituted human transferrin receptor derived by electron microscopy. *Structure 6*, 1235-1243.

Galy, B., Ferring, D., Minana, B., Bell, O., Janser, H. G., Muckenthaler, M., Schümann, K., Hentze, M. W. (2005). Altered body iron distribution and microcytosis in mice deficient in iron regulatory protein 2 (IRP2). *Blood 106*, 2580-2589.

Galy, B., Ferring-Appel, D., Kaden, S., Gröne, H. J., Hentze, M. W. (2008). Iron Regulatory Proteins Are Essential for Intestinal Function and Control Key Iron Absorption Molecules in the Duodenum. *Cell Metab. 7 (1)*, 79-85.

Galy, B., Ferring-Appel, D., Sauer, S. W., Kaden, S., Lyoumi, S., Puy, H., Kölker, S., Gröne, H. J., Hentze, M. W. (2010). Iron Regulatory Proteins Secure Mitochondrial Iron Sufficiency and Function. *Cell Metab. 12 (2)*, 194-201.

Gao, H., Shi, W., Freund, L. B. (2005). Mechanics of receptor-mediated endocytosis. *Proc Natl Acad Sci.USA 102*, 9469-9474.

Gao, J., Chen, J., Kramer, M., Tsukamoto, H., Zhang, A. S., Enns, C. A. (2009). Interaction of the Hereditary Hemochromatosis Protein HFE with Transferrin Receptor 2 Is Required for Transferrin-Induced Hepcidin Expression. *Cell Metab 9*, 217-227.

Garrick, M. D., Dolan, K. G., Horbinski, C., Ghio, A. J., Higgins, D., Porubcin, M., Moore, E. G., Hainsworth, L. N., Umbreit, J. N., Conrad, M. E., Feng, L., Lis, A., Roth, J. A., Singleton, S., Garrick, L. M. (2003). DMT1: a mammalian transporter for multiple metals. *Biometals 16 (1)*, 41-54.

Garrido, C. (2002). Size matters: of the small HSP27 and its large oligomers. *Cell Death Differ. 9 (5)*, 483-485.

Gartel, A. L. & Radhakrishnan, S. K. (2005). Lost in Transcription: p21 Repression, Mechanisms, and Consequences. *Cancer Research 65 (10)*, 3980-3985.

Geiser, M., Rothen-Rutishauser, B., Kapp, N., Schürch, S., Kreyling, W., Schulz, H., Semmler, M., Im Hof, V., Heyder, J., Gehr, P. (2005). Ultrafine particles cross cellular membranes by nonphagocytic mechanisms in lungs and in cultured cells. *Environ. Health Perspect. 113*, 1555-1560.

Gekle, M., Drumm, K., Mildenberger, S., Freudinger, R., Gassner, B., & Silbernagl, S. (1999). Inhibition of Na+-H+ exchange impairs receptor-mediated albumin endocytosis in renal proximal tubule-derived epithelial cells from opossum. *The Journal of Physiology 520*, 709-721.

Gekle, M., Freudinger, R., Mildenberger, S. (2001). Inhibition of Na+-H+ exchanger-3 interferes with apical receptor-mediated endocytosis via vesicle fusion. *The Journal of Physiology 531*, 619-629.

Gkouvatsos, K., Papanikolaou, G., Pantopoulos, K. (2012). Regulation of iron transport and the role of transferrin. *Biochimica et Biophysica Acta (BBA) - General Subjects 1820*, 188-202.

Goforth, J. B., Anderson, S. A., Nizzi, C. P., Eisenstein, R. S. (2010). Multiple determinants within iron-responsive elements dictate iron regulatory protein binding and regulatory hierarchy. *RNA 16*, 154-169.

Gordeuk, V. R., Prithviraj, P., Dolinar, T., Brittenham, G. M. (1988). Interleukin 1 administration in mice produces hypoferremia despite neutropenia. *The Journal of Clinical Investigation 82 (6)*, 1934-1938.

Goswami, T. & Andrews, N. C. (2006). Hereditary Hemochromatosis Protein, HFE, Interaction with Transferrin Receptor 2 Suggests a Molecular Mechanism for Mammalian Iron Sensing. *J. Biol. Chem. 281*, 28494-28498.

Graham, R. M., Chua, A. C., Herbison, C. E., Olynyk, J. K., Trinder, D. (2007). Liver iron transport. *World J Gastroenterol. 13 (35)*, 4725-4736.

Granger, D. L. and Lehninger, A. L. (1982). Sites of inhibition of mitochondrial electron transport in macrophage-injured neoplastic cells. *The Journal of Cell Biology 95 (2)*, 527-535.

5. Literaturverzeichnis

Gray, C. P., Franco, A. V., Arosio, P., Hersey, P. (2001). Immunosuppressive effects of melanoma-derived heavy-chain ferritin are dependent on stimulation of IL-10 production. *Int J Cancer. 92 (6)*, 843-850.

Grimmer, S., van Deurs, B., Sandvig, K. (2002). Membrane ruffling and macropinocytosis in A431 cells require cholesterol. *Journal of Cell Science 115*, 2953-2962.

Gruenheid, S., Cellier, M., Vidal, S., Gros, P. (1995). Identification and characterization of a second mouse Nramp gene. *Genomics 25*, 514-525.

Gruer, M. J., Artymiuk, P. J., Guest, J. R. (1997). The aconitase family: three structural variations on a common theme. *Trends Biochem. Sci. 22*, 3-6.

Grundy, S. M. & Bilheimer, D. W. (1984). Inhibition of 3-hydroxy-3-methylglutaryl-CoA reductase by mevinolin in familial hypercholesterolemia heterozygotes: effects on cholesterol balance. *Proc Natl Acad Sci. 81*, 2538-2542.

Gudermann, T., Schöneberg, T., Schultz, G. (1997). FUNCTIONAL AND STRUCTURAL COMPLEXITY OF SIGNAL TRANSDUCTION VIA G-PROTEIN-COUPLED RECEPTORS. *Annu. Rev. Neurosci. 20*, 399-427.

Guengerich, F. P. (2008). Cytochrome P450 and Chemical Toxicology. *Chemical Research in Toxicology 21 (1)*, 70-83.

Gunshin, H., Mackenzie, B., Berger, U. V., Gunshin, Y., Romero, M. F., Boron, W. F., Nussberger, S., Gollan, J. L., Hediger, M. A. (1997). Cloning and characterization of a mammalian proton-coupled metal-ion transporter. *Nature 388*, 482-488.

Gunshin, H., Fujiwara, Y., Custodio, A. O., DiRenzo, C., Robine, S., Andrews, N. C. (2005). Slc11a2 is required for intestinal iron absorption and erythropoiesis but dispensable in placenta and liver. *J Clin Invest 115*, 1258-1266.

Guo, B., Yu, Y., Leibold, E. A. (1994). Iron regulates cytoplasmic levels of a novel iron-responsive element-binding protein without aconitase activity. *J. Biol. Chem. 269*, 24252-24260.

Guo, B., Phillips, J. D., Yu, Y., Leibold, E. A. (1995). Iron Regulates the Intracellular Degradation of Iron Regulatory Protein 2 by the Proteasome. *J. Biol. Chem. 270*, 21645-21651.

Gusev, N. B., Bogatcheva, N. V., Marston, S. B. (2002). Structure and properties of small heat shock proteins (sHsp) and their interaction with cytoskeleton proteins. Biochemistry (Mosc). 67, 511-519.

Hagens, W. I., Oomen, A. G., de Jong, W. H., Cassee, F. R., Sips, A. J. (2007). What do we (need to) know about the kinetic properties of nanoparticles in the body? *Regulatory Toxicology and Pharmacology 49 (3)*, 217-229.

Haile, D. J., Rouault, T. A., Harford, J. B., Kennedy, M. C., Blondin, G. A., Beinert, H., Klausner, R. D. (1992). Cellular regulation of the iron-responsive element binding protein: disassembly of the cubane iron-sulfur cluster results in high-affinity RNA binding. *Proceedings of the National Academy of Sciences 89*, 11735-11739.

Hall, E. D. and Braughler, J. M. (1989). Central nervous system trauma and stroke: II. Physiological and pharmacological evidence for involvement of oxygen radicals and lipid peroxidation. *Free Radical Biology and Medicine 6 (3)*, 303-313.

Halliwell, B. & Chirico, S. (1993). Lipid peroxidation: its mechanism, measurement, and significance. *The American Journal of Clinical Nutrition 57*, 715S-724S.

Halliwell, B. & Aruoma, O. I. (1991). DNA damage by oxygen-derived species Its mechanism and measurement in mammalian systems. *FEBS Lett. 281*, 9-19.

Hamilton, T. A., Gray, P. W., Adams, D. O. (1984). Expression of the transferrin receptor on murine peritoneal macrophages is modulated by in vitro treatment with interferon gamma. *Cell Immunol. 89 (2)*, 478-488.

Han, E. S., Muller, F. L., Pérez, V. I., Qi, W., Liang, H., Xi, L., Fu, C., Doyle, E., Hickey, M., Cornell, J., Epstein, C. J., Roberts, L. J., Van Remmen, H., Richardson, A. (2008). The in vivo gene expression signature of oxidative stress. *Physiological Genomics 34 (1)*, 112-126.

Han, J., Seaman, W. E., Di, X., Wang, W., Willingham, M., Torti, F. M., Torti, S. V. (2011). Iron uptake mediated by binding of H-ferritin to the TIM-2 receptor in mouse cells. *PLoS One 6 (8)*, E23800.

Hanini, A., Schmitt, A., Kacem, K., Chau, F., Ammar, S., Gavard, J. (2011). Evaluation of iron oxide nanoparticle biocompatibility. *Int J Nanomedicine 6*, 787-794.

Hanley, C., Layne, J., Punnoose, A., Reddy, K. M., Coombs, I., Coombs, A., Feris, K., Wingett, D. (2008). Preferential killing of cancer cells and activated human T cells using ZnO nanoparticles. *Nanotechnology 19 (29)*, 295103.

Hannuksela, J., Parkkila, S., Waheed, A., Britton, R. S., Fleming, R. E., Bacon, B. R., Sly, W. S. (2003). Human platelets express hemochromatosis protein (HFE) and transferrin receptor 2. *Eur J Haematol. 70 (4)*, 201-206.

Hansen, S. H., Sandvig, K., van Deurs, B. (1993). Clathrin and HA2 adaptors: effects of potassium depletion, hypertonic medium, and cytosol acidification. *J. Cell Biol. 121*, 61-72.

Hanson, E. S. & Leibold, E. A. (1998). Regulation of Iron Regulatory Protein 1 during Hypoxia and Hypoxia/Reoxygenation. *J. Biol. Chem. 273*, 7588-7593.

Harada, N., Kanayama, M., Maruyama, A., Yoshida, A., Tazumi, K., Hosoya, T., Mimura, J., Toki, T., Maher, J. M., Yamamoto, M., Itoh, K. (2011). Nrf2 regulates ferroportin 1-mediated iron efflux and counteracts lipopolysaccharide-induced ferroportin 1 mRNA suppression in macrophages. *Archives of Biochemistry and Biophysics 508*, 101-109.

Harashima, H., Sakata, K., Funato, K., Kiwada, H. (1994). Enhanced hepatic uptake of liposomes through complement activation depending on the size of liposomes. *Pharm Res. 11 (3)*, 402-406.

Harbour, J. W. & Dean, D. C. (2000). The Rb/E2F pathway: expanding roles and emerging paradigms. *Genes & Development 14 (19)*, 2393-2409.

Harford, J. B. & Klausner, R. D. (1990). Coordinate post-transcriptional regulation of ferritin and transferrin receptor expression: the role of regulated RNA-protein interaction. *Enzyme 44*, 28-41.

Harris, Z. L., Durley, A. P., Man, T. K., Gitlin, J. D. (1999). Targeted gene disruption reveals an essential role for ceruloplasmin in cellular iron efflux. *Proc Natl Acad Sci USA 96*, 10812-10817.

Harrison, P. M. & Arosio, P. (1996). The ferritins: molecular properties, iron storage function and cellular regulation. *Biochimica et Biophysica Acta (BBA) - Bioenergetics 1275*, 161-203.

Harush-Frenkel, O., Debotton, N., Benita, S., Altschuler, Y. (2007). Targeting of nanoparticles to the clathrin-mediated endocytic pathway. *Biochem Biophys Res Commun. 353*, 26-32.

Henderson, B. R., Seiser, C., Kühn, L. C. (1993). Characterization of a second RNA-binding protein in rodents with specificity for iron-responsive elements. *J. Biol. Chem. 268*, 27327-27334.

Hentze, M. W. & Kühn, L. C. (1996). Molecular control of vertebrate iron metabolism: mRNA-based regulatory circuits operated by iron, nitric oxide, and oxidative stress. *Proceedings of the National Academy of Sciences 93*, 8175-8182.

Hentze, M. W., Muckenthaler, M. U., Galy, B., Camaschella, C. (2010). Two to Tango: Regulation of Mammalian Iron Metabolism. *Cell. 142 (1)*, 24-38.

Hershko, C., Weatherall, D. J., Finch, C. (1988). Iron-Chelating Therapy. *Crit Rev Clin Lab Sci. 26 (4)*, 303-345.

Hibbs, J. B. Jr., Taintor, R. R., Vavrin, Z. (1984). Iron depletion: Possible cause of tumor cell cytotoxicity induced by activated macrophages. *Biochem Biophys Res Commun. 123 (2)*, 716-723.

Hickman, S. E., El Khoury, J. (2010). Mechanisms of mononuclear phagocyte recruitment in Alzheimer's disease. *CNS Neurol Disord Drug Targets. 9 (2)*, 168-173.

5. Literaturverzeichnis

Hillaireau, H. & Couvreur, P. (2009). Nanocarriers' entry into the cell: relevance to drug delivery. *Cell. Mol. Life Sci. 66*, 2873-2896.

Hinds, P. W., Mittnacht, S., Dulic, V., Arnold, A., Reed, S. I., Weinberg, R. A. (1992). Regulation of retinoblastoma protein functions by ectopic expression of human cyclins. *Cell 70 (6)*, 993-1006.

Hintze, K. J. & Theil, E. C. (2005). DNA and mRNA elements with complementary responses to hemin, antioxidant inducers, and iron control ferritin-L expression. *Proc Natl Acad Sci U S A 102*, 15048-15052.

Hlavica, P. & Lehnerer, M. (2010). Oxidative biotransformation of fatty acids by cytochromes P450: predicted key structural elements orchestrating substrate specificity, regioselectivity and catalytic efficiency. *Curr Drug Metab. 11 (1)*, 85-104.

Hodgson, E. & Rose, R. L. (2007). The importance of cytochrome P450 2B6 in the human metabolism of environmental chemicals. *Pharmacol Ther 113 (2)*, 420-428.

Hojo, Y., Saito, Y., Tanimoto, T., Hoefen, R. J., Baines, C. P., Yamamoto, K., Haendeler, J., Asmis, R., Berk, B. C. (2002). Fluid Shear Stress Attenuates Hydrogen Peroxide-Induced c-Jun NH2-Terminal Kinase Activation via a Glutathione Reductase-Mediated Mechanism. *Circulation Research 91 (8)*, 712-718.

Holm, P. K., Eker, P., Sandvig, K., van Deurs, B. (1995). Phorbol Myristate Acetate Selectively Stimulates Apical Endocytosis via Protein Kinase C in Polarized MDCK Cells. *Exp Cell Res. 217*, 157-168.

Hooper, N. M. (1999). Detergent-insoluble glycosphingolipid/cholesterol-rich membrane domains, lipid rafts and caveolae (Review). *Mol Membr Biol 16*, 145-156.

Hosseinkhani, H. & Hosseinkhani, M. (2009). Biodegradable Polymer-Metal Complexes for Gene and Drug Delivery. *Curr Drug Saf. 4 (1)*, 79-83.

Hu, H. Y. & Aisen, P. (1978). Molecular characteristics of the transferrin-receptor complex of the rabbit reticulocyte. *J Supramol Struct. 8 (3)*, 349-360.

Hu, P. P., Shen, X., Huang, D., Liu, Y., Counter, C., Wang, X. F. (1999). The MEK Pathway Is Required for Stimulation of p21(WAF1/CIP1) by Transforming Growth Factor-beta. *Journal of Biological Chemistry 274 (50)*, 35381-35387.

Hu, Y., Xie, J., Tong, Y. W., Wang, C. H. (2007). Effect of PEG conformation and particle size on the cellular uptake efficiency of nanoparticles with the HepG2 cells. *J Control Release 118*, 7-17.

Huang, C., Ma, W. Y., Maxiner, A., Sun, Y., Dong, Z. (1999). p38 Kinase Mediates UV-induced Phosphorylation of p53 Protein at Serine 389. *Journal of Biological Chemistry 274 (18)*, 12229-12235.

Huang, G. W. & Yang, L. Y. (2002). Metallothionein expression in hepatocellular carcinoma. *World J Gastroenterol. 8 (4)*, 650-653.

Huang, X. (2003). Iron overload and its association with cancer risk in humans: evidence for iron as a carcinogenic metal. *Mutat Res. 533*, 153-171.

Huang, F. W., Pinkus, J. L., Pinkus, G. S., Fleming, M. D., Andrews, N. C. (2005). A mouse model of juvenile hemochromatosis. *J Clin Invest 115*, 2187-2191.

Huang, D. M., Hsiao, J. K., Chen, Y. C., Chien, L. Y., Yao, M., Chen, Y. K., Ko, B. S., Hsu, S. C., Tai, L. A., Cheng, H. Y., Wang, S. W., Yang, C. S., Chen, Y. C. (2009). The promotion of human mesenchymal stem cell proliferation by superparamagnetic iron oxide nanoparticles. *Biomaterials 30 (22)*, 3645-3651.

Huberman, A. & Pérez, C. (2002). Nonheme iron determination. *Anal. Biochem. 307*, 375-378.

Hubert, N. & Hentze, M. W. (2002). Previously uncharacterized isoforms of divalent metal transporter (DMT)-1: Implications for regulation and cellular function. *Proc Natl Acad Sci. 99*, 12345-12350.

Hussain, S. M., Hess, K. L., Gearhart, J. M., Geiss, K. T., Schlager, J. J. (2005). In vitro toxicity of nanoparticles in BRL 3A rat liver cells. *Toxicol. In Vitro 19*, 975-983.

Hwa, V., Oh, Y., Rosenfeld, R. G. (1999). The Insulin-Like Growth Factor-Binding Protein (IGFBP) Superfamily. *Endocrine Reviews 20 (6)*, 761-787.

Iancu, T. C. (1989). Iron and neoplasia: ferritin and hemosiderin in tumor cells. *Ultrastruct Pathol 13*, 573-584.

Iancu, T. (2011). Ultrastructural aspects of iron storage, transport and metabolism. *J Neural Transm 118 (3)*, 329-335.

Idkowiak-Baldys, J., Becker, K. P., Kitatani, K., Hannun, Y. A. (2006). Dynamic Sequestration of the Recycling Compartment by Classical Protein Kinase C. *J Biol Chem. 281*, 22321-22331.

Igel, M., Sudhop, T., von Bergmann, K. (2003). Pleiotrophic effect of statins (3-hydroxy-3-methylglutaryl-coenzyme a reductase inhibitors). *Arzneimittelforschung 53 (8)*, 545-553.

Inal, J., Miot, S., Schifferli, J. A. (2005). The complement inhibitor, CRIT, undergoes clathrin-dependent endocytosis. *Experimental Cell Research 310*, 54-65.

Indik, Z. K., Park, J. G., Hunter, S., Schreiber, A. D. (1995). The molecular dissection of Fc gamma receptor mediated phagocytosis. *Blood 86*, 4389-4399.

Inoue, K., Takano, H., Shimada, A., Satoh, M. (2009). Metallothionein as an anti-inflammatory mediator. *Mediators Inflamm. 2009*, 101659.

Iosef, C., Vilk, G., Gkourasas, T., Lee, K. J., Chen, B. P., Fu, P., Bach, L. A., Lajoie, G., Gupta, M. B., Li, S. S. C., Han, V. K. (2010). Insulin-like growth factor binding protein-6 (IGFBP-6) interacts with DNA-end binding protein Ku80 to regulate cell fate. *Cellular Signalling 22 (7)*, 1033-1043.

Ip, Y. T. & Davis, R. J. (1998). Signal transduction by the c-Jun N-terminal kinase (JNK) - from inflammation to development. *Current Opinion in Cell Biology 10 (2)*, 205-219.

Ito, A., Shinkai, M., Honda, H., Kobayashi, T. (2005). Medical application of functionalized magnetic nanoparticles. *J. Biosci. Bioeng. 100*, 1-11.

Ivanov, A. I. (2008). Pharmacological inhibition of endocytic pathways: is it specific enough to be useful? *Methods Mol Biol. 440*, 15-33.

Jaiswal, A. K. (2004). Nrf2 signaling in coordinated activation of antioxidant gene expression. *Free Radical Biology and Medicine 36 (10)*, 1199-1207.

Jamal, H. Z., Weglarz, T. C., Sandgren, E. P. (2000). Cryopreserved mouse hepatocytes retain regenerative capacity in vivo. *Gastroenterology 118 (2)*, 390-394.

Jiang, T., Huang, Z., Chan, J. Y., Zhang, D. D. (2009). Nrf2 protects against As(III)-induced damage in mouse liver and bladder. *Toxicology and Applied Pharmacology 240 (1)*, 8-14.

Jiang, X., Dausend, J., Hafner, M., Musyanovych, A., Röcker, C., Landfester, K., Mailänder, V., Nienhaus, G. U. (2010a). Specific Effects of Surface Amines on Polystyrene Nanoparticles in their Interactions with Mesenchymal Stem Cells. *Biomacromolecules 11*, 748-753.

Jiang, X., Weise, S., Hafner, M., Röcker, C., Zhang, F., Parak, W. J., Nienhaus, G. U. (2010b). Quantitative analysis of the protein corona on FePt nanoparticles formed by transferrin binding. *Journal of The Royal Society Interface 7*, S5-S13.

Johnson, M. B. & Enns, C. A. (2004). Diferric transferrin regulates transferrin receptor 2 protein stability. *Blood 104*, 4287-4293.

Joneson, T. & Bar-Sagi, D. (1998). A Rac1 Effector Site Controlling Mitogenesis through Superoxide Production. *J. Biol. Chem. 273*, 17991-17994.

5. Literaturverzeichnis

Kabanov, A. V. & Kabanov, V. A. (1998). Interpolyelectrolyte and block ionomer complexes for gene delivery: physico-chemical aspects. *Advanced Drug Delivery Reviews 30*, 49-60.

Kakhlon, O., Gruenbaum, Y., Cabantchik, Z. I. (2001). Repression of ferritin expression increases the labile iron pool, oxidative stress, and short-term growth of human erythroleukemia cells. *Blood 97*, 2863-2871.

Kakhlon, O. & Cabantchik, Z. I. (2002). The labile iron pool: characterization, measurement, and participation in cellular processes. *Free Radical Biology and Medicine 33 (8)*, 1037-1046.

Kanaseki, T. & Kadota, K. (1969). The "vesicle in a basket". A morphological study of the coated vesicle isolated from the nerve endings of the guinea pig brain, with special reference to the mechanism of membrane movements. *J. Cell Biol. 42*, 202-220.

Kang, S. J., Kim, B. M., Lee, Y. J., Chung, H. W. (2008). Titanium dioxide nanoparticles trigger p53-mediated damage response in peripheral blood lymphocytes. *Environmental and Molecular Mutagenesis 49 (5)*, 399-405.

Kaplan, G. (1977). Differences in the Mode of Phagocytosis with Fc and C3 Receptors in Macrophages. *Scandinavian Journal of Immunology 6*, 797-807.

Kaspar, J. W., Niture, S. K., Jaiswal, A. K. (2009). Nrf2:INrf2 (Keap1) signaling in oxidative stress. Special Issue on Redox Signalling. *Free Radical Biology and Medicine 47 (9)*, 1304-1309.

Katz, J. H. (1961). Iron and Protein Kinetics Studied by Means of doubly labeled human crystalline Transferrin. *J Clin Invest 40*, 2143-2152.

Kawabata, H., Yang, R., Hirama, T., Vuong, P. T., Kawano, S., Gombart, A. F., Koeffler, H. P. (1999). Molecular Cloning of Transferrin Receptor 2: A NEW MEMBER OF THE TRANSFERRIN RECEPTOR-LIKE FAMILY. *J. Biol. Chem. 274*, 20826-20832.

Kawabata, H., Germain, R. S., Vuong, P. T., Nakamaki, T., Said, J. W., Koeffler, H. P. (2000). Transferrin Receptor 2-alpha Supports Cell Growth Both in Iron-chelated Cultured Cells and in Vivo. *J. Biol. Chem. 275*, 16618-16625.

Kawabata, H., Fleming, R. E., Gui, D., Moon, S. Y., Saitoh, T., O'Kelly, J., Umehara, Y., Wano, Y., Said, J. W., Koeffler, H. P. (2005). Expression of hepcidin is down-regulated in TfR2 mutant mice manifesting a phenotype of hereditary hemochromatosis. *Blood 105*, 376-381.

Ke, Y. & Theil, E. C. (2002). An mRNA Loop/Bulge in the Ferritin Iron-responsive Element Forms in Vivo and Was Detected by Radical Probing with Cu-1,10-phenantholine and Iron Regulatory Protein Footprinting. *J. Biol. Chem. 277*, 2373-2376.

Kensler, T. W., Wakabayashi, N., Biswal, S. (2007). Cell survival responses to environmental stresses via the Keap1-Nrf2-ARE pathway. *Annu Rev Pharmacol Toxicol. 47*, 89-116.

Kew, M. C. (2009). Hepatic iron overload and hepatocellular carcinoma. *Cancer Lett. 286*, 38-43.

Khan, M. F., Srivastava, S. K., Singhal, S. S., Chaubey, M., Awasthi, S., Petersen, D. R., Ansari, G. A. S., Awasthi, Y. C. (1995). Iron-Induced Lipid-Peroxidation in Rat Liver Is Accompanied by Preferential Induction of Glutathione S-Transferase 8-8 Isozyme. *Toxicol Appl Pharmacol. 131 (1)*, 63-72.

Kim, E. J., Schaffer, B. S., Kang, Y. H., Macdonald, R. G., Park, J. H. (2002). Decreased production of insulin-like growth factor-binding protein (IGFBP)-6 by transfection of colon cancer cells with an antisense IGFBP-6 cDNA construct leads to stimulation of cell proliferation. *J Gastroenterol Hepatol. 17 (5)*, 563-570.

Kim, J. S., Yoon, T. J., Yu, K. N., Kim, B. G., Park, S. J., Kim, H. W., Lee, K. H., Park, S. B., Lee, J. K., Cho, M. H. (2006). Toxicity and Tissue Distribution of Magnetic Nanoparticles in Mice. *Toxicol. Sci. 89*, 338-347.

Kim, B. Y. S., Rutka, J. T., Chan, W. C. W. (2010). Nanomedicine. *New Engl. J. Med. 363*, 2434-2443.

King, C. D., Rios, G. R., Green, M. D., Tephly, T. R. (2000). UDP-glucuronosyltransferases. *Curr Drug Metab. 1 (2)*, 143-161.

Kirkham, M., Fujita, A., Chadda, R., Nixon, S. J., Kurzchalia, T. V., Sharma, D. K., Pagano, R. E., Hancock, J. F., Mayor, S., Parton, R. G. (2005). Ultrastructural identification of uncoated caveolin-independent early endocytic vehicles. *J. Cell Biol. 168*, 465-476.

Kirkham, M. & Parton, R. G. (2005). Clathrin-independent endocytosis: New insights into caveolae and non-caveolar lipid raft carriers. *Biochim Biophys Acta. - Molecular Cell Research 1746*, 350-363.

Kishore, R., Luedemann, C., Bord, E., Goukassian, D., Losordo, D. W. (2003). Tumor Necrosis Factor-Mediated E2F1 Suppression in Endothelial Cells. *Circulation Research 93 (10)*, 932-940.

Kitajima, Y., Sekiya, T., Nozawa, Y. (1976). Freeze-fracture ultrastructural alterations induced by filipin, pimaricin, nystatin and amphotericin B in the plasmia membranes of Epidermophyton, Saccharomyces and red complex-induced membrane lesions. *Biochim Biophys Acta. 455 (2)*, 452-465.

Klausner, R. D., Ashwell, G., van Renswoude, J., Harford, J. B., Bridges, K. R. (1983). Binding of apotransferrin to K562 cells: explanation of the transferrin cycle. *Proceedings of the National Academy of Sciences 80*, 2263-2266.

Klausner, R. D., Rouault, T. A., & Harford, J. B. (1993). Regulating the fate of mRNA: The control of cellular iron metabolism. *Cell 72*, 19-28.

Knutson, M. & Wessling-Resnick, M. (2003). Iron Metabolism in the Reticuloendothelial System. *Crit. Rev. Biochem. Mol. Biol. 38*, 61-88.

Knutson, M. D., Oukka, M., Koss, L. M., Aydemir, F., Wessling-Resnick, M. (2005). Iron release from macrophages after erythrophagocytosis is up-regulated by ferroportin 1 overexpression and down-regulated by hepcidin. *Proc Natl Acad Sci USA 102*, 1324-1328.

Koepp, D. M., Harper, J. W., Elledge, S. J. (1999). How the Cyclin Became a Cyclin: Regulated Proteolysis in the Cell Cycle. *Cell 97 (4)*, 431-434.

Kolakowski, L. F. Jr. (1994). GCRDb: a G-protein-coupled receptor database. *Receptors Channels 2 (1)*, 1-7.

Koopman, G., Reutelingsperger, C. P., Kuijten, G. A., Keehnen, R. M., Pals, S. T., van Oers, M. H. (1994). Annexin V for flow cytometric detection of phosphatidylserine expression on B cells undergoing apoptosis. *Blood 84 (5)*, 1415-1420.

Konijn, A. M., Glickstein, H., Vaisman, B., Meyron-Holtz, E. G., Slotki, I. N., Cabantchik, Z. I. (1999). The Cellular Labile Iron Pool and Intracellular Ferritin in K562 Cells. *Blood 94*, 2128-2134.

Kovac, S., Anderson, G. J., Baldwin, G. S. (2011). Gastrins, iron homeostasis and colorectal cancer. *Biochimica et Biophysica Acta (BBA) - Molecular Cell Research 1813*, 889-895.

Krahenbuhl, J. L. & Remington, J. S. (1974). The role of activated macrophages in specific and nonspecific cytostasis of tumor cells. *J Immunol. 113 (2)*, 507-516.

Krause, A., Neitz, S., Mägert, H. J. r., Schulz, A., Forssmann, W. G., Schulz-Knappe, P., Adermann, K. (2000). LEAP-1, a novel highly disulfide-bonded human peptide, exhibits antimicrobial activity. *FEBS Lett. 480*, 147-150.

Krezel, A. & Maret, W. (2007). Dual Nanomolar and Picomolar Zn(II) Binding Properties of Metallothionein. *Journal of the American Chemical Society 129 (35)*, 10911-10921.

Krieger, M. (1994). Structures and Functions of Multiligand Lipoprotein Receptors: Macrophage Scavenger Receptors and LDL Receptor-Related Protein (LRP). *Annu. Rev. Biochem. 63*, 601-637.

Krijt, J., Fujikura, Y., Ramsay, A. J., Velasco, G., Necas, E. (2011). Liver hemojuvelin protein levels in mice deficient in matriptase-2 (Tmprss6). *Blood Cells, Molecules, and Diseases 47*, 133-137.

Kruszewski, M. (2003). Labile iron pool: the main determinant of cellular response to oxidative stress. Oxidative DNA Damage and its Repair Base Excision Repair. *Mutat Res. 531 (1-2)*, 81-92.

5. Literaturverzeichnis

Kulaksiz, H., Theilig, F., Bachmann, S., Gehrke, S. G., Rost, D., Janetzko, A., Cetin, Y., Stremmel, W. (2005). The iron-regulatory peptide hormone hepcidin: expression and cellular localization in the mammalian kidney. *J. Endocrinol. 184*, 361-370.

Kumari, M. V., Hiramatsu, M., Ebadi, M. (1998). Free radical scavenging actions of metallothionein isoforms I and II. *Free Radic Res. 29 (2)*, 93-101.

Kuribayashi, K., Krigsfeld, G., Wang, W., Xu, J., Mayes, P. A., Dicker, D. T., Wu, G. S., El-Deiry, W. S. (2008). TNFSF10 (TRAIL), a p53 target gene that mediates p53-dependent cell death. *Cancer Biol Ther. 7 (12)*, 2034-2038.

Kwon, G. S., Naito, M., Yokoyama, M., Okano, T., Sakurai, Y., Kataoka, K. (1995). Physical Entrapment of Adriamycin in AB Block Copolymer Micelles. *Pharmaceutical Research 12*, 192-195.

Kwon, K. H., Ohigashi, H., Murakami, A. (2007). Dextran sulfate sodium enhances interleukin-1 beta release via activation of p38 MAPK and ERK1/2 pathways in murine peritoneal macrophages. *Life Sciences 81 (5)*, 362-371.

Kyriakis, J. M. & Avruch, J. (2001). Mammalian Mitogen-Activated Protein Kinase Signal Transduction Pathways Activated by Stress and Inflammation. *Physiol. Rev. 81*, 807-869.

Lacava, L. M., Lacava, Z. G. M., Da Silva, M. F., Silva, O., Chaves, S. B., Azevedo, R. B., Pelegrini, F., Gansau, C., Buske, N., Sabolovic, D., Morais, P. C. (2001). Magnetic Resonance of a Dextran-Coated Magnetic Fluid Intravenously Administered in Mice. *Biophys J. 80 (5)*, 2483-2486.

Laftah, A. H., Ramesh, B., Simpson, R. J., Solanky, N., Bahram, S., Schümann, K., Debnam, E. S., Srai, S. K. S. (2004). Effect of hepcidin on intestinal iron absorption in mice. *Blood 103*, 3940-3944.

Lai, S. K., Hida, K., Man, S. T., Chen, C., Machamer, C., Schroer, T. A., Hanes, J. (2007). Privileged delivery of polymer nanoparticles to the perinuclear region of live cells via a non-clathrin, non-degradative pathway. *Biomaterials 28*, 2876-2884.

Lam-Yuk-Tseung, S. Gros, P. (2006). Distinct Targeting and Recycling Properties of Two Isoforms of the Iron Transporter DMT1 (NRAMP2, Slc11A2). *Biochemistry 45*, 2294-2301.

Lamb, J. E., Ray, F., Ward, J. H., Kushner, J. P., Kaplan, J. (1983). Internalization and subcellular localization of transferrin and transferrin receptors in HeLa cells. *J. Biol. Chem. 258*, 8751-8758.

Lancaster, J. R. & Hibbs, J. B. (1990). EPR demonstration of iron-nitrosyl complex formation by cytotoxic activated macrophages. *Proceedings of the National Academy of Sciences 87*, 1223-1227.

Lang, T., Klein, K., Richter, T., Zibat, A., Kerb, R., Eichelbaum, M., Schwab, M., Zanger, U. M. (2004). Multiple Novel Nonsynonymous CYP2B6 Gene Polymorphisms in Caucasians: Demonstration of Phenotypic Null Alleles. *Journal of Pharmacology and Experimental Therapeutics 311 (1)*, 34-43.

Larkin, J. M., Brown, M. S., Goldstein, J. L., Anderson, R. G. W. (1983). Depletion of intracellular potassium arrests coated pit formation and receptor-mediated endocytosis in fibroblasts. *Cell 33*, 273-285.

Larsen, K. I., Falany, M. L., Ponomareva, L. V., Wang, W., Williams, J. P. (2002). Glucose-dependent regulation of osteoclast H(+)-ATPase expression: potential role of p38 MAP-kinase. *J Cell Biochem. 87 (1)*, 75-84.

Laschinsky, N., Kottwitz, K., Freund, B., Dresow, B., Fischer, R., Nielsen, P. (2012). Bioavailability of chromium(III)-supplements in rats and humans. *BioMetals 25 (5)*, 1051-1060.

LaVaute, T., Smith, S., Cooperman, S., Iwai, K., Land, W., Meyron-Holtz, E., Drake, S. K., Miller, G., Abu-Asab, M., Tsokos, M., Switzer, R., Grinberg, A., Love, P., Tresser, N., Rouault, T. A. (2001). Targeted deletion of the gene encoding iron regulatory protein-2 causes misregulation of iron metabolism and neurodegenerative disease in mice. *Nat Genet 27*, 209-214.

Lavoie, J. N., L'Allemain, G., Brunet, A., Müller, R., Pouysségur, J. (1996). Cyclin D1 Expression Is Regulated Positively by the p42/p44MAPK and Negatively by the p38/HOGMAPK Pathway. *Journal of Biological Chemistry 271 (34)*, 20608-20616.

LeBel, C. P., Ischiropoulos, H., Bondy, S. C. (1992). Evaluation of the probe 2',7'-dichlorofluorescin as an indicator of reactive oxygen species formation and oxidative stress. *Chemical Research in Toxicology 5 (2)*, 227-231.

Lee, P. L., Gelbart, T., West, C., Halloran, C., Beutler, E. (1998). The Human Nramp2 Gene: Characterization of the Gene Structure, Alternative Splicing, Promoter Region and Polymorphisms. *Blood Cells, Molecules, and Diseases 24*, 199-215.

Lee, P., Peng, H., Gelbart, T., Wang, L., Beutler, E. (2005). Regulation of hepcidin transcription by interleukin-1 and interleukin-6. *Proc Natl Acad Sci U S A 102*, 1906-1910.

Lei, K. & Davis, R. J. (2003). JNK phosphorylation of Bim-related members of the Bcl2 family induces Bax-dependent apoptosis. *Proc Natl Acad Sci U S A. 100 (5)*, 2432-2437.

Leimberg, M. J., Prus, E., Konijn, A. M., Fibach, E. (2008). Macrophages function as a ferritin iron source for cultured human erythroid precursors. *J Cell Biochem. 103 (4)*, 1211-1218.

Lemarchand, C., Gref, R., Lesieur, S., Hommel, H., Vacher, B., Besheer, A., Maeder, K., Couvreur, P. (2005). Physico-chemical characterization of polysaccharide-coated nanoparticles. *Journal of Controlled Release 108*, 97-111.

Lemarchand, C., Gref, R., Passirani, C., Garcion, E., Petri, B., Müller, R., Costantini, D., Couvreur, P. (2006). Influence of polysaccharide coating on the interactions of nanoparticles with biological systems. *Biomaterials 27*, 108-118.

Lencer, W. I., Hirst, T. R., Holmes, R. K. (1999). Membrane traffic and the cellular uptake of cholera toxin. *Biochimica et Biophysica Acta (BBA) - Molecular Cell Research 1450*, 177-190.

Levy, J. E., Jin, O., Fujiwara, Y., Kuo, F., Andrews, N. (1999). Transferrin receptor is necessary for development of erythrocytes and the nervous system. *Nat Genet 21*, 396-399.

Levy, M., Luciani, N., Alloyeau, D., Elgrabli, D., Deveaux, V., Pechoux, C., Chat, S., Wang, G., Vats, N., Gendron, F., Factor, C., Lotersztajn, S., Luciani, A., Wilhelm, C., Gazeau, F. (2011). Long term in vivo biotransformation of iron oxide nanoparticles. *Biomaterials 32*, 3988-3999.

Li, N., Sioutas, C., Cho, A., Schmitz, D., Misra, C., Sempf, J., Wang, M., Oberley, T., Froines, J., Nel, A. (2003). Ultrafine particulate pollutants induce oxidative stress and mitochondrial damage. *Environ. Health Perspect. 111*, 455-460.

Li, R., Luo, C., Mines, M., Zhang, J., Fan, G. H. (2006). Chemokine CXCL12 Induces Binding of Ferritin Heavy Chain to the Chemokine Receptor CXCR4, Alters CXCR4 Signaling, and Induces Phosphorylation and Nuclear Translocation of Ferritin Heavy Chain. *J. Biol. Chem. 281*, 37616-37627.

Li, S. D. & Huang, L. (2008). Pharmacokinetics and Biodistribution of Nanoparticles. *Mol. Pharm. 5*, 496-504.

Li, J. Y., Paragas, N., Ned, R. M., Qiu, A., Viltard, M., Leete, T., Drexler, I. R., Chen, X., Sanna-Cherchi, S., Mohammed, F., Williams, D., Lin, C. S., Schmidt-Ott, K. M., Andrews, N. C., Barasch, J. (2009). Scara5 is a ferritin receptor mediating non-transferrin iron delivery. *Dev Cell. 16 (1)*, 35-46.

Liao, J. K. & Laufs, U. (2005). Pleiotropic Effects Of Statins. *Annu. Rev. Pharmacol. Toxicol. 45*, 89-118.

Lin, L., Goldberg, Y. P., Ganz, T. (2005). Competitive regulation of hepcidin mRNA by soluble and cell-associated hemojuvelin. *Blood 106*, 2884-2889.

Lin, W., Huang, Y. W., Zhou, X. D., Ma, Y. (2006). In vitro toxicity of silica nanoparticles in human lung cancer cells. *Toxicol Appl Pharmacol. 217 (3)*, 252-259.

Liochev, S. I. & Fridovich, I. (1994). The role of $O_2^{\bullet-}$ in the production of $HO^{\bullet}$: in vitro and in vivo. *Free Radical Biol. Med. 16*, 29-33.

Liochev, S. I. and Fridovich, I. (2005). Cross-compartment protection by SOD1. *Free Radic Biol Med. 38 (1)*, 146-147.

Liu, J., Kesiry, R., Periyasamy, S. M., Malhotra, D., Xie, Z., Shapiro, J. I. (2004). Ouabain induces endocytosis of plasmalemmal Na/K-ATPase in LLC-PK1 cells by a clathrin-dependent mechanism. *Kidney Int 66*, 227-241.

Liu, X. & Theil, E. C. (2004). Ferritin reactions: Direct identification of the site for the diferric peroxide reaction intermediate. *Proc Natl Acad Sci U S A 101*, 8557-8562.

5. Literaturverzeichnis

Liu, X. B., Nguyen, N. B., Marquess, K. D., Yang, F., Haile, D. J. (2005a). Regulation of hepcidin and ferroportin expression by lipopolysaccharide in splenic macrophages. *Blood Cells Mol Dis. 35*, 47-56.

Liu, X. B., Yang, F., Haile, D. J. (2005b). Functional consequences of ferroportin 1 mutations. *Blood Cells Mol Dis. 35*, 33-46.

Liu, X. & Theil, E. C. (2005). Ferritins: Dynamic Management of Biological Iron and Oxygen Chemistry. *Acc. Chem. Res. 38*, 167-175.

Liu, X. S., Patterson, L. D., Miller, M. J., Theil, E. C. (2007). Peptides Selected for the Protein Nanocage Pores Change the Rate of Iron Recovery from the Ferritin Mineral. *J. Biol. Chem. 282*, 31821-31825.

Liu, Y. J., Guan, Z. Z., Gao, Q., Pei, J. J. (2011). Increased level of apoptosis in rat brains and SH-SY5Y cells exposed to excessive fluoride--a mechanism connected with activating JNK phosphorylation. *Toxicol Lett. 204 (2-3)*, 183-189.

Llorente, A., van Deurs, B., Garred, O., Eker, P., Sandvig, K. (2000). Apical endocytosis of ricin in MDCK cells is regulated by the cyclooxygenase pathway. *Journal of Cell Science 113*, 1213-1221.

Lok, C. N. & Ponka, P. (1999). Identification of a Hypoxia Response Element in the Transferrin Receptor Gene. *J. Biol. Chem. 274*, 24147-24152.

Long, T. C., Tajuba, J., Sama, P., Saleh, N., Swartz, C., Parker, J., Hester, S., Lowry, G. V., Veronesi, B. (2007). Nanosize titanium dioxide stimulates reactive oxygen species in brain microglia and damages neurons in vitro. *Environ Health Perspect. 115 (11)*, 1631-1637.

Hentze, M. R., Holzapfel, V., Musyanovych, A., Nothelfer, K., Walther, P., Frank, H., Landfester, K., Schrezenmeier, H., Mailänder, V. (2006). Uptake of functionalized, fluorescent-labeled polymeric particles in different cell lines and stem cells. *Biomaterials 27*, 2820-2828.

Lorenz, M. R., Kohnle, M. V., Dass, M., Walther, P., Höcherl, A., Ziener, U., Landfester, K., Mailänder, V. (2008). Synthesis of Fluorescent Polyisoprene Nanoparticles and their Uptake into Various Cells. *Macromol. Biosci. 8*, 711-727.

Ludwiczek, S., Aigner, E., Theurl, I., Weiss, G. (2003). Cytokine-mediated regulation of iron transport in human monocytic cells. *Blood 101*, 4148-4154.

Lüders, J., Demand, J., Höhfeld, J. (2000). The ubiquitin-related BAG-1 provides a link between the molecular chaperones Hsc70/Hsp70 and the proteasome. *J Biol Chem. 275 (7)*, 4613-4617.

Lunov, O., Syrovets, T., Büchele, B., Jiang, X., Röcker, C., Tron, K., Nienhaus, G. U., Walther, P., Mailänder, V., Landfester, K., Simmet, T. (2010). The effect of carboxydextran-coated superparamagnetic iron oxide nanoparticles on c-Jun N-terminal kinase-mediated apoptosis in human macrophages. *Biomaterials 31*, 5063-5071.

Lunov, O., Syrovets, T., Loos, C., Beil, J., Delacher, M., Tron, K., Nienhaus, G. U., Musyanovych, A., Mailänder, V., Landfester, K., Simmet, T. (2011a). Differential Uptake of Functionalized Polystyrene Nanoparticles by Human Macrophages and a Monocytic Cell Line. *ACS Nano 5*, 1657-1669.

Lunov, O., Syrovets, T., Loos, C., Nienhaus, G. U., Mailänder, V., Landfester, K., Rouis, M., Simmet, T. (2011b). Amino-Functionalized Polystyrene Nanoparticles Activate the NLRP3 Inflammasome in Human Macrophages. *ACS Nano 5*, 9648-9657.

Luster, A. D., Unkeless, J. C., Ravetch, J. V. (1985). Gamma-interferon transcriptionally regulates an early-response gene containing homology to platelet proteins. *Nature 315 (6021)*, 672-676.

Lymboussaki, A., Pignatti, E., Montosi, G., Garuti, C., Haile, D. J., Pietrangelo, A. (2003). The role of the iron responsive element in the control of ferroportin1/IREG1/MTP1 gene expression. *J Hepatol. 39 (5)*, 710-715.

Macia, E., Ehrlich, M., Massol, R., Boucrot, E., Brunner, C., Kirchhausen, T. (2006). Dynasore, a Cell-Permeable Inhibitor of Dynamin. *Developmental Cell 10*, 839-850.

Mahmoudi, M., Simchi, A., Imani, M., Shokrgozar, M. A., Milani, A. S., Häfeli, U. O., Stroeve, P. (2010). A new approach for the in vitro identification of the cytotoxicity of superparamagnetic iron oxide nanoparticles. *Colloids Surf. B. Biointerfaces 75*, 300-309.

Mailänder, V., Lorenz, M., Holzapfel, V., Musyanovych, A., Fuchs, K., Wiesneth, M., Walther, P., Landfester, K., Schrezenmeier, H. (2008). Carboxylated Superparamagnetic Iron Oxide Particles Label Cells Intracellularly Without Transfection Agents. *Molecular Imaging and Biology 10*, 138-146.

Mailänder, V. & Landfester, K. (2009). Interaction of Nanoparticles with Cells. *Biomacromolecules 10*, 2379-2400.

Maines, M. D., Trakshel, G. M., Kutty, R. K. (1986). Characterization of two constitutive forms of rat liver microsomal heme oxygenase. Only one molecular species of the enzyme is inducible. *Journal of Biological Chemistry 261 (1)*, 411-419.

Mann, S., Bannister, J. V., Williams, R. J. P. (1986). Structure and composition of ferritin cores isolated from human spleen, limpet (Patella vulgata) hemolymph and bacterial (Pseudomonas aeruginosa) cells. *J. Mol. Biol. 188*, 225-232.

Mao, H., Schnetz-Boutaud, N. C., Weisenseel, J. P., Marnett, L. J., Stone, M. P. (1999). Duplex DNA catalyzes the chemical rearrangement of a malondialdehyde deoxyguanosine adduct. *Proc Natl Acad Sci USA 96*, 6615-6620.

Marsh, M. & Helenius, A. (2006). Virus Entry: Open Sesame. *Cell 124*, 729-740.

Masters, B. A., Kelly, E. J., Quaife, C. J., Brinster, R. L., Palmiter, R. D. (1994). Targeted disruption of metallothionein I and II genes increases sensitivity to cadmium. *Proc Natl Acad Sci 91 (2)*, 584-588.

Mastrogiannaki, M., Matak, P., Keith, B., Simon, M. C., Vaulont, S., Peyssonnaux, C. (2009). HIF-2alpha, but not HIF-1alpha, promotes iron absorption in mice. *J Clin Invest 119*, 1159-1166.

Matuszewski, L., Persigehl, T., Wall, A., Schwindt, W., Tombach, B., Fobker, M., Poremba, C., Ebert, W., Heindel, W., Bremer, C. (2005). Cell Tagging with Clinically Approved Iron Oxides: Feasibility and Effect of Lipofection, Particle Size, and Surface Coating on Labeling Efficiency1. *Radiology 235*, 155-161.

Mayor, S. & Pagano, R. E. (2007). Pathways of clathrin-independent endocytosis. *Nat Rev Mol Cell Biol 8*, 603-612.

McCaffrey, T. A., Fu, C., Du, B., Eksinar, S., Kent, K. C., Bush, H. Jr., Kreiger, K., Rosengart, T., Cybulsky, M. I., Silverman, E. S., Collins, T. (2000). High-level expression of Egr-1 and Egr-1-inducible genes in mouse and human atherosclerosis. *J Clin Invest. 105 (5)*, 653-662.

McClelland, A., Kühn, L. C., Ruddle, F. H. (1984). The human transferrin receptor gene: genomic organization, and the complete primary structure of the receptor deduced from a cDNA sequence. *Cell 39*, 267-274.

McCoubrey, W. K. Jr., Huang, T. J., Maines, M. D. (1997). Isolation and characterization of a cDNA from the rat brain that encodes hemoprotein heme oxygenase-3. *Eur J Biochem. 247 (2)*, 725-732.

McKie, A. T., Marciani, P., Rolfs, A., Brennan, K., Wehr, K., Barrow, D., Miret, S., Bomford, A., Peters, T. J., Farzaneh, F., Hediger, M. A., Hentze, M. W., Simpson, R. J. (2000). A Novel Duodenal Iron-Regulated Transporter, IREG1, Implicated in the Basolateral Transfer of Iron to the Circulation. *Mol Cell. 5 (2)*, 299-309.

McKie, A. T. (2008). The role of Dcytb in iron metabolism: an update. *Biochem Soc Trans. 36 (Pt 6)*, 1239-1241.

Mehendale, H. M. (2005). Tissue Repair: An Important Determinant of Final Outcome of Toxicant-Induced Injury. *Toxicologic Pathology 33 (1)*, 41-51.

Melefors, O., Goossen, B., Johansson, H. E., Stripecke, R., Gray, N. K., Hentze, M. W. (1993). Translational control of 5-aminolevulinate synthase mRNA by iron-responsive elements in erythroid cells. *J. Biol. Chem. 268*, 5974-5978.

Melis, M. A., Cau, M., Congiu, R., Sole, G., Barella, S., Cao, A., Westerman, M., Cazzola, M., Galanello, R. (2008). A mutation in the TMPRSS6 gene, encoding a transmembrane serine protease that suppresses hepcidin production, in familial iron deficiency anemia refractory to oral iron. *Haematologica 93*, 1473-1479.

5. Literaturverzeichnis

Mena, N. P., Esparza, A. s., Tapia, V., Valdés, P., Núnez, M. T. (2008). Hepcidin inhibits apical iron uptake in intestinal cells. *Am J Physiol Gastrointest Liver Physiol. 294*, G192-G198.

Meng, H., Xia, T., George, S., Nel, A. E. (2009). A Predictive Toxicological Paradigm for the Safety Assessment of Nanomaterials. *ACS Nano 3 (7)*, 1620-1627.

Messner, D. & Kowdley, K. (2008). Neoplastic transformation of rat liver epithelial cells is enhanced by non-transferrin-bound iron. *BMC Gastroenterology 8*, 2.

Mettlen, M., Platek, A., Van Der Smissen, P., Carpentier, S., Amyere, M., Lanzetti, L., de Diesbach, P., Tyteca, D., Courtoy, P. J. (2006). Src Triggers Circular Ruffling and Macropinocytosis at the Apical Surface of Polarized MDCK Cells. *Traffic 7*, 589-603.

Metz, S., Bonaterra, G., Rudelius, M., Settles, M., Rummeny, E., Daldrup-Link, H. (2004). Capacity of human monocytes to phagocytose approved iron oxide MR contrast agents in vitro. *Eur Radiol. 14 (10)*, 1851-1858.

Meynard, D., Kautz, L., Darnaud, V., Canonne-Hergaux, F., Coppin, H., Roth, M. P. (2009). Lack of the bone morphogenetic protein BMP6 induces massive iron overload. *Nat Genet 41*, 478-481.

Meyron-Holtz, E. G., Ghosh, M. C., Iwai, K., LaVaute, T., Brazzolotto, X., Berger, U. V., Land, W., Ollivierre-Wilson, H., Grinberg, A., Love, P., Rouault, T. A. (2004). Genetic ablations of iron regulatory proteins 1 and 2 reveal why iron regulatory protein 2 dominates iron homeostasis. *EMBO J 23*, 386-395.

Miller, L. L., Miller, S. C., Torti, S. V., Tsuji, Y., Torti, F. M. (1991). Iron-independent induction of ferritin H chain by tumor necrosis factor. *Proceedings of the National Academy of Sciences 88*, 4946-4950.

Mims, M. P. & Prchal, J. T. (2005). Divalent metal transporter 1. *Hematology. 10 (4)*, 339-345.

Min, K. S., Morishita, F., Tetsuchikawahara, N., Onosaka, S. (2005). Induction of hepatic and renal metallothionein synthesis by ferric nitrilotriacetate in mice: the role of MT as an antioxidant. *Toxicology and Applied Pharmacology 204 (1)*, 9-17.

Minamino, T., Yujiri, T., Papst, P. J., Chan, E. D., Johnson, G. L., Terada, N. (1999). MEKK1 suppresses oxidative stress-induced apoptosis of embryonic stem cell-derived cardiac myocytes. *Proc Natl Acad Sci. USA 96*, 15127-15132.

Minotti, G., Ronchi, R., Salvatorelli, E., Menna, P., Cairo, G. (2001). Doxorubicin Irreversibly Inactivates Iron Regulatory Proteins 1 and 2 in Cardiomyocytes: Evidence for Distinct Metabolic Pathways and Implications for Iron-mediated Cardiotoxicity of Antitumor Therapy. *Cancer Res. 61*, 8422-8428.

Miskimins, W. K., McClelland, A., Roberts, M. P., Ruddle, F. H. (1986). Cell proliferation and expression of the transferrin receptor gene: promoter sequence homologies and protein interactions. *The Journal of Cell Biology 103*, 1781-1788.

Mleczko-Sanecka, K., Casanovas, G., Ragab, A., Breitkopf, K., Müller, A., Boutros, M., Dooley, S., Hentze, M. W., Muckenthaler, M. U. (2010). SMAD7 controls iron metabolism as a potent inhibitor of hepcidin expression. *Blood 115*, 2657-2665.

Mohan, R. & Heyman, R. A. (2003). Orphan nuclear receptor modulators. *Curr Top Med Chem. 3 (14)*, 1637-1647.

Moncada, S. and Higgs, A. (1993). The L-Arginine-Nitric Oxide Pathway. *N Engl J Med. 329 (27)*, 2002-2012.

Montaner, L. J., da Silva, R. P., Sun, J., Sutterwala, S., Hollinshead, M., Vaux, D., Gordon, S. (1999). Type 1 and Type 2 Cytokine Regulation of Macrophage Endocytosis: Differential Activation by IL-4/IL-13 as Opposed to IFN-gamma or IL-10. *J Immunol 162*, 4606-4613.

Morano, K. A. (2007). New tricks for an old dog: the evolving world of Hsp70. *Ann N Y Acad Sci. 1113*, 1-14.

Morita, T., Mitsialis, S. A., Koike, H., Liu, Y., Kourembanas, S. (1997). Carbon Monoxide Controls the Proliferation of Hypoxic Vascular Smooth Muscle Cells. *J Biol Chem. 272 (52)*, 32804-32809.

Morgan, E. H., Smith, G. D., Peters, T. J. (1986). Uptake and subcellular processing of 59Fe-125I-labelled transferrin by rat liver. *Biochem J. 237 (1)*, 163-173.

Morse, D., Pischke, S. E., Zhou, Z., Davis, R. J., Flavell, R. A., Loop, T., Otterbein, S. L., Otterbein, L. E., Choi, A. M. (2003). Suppression of inflammatory cytokine production by carbon monoxide involves the JNK pathway and AP-1. *J Biol Chem. 278 (39)*, 36993-36998.

Moruno-Manchón, J. F., Pérez-Jiménez, E., Knecht, E. (2013). Glucose induces autophagy under starvation conditions by a p38 MAPK-dependent pathway. *Biochem J. 449 (2)*, 497-506.

Moss, D., Hibbs, A. R., Stenzel, D., Powell, L. W., Halliday, J. W. (1994). The endocytic pathway for H-ferritin established in live MOLT-4 cells by laser scanning confocal microscopy. *Br J Haematol. 88 (4)*, 746-753.

Muckenthaler, M., Roy, C. N., Custodio, A. O., Minana, B., deGraaf, J., Montross, L. K., Andrews, N. C., Hentze, M. W. (2003). Regulatory defects in liver and intestine implicate abnormal hepcidin and Cybrd1 expression in mouse hemochromatosis. *Nat Genet 34*, 102-107.

Muckenthaler, M. U., Galy, B., Hentze, M. W. (2008). Systemic Iron Homeostasis and the Iron-Responsive Element/Iron-Regulatory Protein (IRE/IRP) Regulatory Network. *Annu. Rev. Nutr. 28*, 197-213.

Müllner, E. W., Neupert, B., Kühn, L. C. (1989). A specific mRNA binding factor regulates the iron-dependent stability of cytoplasmic transferrin receptor mRNA. *Cell 58 (2)*, 373-382.

Mukherjee, S., Ghosh, R. N., Maxfield, F. R. (1997). Endocytosis. *Physiological Reviews 77*, 759-803.

Murakami, T., Takagi, H., Suzuma, K., Suzuma, I., Ohashi, H., Watanabe, D., Ojima, T., Suganami, E., Kurimoto, M., Kaneto, H., Honda, Y., Yoshimura, N. (2005). Angiopoietin-1 Attenuates H2O2-induced SEK1/JNK Phosphorylation through the Phosphatidylinositol 3-Kinase/Akt Pathway in Vascular Endothelial Cells. *J Biol Chem. 280 (36)*, 31841-31849.

Nabi, I. R. & Le, P. U. (2003). Caveolae/raft-dependent endocytosis. *J. Cell Biol. 161*, 673-677.

Nai, A., Pagani, A., Mandelli, G., Lidonnici, M. R., Silvestri, L., Ferrari, G., Camaschella, C. (2012). Deletion of TMPRSS6 attenuates the phenotype in a mouse model of β-thalassemia. *Blood 119*, 5021-5029.

Nakase, I., Niwa, M., Takeuchi, T., Sonomura, K., Kawabata, N., Koike, Y., Takehashi, M., Tanaka, S., Ueda, K., Simpson, J. C., Jones, A. T., Sugiura, Y., Futaki, S. (2004). Cellular Uptake of Arginine-Rich Peptides: Roles for Macropinocytosis and Actin Rearrangement. *Mol Ther 10*, 1011-1022.

Nathan, C. (1992). Nitric oxide as a secretory product of mammalian cells. *The FASEB Journal 6 (12)*, 3051-3064.

Naz, N., Malik, I. A., Sheikh, N., Ahmad, S., Khan, S., Blaschke, M., Schultze, F., Ramadori, G. (2012). Ferroportin-1 is a 'nuclear'-negative acute-phase protein in rat liver: a comparison with other iron-transport proteins. *Lab Invest. 92 (6)*, 842-856.

Nebert, D. W., Roe, A. L., Dieter, M. Z., Solis, W. A., Yang, Y., Dalton, T. P. (2000). Role of the aromatic hydrocarbon receptor and [Ah] gene battery in the oxidative stress response, cell cycle control, and apoptosis. *Biochem Pharmacol. 59 (1)*, 65-85.

Neer, E. J. (1994). G proteins: Critical control points for transmembrane signals. *Protein Sci. 3*, 3-14.

Nel, A. E., Madler, L., Velegol, D., Xia, T., Hoek, E. M. V., Somasundaran, P., Klaessig, F., Castranova, V., Thompson, M. (2009). Understanding biophysicochemical interactions at the nano-bio interface. *Nat Mater 8*, 543-557.

Nemeth, E., Valore, E. V., Territo, M., Schiller, G., Lichtenstein, A., Ganz, T. (2003). Hepcidin, a putative mediator of anemia of inflammation, is a type II acute-phase protein. *Blood 101 (7)*, 2461-2463.

Nemeth, E., Tuttle, M. S., Powelson, J., Vaughn, M. B., Donovan, A., Ward, D. M., Ganz, T., Kaplan, J. (2004). Hepcidin Regulates Cellular Iron Efflux by Binding to Ferroportin and Inducing Its Internalization. *Science 306*, 2090-2093.

Nevins, J. R. (1998). Toward an understanding of the functional complexity of the E2F and retinoblastoma families. *Cell Growth Differentiation 9 (8)*, 585-593.

5. Literaturverzeichnis

Nguyen, N. B., Callaghan, K. D., Ghio, A. J., Haile, D. J., Yang, F. (2006). Hepcidin expression and iron transport in alveolar macrophages. *Am J Physiol Lung Cell Mol Physiol. 291*, L417-L425.

Nicolas, G. I., Bennoun, M., Devaux, I., Beaumont, C., Grandchamp, B., Kahn, A., Vaulont, S. (2001). Lack of hepcidin gene expression and severe tissue iron overload in upstream stimulatory factor 2 (USF2) knockout mice. *Proceedings of the National Academy of Sciences 98*, 8780-8785.

Nicolas, G. I., Chauvet, C., Viatte, L., Danan, J. L., Bigard, X., Devaux, I., Beaumont, C., Kahn, A., Vaulont, S. (2002a). The gene encoding the iron regulatory peptide hepcidin is regulated by anemia, hypoxia, and inflammation. *J Clin Invest 110*, 1037-1044.

Nicolas, G. I., Bennoun, M., Porteu, A., Mativet, S., Beaumont, C., Grandchamp, B., Sirito, M., Sawadogo, M. I., Kahn, A., Vaulont, S. (2002b). Severe iron deficiency anemia in transgenic mice expressing liver hepcidin. *Proceedings of the National Academy of Sciences 99*, 4596-4601.

Niederkofler, V., Salie, R., Arber, S. (2005). Hemojuvelin is essential for dietary iron sensing, and its mutation leads to severe iron overload. *J Clin Invest 115*, 2180-2186.

Nishikawa, T., Edelstein, D., Du, X. L., Yamagishi, S. i., Matsumura, T., Kaneda, Y., Yorek, M. A., Beebe, D., Oates, P. J., Hammes, H. P., Giardino, I., Brownlee, M. (2000). Normalizing mitochondrial superoxide production blocks three pathways of hyperglycaemic damage. *Nature 404*, 787-790.

Oberdörster, G., Ferin, J., Lehnert, B. E. (1994). Correlation between particle size, in vivo particle persistence, and lung injury. *Environ. Health Perspect. 102 Suppl 5*, 173-179.

Ohgami, R. S., Campagna, D. R., McDonald, A., Fleming, M. D. (2006). The Steap proteins are metalloreductases. *Blood 108*, 1388-1394.

Ohkawa, H., Ohishi, N., Yagi, K. (1979). Assay for lipid peroxides in animal tissues by thiobarbituric acid reaction. *Analytical Biochemistry 95 (2)*, 351-358.

Olivadoti, M. D. & Opp, M. R. (2008). Effects of i.c.v. administration of interleukin-1 on sleep and body temperature of interleukin-6-deficient mice. *Neuroscience 153 (1)*, 338-348.

Olszewski, M. B., Groot, A. J., Dastych, J., Knol, E. F. (2007). TNF Trafficking to Human Mast Cell Granules: Mature Chain-Dependent Endocytosis. *The Journal of Immunology 178 (9)*, 5701-5709.

Omura, S., Iwai, Y., Hirano, A., Nakagawa, A., Awaya, J., Tsuchya, H., Takahashi, Y., Masuma, R. (1977). A new alkaloid AM-2282 OF Streptomyces origin. Taxonomy, fermentation, isolation and preliminary characterization. *J Antibiot (Tokyo) 30 (4)*, 275-282.

Ono, K. & Han, J. (2000). The p38 signal transduction pathway Activation and function. *Cellular Signalling 12 (1)*, 1-13.

Orlandi, P. A. & Fishman, P. H. (1998). Filipin-dependent Inhibition of Cholera Toxin: Evidence for Toxin Internalization and Activation through Caveolae-like Domains. *J. Cell Biol. 141*, 905-915.

Orrenius, S., McConkey, D. J., Bellomo, G., Nicotera, P. (1989). Role of Ca2+ in toxic cell killing. *Trends Pharmacol. Sci. 10*, 281-285.

Osterloh, K. & Aisen, P. (1989). Pathways in the binding and uptake of ferritin by hepatocytes. *Biochimica et Biophysica Acta (BBA) - Molecular Cell Research 1011*, 40-45.

Ostrakhovitch, E. A., Olsson, P. E., Jiang, S., Cherian, M. G. (2006). Interaction of metallothionein with tumor suppressor p53 protein. *FEBS Letters 580 (5)*, 1235-1238.

Otterbein, L. E., Bach, F. H., Alam, J., Soares, M., Tao Lu, H., Wysk, M., Davis, R. J., Flavell, R. A., Choi, A. M. (2000). Carbon monoxide has anti-inflammatory effects involving the mitogen-activated protein kinase pathway. *Nat Med 6 (4)*, 422-428.

Otterbein, L. E., Soares, M. P., Yamashita, K., Bach, F. H. (2003). Heme oxygenase-1: unleashing the protective properties of heme. *Trends in Immunology 24 (8)*, 449-455.

Oude Engberink, R. D., van der Pol, S. M. A., Döpp, E. A., de Vries, H. E., Blezer, E. L. A. (2007). Comparison of SPIO and USPIO for in Vitro Labeling of Human Monocytes: MR Detection and Cell Function1. *Radiology 243*, 467-474.

Ouyang, Q., Bommakanti, M., Miskimins, W. K. (1993). A mitogen-responsive promoter region that is synergistically activated through multiple signalling pathways. *Mol. Cell. Biol. 13*, 1796-1804.

Owen, D. & Kühn, L. C. (1987). Noncoding 3' sequences of the transferrin receptor gene are required for mRNA regulation by iron. *EMBO J 6*, 1287-1293.

Owens III, D. E. & Peppas, N. A. (2006). Opsonization, biodistribution, and pharmacokinetics of polymeric nanoparticles. *Int. J. Pharm. 307*, 93-102.

Panicker, A. K., Buhusi, M., Erickson, A., Maness, P. F. (2006). Endocytosis of beta1 integrins is an early event in migration promoted by the cell adhesion molecule L1. *Exp Cell Res. 312*, 299-307.

Pantopoulos, K., Weiss, G., Hentze, M. W. (1994). Nitric oxide and the post-transcriptional control of cellular iron traffic. *Trends Cell Biol. 4*, 82-86.

Pantopoulos, K. Hentze, M. W. (1995). Rapid responses to oxidative stress mediated by iron regulatory protein. *EMBO J 14*, 2917-2924.

Pantopoulos, K., Mueller, S., Atzberger, A., Ansorge, W., Stremmel, W., Hentze, M. W. (1997). Differences in the Regulation of Iron Regulatory Protein-1 (IRP-1) by Extra- and Intracellular Oxidative Stress. *J. Biol. Chem. 272*, 9802-9808.

Pantopoulos, K., Porwal, S. K., Tartakoff, A., Devireddy, L. (2012). Mechanisms of mammalian iron homeostasis. *Biochemistry 51 (29)*, 5705-5724.

Papanikolaou, G., Samuels, M. E., Ludwig, E. H., MacDonald, M. L. E., Franchini, P. L., Dube, M. P., Andres, L., MacFarlane, J., Sakellaropoulos, N., Politou, M., Nemeth, E., Thompson, J., Risler, J. K., Zaborowska, C., Babakaiff, R., Radomski, C. C., Pape, T. D., Davidas, O., Christakis, J., Brissot, P., Lockitch, G., Ganz, T., Hayden, M. R., Goldberg, Y. P. (2004). Mutations in HFE2 cause iron overload in chromosome 1q-linked juvenile hemochromatosis. *Nat Genet 36*, 77-82.

Paradkar, P. N. & Roth, J. A. (2007). Expression of the 1B isoforms of divalent metal transporter (DMT1) is regulated by interaction of NF-Y with a CCAAT-box element near the transcription start site. *J Cell Physiol. 211 (1)*, 183-188.

Paravicini, T. M. & Touyz, R. M. (2006). Redox signaling in hypertension. *Cardiovascular Research 71*, 247-258.

Parcellier, A., Schmitt, E., Gurbuxani, S., Seigneurin-Berny, D., Pance, A., Chantome, A., Plenchette, S., Khochbin, S., Solary, E., Garrido, C. (2003). HSP27 Is a Ubiquitin-Binding Protein Involved in I-kappaBalpha Proteasomal Degradation. *Molecular and Cellular Biology 23 (16)*, 5790-5802.

Park, C. H., Valore, E. V., Waring, A. J., Ganz, T. (2001). Hepcidin, a Urinary Antimicrobial Peptide Synthesized in the Liver. *J. Biol. Chem. 276*, 7806-7810.

Park, E. J., Zhao, Y. Z., Kim, Y. C., Sohn, D. H. (2007). PF2401-SF, standardized fraction of Salvia miltiorrhiza and its constituents, tanshinone I, tanshinone IIA, and cryptotanshinone, protect primary cultured rat hepatocytes from bile acid-induced apoptosis by inhibiting JNK phosphorylation. *Food and Chemical Toxicology 45 (10)*, 1891-1898.

Parton, R. G., Joggerst, B., Simons, K. (1994). Regulated internalization of caveolae. *J. Cell Biol. 127*, 1199-1215.

Parton, R. G. & Richards, A. A. (2003). Lipid Rafts and Caveolae as Portals for Endocytosis: New Insights and Common Mechanisms. *Traffic 4*, 724-738.

Pascussi, J. M. & Vilarem, M. J. (2008). Inflammation and drug metabolism: NF-kappB and the CAR and PXR xeno-receptors. *Med Sci (Paris). 24 (3)*, 301-305.

Pastor, N., Weinstein, H., Jamison, E., Brenowitz, M. (2000). A detailed interpretation of OH radical footprints in a TBP-DNA complex reveals the role of dynamics in the mechanism of sequence-specific binding. *J. Mol. Biol. 304*, 55-68.

5. Literaturverzeichnis

Pastore, A., Federici, G., Bertini, E., Piemonte, F. (2003). Analysis of glutathione: implication in redox and detoxification. *Clinica Chimica Acta 333 (1)*, 19-39.

Pelkmans, L., Püntener, D., Helenius, A. (2002). Local Actin Polymerization and Dynamin Recruitment in SV40-Induced Internalization of Caveolae. *Science 296*, 535-539.

Peracchia, M. T., Vauthier, C., Desmaele, D., Gulik, A., Dedieu, J. C., Demoy, M., d'Angelo, J., Couvreur, P. (1998). Pegylated Nanoparticles from a Novel Methoxypolyethylene Glycol Cyanoacrylate-Hexadecyl Cyanoacrylate Amphiphilic Copolymer. *Pharmaceutical Research 15*, 550-556.

Pereira, A. S., Small, W., Krebs, C., Tavares, P., Edmondson, D. E., Theil, E. C., Huynh, B. H. (1998). Direct Spectroscopic and Kinetic Evidence for the Involvement of a Peroxodiferric Intermediate during the Ferroxidase Reaction in Fast Ferritin Mineralization. *Biochemistry 37*, 9871-9876.

Perregaux, D. G., Dean, D., Cronan, M., Connelly, P., Gabel, C. A. (1995). Inhibition of interleukin-1 beta production by SKF86002: evidence of two sites of in vitro activity and of a time and system dependence. *Mol Pharmacol. 48 (3)*, 433-442.

Peterson, J. R. & Mitchison, T. J. (2002). Small Molecules, Big Impact: A History of Chemical Inhibitors and the Cytoskeleton. *Chemistry & Biology 9*, 1275-1285.

Pettersen, H. S., Visnes, T., Vagbo, C. B., Svaasand, E. K., Doseth, B., Slupphaug, G., Kavli, B., Krokan, H. E. (2011). UNG-initiated base excision repair is the major repair route for 5-fluorouracil in DNA, but 5-fluorouracil cytotoxicity depends mainly on RNA incorporation. *Nucleic Acids Res. 39 (19)*, 8430-8444.

Peyssonnaux, C., Zinkernagel, A. S., Datta, V., Lauth, X., Johnson, R. S., Nizet, V. (2006). TLR4-dependent hepcidin expression by myeloid cells in response to bacterial pathogens. *Blood 107*, 3727-3732.

Peyssonnaux, C., Zinkernagel, A. S., Schuepbach, R. A., Rankin, E., Vaulont, S., Haase, V. H., Nizet, V., Johnson, R. S. (2007). Regulation of iron homeostasis by the hypoxia-inducible transcription factors (HIFs). *J Clin Invest 117*, 1926-1932.

Pietrangelo, A. (2004). The ferroportin disease. *Blood Cells, Molecules, and Diseases 32*, 131-138.

Pietrangelo, A. (2006). Hereditary hemochromatosis. *Biochim Biophys Acta. 1763*, 700-710.

Pietrangelo, A., Dierssen, U., Valli, L., Garuti, C., Rump, A., Corradini, E., Ernst, M., Klein, C., Trautwein, C. (2007). STAT3 Is Required for IL-6-gp 130-dependent Activation of Hepcidin In Vivo. *Gastroenterology 132 (1)*, 294-300.

Pigeon, C., Ilyin, G., Courselaud, B., Leroyer, P., Turlin, B., Brissot, P., Loréal, O. (2001). A New Mouse Liver-specific Gene, Encoding a Protein Homologous to Human Antimicrobial Peptide Hepcidin, Is Overexpressed during Iron Overload. *J. Biol. Chem. 276*, 7811-7819.

Platt, N., Suzuki, H., Kurihara, Y., Kodama, T., Gordon, S. (1996). Role for the class A macrophage scavenger receptor in the phagocytosis of apoptotic thymocytes in vitro. *Proceedings of the National Academy of Sciences 93*, 12456-12460.

Platt, N. & Gordon, S. (1998). Scavenger receptors: diverse activities and promiscuous binding of polyanionic ligands. *Chem Biol. 5*, R193-R203.

Pommier, C. G., Inada, S., Fries, L. F., Takahashi, T., Frank, M. M., Brown, E. J. (1983). Plasma fibronectin enhances phagocytosis of opsonized particles by human peripheral blood monocytes. *J Exp Med. 157 (6)*, 1844-1854.

Ponce, N. E., Cano, R. C., Carrera-Silva, E. A., Lima, A. P., Gea, S., Aoki, M. P. (2012). Toll-like receptor-2 and interleukin-6 mediate cardiomyocyte protection from apoptosis during Trypanosoma cruzi murine infection. *Med Microbiol Immunol. 201 (2)*, 145-155.

Postlethwait, E. M. (2007). Scavenger receptors clear the air. *J Clin Invest 117*, 601-604.

Pralle, A., Keller, P., Florin, E. L., Simons, K., Hörber, J. K. H. (2000). Sphingolipid-Cholesterol Rafts Diffuse as Small Entities in the Plasma Membrane of Mammalian Cells. *J. Cell Biol. 148*, 997-1008.

Probst, W. C., Snyder, L. A., Schuster, D. I., Brosius, J., Sealfon, S. C. (1992). Sequence alignment of the G-protein coupled receptor superfamily. *DNA Cell Biol. 11 (1)*, 1-20.

Racoosin, E. L. & Swanson, J. A. (1992). M-CSF-induced macropinocytosis increases solute endocytosis but not receptor-mediated endocytosis in mouse macrophages. *Journal of Cell Science 102*, 867-880.

Rahman, M. M. & McFadden, G. (2006). Modulation of tumor necrosis factor by microbial pathogens. PLoS Pathog. 2 (2), e4.

Raingeaud, J., Gupta, S., Rogers, J. S., Dickens, M., Han, J., Ulevitch, R. J., Davis, R. J. (1995). Pro-inflammatory Cytokines and Environmental Stress Cause p38 Mitogen-activated Protein Kinase Activation by Dual Phosphorylation on Tyrosine and Threonine. *J Biol Chem. 270 (13)*, 7420-7426.

Ramadori, G., Van Damme, J., Rieder, H., Meyer zum Büschenfelde, K. H. (1988). Interleukin 6, the third mediator of acute-phase reaction, modulates hepatic protein synthesis in human and mouse. Comparison with interleukin 1 beta and tumor necrosis factor-alpha. *Eur J Immunol. 18*, 1259-1264.

Rangasamy, T., Guo, J., Mitzner, W. A., Roman, J., Singh, A., Fryer, A. D., Yamamoto, M., Kensler, T. W., Tuder, R. M., Georas, S. N., Biswal, S. (2005). Disruption of Nrf2 enhances susceptibility to severe airway inflammation and asthma in mice. *The Journal of Experimental Medicine 202 (1)*, 47-59.

Ransohoff, R. M., Hamilton, T. A., Tani, M., Stoler, M. H., Shick, H. E., Major, J. A., Estes, M. L., Thomas, D. M., Tuohy, V. K. (1993). Astrocyte expression of mRNA encoding cytokines IP-10 and JE/MCP-1 in experimental autoimmune encephalomyelitis. *The FASEB Journal 7 (6)*, 592-600.

Recalcati, S., Taramelli, D., Conte, D., Cairo, G. (1998). Nitric oxide-mediated induction of ferritin synthesis in J774 macrophages by inflammatory cytokines: role of selective iron regulatory protein-2 downregulation. *Blood. 91 (3)*, 1059-1066.

Rejman, J., Oberle, V., Zuhorn, I. S., Hoekstra, D. (2004). Size-dependent internalization of particles via the pathways of clathrin- and caveolae-mediated endocytosis. *Biochem. J. 377*, 159-169.

Resh, M. D. (1999). Fatty acylation of proteins: new insights into membrane targeting of myristoylated and palmitoylated proteins. *Biochimica et Biophysica Acta (BBA) - Molecular Cell Research 1451*, 1-16.

Richter, G. W. (1986). Studies of Iron Overload: Lysosomal Proteolysis of Rat Liver Ferritin. *Pathol Res Pract. 181*, 159-167.

Robb, A. D., Ericsson, M., Wessling-Resnick, M. (2004). Transferrin receptor 2 mediates a biphasic pattern of transferrin uptake associated with ligand delivery to multivesicular bodies. *Am J Physiol Cell Physiol. 287*, C1769-C1775.

Rocker, C., Potzl, M., Zhang, F., Parak, W. J., Nienhaus, G. U. (2009). A quantitative fluorescence study of protein monolayer formation on colloidal nanoparticles. *Nat Nano 4*, 577-580.

Rodal, S. K., Skretting, G., Garred, O., Vilhardt, F., van Deurs, B., Sandvig, K. (1999). Extraction of Cholesterol with Methyl-beta-Cyclodextrin Perturbs Formation of Clathrin-coated Endocytic Vesicles. *Molecular Biology of the Cell 10 (4)*, 961-974.

Röcker, C., Pötzl, M., Zhang, F., Parak, W. J., Nienhaus, G. U. (2009). A quantitative fluorescence study of protein monolayer formation on colloidal nanoparticles. *Nat Nano 4 (9)*, 577-580.

Roetto, A., Bosio, S., Gramaglia, E., Barilaro, M. R., Zecchina, G., Camaschella, C. (2002). Pathogenesis of Hyperferritinemia Cataract Syndrome. *Blood Cells, Molecules, and Diseases 29*, 532-535.

Roetto, A., Totaro, A., Piperno, A., Piga, A., Longo, F., Garozzo, G., Cali, A., De Gobbi, M., Gasparini, P., Camaschella, C. (2001). New mutations inactivating transferrin receptor 2 in hemochromatosis type 3. *Blood 97*, 2555-2560.

Rogers, J., Lacroix, L., Durmowitz, G., Kasschau, K., Andriotakis, J., Bridges, K. R. (1994). The role of cytokines in the regulation of ferritin expression. *Adv Exp Med Biol. 356*, 127-132.

Ros-Baro, A., Lopez-Iglesias, C., Peiro, S., Bellido, D., Palacin, M., Zorzano, A., Camps, M. (2001). Lipid rafts are required for GLUT4 internalization in adipose cells. *Proc Natl Acad Sci. 98*, 12050-12055.

5. Literaturverzeichnis

Rothberg, K. G., Ying, Y. S., Kamen, B. A., Anderson, R. G. (1990). Cholesterol controls the clustering of the glycophospholipid-anchored membrane receptor for 5-methyltetrahydrofolate. *J. Cell Biol. 111*, 2931-2938.

Rouault, T. A., Hentze, M. W., Caughman, S. W., Harford, J. B., Klausner, R. D. (1988). Binding of a cytosolic protein to the iron-responsive element of human ferritin messenger RNA. *Science 241*, 1207-1210.

Rouzes, C., Gref, R., Leonard, M., De Sousa Delgado, A., Dellacherie, E. (2000). Surface modification of poly(lactic acid) nanospheres using hydrophobically modified dextrans as stabilizers in an o/w emulsion/evaporation technique. *J Biomed Mater Res. 50 (4)*, 557-565.

Ruddell, R. G., Hoang-Le, D., Barwood, J. M., Rutherford, P. S., Piva, T. J., Watters, D. J., Santambrogio, P., Arosio, P., Ramm, G. A. (2009). Ferritin functions as a proinflammatory cytokine via iron-independent protein kinase C zeta/nuclear factor kappaB-regulated signaling in rat hepatic stellate cells. *Hepatology 49 (3)*, 887-900.

Russell, D. W. and Setchell, K. D. (1992). Bile acid biosynthesis. *Biochemistry 31 (20)*, 4737-4749.

Sabharanjak, S., Sharma, P., Parton, R. G., Mayor, S. (2002). GPI-Anchored Proteins Are Delivered to Recycling Endosomes via a Distinct cdc42-Regulated, Clathrin-Independent Pinocytic Pathway. *Developmental Cell 2*, 411-423.

Salgado, J. C., Olivera-Nappa, A., Gerdtzen, Z. P., Tapia, V., Theil, E. C., Conca, C., Nuñez, M. T. (2010). Mathematical modeling of the dynamic storage of iron in ferritin. *BMC Syst Biol. 4*, 147.

Salter-Cid, L., Brunmark, A., Li, Y., Leturcq, D., Peterson, P. A., Jackson, M. R., Yang, Y. (1999). Transferrin receptor is negatively modulated by the hemochromatosis protein HFE: Implications for cellular iron homeostasis. *Proceedings of the National Academy of Sciences 96*, 5434-5439.

Salvador, G. A. and Oteiza, P. I. (2011). Iron overload triggers redox-sensitive signals in human IMR-32 neuroblastoma cells. *Neurotoxicology 32 (1)*, 75-82.

Samaniego, F., Chin, J., Iwai, K., Rouault, T. A., Klausner, R. D. (1994). Molecular characterization of a second iron-responsive element binding protein, iron regulatory protein 2. Structure, function, and post-translational regulation. *J. Biol. Chem. 269*, 30904-30910.

Sanchez, M., Galy, B., Muckenthaler, M. U., Hentze, M. W. (2007). Iron-regulatory proteins limit hypoxia-inducible factor-2[alpha] expression in iron deficiency. *Nat Struct Mol Biol 14*, 420-426.

Santoro, M. G. (2000). Heat shock factors and the control of the stress response. *Biochemical Pharmacology 59 (1)*, 55-63.

Sarkar, S., Sharma, C., Yog, R., Periakaruppan, A., Jejelowo, O., Thomas, R., Barrera, E. V., Rice-Ficht, A. C., Wilson, B. L., Ramesh, G. T. (2007). Analysis of stress responsive genes induced by single-walled carbon nanotubes in BJ Foreskin cells. *J Nanosci Nanotechnol. 7 (2)*, 584-592.

Sarto, C., Binz, P. A., Mocarelli, P. (2000). Heat shock proteins in human cancer. *Electrophoresis 21 (6)*, 1218-1226.

Sasaki, M., Kaneuchi, M., Fujimoto, S., Tanaka, Y., Dahiya, R. (2003). CYP1B1 gene in endometrial cancer. *Molecular and Cellular Endocrinology 202 (1-2)*, 171-176.

Sato, M., Sasaki, M., Hojo, H. (1992). Tissue specific induction of metallothionein synthesis by tumor necrosis factor-alpha. *Res Commun Chem Pathol Pharmacol 75*, 159-172.

Schaeffter, T. & Dahnke, H. (2008). Magnetic resonance imaging and spectroscopy. *Handb Exp Pharmacol. 185 Pt 1*, 75-90.

Scheiber-Mojdehkar, B., Sturm, B., Plank, L., Kryzer, I., Goldenberg, H. (2003). Influence of parenteral iron preparations on non-transferrin bound iron uptake, the iron regulatory protein and the expression of ferritin and the divalent metal transporter DMT-1 in HepG2 human hepatoma cells. *Biochem. Pharmacol. 65*, 1973-1978.

Schiaffonati, L., Rappocciolo, E., Tacchini, L., Bardella, L., Arosio, P., Cozzi, A., Cantu, G. B., Cairo, G. (1988). Mechanisms of regulation of ferritin synthesis in rat liver during experimental inflammation. *Exp Mol Pathol. 48*, 174-181.

Schimanski, L. M., Drakesmith, H., Merryweather-Clarke, A. T., Viprakasit, V., Edwards, J. P., Sweetland, E., Bastin, J. M., Cowley, D., Chinthammitr, Y., Robson, K. J. H., Townsend, A. R. M. (2005). In vitro functional analysis of human ferroportin (FPN) and hemochromatosis-associated FPN mutations. *Blood 105*, 4096-4102.

Schmucker, S. & Puccio, H. (2010). Understanding the molecular mechanisms of Friedreich's ataxia to develop therapeutic approaches. *Hum. Mol. Genet. 19*, R103-R110.

Schultz, C., Dick, E. J., Cox, A. B., Hubbard, G. B., Braak, E., Braak, H. (2001). Expression of stress proteins alpha B-crystallin, ubiquitin, and hsp27 in pallido-nigral spheroids of aged rhesus monkeys. *Neurobiol Aging. 22 (4)*, 677-682.

Schulze, E., Ferrucci, J. T. Jr., Poss, K., Lapointe, L., Bogdanova, A., Weissleder, R. (1995). Cellular Uptake and Trafficking of a Prototypical Magnetic Iron Oxide Label In Vitro. *Investigative Radiology 30*, 604-610.

Schwarz, M. A., Lazo, J. S., Yalowich, J. C., Reynolds, I., Kagan, V. E., Tyurin, V., Kim, Y. M., Watkins, S. C., Pitt, B. R. (1994). Cytoplasmic metallothionein overexpression protects NIH 3T3 cells from tert-butyl hydroperoxide toxicity. *Journal of Biological Chemistry 269 (21)*, 15238-15243.

Seiser, C., Teixeira, S., Kühn, L. C. (1993). Interleukin-2-dependent transcriptional and post-transcriptional regulation of transferrin receptor mRNA. *J. Biol. Chem. 268*, 13074-13080.

Sewing, A., Burger, C., Brusselbach, S., Schalk, C., Lucibello, F. C., Muller, R. (1993). Human cyclin D1 encodes a labile nuclear protein whose synthesis is directly induced by growth factors and suppressed by cyclic AMP. *J Cell Sci. 104 (2)*, 545-555.

Shah, Y. M., Matsubara, T., Ito, S., Yim, S. H., Gonzalez, F. J. (2009). Intestinal Hypoxia-Inducible Transcription Factors Are Essential for Iron Absorption following Iron Deficiency. *Cell Metab. 9 (2)*, 152-164.

Shamovsky, I. & Nudler, E. (2008). New insights into the mechanism of heat shock response activation. *Cellular and Molecular Life Sciences 65 (6)*, 855-861.

Shao, B. & Heinecke, J. W. (2009). HDL, lipid peroxidation, and atherosclerosis. *Journal of Lipid Research 50 (4)*, 599-601.

Sharma, C. S., Sarkar, S., Periyakaruppan, A., Barr, J., Wise, K., Thomas, R., Wilson, B. L., Ramesh, G. T. (2007). Single-walled carbon nanotubes induces oxidative stress in rat lung epithelial cells. *J Nanosci Nanotechnol. 7 (7)*, 2466-2472.

Shayeghi, M., Latunde-Dada, G. O., Oakhill, J. S., Laftah, A. H., Takeuchi, K., Halliday, N., Khan, Y., Warley, A., McCann, F. E., Hider, R. C., Frazer, D. M., Anderson, G. J., Vulpe, C. D., Simpson, R. J., McKie, A. T. (2005). Identification of an Intestinal Heme Transporter. *Cell. 122 (5)*, 789-801.

Sheehan, D., Meade, G., Foley, V. M., Dowd, C. A. (2001). Structure, function and evolution of glutathione transferases: implications for classification of non-mammalian members of an ancient enzyme superfamily. *Biochem J. 360 (1)*, 1-16.

Sheftel, A. D. & Lill, R. (2009). The power plant of the cell is also a smithy: The emerging role of mitochondria in cellular iron homeostasis. *Ann. Med. 41*, 82-99.

Sherr, C. J. and Roberts, J. M. (1999). CDK inhibitors: positive and negative regulators of G1-phase progression. *Genes & Development 13 (12)*, 1501-1512.

Shi, Y. and Gaestel, M. (2002). In the Cellular Garden of Forking Paths: How p38 MAPKs Signal for Downstream Assistance. *Biol Chem. 383 (10)*, 1519-1536.

Shi, H., Bencze, K. Z., Stemmler, T. L., Philpott, C. C. (2008). A Cytosolic Iron Chaperone That Delivers Iron to Ferritin. *Science 320*, 1207-1210.

Shin, J. S. & Abraham, S. N. (2001). Caveolae as portals of entry for microbes. *Microbes and Infection 3*, 755-761.

Shoden, A., Gabrio, B. W., Finch, C. A. (1953). THE RELATIONSHIP BETWEEN FERRITIN AND HEMOSIDERIN IN RABBITS AND MAN. *J. Biol. Chem. 204*, 823-830.

5. Literaturverzeichnis

Shtykova, E. V., Huang, X., Gao, X., Dyke, J. C., Schmucker, A. L., Dragnea, B., Remmes, N., Baxter, D. V., Stein, B., Konarev, P. V., Svergun, D. I., Bronstein, L. M. (2008). Hydrophilic Monodisperse Magnetic Nanoparticles Protected by an Amphiphilic Alternating Copolymer. *J Phys Chem C Nanomater Interfaces 112*, 16809-16817.

Sibille, J. C., Kondo, H., Aisen, P. (1988). Interactions between isolated hepatocytes and Kupffer cells in iron metabolism: a possible role for ferritin as an iron carrier protein. *Hepatology 8 (2)*, 296-301.

Sieczkarski, S. B. & Whittaker, G. R. (2002). Influenza Virus Can Enter and Infect Cells in the Absence of Clathrin-Mediated Endocytosis. *Journal of Virology 76*, 10455-10464.

Sies, H. (1997). Oxidative stress: oxidants and antioxidants. *Experimental Physiology 82*, 291-295.

Silva, G. A. (2004). Introduction to nanotechnology and its applications to medicine. *Surg Neurol. 61 (3)*, 216-220.

Silvestri, L., Pagani, A., Nai, A., De Domenico, I., Kaplan, J., Camaschella, C. (2008). The Serine Protease Matriptase-2 (TMPRSS6) Inhibits Hepcidin Activation by Cleaving Membrane Hemojuvelin *Cell Metab. 8 (6)*, 502-511.

Simons, K. & Ikonen, E. (1997). Functional rafts in cell membranes. *Nature 387*, 569-572.

Simons, K. & Van Meer, G. (1988). Lipid sorting in epithelial cells. *Biochemistry 27*, 6197-6202.

Simons, K. & Toomre, D. (2000). Lipid rafts and signal transduction. *Nat Rev Mol Cell Biol 1*, 31-39.

Singh, N., Manshian, B., Jenkins, G. J., Griffiths, S. M., Williams, P. M., Maffeis, T. G., Wright, C. J., Doak, S. H. (2009). NanoGenotoxicology: the DNA damaging potential of engineered nanomaterials. *Biomaterials 30 (23-24)*, 3891-3914.

Singh, N., Jenkins, G. J., Asadi, R., Doak, S. H. (2010). Potential toxicity of superparamagnetic iron oxide nanoparticles (SPION). *Nano Rev. 1*, 5358.

Smart, E. J., Ying, Y. S., Anderson, R. G. (1995). Hormonal regulation of caveolae internalization. *J. Cell Biol. 131*, 929-938.

Smart, E. J. & Anderson, R. G. (2002). Alterations in membrane cholesterol that affect structure and function of caveolae. *Methods in Enzymology 353*, 131-139.

Smith, S. R., Ghosh, M. C., Ollivierre-Wilson, H., Hang Tong, W., Rouault, T. A. (2006). Complete loss of iron regulatory proteins 1 and 2 prevents viability of murine zygotes beyond the blastocyst stage of embryonic development. *Blood Cells, Molecules, and Diseases 36*, 283-287.

Sobocanec, S., Balog, T., Sáric, A., Sverko, V., Zarkovic, N., Gasparovic, A. C, Zarkovic, K., Waeg, G., Macak-Safranko, Z., Kusic, B., Marotti, T. (2010). Cyp4a14 overexpression induced by hyperoxia in female CBA mice as a possible contributor of increased resistance to oxidative stress. *Free Radical Research 44 (2)*, 181-190.

Soda, R., Hardy, C. L., Kataoka, M., Tavassoli, M. (1989). Endothelial mediation is necessary for subsequent hepatocyte uptake of transferrin. *Am J Med Sci. 297 (5)*, 314-320.

Sohn, Y. S., Mitterstiller, A. M., Breuer, W., Weiss, G., Cabantchik, Z. I. (2011). Rescuing iron-overloaded macrophages by conservative relocation of the accumulated metal. *Br J Pharmacol. 164 (2b)*, 406-418.

Song, R., Kubo, M., Morse, D., Zhou, Z., Zhang, X., Dauber, J. H., Fabisiak, J., Alber, S. M., Watkins, S. C., Zuckerbraun, B. S., Otterbein, L. E., Ning, W., Oury, T. D., Lee, P. J., McCurry, K. R., Choi, A. M. (2003). Carbon Monoxide Induces Cytoprotection in Rat Orthotopic Lung Transplantation via Anti-Inflammatory and Anti-Apoptotic Effects. *Am J Pathol. 163 (1)*, 231-242.

Sosnovik, D. E., Nahrendorf, M., Weissleder, R. (2008). Magnetic nanoparticles for MR imaging: agents, techniques and cardiovascular applications. *Basic Res Cardiol. 103 (2)*, 122-130.

Sow, F. B., Florence, W. C., Satoskar, A. R., Schlesinger, L. S., Zwilling, B. S., Lafuse, W. P. (2007). Expression and localization of hepcidin in macrophages: a role in host defense against tuberculosis. *J. Leukocyte Biol. 82*, 934-945.

Stang, E., Kartenbeck, J., Parton, R. G. (1997). Major histocompatibility complex class I molecules mediate association of SV40 with caveolae. *Mol. Biol. Cell 8*, 47-57.

Stark, G. (1991). The effect of ionizing radiation on lipid membranes. *Biochim Biophys Acta. 1071*, 103-122.

Starzynski, R. R., Lipinski, P., Drapier, J. C., Diet, A., Smuda, E., Bartlomiejczyk, T., Gralak, M. a. A., Kruszewski, M. (2005). Down-regulation of Iron Regulatory Protein 1 Activities and Expression in Superoxide Dismutase 1 Knock-out Mice Is Not Associated with Alterations in Iron Metabolism. *J. Biol. Chem. 280*, 4207-4212.

Steinbicker, A. U., Bartnikas, T. B., Lohmeyer, L. K., Leyton, P., Mayeur, C., Kao, S. M., Pappas, A. E., Peterson, R. T., Bloch, D. B., Yu, P. B., Fleming, M. D., Bloch, K. D. (2011). Perturbation of hepcidin expression by BMP type I receptor deletion induces iron overload in mice. *Blood 118*, 4224-4230.

Stemmler, T. L., Lesuisse, E., Pain, D., Dancis, A. (2010). Frataxin and Mitochondrial FeS Cluster Biogenesis. *J. Biol. Chem. 285*, 26737-26743.

Stoker, A. W. (2005). Protein tyrosine phosphatases and signalling. *J. Endocrinol. 185*, 19-33.

Strader, C. D., Fong, T. M., Tota, M. R., Underwood, D., Dixon, R. A. F. (1994). Structure and Function of G Protein-Coupled Receptors. *Annu. Rev. Biochem. 63*, 101-132.

Strohbach, C., Kleinman, S., Linkhart, T., Amaar, Y., Chen, S. T., Mohan, S., Strong, D. (2008). Potential involvement of the interaction between insulin-like growth factor binding protein (IGFBP)-6 and LIM mineralization protein (LMP)-1 in regulating osteoblast differentiation. *J Cell Biochem. 104 (5)*, 1890-1905.

Stuart, A. D. & Brown, T. D. (2006). Entry of Feline Calicivirus Is Dependent on Clathrin-Mediated Endocytosis and Acidification in Endosomes. *Journal of Virology 80*, 7500-7509.

Subtil, A., Gaidarov, I., Kobylarz, K., Lampson, M. A., Keen, J. H., McGraw, T. E. (1999). Acute cholesterol depletion inhibits clathrin-coated pit budding. *Proc Natl Acad Sci. USA 96*, 6775-6780.

Sudoh, N., Toba, K., Akishita, M., Ako, J., Hashimoto, M., Iijima, K., Kim, S., Liang, Y. Q., Ohike, Y., Watanabe, T., Yamazaki, I., Yoshizumi, M., Eto, M., Ouchi, Y. (2001). Estrogen Prevents Oxidative Stress-Induced Endothelial Cell Apoptosis in Rats. *Circulation 103*, 724-729.

Sulahian, T., Imrich, A., DeLoid, G., Winkler, A., Kobzik, L. (2008). Signaling pathways required for macrophage scavenger receptor-mediated phagocytosis: analysis by scanning cytometry. *Respiratory Research 9*, 59.

Sun, X., Rossin, R., Turner, J. L., Becker, M. L., Joralemon, M. J., Welch, M. J., Wooley, K. L. (2005). An Assessment of the Effects of Shell Cross-Linked Nanoparticle Size, Core Composition, and Surface PEGylation on in Vivo Biodistribution. *Biomacromolecules 6*, 2541-2554.

Surmacz, E., Reiss, K., Sell, C., Baserga, R. (1992). Cyclin D1 Messenger RNA Is Inducible by Platelet-derived Growth Factor in Cultured Fibroblasts. *Cancer Research 52 (16)*, 4522-4525.

Sussan, T. E., Jun, J., Thimmulappa, R., Bedja, D., Antero, M., Gabrielson, K. L., Polotsky, V. Y., Biswal, S. (2008). Disruption of Nrf2, a key inducer of antioxidant defenses, attenuates ApoE-mediated atherosclerosis in mice. *PLoS One 3 (11)*, e3791.

Swannie, H. C. & Kaye, S. B. (2002). Protein kinase C inhibitors. *Curr Oncol Rep. 4 (1)*, 37-46.

Swanson, J. A. & Baer, S. C. (1995). Phagocytosis by zippers and triggers. *Trends Cell Biol. 5*, 89-93.

Swanson, J. A. & Watts, C. (1995). Macropinocytosis. *Trends in Cell Biology 5*, 424-428.

Tabuchi, M., Yoshimori, T., Yamaguchi, K., Yoshida, T., Kishi, F. (2000). Human NRAMP2/DMT1, Which Mediates Iron Transport across Endosomal Membranes, Is Localized to Late Endosomes and Lysosomes in HEp-2 Cells. *J. Biol. Chem. 275*, 22220-22228.

5. Literaturverzeichnis

Tacchini, L., Bianchi, L., Bernelli-Zazzera, A., Cairo, G. (1999). Transferrin Receptor Induction by Hypoxia: HIF-1-MEDIATED TRANSCRIPTIONAL ACTIVATION AND CELL-SPECIFIC POST-TRANSCRIPTIONAL REGULATION. *J. Biol. Chem. 274*, 24142-24146.

Taetle, R. and Honeysett, J. M. (1988). Gamma-interferon modulates human monocyte/macrophage transferrin receptor expression. *Blood 71 (6)*, 1590-1595.

Takahashi, T. & Kuyucak, S. (2003). Functional Properties of Threefold and Fourfold Channels in Ferritin Deduced from Electrostatic Calculations. *Biophys J. 84 (4)*, 2256-2263.

Takenawa, T. & Itoh, T. (2001). Phosphoinositides, key molecules for regulation of actin cytoskeletal organization and membrane traffic from the plasma membrane. *Biochim Biophys Acta. 1533 (3)*, 190-206.

Tang, Y. M., Wo, Y. Y., Stewart, J., Hawkins, A. L., Griffin, C. A., Sutter, T. R., Greenlee, W. F. (1996). Isolation and Characterization of the Human Cytochrome P450 CYP1B1 Gene. *Journal of Biological Chemistry 271 (45)*, 28324-28330.

Tavaria, M., Gabriele, T., Kola, I., Anderson, R. L. (1996). A Hitchhiker's Guide to the Human Hsp70 Family. *Cell Stress & Chaperones 1 (1)*, 23-28.

Tavassoli, M., Kishimoto, T., Soda, R., Kataoka, M., Harjes, K. (1986). Liver endothelium mediates the uptake of iron-transferrin complex by hepatocytes. *Experimental Cell Research 165 (2)*, 369-379.

Tavassoli, M. (1988). The Role of Liver Endothelium in the Transfer of Iron from Transferrin to the Hepatocytea. *Annals of the New York Academy of Sciences 526 (1)*, 83-92.

Tenhunen, R., Marver, H. S., Schmid R. (1968). The enzymatic conversion of heme to bilirubin by microsomal heme oxygenase. *Proc Natl Acad Sci U S A. 61 (2)*, 748-755.

Tenzer, S., Docter, D., Rosfa, S., Wlodarski, A., Kuharev, J. , Rekik, A., Knauer, S. K., Bantz, C., Nawroth, T., Bier, C., Sirirattanapan, J., Mann, W., Treuel, L., Zellner, R., Maskos, M., Schild, H., Stauber, R. H. (2011). Nanoparticle Size Is a Critical Physicochemical Determinant of the Human Blood Plasma Corona: A Comprehensive Quantitative Proteomic Analysis. *ACS Nano 5 (9)*, 7155-7167.

Testa, U., Petrini, M., Quaranta, M. T., Pelosi-Testa, E., Mastroberardino, G., Camagna, A., Boccoli, G., Sargiacomo, M., Isacchi, G., Cozzi, A. (1989). Iron up-modulates the expression of transferrin receptors during monocyte-macrophage maturation. *J Biol Chem. 264 (22)*, 13181-13187.

Thannickal, V. J. & Fanburg, B. L. (2000). Reactive oxygen species in cell signaling. *American Journal of Physiology - Lung Cellular and Molecular Physiology 279*, L1005-L1028.

Theurl, I., Ludwiczek, S., Eller, P., Seifert, M., Artner, E., Brunner, P., Weiss, G. (2005). Pathways for the regulation of body iron homeostasis in response to experimental iron overload. *J Hepatol. 43 (4)*, 711-719.

Thorek, D. L. J. & Tsourkas, A. (2008). Size, charge and concentration dependent uptake of iron oxide particles by non-phagocytic cells. *Biomaterials 29*, 3583-3590.

Tobert, J. A. (2003). Lovastatin and beyond: the history of the HMG-CoA reductase inhibitors. *Nat Rev Drug Discov 2*, 517-526.

Todorich, B., Zhang, X., Slagle-Webb, B., Seaman, W. E., Connor, J. R. (2008). Tim-2 is the receptor for H-ferritin on oligodendrocytes. *J Neurochem. 107 (6)*, 1495-1505.

Torchilin, V. P., Trubetskoy, V. S., Whiteman, K. R., Caliceti, P., Ferruti, P., Veronese, F. M. (1995). New synthetic amphiphilic polymers for steric protection of liposomes in vivo. *J Pharm Sci. 84 (9)*, 1049-1053.

Torti, S. V., Kwak, E. L., Miller, S. C., Miller, L. L., Ringold, G. M., Myambo, K. B., Young, A. P., Torti, F. M. (1988). The molecular cloning and characterization of murine ferritin heavy chain, a tumor necrosis factor-inducible gene. *J Biol Chem. 263 (25)*, 12638-12644.

Touret, N., Furuya, W., Forbes, J., Gros, P., Grinstein, S. (2003). Dynamic Traffic through the Recycling Compartment Couples the Metal Transporter Nramp2 (DMT1) with the Transferrin Receptor. *J. Biol. Chem. 278*, 25548-25557.

Trinder, D., Zak, O., Aisen, P. (1996). Transferrin receptor-independent uptake of differic transferrin by human hepatoma cells with antisense inhibition of receptor expression. *Hepatology 23 (6)*, 1512-1520.

Trinder, D., Oates, P. S., Thomas, C., Sadleir, J., Morgan, E. H. (2000). Localisation of divalent metal transporter 1 (DMT1) to the microvillus membrane of rat duodenal enterocytes in iron deficiency, but to hepatocytes in iron overload. *Gut 46*, 270-276.

Trinder, D. & Baker, E. (2003). Transferrin receptor 2: a new molecule in iron metabolism. *Int J Biochem Cell Biol. 35*, 292-296.

Trowbridge, I. S. & Omary, M. B. (1981). Human cell surface glycoprotein related to cell proliferation is the receptor for transferrin. *Proc Natl Acad Sci U S A 78*, 3039-3043.

Truksa, J., Peng, H., Lee, P., Beutler, E. (2006). Bone morphogenetic proteins 2, 4, and 9 stimulate murine hepcidin 1 expression independently of Hfe, transferrin receptor 2 (Tfr2), and IL-6. *Proc Natl Acad Sci U S A 103*, 10289-10293.

Truksa, J., Gelbart, T., Peng, H., Beutler, E., Beutler, B., Lee, P. (2009). Suppression of the hepcidin-encoding gene Hamp permits iron overload in mice lacking both hemojuvelin and matriptase-2/TMPRSS6. *Br J Haematol. 147 (4)*, 571-581.

Tsuji, Y., Miller, L. L., Miller, S. C., Torti, S. V., Torti, F. M. (1991). Tumor necrosis factor-alpha and interleukin 1-alpha regulate transferrin receptor in human diploid fibroblasts. Relationship to the induction of ferritin heavy chain. *Journal of Biological Chemistry 266 (11)*, 7257-7261.

Tuma, P. L. & Hubbard, A. L. (2003). Transcytosis: Crossing Cellular Barriers. *Physiological Reviews 83*, 871-932.

Turano, P., Lalli, D., Felli, I. C., Theil, E. C., Bertini, I. (2010). NMR reveals pathway for ferric mineral precursors to the central cavity of ferritin. *Proc Natl Acad Sci. 107*, 545-550.

Ushio-Fukai, M., Tang, Y., Fukai, T., Dikalov, S. I., Ma, Y., Fujimoto, M., Quinn, M. T., Pagano, P. J., Johnson, C., Alexander, R. W. (2002). Novel Role of gp91(phox)-Containing NAD(P)H Oxidase in Vascular Endothelial Growth Factor-Induced Signaling and Angiogenesis. *Circul. Res. 91*, 1160-1167.

Valko, M., Leibfritz, D., Moncol, J., Cronin, M. T. D., Mazur, M., Telser, J. (2007). Free radicals and antioxidants in normal physiological functions and human disease. *Int J Biochem Cell Biol. 39*, 44-84.

Van Bockxmeer, F. M. & Morgan, E. H. (1979). Transferrin receptors during rabbit reticulocyte maturation. *Biochimica et Biophysica Acta (BBA) - General Subjects 584*, 76-83.

van Furth, R., van Schadewijk-Nieuwstad, M., Elzenga-Claasen, I., Cornelisse, C., Nibbering, P. (1985). Morphological, cytochemical, functional, and proliferative characteristics of four murine macrophage-like cell lines. *Cell Immunol. 90 (2)*, 339-357.

van Landeghem, F. K. H., Maier-Hauff, K., Jordan, A., Hoffmann, K. T., Gneveckow, U., Scholz, R., Thiesen, B., Brück, W., von Deimling, A. (2009). Post-mortem studies in glioblastoma patients treated with thermotherapy using magnetic nanoparticles. *Biomaterials 30*, 52-57.

Vashisht, A. A., Zumbrennen, K. B., Huang, X., Powers, D. N., Durazo, A., Sun, D., Bhaskaran, N., Persson, A., Uhlen, M., Sangfelt, O., Spruck, C., Leibold, E. A., Wohlschlegel, J. A. (2009). Control of Iron Homeostasis by an Iron-Regulated Ubiquitin Ligase. *Science 326*, 718-721.

Vecchi, C., Montosi, G., Zhang, K., Lamberti, I., Duncan, S. A., Kaufman, R. J., Pietrangelo, A. (2009). ER stress controls iron metabolism through induction of hepcidin. *Science 325 (5942)*, 877-880.

Vega, G. L. & Grundy, S.M. (1987). Treatment of primary moderate hypercholesterolemia with lovastatin (mevinolin) and colestipol. *The Journal of the American Medical Association 257*, 33-38.

Veiga, E. & Cossart, P. (2006). The role of clathrin-dependent endocytosis in bacterial internalization. *Trends in Cell Biology 16*, 499-504.

5. Literaturverzeichnis

Verga Falzacappa, M. V., Vujic Spasic, M., Kessler, R., Stolte, J., Hentze, M. W., Muckenthaler, M. U. (2007). STAT3 mediates hepatic hepcidin expression and its inflammatory stimulation. *Blood 109*, 353-358.

Vermes, I., Haanen, C., Steffens-Nakken, H., Reutellingsperger, C. (1995). A novel assay for apoptosis Flow cytometric detection of phosphatidylserine expression on early apoptotic cells using fluorescein labelled Annexin V. *Journal of Immunological Methods 184 (1)*, 39-51.

Viarengo, A., Burlando, B., Cavaletto, M., Marchi, B., Ponzano, E., Blasco, J. (1999). Role of metallothionein against oxidative stress in the mussel Mytilus galloprovincialis. *American Journal of Physiology 277 (6)*, R1612-R1619.

Vile, G. F. & Tyrrell, R. M. (1993). Oxidative stress resulting from ultraviolet A irradiation of human skin fibroblasts leads to a heme oxygenase-dependent increase in ferritin. *J. Biol. Chem. 268*, 14678-14681.

Vonarbourg, A., Passirani, C., Saulnier, P., Benoit, J. P. (2006). Parameters influencing the stealthiness of colloidal drug delivery systems. *Biomaterials 27*, 4356-4373.

Vulpe, C. D., Kuo, Y. M., Murphy, T. L., Cowley, L., Askwith, C., Libina, N., Gitschier, J., Anderson, G. J. (1999). Hephaestin, a ceruloplasmin homologue implicated in intestinal iron transport, is defective in the sla mouse. *Nat Genet 21*, 195-199.

Wada, T., Gao, J., Xie, W. (2009). PXR and CAR in energy metabolism. *Trends Endocrinol Metab. 20 (6)*, 273-279.

Walenga, R. W., Opas, E. E., Feinstein, M. B. (1981). Differential effects of calmodulin antagonists on phospholipases A2 and C in thrombin-stimulated platelets. *Journal of Biological Chemistry 256*, 12523-12528.

Wallace, D. F., Summerville, L., Lusby, P. E., Subramaniam, V. N. (2005). First phenotypic description of transferrin receptor 2 knockout mouse, and the role of hepcidin. *Gut 54*, 980-986.

Wallace, D. F., Summerville, L., Crampton, E. M., Subramaniam, V. N. (2008). Defective trafficking and localization of mutated transferrin receptor 2: implications for type 3 hereditary hemochromatosis. *Am J Physiol Cell Physiol. 294*, C383-C390.

Wallace, D. F., Harris, J. M., Subramaniam, V. N. (2010). Functional analysis and theoretical modeling of ferroportin reveals clustering of mutations according to phenotype. *American Journal of Physiology - Cell Physiology 298*, C75-C84.

Wallander, M. L., Leibold, E. A., Eisenstein, R. S. (2006). Molecular control of vertebrate iron homeostasis by iron regulatory proteins. *Biochim Biophys Acta. 1763*, 668-689.

Wang, L. H., Rothberg, K. G., Anderson, R. G. (1993). Mis-assembly of clathrin lattices on endosomes reveals a regulatory switch for coated pit formation. *J. Cell Biol. 123*, 1107-1117.

Wang, H. & Joseph, J. A. (1999). Quantifying cellular oxidative stress by dichlorofluorescein assay using microplate reader. *Free Radical Biology and Medicine 27*, 612-616.

Wang, Y. X., Hussain, S. M., Krestin, G. P. (2001). Superparamagnetic iron oxide contrast agents: physicochemical characteristics and applications in MR imaging. *Eur Radiol. 11 (11)*, 2319-2331.

Wang, J., Chen, G., Pantopoulos, K. (2005a). Inhibition of transferrin receptor 1 transcription by a cell density response element. *Biochem. J. 392*, 383-388.

Wang, R. H., Li, C., Xu, X., Zheng, Y., Xiao, C., Zerfas, P., Cooperman, S., Eckhaus, M., Rouault, T., Mishra, L., Deng, C. X. (2005b). A role of SMAD4 in iron metabolism through the positive regulation of hepcidin expression. *Cell Metab. 2 (6)*, 399-409.

Wang, H. & Tompkins, L. M. (2008). CYP2B6: new insights into a historically overlooked cytochrome P450 isozyme. *Curr Drug Metab. 9 (7)*, 598-610.

Wang, J. & Pantopoulos, K. (2011). Regulation of cellular iron metabolism. *Biochem. J. 434*, 365-381.

Wardrop, S. L. & Richardson, D. R. (2000). Interferon-gamma and lipopolysaccharide regulate the expression of Nramp2 and increase the uptake of iron from low relative molecular mass complexes by macrophages. *Eur J Biochem. 267*, 6586-6593.

Warren, R. A., Green, F. A., Enns, C. A. (1997). Saturation of the Endocytic Pathway for the Transferrin Receptor Does Not Affect the Endocytosis of the Epidermal Growth Factor Receptor. *Journal of Biological Chemistry 272*, 2116-2121.

Wei, L., Hoole, D., Sun, B. (2012). Identification of apoptosis-related genes and transcription variations in response to microcystin-LR in zebrafish liver. *Toxicol Ind Health. 2012 Oct 11*, 1-8.

Weinberg, E. D. & Miklossy, J. (2008). Iron Withholding: A Defense Against Disease. *J. Alzheimer's Dis. 13*, 451-463.

Weiss, G., Bogdan, C., Hentze, M. W. (1997). Pathways for the regulation of macrophage iron metabolism by the anti-inflammatory cytokines IL-4 and IL-13. *J Immunol. 158*, 420-425.

Weissleder, R., Elizondo, G., Stark, D. D., Hahn, P. F., Marfil, J., Gonzalez, J. F., Saini, S., Todd, L. E, Ferrucci, J. T. (1989a). The diagnosis of splenic lymphoma by MR imaging: value of superparamagnetic iron oxide. *AJR Am J Roentgenol. 152 (1)*, 175-180.

Weissleder, H. & Weissleder, R. (1989b). Interstitial lymphangiography: initial clinical experience with a dimeric nonionic contrast agent. *Radiology. 170 (2)*, 371-374.

Weissleder, R., Elizondo, G., Josephson, L., Compton, C. C., Fretz, C. J., Stark, D. D., Ferrucci, J. T. (1989c). Experimental lymph node metastases: enhanced detection with MR lymphography. *Radiology. 171 (3)*, 835-839.

Wells, A., Ware, M. F., Allen, F. D., Lauffenburger, D. A. (1999). Shaping up for shipping out: PLCgamma signaling of morphology changes in EGF-stimulated fibroblast migration. *Cell Motil. Cytoskeleton 44*, 227-233.

Wess, J. (1997). G-protein-coupled receptors: molecular mechanisms involved in receptor activation and selectivity of G-protein recognition. *The FASEB Journal 11*, 346-354.

West, A. P., Bennett, M. J., Sellers, V. M., Andrews, N. C., Enns, C. A., Bjorkman, P. J. (2000). Comparison of the Interactions of Transferrin Receptor and Transferrin Receptor 2 with Transferrin and the Hereditary Hemochromatosis Protein HFE. *J. Biol. Chem. 275*, 38135-38138.

Wharton, M., Granger, D. L., Durack, D. T. (1988). Mitochondrial iron loss from leukemia cells injured by macrophages. A possible mechanism for electron transport chain defects. *The Journal of Immunology 141 (4)*, 1311-1317.

Whitman, S. C., Daugherty, A., Post, S. R. (2000). Regulation of acetylated low density lipoprotein uptake in macrophages by pertussis toxin-sensitive G proteins. *J. Lipid Res. 41*, 807-813.

Wilce, M. C. J. & Parker, M. W. (1994). Structure and function of glutathione S-transferases. *Protein Structure and Molecular Enzymology 1205 (1)*, 1-18.

Winston, J. T., Coats, S. R., Wang, Y. Z., Pledger, W. J. (1996). Regulation of the cell cycle machinery by oncogenic ras. *Oncogene 12 (1)*, 127-134.

Wolpe, S. D., Davatelis, G., Sherry, B., Beutler, B., Hesse, D. G., Nguyen, H. T., Moldawer, L. L., Nathan, C. F., Lowry, S. F., Cerami, A. (1988). Macrophages secrete a novel heparin-binding protein with inflammatory and neutrophil chemokinetic properties. *J Exp Med. 167 (2)*, 570-581.

Woo, C. H., Eom, Y. W., Yoo, M. H., You, H. J., Han, H. J., Song, W. K., Yoo, Y. J., Chun, J. S., Kim, J. H. (2000). Tumor Necrosis Factor-alpha Generates Reactive Oxygen Species via a Cytosolic Phospholipase A2-linked Cascade. *Journal of Biological Chemistry 275 (41)*, 32357-32362.

Wrighting, D. M. & Andrews, N. C. (2006). Interleukin-6 induces hepcidin expression through STAT3. *Blood 108*, 3204-3209.

Xia, M. & Sui, Z. (2009). Recent developments in CCR2 antagonists. *Expert Opinion on Therapeutic Patents 19 (3)*, 295-303.

Yacobi, N. R., Malmstadt, N., Fazlollahi, F., DeMaio, L., Marchelletta, R., Hamm-Alvarez, S. F., Borok, Z., Kim, K. J., Crandall, E. D. (2010). Mechanisms of Alveolar Epithelial Translocation of a Defined Population of Nanoparticles. *American Journal of Respiratory Cell and Molecular Biology 42*, 604-614.

5. Literaturverzeichnis

Yamada, E. (1955). THE FINE STRUCTURE OF THE GALL BLADDER EPITHELIUM OF THE MOUSE. *The Journal of Biophysical and Biochemical Cytology 1*, 445-458.

Yamaji, S., Sharp, P., Ramesh, B., Srai, S. K. (2004). Inhibition of iron transport across human intestinal epithelial cells by hepcidin. *Blood 104*, 2178-2180.

Yang, X., Chen-Barrett, Y., Arosio, P., Chasteen, N. D. (1998). Reaction Paths of Iron Oxidation and Hydrolysis in Horse Spleen and Recombinant Human Ferritins. *Biochemistry 37*, 9743-9750.

Yang, F., Liu, X. B., Quinones, M., Melby, P. C., Ghio, A., Haile, D. J. (2002). Regulation of Reticuloendothelial Iron Transporter MTP1 (Slc11a3) by Inflammation. *J. Biol. Chem. 277*, 39786-39791.

Yao, D., Ehrlich, M., Henis, Y. I., Leof, E. B. (2002). Transforming Growth Factor-beta Receptors Interact with AP2 by Direct Binding to beta 2 Subunit. *Mol. Biol. Cell 13*, 4001-4012.

Ye, J., Han, Y., Wang, C., Yu, W. (2009). Cytoprotective effect of polypeptide from Chlamys farreri on neuroblastoma (SH-SY5Y) cells following HO exposure involves scavenging ROS and inhibition JNK phosphorylation. *J Neurochem. 111 (2)*, 441-451.

Yeh, K. Y., Yeh, M., Glass, J. (2011). Interactions Between Ferroportin and Hephaestin in Rat Enterocytes Are Reduced After Iron Ingestion. *Gastroenterology 141*, 292-299.

Yet, S. F., Pellacani, A., Patterson, C., Tan, L., Folta, S. C., Foster, L., Lee, W. S., Hsieh, C. M., Perrella, M. A. (1997). Induction of Heme Oxygenase-1 Expression in Vascular Smooth Muscle Cells: A Link to endotoxic Shock. *Journal of Biological Chemistry 272 (7)*, 4295-4301.

Young, S. P., Bomford, A., Madden, A. D., Garratt, R. C., Williams, R., Evans, R. W. (1984). Abnormal in vitro function of a variant human transferrin. *Br J Haematol. 56 (4)*, 581-587.

Young, S. P., Roberts, S., Bomford, A. (1985). Intracellular processing of transferrin and iron by isolated rat hepatocytes. *Biochem J. 232 (3)*, 819-823.

Yu, W., Lin, Z., Hegarty, J. P., Chen, X., Kelly, A. A., Wang, Y., Poritz, L. S., Koltun, W. A. (2012). Genes differentially regulated by NKX2-3 in B cells between ulcerative colitis and Crohn's disease patients and possible involvement of EGR1. *Inflammation 35 (3)*, 889-899.

Zanger, U. M., Turpeinen, M., Klein, K., Schwab, M. (2008). Functional pharmacogenetics/genomics of human cytochromes P450 involved in drug biotransformation. *Anal Bioanal Chem. 392*, 1093-1108.

Zhang, A. S., Xiong, S., Tsukamoto, H., Enns, C. A. (2004). Localization of iron metabolism-related mRNAs in rat liver indicate that HFE is expressed predominantly in hepatocytes. *Blood 103*, 1509-1514.

Zhang, D. L., Hughes, R. M., Ollivierre-Wilson, H., Ghosh, M. C., Rouault, T. A. (2009). A Ferroportin Transcript that Lacks an Iron-Responsive Element Enables Duodenal and Erythroid Precursor Cells to Evade Translational Repression. *Cell Metab. 9 (5)*, 461-473.

Zhang, L. W. & Monteiro-Riviere, N. A. (2009). Mechanisms of Quantum Dot Nanoparticle Cellular Uptake. *Toxicol. Sci. 110*, 138-155.

Zhou, B. B. & Elledge, S. J. (2000). The DNA damage response: putting checkpoints in perspective. *Nature 408 (6811)*, 433-439.

Zuhorn, I. S., Kalicharan, R., Hoekstra, D. (2002). Lipoplex-mediated Transfection of Mammalian Cells Occurs through the Cholesterol-dependent Clathrin-mediated Pathway of Endocytosis. *Journal of Biological Chemistry 277*, 18021-18028.

Danksagung

Ich bedanke mich herzlich bei PD Dr. Dr. Peter Nielsen für die Aufnahme in den Arbeitskreis und die gute Betreuung und Unterstützung während meiner gesamten Arbeit. Er hatte immer ein offenes Ohr für mich und stand jederzeit mit Rat und Tat zur Seite.

Einen ganz besonders großen Dank möchte ich an Angelika Schmidt richten, für die angregenden Diskussionen, tatkräftigen Unterstützungen im Labor, und für den netten zwischenmenschlichen Kontakt. Ohne sie wäre die Arbeit in diesem Umfang nicht möglich gewesen.

Desweiteren bedanke ich mich bei Prof. Dr. Jörg Heeren für den einen oder anderen guten Tipp.

Ein weiterer Dank geht an Dr. Markus Heine für die tierexperimentellen Hilfen und histologischen Arbeiten, sowie an Dr. Oliver Bruns und Hendrik Hermann für die elektronenmikroskopischen Aufnahmen.

An alle TAs, die immer ein offenes Ohr für meine Fragen hatten, und für die Einweisung und Hilfestellungen bei verschiedenen Methoden ein großes Dankeschön.

Und nicht zuletzt bei allen meinem Mitdoktoranden für die nette Arbeitsatmosphäre und bei allen anderen, die ich sonst nicht persönlich erwähnt habe.

Zum Schluß bedanke ich mich bei meinen Eltern für ihr Vetrauen und ihre Unterstützung.

Das allerletzte, große Dankeschön widme ich meiner lieben Freundin Melanie, für Ihre Rücksichtnahme und ihre gesamte Unterstützung während dieser Zeit.

I want morebooks!

Buy your books fast and straightforward online - at one of the world's fastest growing online book stores! Environmentally sound due to Print-on-Demand technologies.

Buy your books online at
www.get-morebooks.com

Kaufen Sie Ihre Bücher schnell und unkompliziert online – auf einer der am schnellsten wachsenden Buchhandelsplattformen weltweit! Dank Print-On-Demand umwelt- und ressourcenschonend produziert.

Bücher schneller online kaufen
www.morebooks.de

OmniScriptum Marketing DEU GmbH
Heinrich-Böcking-Str. 6-8
D - 66121 Saarbrücken
Telefax: +49 681 93 81 567-9

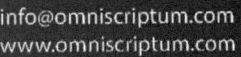

Printed by Books on Demand GmbH, Norderstedt / Germany